中国自然灾害风险防范信息服务体系建设研究

廖永丰 吴 玮 胡卓玮 杨赛霓 等 著

科学出版社

北 京

内 容 简 介

本书对中国自然灾害风险防范信息服务体系建设进行了系统研究，包括自然灾害综合风险防范服务产品体系设计与开发技术、部门大数据的业务协同机制与应急联动技术、网络大数据智能挖掘与融合分析技术、信息服务平台搭建技术等关键科学技术问题。全书共10章，第1~2章阐述了自然灾害综合风险防范信息服务的内涵和技术体系组成，总结梳理了国内外理论技术创新的最新进展和可借鉴经验，分析了中国当前灾害应急管理信息化现状，提出了理论研究框架；第3~9章深入分析了新时代政府、社会组织、保险公司等自然灾害风险防范信息服务的现状、存在问题和理论技术创新需求，阐述了新时代风险防范信息服务产品体系的完善方案，详细论述了多部门协同和网络大数据支撑灾害综合风险防范信息服务的技术途径，阐明了建设灾害综合风险防范信息服务集成平台的技术思路，探索了自然灾害风险防范信息服务业务模式建设，阐述了项目开发应用示范平台建设和业务应用实践；第10章客观分析了项目团队尚未解决的技术问题，提出了后续研究方向。

本书可供从事自然灾害管理、综合防灾减灾救灾、突发公共事件应对等领域的科学技术人员和政府管理人员参考，也可供有关院校教师和研究生参考使用。

审图号：GS 京（2022）0866 号

图书在版编目（CIP）数据

中国自然灾害风险防范信息服务体系建设研究／廖永丰等著 . —北京：科学出版社，2023.2

ISBN 978-7-03-073741-0

Ⅰ.①中… Ⅱ.①廖… Ⅲ.①自然灾害–灾害防治–情报服务–研究–中国 Ⅳ.①X432

中国版本图书馆 CIP 数据核字（2022）第 208703 号

责任编辑：韦 沁 柴良木／责任校对：何艳萍
责任印制：赵 博／封面设计：北京图阅盛世

科 学 出 版 社 出版

北京东黄城根北街 16 号
邮政编码：100717
http://www.sciencep.com

北京中科印刷有限公司印刷
科学出版社发行 各地新华书店经销

*

2023 年 2 月第 一 版 开本：787×1092 1/16
2025 年 3 月第二次印刷 印张：20 1/2
字数：486 000

定价：228.00 元
（如有印装质量问题，我社负责调换）

前　言

2016 年，习近平总书记在唐山考察时提出综合防灾减灾救灾工作的"两个坚持""三个转变"的重要论述，强调关口前移、风险管理、综合减灾，强调灾害应对全过程管理，推动中国防灾减灾救灾工作理念发生重大变化、防灾减灾救灾管理体制机制发生深刻变革。《中共中央 国务院关于推进防灾减灾救灾体制机制改革的意见》要求构建"党委领导、政府主导、社会力量和市场机制广泛参与"的基本原则。国务院组建应急管理部，统筹推进自然灾害防治和安全生产事故预防工作，构建"全灾种、大应急"的大国应急管理体系。深化灾害应急管理体制机制改革，迫切要求构建以灾害风险管理为核心的新型防灾减灾救灾业务技术体系。

自然灾害风险防范信息服务是防灾减灾救灾业务技术体系的重要组成部分。新时代的自然灾害风险防范工作内涵已经突破长期以来狭义的灾前预防概念，覆盖常态减灾及灾前预防、灾中救援、灾后恢复重建等非常态救灾全过程，涉及政府、企业、社会组织、公众等多类主体，涵盖政府救助、灾害保险、社会力量参与综合减灾、公众防灾减灾等多个领域，强调多灾种综合和灾害链分析，重在"超前部署"。新时代自然灾害综合风险防范信息服务工作的核心目标就是要为"超前部署"提供强有力的决策信息保障，亟须解决一些关键问题，补齐一系列的技术短板。从业务领域看，政府灾害救助信息服务业务已经形成，但是市场和社会力量参与防灾减灾救灾工作的信息服务业务刚刚起步，缺少面向政府、市场、社会和公众等多主体的灾害综合风险防范信息服务集成业务平台。从关键技术看，灾害综合风险防范信息获取主要依赖于各级灾害管理部门，亟须突破网络大数据灾害信息智能挖掘与时空融合分析技术，开辟基于互联网、物联网、大数据的灾害风险信息获取新渠道，提高信息产品制作的时效性；亟须突破综合风险信息产品多部门协同制作的关键技术，构建高时效、高精准的信息服务体系。

适应全链条、多主体、多灾种的自然灾害综合风险防范信息服务需求，建立健全产品体系，融合应用大数据、云计算、地理信息、移动互联网等新兴技术最新成果，突破灾害信息产品开发、多部门灾害信息应急协同联动、网络大数据灾害信息挖掘、综合风险防范信息服务平台集成等关键技术，研制多部门协同联动的信息服务集成平台，制订成套的技术标准，形成信息服务业务技术体系，全面支撑新时代自然灾害综合风险防范工作，是深化防灾减灾救灾体制机制改革、提高科技支撑水平的重要任务。2008 年 12 月，科技部批复国家减灾中心实施国家重点研发计划项目"多灾种综合风险防范服务产品开发与集成平台建设示范"（项目编号：2018YFC1508900），北京师范大学、首都师范大学、清华大学、中国农业大学、中国科学院地理科学与资源研究所、中国人民财产保险股份有限公司、中科星图股份有限公司等单位联合攻关，探索构建新时代自然灾害综合风险防范信息服务业务技术体系。本书系统总结了该项目的研究成果，同时整合了各家机构多年来在这一领域深耕厚植的成果，试图向各位先辈、同行呈上本团队关于自然灾害综合风险防范信息服务业务技术体系建设的一套解决方案，以期抛砖引玉、相待而成。同时，也希望以此为媒介，吸引更多的同行及致力于灾害信息技术创新的企业、朋友加入我们团队，同心协力，共同推进新时代自然灾害风险防范信息服务业务技术体系建设。

本书共分为 10 章。第 1、2 章为总论部分，其中，第 1 章系统阐述了自然灾害综合风险防范信息服务的内涵和技术体系组成，总结梳理了国内外理论技术创新的最新进展和中国当前灾害应急管理信息化现状，分析了新时代自然灾害综合风险防范信息服务理论技术创新及业务实践需求，提出了理论研究框架；第 2 章从国际组织、主要发达国家两个维度总结梳理了业务技术体系建设的国际经验，同时为融入国际灾害风险管理体系，加强多边、双边防灾减灾救灾国际科技合作提供借鉴。第 3~9 章为分论部分，其中，第 3 章分析了新时代政府、社会力量、保险公司等自然灾害综合风险防范信息服务的现状、存在问题和理论技术创新需求；第 4 章阐述了新时代自然灾害综合风险防范信息产品体系的完善方案，介绍了信息产品智能快速制作、精准发布服务技术的研究成果；第 5 章阐述了信息产品制作的两大数据源之一——涉灾部门信息共享的现状及存在问题，介绍了基于微服务技术架构的多部门灾害信息数据协同新机制和数据快速接入融合处理技术研究成果；第 6 章阐述了信息产品制作的两大数据源之二——网络大数据挖掘的现状及存在问题，介绍了致灾、灾情、救灾信息网络大数据挖掘与融合应用技术研究成果；第 7 章阐述了适应全链条、多主体、多灾种信息服务需求，基于云服务的多部门协同信息服务集成平台技术框架，介绍了业务应用集成、跨平台多源异构大数据集成、"云+端"软件集成技术的研究成果；第 8 章阐述了该项目对新时代政府灾害救助、社会组织参与综合减灾、灾害保险等业务领域自然灾害综合风险防范信息服务的业务模式进行的探索成果；第 9 章阐述了该项目开发应用示范平台，国家减灾中心和中国人民财产保险股份有限公司开展中央及广东、贵州、云南等三省业务应用，以及团队多年来开展大数据灾害信息挖掘与融合应用的典型案例。第 10 章为总结与展望，客观分析了该项目团队尚未解决的技术问题，提出了后续研究方向。

本书由该项目团队八家单位研究人员共同撰写完成，各章节执笔人如下。

第 1 章自然灾害综合风险防范信息服务体系概述：综合风险防范信息服务及业务体系和自然灾害综合风险防范信息服务研究框架由廖永丰撰写，自然灾害综合风险防范信息服务技术进展由张晓东撰写，中国自然灾害应急管理信息服务工作现状由汤童撰写。

第 2 章国际自然灾害风险防范信息服务经验借鉴：概论、国际组织信息服务和主要发达国家信息服务由吴玮、胡卓玮、张晓东、李仪、刘峻明、王月明、杨帅、牟妍桦、高香撰写。

第 3 章各类主体灾害风险防范信息服务需求分析：政府自然灾害防治工作信息服务需求由阿多撰写，社会力量参与防灾减灾工作信息服务需求由赵飞撰写，保险公司参与防灾减灾工作信息服务需求由郭清、何飞撰写。

第 4 章综合风险防范信息产品体系设计与开发：中国自然灾害综合风险防范信息服务现状由吴玮、何斌、张晓东、刘峻明、胡凯龙、钟子乾、邢子瑶、肖聪、韩珂珂、姚宇、陈一鸣、叶子菁撰写，新时代自然灾害综合风险防范信息产品体系由吴玮、李仪、胡凯龙撰写，自然灾害综合风险防范信息产品制作技术由何斌、钟子乾、尹航、丁海元撰写，自然灾害综合风险防范信息服务产品多渠道发布技术由张晓东、刘峻明、邢子瑶、肖聪、韩珂珂、姚宇、陈一鸣、叶子菁撰写。

第 5 章多部门协同开展自然灾害综合风险防范信息服务的技术途径：中国部门灾害信息数据与产品共享现状、新时代综合风险防范信息服务部门协同机制探索、部门数据与信息快速接入技术研究和跨部门多源异构数据融合处理技术研究由胡卓玮、王月明、陈锡、邓雨婷、胡一奇撰写。

第 6 章网络大数据支撑自然灾害综合风险防范信息服务的技术途径：中国网络大数据灾害信息挖掘与融合分析技术现状、新时代网络大数据灾害信息挖掘与融合应用框架探索由杨赛霓撰写，网络大数据致灾信息挖掘与融合应用技术由杨赛霓、吴吉东、唐继婷、姚可桢、吴亚桥、邹柯杰撰写，网络大数据灾情信息挖掘与融合应用技术由叶涛、陈学泓、赵文智、刘晓燕、朱传海、陈曦、李凯源、彭瑞撰写，网络大数据救灾需求信息挖掘与融合应用技术由田向亮、周义棋、李绍攀撰写。

第 7 章建设自然灾害综合风险防范信息服务集成平台的技术思路：新时代自然灾害综合风险防范信息服务集成平台框架探索、信息平台业务应用集成关键技术研究和"云+端"协同灾害信息服务体系由李宇光、赵改君撰写，跨平台多源异构大数据集成管理技术研究由胡卓玮撰写。

第 8 章自然灾害综合风险防范信息服务业务模式探索：政府部门灾害信息服务模式研究由阿多撰写，社会力量灾害信息服务模式研究由赵飞、郝南、徐诗凌撰写，保险企业灾害信息服务模式研究由郭清、何飞撰写。

第 9 章重大自然灾害应对信息服务实践：搭建应用示范平台由李宇光、赵改君撰写，信息服务业务体系建设实践和重大灾害应急实例由阿多、陈博、肖聪撰写。

第 10 章总结与展望：主要进展和未来展望由廖永丰、汤童撰写。

全书由项目负责人廖永丰研究员确定基本框架并技术把关，汤童副研究员完成了全书统稿工作。感谢项目组诸位研究人员三年多来的辛勤付出，本书倾注了团队全体人员的心血，是大家共同努力的成果。

由于时间有限，书中难免会有疏漏，欢迎各位同行、朋友批评指正！

廖永丰

2022 年 6 月于北京

目　　录

第1章 自然灾害综合风险防范信息服务体系概述

1.1 综合风险防范信息服务及业务体系

1.1.1 自然灾害风险防范的内涵

1. "自然灾害风险"再讨论

要防范化解自然灾害风险，需先理清楚什么是"自然灾害风险"。这一概念最早出现于20世纪90年代，由联合国倡导并迅速被各国政府接受，随后围绕自然灾害风险管理的各类研究陆续展开。

1987年12月，联合国大会通过决议，推进1990~2000年"国际减轻自然灾害十年"（International Decade for Natural Disaster Reduction，IDNDR）活动，倡导各国提升国家能力、减轻灾害造成的损失和影响。1994年5月，联合国国际减轻自然灾害十年委员会在日本横滨主办第一届世界减灾大会，通过了"横滨战略和行动计划"，号召各国加强协作、共同应对自然灾害。这次会议是国际减灾合作的里程碑，"横滨战略和行动计划"绘制了国际减灾合作的蓝图。1999年11月，联合国部署国际减轻自然灾害十年活动后续安排，将其发展为国际减灾战略（International Strategy for Disaster Reduction，ISDR），倡导减灾战略要与可持续发展相结合，减灾理念要从抵御灾害转变为管理灾害风险。"灾害风险"这一概念第一次进入国际社会视野。2003年6月，国际风险分析协会（Society for Risk Analysis，SRA）在比利时布鲁塞尔主办第一届世界风险大会，形成灾害研究要从重视灾后分析转向重视灾害风险管理和灾害风险政策的灾前研究的共识。2005年1月，联合国在日本兵库举行第二届世界减灾大会，通过了《兵库宣言》和《兵库行动框架》，号召各国要优先实施减少灾害风险的国家政策，国际社会要加强双边、区域及国际合作，增强易受灾发展中国家，特别是最不发达国家和小岛屿发展中国家减少灾害影响的能力。2015年3月，联合国在日本仙台举行第三届世界减灾大会，通过了《2015—2030年仙台减轻灾害风险框架》，首次提出全球防灾减灾目标，呼吁各国加大减灾投入、加强能力建设、减少自然灾害带来的损失。在联合国推动下，自然灾害风险管理成为重大国际减灾战略制订的核心要义，在各国防灾减灾政策制定和防灾减灾科学研究领域一直居于基础地位。

自20世纪90年代末"自然灾害风险"首次进入人们视野，其确切的定义就一直在讨论，许多学者从不同的角度下过各类定义，看似问题已经解决，但在灾害管理工作实践中并未得到真正认可，突出体现在两方面：一是"灾害风险"与"灾情"两个概念混淆使用；二是对灾害风险形成机理的认识至今未完全达成一致。本书并不试图给"自然灾害风险"再下个定义，只想立足自然灾害管理工作实践，从以上两方面入手揭示其在新时代防灾减灾救灾工作中的实质性内涵。

"灾害风险"与"灾害"两个概念如何区分？从灾害系统角度理解，二者都是特定孕灾环境下致灾因子与承灾体共同作用的结果，前者强调潜在的损失和影响，后者强调已经造成的损失和影响。即一个区域处于致灾因子的可能影响范围之内，区域内承灾体相对于特定强度致灾因子具有脆弱性并缺乏足够的应对能力，当同时具备这两个条件的时候即存在灾害风险，当二者同时发生时即出现灾害事件（殷杰等，2009；伊战娥，2012）。

学术研究和灾害管理工作实践对灾害风险形成机理的认识一直在深化。第一种认识将灾害风险等同于致灾因子的危险性，即 R（灾害风险）=H（致灾因子危险性），强调致灾因子的强度及其发生的可能性。在学术研究中，这一观点早已被摒弃，但是地震、地质、气象、水旱、海洋等单灾种管理部门仍在采用致灾危险性评估发布单灾种风险预警；第二种认识将灾害风险定义为致灾因子危险性和承灾体脆弱性作用的结果，即 R（灾害风险）=H（致灾因子危险性）$\cap V$（承灾体脆弱性）。其最大进步是将灾害后果引入灾害风险构成要素，灾害应急管理部门以及农业、林业等承灾体管理部门采用该方法评估灾害风险；最大缺陷是未考虑减灾能力对灾害潜在损失及影响消减作用，灾害风险评估结果较实际发生灾情往往偏大。第三种认识将灾害风险定义为致灾因子危险性、承灾体脆弱性和减灾能力综合作用的结果，即 R（灾害风险）=H（致灾因子危险性）$\cap V$（承灾体脆弱性）/P（减灾能力），代表了近年来灾害风险研究的最新成果，考虑到了减灾能力提升减轻灾害损失和影响方面的积极作用。第四种认识是国际上存在的一种广泛认同、简化的自然灾害风险认识，就是利用历史灾害灾情等级直接表征区域的自然灾害风险，联合国全球灾害风险评估报告就是采用因灾死亡人口、因灾直接经济损失等指标来评估各国的自然灾害风险状况。以上四种认识，特别是前三种代表了自然灾害风险形成机理发展演变的基本阶段，从单纯考虑致灾因子强度，到增加承灾体脆弱性，再到增加减灾能力，总体方向是日趋强调自然灾害系统的全面反馈和灾害可能造成的损失及影响。

随着理论研究的深入和灾害管理需求的变化，我们对自然灾害风险的认识还将持续深化。综合以上两方面的探讨，自然灾害风险的内涵可以从以下几方面进行把握：

（1）灾害风险是潜在的损失和影响。所谓"潜在的损失和影响"蕴含两个方面含义：一方面是灾害发生的可能性，可以用概率分布进行描述；另一方面是经济、社会、生态等系统遭受的破坏与影响，既可以用损毁实物量表征，也可以用损失的经济价值表征。准确评估区域灾害风险必须包含两方面要素，缺少任何一方面谈风险都是不完整的。

（2）灾害风险只能采用方法或模型间接评估。任何方法都不可能精确地模拟出灾害可能发生的真实情景，只能无限逼近。在灾害应急管理中正确的表述应是"灾害风险评估"，"灾害风险监测"只是一种习惯性表达，"灾害风险评估"的含义是灾害监测与风险评估两项业务工作的综合。

（3）灾害风险的表达具有不确定性。灾害的发生演变遵循客观规律，灾害风险是可以科学模拟的，灾害应急管理和学术研究领域已经建立了种类繁多的灾害风险评估方法及其指标体系。由于对灾害风险形成机理的认识不统一，这些评估方法对灾害风险的表征也是不统一的，集中表现为评估结果的不确定性，叠加时间和空间尺度因素，进一步加剧了问题的复杂性。如中国全国尺度自然灾害综合风险评估，有采用综合灾情指数分级描述的，也有采用主要灾情指标表征的；同一种方法，采用季度、年度、年际等不同时间尺度其空间分布格局差异较大。

（4）灾害风险具有动态变化性。灾害风险是灾害系统各组成要素综合作用的结果，致灾因子、承灾体、减灾能力持续变动导致灾害风险呈现出动态变化特征。其中，致灾因子受地球系统变动影响呈现不同时空尺度的规律性变化，如全球气候变化、地质运动等；承灾体脆弱性和减灾能力受经济社会发展影响也在持续变化，自然、人文因素相互交织，导致认识和把握灾害风险的变化规律非常复杂。

（5）灾害风险可以进行防范和治理。通过改变灾害系统中承灾体脆弱性和减灾能力两要素，可以干预特定时空尺度灾害风险变化的方向，这就是防范和治理灾害风险的理论基础。区域人口增长、经济总量增加必然导致当地灾害风险加大，降低承灾体脆弱性、提升减灾能力可以有效减轻灾害可能造成的损失和影响，防范区域灾害风险。

以上五个方面是科学认识和把握"自然灾害风险"概念的关键，有助于厘清"自然灾害风险"与"自然灾害"两个概念长期以来模糊不清的边界，为我们研究自然灾害综合风险防范信息服务业务体系、开发自然综合灾害风险防范信息服务技术提供了理论基础。

2. "自然灾害风险防范"新解读

自然灾害风险防范属于管理学范畴，指有目的、有意识地通过计划、组织、控制和检察等活动阻止灾害损失的发生或者减轻其程度。狭义上指灾前采取措施减轻灾造成损失和影响，广义上指灾害应急管理全流程对灾害损失和影响的控制。

党的十八大以来，中国的防灾减灾救灾工作理念发生重大变化，要求"坚持以防为主、防抗救相结合，坚持常态减灾和非常态救灾相统一，努力实现从注重灾后救助向注重灾前预防转变，从应对单一灾种向综合减灾转变，从减少灾害损失向减轻灾害风险转变，全面提升全社会抵御自然灾害的综合防范能力"，强调关口前移、风险管理、综合减灾，强调灾害应对全过程管理。适应新时代防灾减灾救灾体制机制改革的新要求，自然灾害风险防范被赋予了新内涵，突破了狭义的灾前预防，涵盖常态减灾、灾前预防、灾中救援、灾后恢复重建等灾害应急管理全流程，强调"超前部署"。采取一系列管理或工程技术措施干预和控制灾害发生发展过程，最大限度减轻灾害损失和影响。

自然灾害应对关口前移，防范重大自然灾害风险，需要对我国传统的以服务于灾中应急、灾后恢复重建为导向的减灾救灾业务技术体系进行整体性重构，建立以服务于灾害风险管理、综合减灾为导向的新型防灾减灾救灾业务技术体系。旧体系的核心是灾情统计与核定，新体系的核心是风险评估与预警。2018 年，党和国家机构改革成立了应急管理部，地方各级政府组建了应急管理部门，承担防范化解自然灾害和安全生产领域重大安全风险的职责。新型防灾减灾救灾业务体系建设同步推进，灾害综合监测、灾害风险评估、灾害预警、灾害救援等新型业务逐步完善，灾害保险、社会力量参与综合减灾、工程减灾等传统业务也适应新时代风险防范、"超前部署"要求进行调整优化。新型防灾减灾救灾业务体系建设完善是一个长期过程，业务需求研究、关键技术创新、业务平台研制、行业应用推广等需要业务人员和科研工作者协同努力才能推进，任重道远。

1.1.2　自然灾害综合风险防范信息服务及其特点

自然灾害综合风险防范信息服务是支撑新型防灾减灾救灾业务体系运行的重要基础性工作。新时代防灾减灾救灾业务技术体系重构对自然灾害综合风险防范信息服务的目标、环节、内容和方式提出了新要求。突出特点是强调对灾害应对"超前部署"的支撑，强调灾害要素信息的综合。

1. 服务对象日趋社会化

在中国灾害应急管理体制中，政府一直发挥主导作用。保障政府灾害应急管理决策是灾害信息服务的主要目标，各级政府灾害管理部门是信息服务的主要对象。防灾减灾救灾体制机制改革要求"坚持以人为本、切实保护人民群众生命财产安全""坚持党委领导、政府主导、社会力量和市场机制广泛参与"，防灾减灾救灾工作的主体由政府部门扩大到企业、社会力量和社会公众。因此，新时代自然灾害综合风险防范信息服务的对象不再局限于政府部门，而是扩大到社会力量、保险公司和社会公众。

（1）政府部门。在新时代防灾减灾救灾体制中，各级党委、政府居于领导和主导地位，发挥组织领导、统筹协调、提供保障等作用。服务保障各级党委、政府的灾害应急管理决策仍是自然灾害综合风险防范信息服务的主要目标，灾害监测、风险评估和风险预警业务技术支撑体系由各级政府统一规划，动员社会各方面力量协同建设完善。

（2）社会力量。汶川特大地震后，社会力量开始有序参与防灾减灾救灾工作，成为政府防灾减灾救灾工作的辅助力量。中国将进一步完善社会力量救灾协同联动机制，搭建社会组织、志愿者等社会力量参与的协调服务平台和信息导向平台，鼓励支持社会力量全方位参与常态减灾、应急救援、过渡安置、恢复重建等工作。

（3）保险公司。灾害保险一直是政府灾害救助工作的重要补充。政策性农房保障、自然灾害公众责任险、农业指数保险等在灾害救助工作中发挥了重要作用。中国将持续强化保险等市场机制在风险防范、损失补偿、恢复重建等方面发挥的积极作用，不断扩大保险覆盖面，加快巨灾保险制度建设，逐步形成财政支持下的多层次巨灾风险分散机制。保险公司作为市场主体参与防灾减灾救灾工作，需要政府提供政策、技术和信息服务保障。

（4）社会公众。人民群众既是灾害救助的对象，也是防灾减灾救灾工作的参与主体。开展防灾减灾宣传教育，增强公众的风险防范意识，提升应急避险和自救互救技能。完善工程设防标准体系，引导公众自觉提升灾害高风险区域内学校、医院、居民住房、基础设施及文物保护单位的设防水平和抗灾能力，引导公众救灾捐赠，参与重大自然灾害应急救助工作。

2. 服务环节延伸到灾害应对全流程

长期以来，中国灾害风险防范信息服务工作的重心一直聚焦于日常灾害监测和重大灾害临灾预警，防灾减灾救灾体制机制改革要求其延伸到常态减灾和灾前预防、灾中救援、灾后恢复重建等重大灾害应对全流程，建立健全灾中救援和灾后恢复重建环节的自然灾害综合风险防范信息服务业务技术体系。

（1）常态减灾。包括灾害监测、中长期灾害风险评估、救灾预案与应急演练、人员队伍建设、救灾物资储备、防灾减灾宣传教育、防灾减灾工程等工作。灾害监测、中长期灾害风险评估是常态减灾的重要基础性工作，是灾害风险防范信息服务的核心内容。

（2）灾前预防。提前发布地震、地质、气象、水旱、海洋等灾害的预警信息，为地方政府组织开展人员转移和应急避险工作提供决策信息支持。综合分析、研判潜在的受灾范围及其可能造成的损失和影响，提升灾前应急避险工作的精准化程度。

（3）灾中救援。组织政府、社会组织、企业和基层城乡社区的各类防灾减灾救灾队伍，开展应急抢险、受灾群众转移、被困人员搜救、应急期灾民基本生活保障等救助活动。跟踪分析灾情发展态势，提前研判灾害风险，为灾中救援决策提供实时信息保障。

（4）灾后恢复重建。组织开展灾民生活救助、倒损房屋重建、公共设施重建、经济社会秩序恢复等活动。开展灾情综合评估，分析灾民生活救助需求和房屋公共设施恢复重建需求，研判重建区灾害风险，为灾区恢复重建规划提供信息支持。

3. 服务产品强调综合风险预判

中国单灾种风险预警工作已经形成相对完备的业务体系，各部门信息产品主要聚焦于致灾因子危险性，缺乏对灾害风险的综合分析。防灾减灾救灾体制机制改革要求构建灾害综合风险防范业务体系，灾害信息服务工作强调"综合"和"风险预判"。其中，"综合"有四个方面含义：一是灾种综合，强调多灾种、灾害链；二是灾害要素综合，不仅包括致灾因子，还包括承灾体、减灾能力等信息；三是部门信息综合，需要多个灾害管理部门协同工作才能完成；四是手段综合，强调"天-空-地"一体化立体监测，包括卫星遥感、航空遥感、地面监测网等。"风险预判"指快速预判灾害风险形势，提前采取防范措施，减轻灾害损失及影响。高时效性是自然灾害风险防范信息服务，特别是重大灾害全链条应对的基本要求。风险预判的时效性主要取决于评估模型和数据源两方面因素，其中，可靠、稳定的数据源往往是主导性因素。

4. 服务方式多样化

移动互联、物联网、大数据等新兴信息技术迅猛发展，推动新时代自然灾害风险防范信息服务技术快速升级：一是信息渠道加速迭代。邮件、手机短信和网站（Web）等正在逐步退出灾害管理人员、社会组织、人民群众获取灾害信息的主渠道，移动应用程序（APP）、微信、微博等新兴媒体逐渐成为主要来源。移动互联网进入5G时代，信息传播速度和范围呈几何级倍增，物联网的发展为未来灾害信息服务开辟了更加广阔的渠道。二是信息载体快速升级。文本、表单、图片等传统灾害信息载体数据量小、用户技术门槛低、网络传输带宽需求小，在政府灾害管理、社会灾害信息发布工作中仍占据主要地位。近年来，移动地理信息系统（geographic information system，GIS）、通导遥一体化、移动互联网技术融合发展，基于位置的灾害信息精准服务成为主流，电子地图成为灾害信息的主要载体，流媒体、增强现实/虚拟现实（AR/VR）等与电子地图融合正推进灾害信息空间服务加速升级。三是信息终端多端统一化。手机、个人电脑、广播、电视、大屏幕等传统信息终端加速升级换代，跨平台统一操作系统正推进多类型终端在应用层的统一。云服务、终端智能化彻底打破了各类终端信息服务的界限，推进各类终端实现统一标准的信息服务。智能手机替代个人电脑成为社会公众获取信息的主要终端。基于手机的灾害信息服务应用加速发展，各类移动 APP 大量涌现，灾害信息精准服务等正在深刻改变我们灾害信息服务的业务模式。

1.1.3　自然灾害综合风险防范信息服务业务技术体系

自然灾害综合风险防范信息服务业务发展需要建设配套的业务技术支撑体系，包括产品体系、信息平台、业务模式、标准体系等四个方面，组建业务技术支撑机构，搭建信息平台，制订技术标准，开展常态化信息产品服务。

1. 产品体系

信息产品是自然灾害综合风险防范信息的载体，是服务于特定用户对象、满足特定环节灾害应急处置决策需求、通过特定渠道发布的灾害信息的总和。信息产品体系就是按照灾害应对全流程总体规划建设、按照特定的分级分类规则有序组织的一系列信息产品的总和。信息产品是自然灾害风险防范信息服务工作的核心，信息产品体系是规划建设业务信息平台、基础数据库、运行保障模式和技术标准体系的前提和基础。

信息产品体系建设涉及产品总体规划、产品开发、产品发布服务等工作。产品总体规划需要研究灾害风险防范信息服务的总体需求，梳理需要开发的信息产品种类及其内容，建立信息产品目录，作为各类信息产品开发的总需求和总依据。产品开发以信息产品体系为依据，按照其服务目标及内容定位，研究设计产品的模板、内容要素和表现形式，确定产品制作的数据来源，研发产品制作的关键技术。产品的模板是核心，内容要素是关键，表现形式是难点也是亮点。产品发布服务主要涉及平台、渠道和模式。平台是信息产品发布、传输和展示的工具，包括打印输出报告的纸媒体、广播电视播报的多媒体、个人电脑手机大屏幕发布的数字媒体及当下正在盛行的网络融媒体，媒体平台的特点对信息产品的发布、传输和表现形式具有决定性影响；渠道是立足当前媒体平台发展的最新进展，是针对各类用户发布、推送灾害信息的通道，如利用手机平台通过短信、微信、微博等方式向用户推送灾害信息；模式是各类用户获取灾害信息的方式，有主动推送、公开发布、定向服务等 3 种模式。

2. 信息平台

支撑灾害应急管理人员收集、处理、集成、分析、管理和服务各类灾害信息的基础工作平台，具有灾害综合监测、灾害风险评估、灾害风险预警、灾害风险信息管理、灾害风险信息服务等功能。物联网、大数据、云服务等新兴技术的发展，正持续推动业务信息平台迭代升级。

（1）灾害综合监测。构建卫星遥感、航空遥感、地面监测"三位一体"的灾害综合风险监测体系，对地震、地质、气象、水旱、海洋、林草等自然灾害进行全方位、全要素、动态化的立体监测，为自然灾害风险早期识别、临灾预警提供稳定可靠的信息来源。覆盖致灾因子、承灾体、减灾资源、重点隐患等灾害系统全要素，需要统筹单灾种部门、主要承灾体部门、应急管理部门以及企业、社会组织的监测资源规划建设。

（2）灾害风险评估。开发地震、地质、气象、水旱、海洋、林草等灾害及灾害链的综合风险评估模型，实时动态分析自然灾害的致灾强度、影响范围以及可能造成的人员伤亡、房屋倒损、基础设施损毁、经济损失和社会影响，支撑单灾种和多灾种综合风险预警工作。

（3）灾害风险预警。建设覆盖全链条的自然灾害综合风险预警系统，实时跟踪分析自然灾害综合风险的时空变化，及时发布灾害预警，指导灾区部署各项防灾减损措施，最大限度减轻灾害造成的损失和影响。

（4）灾害风险信息管理。建设跨平台、多部门协同共享的自然灾害综合风险管理系统和自然灾害综合风险基础数据库，推动行业致灾、承灾、减灾和孕灾等灾害要素数据的共享与融合，支撑灾害风险评估、灾害风险信息管理及应用工作。

（5）灾害风险信息服务。建设灾害风险信息服务集成系统，通过网站、手机应用、微信息客户端等多种渠道为政府、企业、社会组织、公众提供灾害综合风险信息服务。建设自然灾害防灾"一张图"，推动灾害风险信息精准定向发布与服务。

3. 业务模式

保障自然灾害综合风险防范信息服务业务流程规范化运行的技术机制。面向政府、企业、社会组织、公众等四类主体，针对常态减灾、灾前预防、灾中救援、灾后恢复重建等灾害应急管理全业务链条，分别建立风险防范信息产品制作、发布与服务业务模式，是一个纵横交错的复杂体系。业务模式具体体现为系列业务技术机制，如灾害风险防范产品协同制作机制、多部门灾害风险信息协同与应急联动工作机制、灾害风险信息发布与服务工作机制等。

4. 标准体系

控制灾害风险防范信息服务各项业务工作质量、保障信息平台多主体协同建设、推进跨平台灾害信息集成共享的技术要求，涉及信息收集、处理、集成、分析、管理、服务等全流程。建立自然灾害综合风险防范信息管理与服务的技术标准体系，指导制定信息产品制作、信息平台建设、基础数据库建设、信息管理与服务等系列技术标准，规范政府、企业、社会组织和公众开展灾害救助、灾害保险、综合减灾等业务工作。

1.2　自然灾害综合风险防范信息服务技术进展

1.2.1　灾害信息产品开发技术

美国、日本、澳大利亚等发达国家及欧盟都建立了相对完善的灾害监测、预报和减灾应急等信息平台和产品体系，产品制作逐步实现智能化。商业化运作极为成熟，已经逐步从服务本国走向全球范围。欧盟凭借空间平台优势，建立了区域性环境监测多级计算机网络系统，各国国内以工作站为节点进行灾害预警分析，国家之间通过远程数据网络实现数据共享，大幅提升了信息产品制作效率。信息产品开发方面呈现以下三方面突出特点：

一是注重专家知识、经验和多部门信息的综合分析研判，提升产品的专业性和科学性。美国国家干旱减灾中心（National Drought Mitigation Center，NDMC）制作产品，每周有数位干旱领域的专家综合考虑降水异常、温度、土壤湿度、河流和湖泊水位、积雪和融水径流等各项观测指标以及区域受到干旱的影响程度。澳大利亚气象局在进行降水预报时，气象局的专家会综合考虑美国国家海洋与大气管理局（National Oceanic and Atmospheric Administration，NOAA）、英国气象局、日本气象厅、欧洲中期天气预报中心和加拿大气象局等多国气象中心模型的输出数据，首先权衡和判断哪些模型是正常合理的，根据经验对模型输出结果进行修正后再发布降水预报。

二是全方位、多角度的信息产品表现形式，满足不同主体对于灾害信息的差异化需求。美国国家飓风①中心发布的飓风预警产品表达样式非常丰富，包含了预报圆锥体图、风速概率图、热带风暴抵达图、热带气旋风场图和累积风历史图等多个图形化产品。欧洲干旱天文台发布的干旱产品，包含了标准化降水指数、土壤水分异常、植被状况异常、低流量指数、热浪寒潮指数、组合干旱指标等，从各个角度反映干旱的实际状况。

三是从单灾种走向多灾种综合，满足自然灾害综合防御需求。澳大利亚气象局、日本气象厅和美国地质调查局（United States Geological Survey，USGS）已经建立了多灾种预警、监测和灾害信息平台，向多用户发布多灾种综合信息服务产品。

1.2.2　灾害信息产品服务技术

灾害信息产品服务从单渠道发布向多渠道发布转型，由延时发布到实时高并发推送转变，从单一文字信息至包含有地理信息、灾情图片、损失描述图表等多种形式信息发展。何霆和陈修吾（2019）开发了面向对象的多渠道地震应急信息发布技术，整合已有的数据资源，面向不同群体提供最符合其需求的地震灾害信息。利用短信、微博、网站以及大屏可视化等多种发布渠道自动发布，解决了人工干预发布实时性差、效率低及人工输入误差等问题，在地震预警工作中优势显著。王铭铭（2020）运用物联网、互联网等技术结合现有信息传输媒介，扩展了短信、微信公众号、无线电台信息终端等多种发布渠道进行山洪预警，解决了常规预警信息发布方式受众面小、实效性低、稳定性差等问题，将预警信息平台延伸到基层，实时更新水情、工情变动信息，及时稳定地发布山洪信息。

网络时代信息呈爆炸式增长，各类群体在信息分拣和选择方面花费的时间越来越多，信息产品精准推送技术开始大量研究，主要有三种方法：一是内容推荐算法，推荐与目标用户曾经选择产品相似的产品；二是协同过滤推荐算法，通过用户历史记录找到近邻用户，推荐近邻用户选择的产品；三是混合推荐算法，是内容推荐算法与协同过滤推荐算法

---

① 发生在大西洋西部的热带气旋称为飓风，发生在太平洋西部海洋和南海海上的热带气旋称为台风。

的结合。Jonnalagedda 等（2016）计算新闻受欢迎程度和用户配置文件的相关性，基于此完成新闻的推荐；Hao 等（2012）通过混合推荐算法提供了一种减少重复单调内容的工具；李增等（2020）以用户行为和用户新闻浏览日志为基础，提出了一种以马尔可夫算法为主要算法的新闻推荐算法，同时辅以协同过滤和基于内容的推荐，使得推荐模型在准确率上有明显的提升以解决信息量过载和人们需求量的严重不平衡问题。

1.2.3 多源异构信息集成技术

中国各类灾害信息由各部门负责收集、处理、存储和管理，各部门分别建设维护着相对独立的数据库和信息管理平台。跨平台、多源异构数据集成，建设全局模式的数据库，目前国内外主要有模式集成方法、数据复制方法、微服务架构下的数据管理共享方法等三种解决方案。

1. 模式集成方法

通过匹配、映射等方式将局部模式转换为全局模式而进行数据共享，是一种广泛使用的方法。该方法在物理上并不将异构的数据源集中到一个数据资源中心，而是保留异构数据源的实际存储位置，仅将各异构数据源的局部模式转换为统一的针对底层数据源逻辑表示的全局模式，在全局模式上提交用户数据后，即被转换成各异构数据源能够执行的请求，以完成对异构数据源中数据的获取与整合，并返回集成结果。由于全局模式是虚拟的数据源视图，部分学者将其称为虚拟视图集成方法。联邦数据库系统方法和中间件集成方法是模式集成方法中较为典型的两种方法：联邦数据库系统（Federated Data Base System，FDBS）是由多个半自治数据库通过联邦组成，以独立于其他数据库和联邦的方式进行请求操作，以实现数据库系统间部分数据的共享为目标，是一种典型的模式集成方法。所谓"半自治"是因为联邦中所有数据库都添加彼此访问的接口以实现互操作，所以需要编写大量接口程序，这是早期采用的一种模式集成方法。FDBS 方法只适合于数据源数量较少的场景，对非结构化、半结构化数据支持不足，仅用于结构化信息的相互访问。中间件集成方法通过提供一个全局模式将各数据源在逻辑上进行集成，各自的数据仍保存在相互独立的数据源中，对各数据源的各类数据请求操作均在全局模式进行。中间件根据预定义的映射规则，将针对全局模式的操作请求分解为针对各个数据源局部模式的子请求，分派到对应的数据源适配器。适配器把各子请求转换为各数据源能够识别并处理的请求，将执行结果封装后返回。典型的数据集成中间件体系结构主要包括中间件和与数据源一一匹配的适配器，中间件通过适配器与各数据源进行交互。该方法对结构化数据、半结构化和非结构化数据都能很好地支持，适合于数据源高度自治、数据频繁更新、实时性要求强的数据的集成场景。但该方法通常仅支持对数据源的只读操作，在读写操作均有需求的场合，则不如联邦数据库系统方法有优势。模式集成方法常常被用于数据更新频繁、数据实时性要求高、需求难以预测的场景，中间件集成方法是当前模式集成方法的首选。

2. 数据复制方法

按照预定义的集成规则将各数据源中的数据复制到相关的目标数据集中，并保证各数据源与目标数据集数据的一致性。该方法既可以对整个数据源全量复制又能支持数据增量复制，还可以周期性地复制或不定时复制。由于数据已预先集中、统一存放，提供数据服务时可以大大减少对多个异构数据源的操作，从而提高数据集成系统的效率和性能。数据仓库法是目前典型的一种数据复制方法，将异构数据源的数据模式合成为一个统一的全局模式，并将异构数据源中的数据抽取、转换、加载到数据仓库中，形成各数据源整合后的数据副本，完成数据共享。数据仓库支持对历史数据的访问，并提供统一的接口对外服务。数据仓库法的优点是查询处理机制简单、性能较高，既可用于数据集成，还可用于决策支持等。但实施周期较长，数据重复存储导致冗余较大，数据同步困难且不允许更新操作。因此，对于有大量数据修改需求的场合，数据仓库法并不适合。

3. 微服务架构下的数据管理共享方法

各部门分别有相对独立的数据共享服务技术体系，采用面向服务架构（service-oriented architecture，SOA），能够消除不同技术体系之间的差异，实现异构平台间的无缝对接。微服务架构下的灾害信息共享与交互服务通过整合来自不同部门的多元数据服务接口，形成对既有异构系统融合机制，提高面向灾害过程的业务数据加工、处理与服务支撑能力。通过搭建标准的数据服务网关，对各微服务单元进行统一的封装与治理。同时扩展应用程序接口（application program interface，API）提供的访问地址，对用户请求进行一系列加工和处理。通过微服务的互相调用和分布式协作，即可快速编排、开发出各项业务应用功能。那么，在业务层面，就需要满足事务的一致性要求和分布式事务控制能力，即如果事务处理成功，则业务得以全部完成，数据前后保持一致；如果处理过程中遇到故障，所有业务处理应全部回滚，恢复到其初始状态。

1.2.4 大数据灾害信息挖掘与融合技术

随着互联网技术的发展，大量灾害信息都能在网络上直接获取。灾害发生后，公众使用社交媒体平台交流灾害相关信息，帮助协调救援工作，社交媒体数据蕴含的时空信息也有助于实时监测和评估灾害风险状况。网络大数据灾害信息挖掘与融合技术研究主要集中于网络舆情信息、社交媒体数据、位置大数据等领域。

1. 网络舆情信息挖掘分析

中国互联网快速普及，网络舆情对社会的影响力也越来越大。如何挖掘网络舆情中与灾害相关的关键信息，进而及时做出积极有效的应对措施，已经成为各级政府管理工作的一大要点。网络舆情信息挖掘关键技术包括网络数据爬取技术、中文处理技术、序列挖掘技术、文本倾向性挖掘技术、话题监测跟踪技术等。近年来，随着智能手机的普及和APP的增加，网络舆情信息挖掘涉及的相关网络媒介越来越丰富，从网民使用时间较长的各大论坛、微博、微信，到新兴的抖音、快手、知乎、小红书等APP，这给网络舆情信息获取工作也带来了新的挑战。

网络数据爬取技术是网络灾害信息数据获取的基础工具，具有成本低、效率高、覆盖面广等优势。灾害管理领域使用的网络爬虫技术主要有主题爬虫、增量式爬虫技术等，其中，主题爬虫是根据主题判断算法过滤掉与主题不相关的网页链接，将抓取到的与主题相关的页面链接放入等待爬行队列之中，并且根据特定的主题搜索策略等待爬行；增量式爬虫是监测网站数据更新的情况，仅爬取网站新更新的数据，减少数据冗余。灾害发生初期，大量信息涌现，采用增量式爬虫可以节约计算和存储资源，并有助于我们对爬取后的信息进行进一步分析。指数级增长的网页、大量重复的页面、动态页面的存在等都给网络爬虫工作带来了相当大的挑战，如何能在一定的时间内尽可能多地获取与主题相关的高质量网页并存储到本地以提取有用的信息，是网络爬虫技术面临的主要难题。

2. 社交媒体数据挖掘分析

社交媒体数据蕴含大量灾情和求救求助信息，是网络大数据的又一个重要来源。社交媒体灾害信息挖掘技术研究主要有三个方面：一是挖掘灾害时空变化信息，通过对社交媒体数据中的空间、时间、内容等属性的分析，可以洞察人们对突发性灾害事件的感知情况；二是评估灾害损失，如利用推特（Twitter）时空模式挖掘地震数据信息，进行震后灾害损失评估；三是监控灾害舆情，通过对社交媒体中灾害信息传播方式、传播者和受众者进行分析和建模，了解灾害趋势或进行舆情管控。

社交媒体中的灾害信息包含大量文本、图片和视频，灾害信息挖掘与业务化应用面临三方面困难。首先是缺乏灾害管理信息的专业语料库，不同类型灾害的致灾程度、不同承灾体的破坏程度和救助需求感知信息表达形式都存在显著的差异，如何针对灾害需求，建立专业化的语料库以提取相应信息，是利用网络文本数据进行应急管理的基础。其次是灾害相关推文图片与视频的处理技术仍存在难度，不仅需要研究具体的图像识别及提取技术，还需要强大的数据（如 Petabyte 级大数据）处理能力，此方面的研究及灾害管理领域应用较少。最后是单源社交媒体提取的灾害信息有限，其精度往往难以达到科学决策需求，研发多源社交媒体信息融合分析技术以及更加全面系统地提取技术是未来研究的趋势。

3. 位置大数据挖掘分析

位置大数据主要包括手机信令、手机位置大数据、公交刷卡、出租车轨迹等，可以真实模拟人口空间分布及日常活动模式。利用位置数据可以近实时监测灾后区域人口活动异常、跟踪灾后人口流动情况，不仅有助于灾后应急救援工作，也有助于控制灾后发病率及死亡率（Bengtsson et al., 2011；Cervone et al., 2017）。Song 等（2013）利用手机全球定位系统（GPS）数据基于概率模型模拟灾后人口流动。Xia 等（2019a）发现地震危险区的分布、人员的反应、人员的移动等都可以利用位置数据被追踪。Yabe 等（2016）利用收集的 GPS 数据有效地估计了熊本地震后的疏散热点区域，并建立了疏散速率与地震烈度的关系模型。手机信令数据是位置大数据应用的亮点，手机普及率高，几乎人人都是手机信令数据的贡献者，样本代表性较其他位置数据可靠性更高。Xia 等（2019a）利用手机信令数据结合遥感提取建筑物分布，估算了九寨沟地震后人口分布情况。赵时亮和高扬（2014）研发了基于移动通信基站的人口位置数据实时采集、修正、调度的算法和模型。

中国联通等手机信令数据提供商也逐步完善此类算法，使得手机信令数据的位置信息更为准确。Xia 等（2019b）通过计算手机信令数据的变化率确定地震影响场的大致范围，同时通过对不同时间段的数据空间分布进行分析，得到地震后人员的移动情况。Xing 等（2021）则利用异常分析、社交媒体分类等方法，结合手机信令数据和社交媒体数据进行了地震灾后的影响评估。

4. 多源数据融合分析

多源数据融合在灾害研究中较为常见，随着参与式地理信息技术的广泛应用，许多研究将社交媒体数据与遥感影像融合，弥补传统地面调查方式局限性大、时效性差的不足，以进行灾害检测、灾情提取、灾害风险评估等研究。灾害背景下涉及社交媒体数据融合的方法主要分为两类：

（1）权重融合方法。根据融合目标对多个数据源的异构数据分别提取特征，对特征重要性进行权重赋值，依据权重融合多个数据源提供的信息得到最终的分类、分级或信息提取结果。苏晓慧（2013）基于社交媒体数据、热红外遥感和气象数据等单种地震异常信息评价结果，利用 D-S 证据理论确定每种结果的可信任程度，并对其加权合成以评价地震异常信息。Rosser 等分别利用遥感、社交媒体和地形数据估计洪水淹没范围，而后使用贝叶斯方法将各个数据源的估计结果计算出重要程度并输出最终结果。该类方法的关键是权重测定，传统的专家打分法有人为因素介入，对融合结果影响较大，基于统计方法如贝叶斯方法所确定的权重可在一定程度上提高精确率，但需要满足各类信息彼此独立的条件，在实际应用中较难达成。

（2）社交媒体数据辅助验证方法。将社交媒体数据进行核密度估计等分析，将其空间分布由点转为面，作为遥感影像等数据的验证信息，输入模型提高影像分类或识别的精度。Huang 等（2018）在遥感影像提取洪水水域模型中将定位后的微博数据引入，提高微博数据周边一定范围内像素被识别为水域的概率，从而增强遥感影像的洪水提取能力。该方法在应用中也有局限性，在地震建筑物损毁影像融合分析中实用性不强。使用社交媒体数据与遥感影像融合上有较多的尝试，但在融合方法上仍存在较大的局限性，如何结合网络大数据、位置大数据和遥感影像数据进行灾害信息的挖掘，提高灾害信息获取与评估能力仍是未来的研究方向之一。

1.2.5 灾害风险防范信息集成平台

近年来国内外灾害信息服务系统增多，许多国家建立了不同形式的灾害信息网络发布与共享系统产品进行灾害信息交流，涉及地震、台风、洪涝、泥石流等单一灾种信息发布平台以及融合多种自然灾害的多灾种信息发布平台。

1. 单灾种信息服务平台

地震类信息服务平台的典型代表有美国国家现代地震监测系统（Advanced National Seismic System，ANSS）和中国地震台网监测服务平台。ANSS 由美国国家地震监测台网、区域地震台网及相关数据中心组成，开发了地震早期预警、通知、影响估算、危险性与风险评估、科学与工程研究所需的信息产品与服务，主要通过网站展示、地震通知服务、地震动图（ShakeMap）、向政府和应急管理者提供即时地震通知等方式进行相关数据产品的发布与服务。中国地震台网中心承担着中国地震监测、地震速报等职能，负责各类地震监测数据的汇集、处理与服务，通过地震台网（http://news. ceic. ac. cn）、手机 APP、微博等多客户端进行地震信息及其相关数据产品的发布，实现地震速报信息的自动发布。

台风类信息服务平台的典型代表有中国天气台风网（http://typhoon. weather. com. cn）和台风路径实时发布系统（http://typhoon. zjwater. gov. cn/default. aspx）。中国天气台风网发布台风实时信息，为公众提供台风动态、风雨影响以及历史台风查询服务，主要发布降水量预报、专业天气分析、台风监测、台风防御指南、科普知识等。天气网微信小程序同步提供公众实时查询服务。台风路径实时发布系统以互联网电子地图为基础，实时发布台风路径、实时水雨情、卫星云图等汛情信息，播报台风实时消息、实时台风路径图，提供最新最全的热带气旋警报、台风胚胎最新消息和台风预测。

洪涝泥石流类信息服务平台的典型代表有美国的达特茅斯洪水观测站（Dartmouth Flood Observatory，DFO）。DFO 发布最近 20 天内全球的洪水分布情况，并提供历史 DFO 快速反应淹没地图产品、卫星河流流量、库区测量产品和地球内陆地表水变化记录产品等。

2. 多灾种信息服务平台

多灾种信息发布平台将地震、飓风、洪涝等灾害进行综合，对多种灾害进行监测与风险评估。多灾种信息服务平台的典型代表主要包括全球灾害预警与协调系统（Global Disaster Alert and Coordination System，GDACS）、联合国灾害评估与协调系统（United Nations Disaster Assessment and Coordination，UNDAC）、美国地质调查局、日本内阁府防灾资讯网（http://www. bousai. go. jp）等。

GDACS 利用多种信息渠道和应用程序向灾害应急响应人员和公众发布灾害预警和灾害评估信息。系统自动调用特定的数值模型来分析地震、海啸、热带气旋、洪水和火山等自然灾害的危害程度，主要发布灾害预警、地图及卫星影像、新闻、虚拟在线实时信息交流等四个产品[①]。系统通过内部社交媒体为灾害应急响应人员提供实时灾情监测信息等增值服务。

联合国灾害评估与协调系统是突发事件国际应急响应系统的一部分，支撑干旱、飓风、霍乱、地震、海啸等灾害国际救援协调，发布相关灾害信息产品图。

美国地质调查局（USGS）对地震、洪涝、飓风、野火、火山灾害、滑坡、泥石流等多种自然灾害进行监测、评估和研究，开发预警及监测网站，以及从印刷出版物到网络应用程序多种灾害信息产品和工具。其中，地震信息最全面，可有效支持政府官员、社区、企业、公共服务提供者、基础设施专家和公众的地震应急准备、响应和缓解活动。

日本内阁府防灾资讯网综合了国土交通省、日本气象厅等机构的灾害信息，发布日本

---

① Probst P，Annunziato A. 2016. Tropical cyclones in GDACS：data sources.

及其周边海域的地震、海啸、风洪、火山灾害和雪灾信息，提供交互式地图展示地震信息、地震烈度受影响行政区查询服务，防灾 APP 同步提供相关信息服务。

1.3　中国自然灾害应急管理信息服务工作现状

1.3.1　自然灾害应急管理体制机制演变

中国是世界上自然灾害最为严重的国家之一，灾害种类多、分布地域广、发生频率高、造成损失重。回顾自 1949 年以来中国 70 余年的自然灾害应急管理实践，自然灾害应急管理体制的总格局是统分结合、条块交叉，有人形象地将其描述为"九龙治水"。一般来说，地震灾害管理归地震部门，地质灾害管理归国土部门，水旱灾害管理归水利部门，气象灾害管理归气象、水利部门，森林和草原火灾管理归林草部门，灾害的救助职能从民政部门调整到应急管理部门。历经不同历史时期的发展演变，"统""分"结合的组织体系也在持续优化完善，总的方向是纵向可控性放权、横向多层次协调、内外规范性参与（钟开斌，2018）。1998 年特大洪水应对和 2016 年习近平总书记在唐山考察时的讲话是两个重要的里程碑。1998 年特大洪水应对推动中国自然灾害应急管理体系真正走向成熟。2016 年习近平总书记在唐山考察时的讲话推动中国防灾减灾救灾工作理念向灾前预防型转变，奠定了新时代自然灾害防治工作的总方向。

1. 1949～1998 年，发展演变时期

自 1949 年到 20 世纪 90 年代，农业和农村在中国经济社会发展中一直占据重要地位，经济短缺、政府财力不足一直是困扰中国社会发展的重要因素。这一时期，自然灾害的风险主要集中在农村，中国防灾减灾救灾工作带有明显的"农村"特色，政府救灾工作方针始终强调群众自救互救的首要地位。中国救灾行政主管部门几经变迁，由 1949 年后的内务部到财政部、民政部，其灾害救助职能的工作范围一直聚焦农村，1988 年后才扩大到城市。

中国政府机构经历了几次大的改革，自然灾害救助综合协调机制也发生了几次大的变化。新中国一成立，政务院就要求各级政府成立生产救灾委员会，各级政府首长直接领导，成员包括内务、财政、工业、农业、贸易、合作、卫生等部门。1950 年 2 月，中央救灾委员会成立，国务院副总理担任主任，统筹协调各部门、统一领导全国救灾工作，日常工作由内务部负责。1991 年 7 月，国务院成立全国救灾工作领导小组，国务院副总理担任主任，成员包括国家计划委员会、建设部等 25 个部门，办公室设在国务院生产办公室。1993 年，国务院成立国家经济贸易委员会，下设全国抗灾救灾综合协调办公室，统筹协调全国自然灾害救助工作。与综合协调机制的频繁变迁不同，部门分类管理的机制一直保持相对稳定并持续得到强化。地震、地质、气象、水利、海洋、林业等部门分别负责相关领域自然灾害防治工作，特别是水利、地震两大领域还发展组建了以单灾种应对为目标的专业性抗灾救灾协调机制。防汛抗旱指挥部最早追溯到 1950 年 6 月成立的中央防汛总指挥

部，后历经为中央防汛抗旱总指挥部、重新恢复中央防汛总指挥部、国家防汛总指挥部等
几次调整，1992 年 7 月最终确立为国家防汛抗旱总指挥部，负责组织、协调、监督、指挥
全国的防汛抗旱工作，总指挥由国务院副总理或国务委员担任。抗震救灾统筹协调机构最
早追溯到 1969 年 7 月成立的中央地震工作小组，1971 年 8 月组建国家地震局作为其办事机
构，1995 年 2 月以抗震救灾指挥部的形式制度化，明确启动条件、运行机制和工作职责。

2. 1998～2016 年，全面成熟时期

1998 年，中国长江、嫩江、松花江流域暴发全流域特大洪水，造成极为严重的人员伤
亡和经济损失。对此次特大洪水的反思推动中国自然灾害应急管理体制及其技术支撑体系
建设全面走向成熟。这一时期，中国经济社会高速发展，工业化、城市化、信息化进程加
速推进，经济总量跃居世界前列，综合国力与国际影响力迅速提升。政府对防灾减灾工作
的投入大幅增加，灾害应急救助能力大幅提升，强调政府要在自然灾害应急救助中发挥主
导作用。

中国自然灾害综合协调机制逐步定型并趋于成熟。1998 年，将全国抗灾救灾综合协调
办公室设在民政部。在民政部的大力推动下，中国自然灾害应急救助在政策法规、管理体
制、运行机制、技术支撑体系、国际合作等方面取得了全面、长足发展，灾害应急救助能
力空前提高，不仅成功应对了 2008 年南方低温雨雪冰冻灾害、汶川特大地震，2010 年甘
肃舟曲特大山洪泥石流灾害，而且积极参与国际防灾减灾合作，在国际上赢得了良好声
誉。2005 年 4 月，国家减灾委员会成立，国务院副总理担任主任，成员包括民政部、水利
部等 32 个国务院部门和中国人民解放军的有关部门，承担组织、领导全国自然灾害救助
工作，协调开展特别重大和重大自然灾害救助活动的职责，办公室设于民政部。推动制定
了 1949 年来中国第一部自然灾害救助法规《自然灾害应急救助条例》，建立了自然灾害应
急救助的组织指挥体系及灾害预警响应、信息报告和发布、国家应急响应、灾后救助与恢
复重建的工作机制。推动实施自然灾害综合防灾减灾五年规划，推进中央和地方防灾减灾
救灾能力建设，组织实施了减灾卫星、救灾物资储备、防灾减灾宣传教育等重大工程。推
动成立了中国第一个综合性防灾减灾业务技术支撑机构民政部国家减灾中心，建立了自然
灾害灾情管理、卫星遥感监测、救灾物资储备、自然灾害损失评估、防灾减灾宣传教育、
国际减灾合作等业务体系，特别是于汶川特大地震后建立了国家特别重大自然灾害评估制
度，核定灾害损失，为恢复重建提供依据。推动建立了自然灾害保险制度，指导全国开展
政策性农房保险、自然灾害公众责任险、农业指数保险。探索建立了社会力量参与救灾的
工作机制，引导社会力量有序参与重大自然灾害应急救援。部门灾害分类管理的体制机制
得到了进一步发展和完善。继国家防汛抗旱总指挥部和国务院抗震救灾指挥部设立后，
2006 年国务院又成立了国家森林防火指挥部，办公室设于国家林业局，承担指导全国森林
防火工作和重特大森林火灾扑救工作。地震、地质、气象、水利、海洋、林业、农业、交
通等行业部门均大力推进单灾种应对业务技术体系的建设，灾害监测预警预报能力大幅提
升，在重大灾害应对中发挥了重要作用。

这种中央统一领导、地方分级负责，政府综合协调、部门分类管理，社会力量广泛参
与的灾害管理体制机制在 2008 年汶川特大地震等重大灾害应对中经受住了考验，充分展

现了中国特色社会主义制度集中力量办大事的优势，在国际上得到广泛认可，为国际防灾减灾救灾合作提供了中国经验。

3. 2016 年以来，转型发展期

2016 年 7 月 28 日，习近平总书记视察唐山提出综合防灾减灾救灾工作的"两个坚持""三个转变"的重要论述，要求我国灾害管理关口前移、强化风险管控、实施综合减灾、引导市场和社会力量有序参与。这是中国自然灾害应急管理体制机制改革进程中又一重要里程碑。2016 年，中共中央印发《中共中央 国务院关于推进防灾减灾救灾体制机制改革的意见》，正式拉开了新时代国务院防灾减灾救灾体制机制改革序幕，擘画了新时代中国防灾减灾救灾工作的新蓝图，开启了建设全灾种、大应急、构建大国应急管理体系的新征程，是新时代中国防灾减灾救灾工作的纲领性文件和根本遵循。

新时代中国防灾减灾救灾工作责任主体明确为地方党委政府，中央仅承担统筹指导和支持作用，鼓励支持社会组织、保险机构全方位有序参与常态减灾、应急救援、过渡安置、恢复重建等工作，构建多方参与的社会化防灾减灾救灾格局。2018 年 4 月，国务院组建应急管理部，承担防范化解重大安全风险，健全公共安全体系，整合优化应急力量和资源，推动形成统一指挥、专常兼备、反应灵敏、上下联动、平战结合的中国特色应急管理体制的职责。2018 年 10 月，公安消防部队、武警森林部队退出现役，成建制划归应急管理部，组建国家综合性消防救援队伍。同月，习近平总书记主持召开中央财经委员会第三次会议，会议指出，要针对关键领域和薄弱环节，推动建设若干重点工程。要实施灾害风险调查和重点隐患排查工程，掌握风险隐患底数；实施重点生态功能区生态修复工程，恢复森林、草原、河湖、湿地、荒漠、海洋生态系统功能；实施海岸带保护修复工程，建设生态海堤，提升抵御台风、风暴潮等海洋灾害能力；实施地震易发区房屋设施加固工程，提高抗震防灾能力；实施防汛抗旱水利提升工程，完善防洪抗旱工程体系；实施地质灾害综合治理和避险移民搬迁工程，落实好"十三五"地质灾害避险搬迁任务；实施应急救援中心建设工程，建设若干区域性应急救援中心；实施自然灾害监测预警信息化工程，提高多灾种和灾害链综合监测、风险早期识别和预报预警能力；实施自然灾害防治技术装备现代化工程，加大关键技术攻关力度，提高我国救援队伍专业化技术装备水平。推进防灾减灾救灾体制机制改革、提升自然灾害防治能力是提升新时代社会治理能力、社会治理体系现代化的重要任务，是实现"两个一百年"奋斗目标、实现中华民族伟大复兴的中国梦的重要保证。深化体制机制改革一系列重大举措已经开始实施，由应急管理部门牵头自然灾害防治工作的总体格局正在形成，风险管理、综合减灾的理念正在推动中国新时代防灾减灾救灾工作发生深刻变化。

1.3.2　自然灾害信息管理与服务工作现状

受"中央统一协调、部门分类管理"自然灾害应急管理体制的长期影响，中国灾害信息管理与服务工作也呈现出"条块交叉、以条为主"的格局。地震、地质、气象、水利、海洋、林草等单灾种部门着重开展单灾种致灾因子的监测、分析评估及预警工作，分别牵

头建设了纵向到底的行业灾害信息管理与服务体系。应急管理部门承担综合协调职能（2018 年以前由民政部门负责），着重开展灾害综合风险监测评估、灾情管理、灾中救援和灾后恢复重建的信息保障工作，一直在推动行业单灾种资源整合及信息横向共享，建设中国综合灾害信息管理与服务平台。行业灾害信息管理与服务体系建设起步早，技术基础雄厚，运行机制成熟。综合灾害信息管理与服务体系建设在 2000 年后才开始大力推动，基本建立了横向协同的业务技术体系，但是受体制性因素的影响仍面临一些亟待解决的问题。

1. 行业单灾种信息管理与服务体系

（1）地震行业。中国地震局建设了地震监测预测预警、地震灾害防御、地震预测预报、地震应急响应、公共信息服务和地震备份等业务技术平台，实现了地震数据的获取、传输、处理、共享和服务。中国地震台网中心建设了云平台，覆盖全国的地面通信网络和卫星通信系统，部署国家测震台网管理、地震分析预报和地震信息公共服务等业务系统，实时汇集各类监测台站地震数据，制作地震速报、烈度速报、地球物理场和地震应急产品，分析研判地震震情，面向政府、社会和公众提供实时地震信息服务。中国地震防御中心建设了地震灾害数据管理系统，实现了地震活动断层、地震区划、地震安全评价等数据的集成管理与服务，面向国家和省级等重大工程提供地震灾害防御数据及信息。

（2）地质行业。自然资源部建设了地质灾害监测预警预报和群测群防业务平台，在全国布设了滑坡、崩塌、泥石流自动监测站点，整合交通、水利、铁路等行业部门的地质灾害监测设施，建成了中国地质灾害监测网。2021 年，滑坡智能监测预警系统投入使用，采用人机融合研判，大幅提升了滑坡灾害预警准确率，有效预警多起地质灾害，下一步将在地震多发、高山峡谷等地灾重点防御区布设监测预警点。建成了县、乡、村、组四级群测群防体系，全国群测群防员超过 30 万人，覆盖 30 个省（自治区、直辖市）、1600 多个县（市、区）。从 2003 年开始在中央电视台发布地质灾害气象预警。每日发布"地质灾害灾情险情报告"，每年向全球发布《中国地质环境监测公报》。

（3）气象行业。中国气象局建成天-空-地气象灾害立体监测网络，建成全国雷电监测预警系统、台风综合观测系统和农业气象灾害监测系统，布设天气雷达、国家级观测站、自动气象等设施。发射了风云系列卫星，持续提高监测网络密度，全天候、高时空分辨率、高精度综合立体连续监测重点区域主要气象灾害。建设了覆盖 2000 多个县的历史气象灾情数据库，建立了国家、省、市、县四级气象灾害风险预警服务业务体系。建设了气象灾害风险评估系统，开展全国网格化、精细化气象灾害风险监测与评估业务，发展全球气象灾害风险评估业务，开展全球气象灾害风险区划。完成了中小河流域、山洪沟、泥石流隐患点、滑坡隐患点的灾害风险普查，以及北京、天津、上海、广州、深圳、武汉、杭州等重要城市易涝点风险普查。建设了中小河流、山洪和地质灾害气象风险预警系统，从 2012 年起开展暴雨诱发中小河流洪水、山洪、城市内涝和地质灾害气象风险预警服务业务。建成全国气象灾害灾情直报系统，开展全国气象灾害灾情直报、月报和年报，为全国各级气象部门用户提供灾情数据服务。利用中国天气网、各类 APP 为社会大众提供天气和气象灾害预警信息服务，汛期向国家防灾减灾救灾部门提供常态化的"灾害性天气预警"等信息产品。

（4）水利行业。水利部建设了覆盖大江大河和有防洪任务中小河流的水文监测站网和预报预警体系，建成了国家、流域、省、市、县五级视频会商系统。在全国2000余县建设了山洪灾害监测预警平台，部署国家、省、市三级山洪灾害监测预警信息管理系统，编制县、乡、村、企业、事业单位山洪灾害防御预案，划定山洪灾害危险区，明确转移路线和临时避险点，建设自动雨量和水位站、简易监测站，安装报警设施设备，制作警示牌、宣传栏，每年组织开展防御演练，初步建成适合中国国情、专群结合的山洪灾害防御体系。利用手机短信、广播发布山洪预警信息，引导群众避险转移，有效避免和减少了人员伤亡。开展全国重点地区洪水风险图编制工作，针对重点防洪保防区、部分国家蓄滞洪区、主要洪泛区、重点和重要防洪城市、重要中小河流重点河段编制了洪水风险图。

（5）海洋行业。自然资源部建设了海洋灾害预警报、海洋环境预报和海上突发事件应急预报的国家海洋预警报业务平台，开展我国管辖海域海浪、风暴潮、海冰、海啸预警报以及赤潮、绿潮等海洋环境灾害分析预测，海流、海温、盐度、海洋气象预报、海洋气候、厄尔尼诺等海洋环境分析预报，海上搜救、溢油、污染物等突发事件进行应急预报。建设了卫星、海岸带、海上立体监测网，海洋数据处理专网，以及实时海况视频监控、国家海洋数值预报、全国海洋预警报视频会商、高清影视制作及虚拟演播等业务系统。利用电视、广播、报纸、手机短彩信、传真、甚小天线地球站（VSAT）及地面专线等发布海洋预警预报产品，在中央电视台、凤凰卫视、中央人民广播电台、中国国际广播电台等主流广播电视媒体开设有专门的海洋预报栏目，并在互联网新媒体如微博、微信等平台开通了海洋预报官方频道。常规海洋预报产品时效可达5天，厄尔尼诺和海洋气候、海平面上升等长期预测产品时间尺度可达1~3个月，自20世纪90年代以来每年向全球发布《中国海洋灾害公报》。

（6）林草行业。应急管理部、国家林业和草原局初步建立了森林和草原火灾监测预警业务平台，建成日常监测、灾前预警、早期识别、高效扑救与灾后处置"五位一体"的森林和草原自然火灾监测预警及救援指挥体系。建设卫星林火监测系统，由卫星林火监测中心等单位组织开展全国林火的日常监测。利用人工瞭望塔、气象站、摄像头、无人机等监测方式开展草原火灾预警。

2. 综合灾害信息管理与服务体系

应急管理部国家减灾中心作为中国唯一的国家级综合防灾减灾救灾业务支撑机构，承担着自然灾害综合减灾业务系统的建设和运行维护工作。2018年机构改革后，应急管理部统筹推进自然灾害防治信息化工作，指导国家减灾中心开展自然灾害风险监测、风险评估等信息平台的建设。经过多年的发展，建设了灾害综合监测、灾害风险与损失评估、灾害信息管理、灾害应急救援指挥调度等业务平台，在重大灾害应急处置工作方面发挥了重要作用。

（1）灾害遥感监测体系建设。应急管理部国家减灾中心通过建立重大自然灾害应急监测无人机合作机制、承担国际减灾宪章机制等，形成了军、民、商和国际四种卫星数据获取渠道，构建了多尺度、多类型、大数据量的遥感影像库，基本建成卫星遥感灾害要素监测、趋势预测、应急监测和恢复重建监测等全链条业务能力，实现重灾区 12 小时内开展应急监测，全年新发灾害应对率100%，及时为国内外重大灾害应急决策提供信息支撑。

（2）灾害综合监测预警体系建设。应急管理部组织实施灾害监测预警信息化工程，融合气象、地震、地质等单灾种部门灾害风险监测预警信息，建设了自然灾害综合风险监测预警系统，建设综合会商研判平台和重大灾害监测预警、灾害综合风险监测、灾害综合风险评估等业务系统，建设维护国际、国内两个灾害风险数据库，开展地震、地质、干旱、洪涝、台风、森林火灾、雪灾等重大灾害的综合监测，研判灾害发展态势，支撑重大灾害应急救援工作。建立了年度自然灾害风险评估机制，每年年初应急管理部国家减灾中心组织开展年度全国自然灾害风险综合评估工作，分析研判全年重大自然灾害发生态势，为国家防灾、备灾工作提供决策依据。

（3）灾情监测报送网络建设。应急管理部国家减灾中心依托互联网和手机业务平台，建立了纵向贯通"中央–省–市–县–乡–村"六级、横向覆盖全国的灾害信息报送网络，全国各级各类灾害信息员有 70 余万名。国家自然灾害灾情管理系统实现了全国乡镇级以上网络报灾，对全国灾害信息员进行动态管理。

（4）灾害损失评估体系建设。应急管理部国家减灾中心建立了重大自然灾害临灾损失快速评估机制，开展地震、洪涝、台风、干旱等灾害风险及其造成的损失和影响评估，基本做到 1 小时内完成地震灾害评估、3 ~6 小时内完成旱灾、洪涝、台风灾害评估，评估的时效性和准确性初步满足决策需求。建立特别重大自然灾害损失综合评估机制，承担特别重大自然灾害损失评估牵头实施任务及国家评估报告的编制工作，为国家编制恢复重建规划提供重要依据，圆满完成了汶川特大地震、舟曲特大山洪泥石流、尼泊尔地震等六次国内、两次国际重大灾害的综合评估工作。

（5）灾害应急指挥平台建设。应急管理部聚焦灾害应急救援指挥调度业务需求，建成了纵向贯通国、省、市、县四级的全国应急指挥信息网，开发了应急指挥"一张图"和防灾预警"一张图"等重要信息系统，汇集地理、人口、房屋、交通、住房、气象、水文等多方面信息和数据，有效支撑应急指挥科学决策和应急力量提前部署安排。国家综合性消防救援队伍建立健全了国家、省、市三级指挥中心，将全国"119"火警受理系统全部联入指挥调度专网实现信息同步共享。应急管理部国家减灾中心建立了全年 365 天全天 24 小时值班的应急值守制度，对国际、国内发生的重大灾害事件实行全天候实时跟踪监测，为应急管理部、国家减灾委员会各成员单位提供灾情信息服务。

（6）灾害信息管理与服务体系建设。应急管理部建立了自然灾害灾情会商和灾害风险会商机制，组织地震、地质、气象、水利、海洋、林草、农业、统计等部门会商月度和年度的灾情，分析研判月度和年度的灾害风险形势，为国家灾害应急管理决策提供信息支持。组织搭建了大数据治理平台，接入主要涉灾部门的灾害信息数据，开展常态化的数据治理工作，建设维护自然灾害防治综合信息数据库，支撑各类防灾减灾救灾业务系统应用。应急管理部国家减灾中心建立了灾害信息发布系统，利用网站、微信、微博、手机短信等多种渠道向各级各类用户提供常态化灾害信息服务，开发了灾害遥感监测、综合灾害风险监测信息、防汛抗旱趋势分析、昨日灾情、每日灾害风险监测、灾害评估专报、年度自然灾害图集等信息产品，为国家防灾减灾救灾决策提供信息支持。

第一次全国自然灾害综合风险普查于 2020 年 5 月底启动实施，组织应急、地震、地质、气象、水利、海洋、林草、住建、交通、核安全等 10 个行业开展致灾因子、承灾体、减灾能力、重点隐患等全要素风险信息的调查，开展多层级风险评估、风险区划和防治区划，建成分地区、分类型的自然灾害风险基础数据库，为国家自然灾害防治工作提供权威的数据资源。2022 年完成后，灾害风险普查工作将建立常态化的灾害风险信息动态更新机制。

3. 社会灾害信息管理与服务体系

2015 年 10 月，民政部下发指导意见，明确社会力量参与救灾工作的重点范围包括常态减灾、紧急救援、过渡安置、恢复重建四阶段，支持引导社会力量参与的主要任务是完善政策体系，搭建服务平台，加大支持力度，强化信息导向，加强监督管理。应急管理部组建后，进一步强化社会力量参与救灾工作，推动建设社会应急力量信息平台，制定社会应急力量参与应急救援保障办法。部分地方政府、各类社会救援机构也开发建设了社会力量救灾信息管理与服务平台，为社会力量参与重大灾害应急救援提供信息保障。

灾害保险是中国政府灾害救助体系的重要补充。保险行业围绕人口、房屋、农作物三类主要救助项目，在全国推行自然灾害公众责任险、农房保险、农业灾害保险和巨灾保险的试点工作，取得良好效果。中国人民财产保险股份有限公司将科技赋能、防灾减损体系建设纳入灾害保险业务，建设大灾应急指挥调度平台，集成台风实况及预报路径、24 小时预报和实况降水、逐小时监测降水和风速、四大类国家突发事件预警信息以及地震等灾害风险数据和承保、理赔、防灾防损、人车等保险信息，为灾前预警和灾中应急指挥调度提供支持。

社区减灾和公众防灾减灾救灾宣传教育是提升基层防灾减灾能力的重要抓手。应急管理部推动全国综合减灾示范社区创建活动，建设了综合减灾示范社区/示范县管理信息平台，对申报、建设和运行实行动态管理，引导社区开展风险评估、隐患排查、预案演练等工作，提升社区综合减灾能力。结合"全国防灾减灾日"和"国际减轻自然灾害日"等重大节日，制作发放各类防灾减灾宣传材料，开发动漫短视频等多媒体文化产品，举办各类培训讲座，举行不同规模演练等，开展防灾减灾宣传教育专题活动。

1.3.3 新时代自然灾害应急管理信息化发展规划

应急管理部成立后，高度重视信息化工作，并将其作为应急管理事业改革发展的一件大事来抓。2018 年 12 月，应急管理部发布《应急管理信息化发展战略规划框架》，提出了"两网络、四体系、两机制"整体框架，指导各地统筹做好自然灾害防治、安全生产事故预防信息化体系建设工作。

1. 感知网络

利用卫星、航空、地面物联网、视频监控网、个人终端等多种平台，构建"天-空-地"一体化、多手段融合应用的灾害信息监测网络，实时、动态、立体、无盲区监测全国各地的自然灾害风险状况，为常态化风险监测、灾前预防、灾中救援、灾后恢复重建等全流程灾害风险信息研判提供全面、多维度的数据源。一要突破地面物联网、视频监控网、个人终端等新兴技术手段开展灾害风险监测的关键技术；二要实现跨平台、跨部门信息网络互联互通，不仅平台间要实现互联互通，而且同一类平台不同部门之间也要实现互联互通；三要实现多平台、多类型数据的融合处理与应用，影像、地图、流媒体、网络信息等多源数据的实时融合仍有部分关键技术亟待研究。

2. 应急通信网络

综合利用通信卫星、地面宽带、移动互联网、行业专网、北斗卫星导航系统（简称北斗）短报文、局地自组网等多种手段，建成天地一体、全域覆盖、全程贯通、韧性抗毁的应急通信网络。一要重点解决灾后地面通信中断灾区的应急通信保障问题；二要消除我国领土全域范围内通信网络覆盖的盲区，特别是边境、牧区、偏远山区、海区等网络覆盖不全的地区；三要实现多部门、多种通信网络之间的互联互通，真正实现网络自适应无缝接入，发挥通信的应急保障作用。

3. 应急云服务平台

全国"一朵云"应急云，为应急管理部、各地应急管理部门自然灾害防治业务系统和数据库的部署与应用提供统一的软硬件支撑平台。统一规划，全国布局，集中管理，一体化应用，推进全国应急管理系统信息化基础支撑平台资源的集约化建设和全国统一调配。全国"一朵云"从技术上消除了全国各地信息化发展不平衡导致的"数字鸿沟"，补齐了部分省份信息基础设施建设不足的短板，使各地将资源尽量集中到业务系统和数据库等核心任务建设上。

4. 大数据应用平台

建设应急管理大数据管理平台，统一规划设计、各地协同建设、分布式管理维护、一体化集成应用。制定应急管理（含自然灾害防治）数据资源规划，组织各级应急管理部门协同建设、一体化集成，建成分地区、分类型的自然灾害风险数据库体系，支撑各级政府及其应急管理部门自然灾害防治、灾害风险监测预警、灾害应急救援等业务的数据需求。建设应急大数据治理平台，打通各级各部门灾害风险信息数据共享通道，实现各部门数据汇聚、集成和应用。

5. 业务应用系统

业务应用系统是信息化建设的核心任务。规划针对自然灾害防治领域监测预警、指挥救援、决策支持等三大业务提出了统一部署，国、省、市、县四级分级联动的业务系统建设布局。其中，监测预警业务将建设自然灾害综合风险评估、自然灾害减灾能力评估、自然灾害综合监测预警、互联网舆情监测等系统；指挥救援业务将规划建设预案管理、应急值守、协同会商、灾害救助、社会救灾保障管理、灾情评估等系统；决策支持业务将建设态势感知、辅助分析、综合研判、决策优化等系统。业务应用系统规划涵盖常态减灾、灾前预防、灾中救援、灾后恢复重建等自然灾害应对全过程，服务保障政府、社会力量、公众等各类主体。

6. 基础保障应用

针对基础性、全局性应用，规划提出统一建设应用平台，面向全国各级应急管理部门统一提供应用。一是建设全国应急"一张图"，为各级业务应用和数据集成提供统一的空间基准，实现全国应急管理信息"一张图"展示；二是建设应急应用生态，为各级应急管理部门、社会力量、公众等各类用户建设专业性、综合性应用超市，规范系统发布上线和迭代升级管理；三是建设应用工场，提供二次开发工具支持各级应急管理部门开发定制化业务应用，规范业务应用构建、组装、评测、集成、管理过程；四是建设统一集成门户，为各级应急管理部门各类网络应用集成访问入口。

7. 标准规范体系

坚持标准先行，遵循"系统性、继承性、前瞻性"原则，制定服务于自然灾害应对全过程、全生命周期的标准规范体系，包括总体、基础设施、数据资源、应用支撑、业务应用、运行保障、信息化管理等10方面47类标准。

应急管理信息化发展战略规划框架是推进应急管理信息化建设的基本遵循，为自然灾害综合风险防范信息服务信息化研究与建设指明了方向，提供了应用背景和基础支撑。

1.4　自然灾害综合风险防范信息服务研究框架

1.4.1　新时代防灾减灾救灾工作的新理念、新要求

党的十八大以来，以习近平同志为核心的党中央将防灾减灾救灾工作摆在更加突出的位置，习近平总书记多次就防灾减灾救灾工作和提高自然灾害防治能力发表重要讲话，全面阐释了防范化解重大风险和防灾减灾救灾工作的理念、原则、方向、内容和方法，体现了恢宏的战略思想、深邃的历史眼光和开阔的全球视野，是习近平新时代中国特色社会主义思想的重要组成部分，为我们切实做好防范化解重大风险、防灾减灾救灾和应急管理各项工作提供了根本遵循。

习近平总书记关于防灾减灾救灾工作的系列讲话和重要论述明确了中国新时代防灾减灾救灾工作的基本理念、体制机制改革方向和能力建设部署安排。2016年7月28日，习近平总书记在河北唐山考察时发表重要讲话。他指出，中国是世界上自然灾害最为严重的国家之一，灾害种类多，分布地域广，发生频率高，造成损失重，这是一个基本国情。他强调，防灾减灾救灾事关人民生命财产安全，事关社会和谐稳定，是衡量执政党领导力、检验政府执行力、评判国家动员力、体现民族凝聚力的一个重要方面。同自然灾害抗争是人类生存发展的永恒课题，要更加自觉地处理好人和自然的关系，正确处理防灾减灾救灾和经济社会发展的关系，不断从抵御各种自然灾害的实践中总结经验。要坚持以防为

主、防抗救相结合，坚持常态减灾和非常态救灾相统一，努力实现从注重灾后救助向注重灾前预防转变，从应对单一灾种向综合减灾转变，从减少灾害损失向减轻灾害风险转变。同年 10 月 11 日，习近平总书记主持召开中央全面深化改革领导小组第 28 次会议，审议通过《中共中央 国务院关于推进防灾减灾救灾体制机制改革的意见》，于 2016 年 12 月 19日经中共中央、国务院印发。他强调，必须牢固树立灾害风险管理和综合减灾理念，要更加注重灾害风险管理，更加注重综合减灾，更加注重分级负责、属地管理，更加注重发挥市场机制和社会力量作用。2018 年 10 月 10 日，习近平总书记在中央财经委员会第三次会议上就提高自然灾害防治能力发表重要讲话，深刻阐述了自然灾害防治一系列重大理论和实践问题。他指出，提高自然灾害防治能力，是实现"两个一百年"奋斗目标、实现中华民族伟大复兴的中国梦的必然要求，是关系人民群众生命财产安全和国家安全的大事，也是对我们党执政能力的重大考验，必须抓紧抓实。他强调，提高自然灾害防治能力，要坚持以人民为中心的发展思想，坚持以防为主、防抗救相结合，坚持常态救灾和非常态救灾相统一，强化综合减灾、统筹抵御各类自然灾害。要针对关键领域和薄弱环节，实施灾害风险调查和重点隐患排查工程；实施重点生态功能区生态修复工程；实施海岸带保护修复工程；实施地震易发区房屋设施加固工程；实施防汛抗旱水利提升工程；实施地质灾害综合治理和避险移民搬迁工程；实施应急救援中心建设工程；实施自然灾害监测预警信息化工程；实施自然灾害防治技术装备现代化工程。

习近平总书记防灾减灾救灾重要论述、《中共中央 国务院关于推进防灾减灾救灾体制机制改革的意见》关于新时代自然灾害应急管理工作新理论、新要求可以概括为以下三个方面：

（1）防灾减灾救灾工作提升到前所未有的新高度。

中国是世界上自然灾害最严重的国家之一。1949 年以来，党和政府高度重视自然灾害防治，发挥中国社会主义制度能够集中力量办大事的政治优势，取得了举世公认的成效。但是，中国自然灾害防治能力总体还比较弱，重特大自然灾害常常造成重大损失，是必须应对的风险挑战之一。提升全社会自然灾害防治能力、防范化解重大风险，已经上升为国家风险防控、"两个一百年"奋斗目标、中华民族伟大复兴的中国梦、人类命运共同体、国家治理体系和治理能力现代化等治国理政新方略的高度。

（2）防灾减灾救灾工作理念发生了新变化。

"两个坚持"强调防灾、减灾、救灾相统一，灾前、灾中、灾后相统筹，从着眼全局、考虑长远的角度，全面提高防灾减灾救灾工作的整体效能。"三个转变"强调工作重心的转移，要求我们在工作环节、工作内容和工作目标上进行有效调整，从加强组织领导、健全体制、完善法律法规、推进重大防灾减灾工程建设、加强灾害监测预警和风险防范能力建设、提高城市建筑和基础设施抗灾能力、提高农村住房设防水平和抗灾能力、加大灾害管理培训力度、建立防灾减灾宣传教育长效机制、引导社会力量有序参与等方面进行努力。

（3）防灾减灾救灾工作提出新要求。

一是强调灾害风险管理，转变重救灾轻减灾思想。提升灾害高风险区域内学校、医院、居民住房、基础设施及文物保护单位的设防水平和承灾能力。充分利用公共服务设施，将其建设、改造和提升为应急避难场所。将防灾减灾纳入国民教育计划，加强社区层面减灾资源和力量统筹，定期开展社区防灾减灾宣传教育活动。强化防灾能力建设，特别是要提高防大灾、救大险的能力。二是强调综合减灾，强化自然灾害应对全过程统筹协调。加强应急管理部门防灾减灾救灾工作综合统筹职能，健全重大灾害风险多部门会商和协同防控、重大灾害处置跨部门应急联动、抢险救援军地协调联动、重大灾害信息发布和舆情应对等工作机制。完善防灾减灾信息共享机制，实现地震、地质、气象、水利、海洋、林业、草原等监测信息的互联互通。三是强调属地管理，强化地方应急救灾主体责任。对达到国家启动响应等级的自然灾害，中央发挥统筹指导和支持作用，地方党委和政府在灾害应对中发挥主体作用，承担主体责任。同时，要健全军队和武警部队参与抢险救灾的应急协调机制，提升军地应急救援协助水平。四是强调社会力量和市场参与，构建多方参与的社会化防灾减灾救灾格局。研究制定和完善社会力量参与防灾减灾救灾的相关制度，搭建社会力量参与的协调服务平台和信息导向平台，完善政府与社会力量协同救灾联动机制，落实支持措施。加快巨灾保险制度建设、积极推进农业保险和农村住房保险工作等，强化保险等市场机制在风险防范、损失补偿、恢复重建等方面的积极作用。

1.4.2　新时代自然灾害综合风险防范信息服务新需求

新时代自然灾害综合风险防范信息服务就是要落实防灾减灾救灾工作的新理念、新要求，打破长期以来部门多头管理、上下游分割、重救轻防的局面，推动信息服务工作向多灾种综合、全链条覆盖、多部门协同、社会化服务等方面转型，支撑自然灾害综合风险监测预警工作。

新时代自然灾害综合风险防范信息服务业务发展首先要解决"综合"问题。长期以来，研究人员一直将"综合"与"单灾种"相对立，简单地将其等同于"多灾种叠加""灾害链"，这是一种认识的误区。这里的"综合"强调信息服务体系能够兼容多个灾种及灾害链风险防范的需求，要求单灾种专业化风险防范信息服务体系的功能向兼容多灾种转型；强调以重大灾害应对为目标，多部门协同制作综合性信息产品，向各级各类用户提供全要素信息服务。

支撑保障自然灾害综合风险预警业务是灾害风险防范信息服务的首要任务。长期以来，灾害风险预警工作仅限于灾前预防阶段，由气象、地质、水利单灾种专业部门负责，新时代监测预警要贯穿常态减灾、灾前预防、灾中救援、灾后恢复重建全流程。中国的单灾种预警工作中，各行业部门在监测网络、风险评估、预警预报等方面发展都很好，但是综合风险预警工作一直没有很好地发展起来。《中共中央 国务院关于推进防灾减灾救灾体制机制改革的意见》的印发和应急管理部的成立为推动自然灾害综合风险预警及综合风险防范信息服务提供了机遇。应急管理部着手建立自然灾害综合风险监测预警业务体系：出台了《应急管理部关于建立健全自然灾害监测预警制度的意见》；组建风险监测与综合减灾司统筹管理全国自然灾害综合风险预警工作；依托国家减灾中心组建自然灾害综合风险监测预警中心；实施自然灾害监测预警信息化工程；建设自然灾害防灾"一张图"；实施自然灾害综合风险普查工程，摸清风险隐患底数，建设分地区、分类型的自然灾害风险数据库；建设自然灾害综合风险预警业务，研发台风、洪涝、干旱、地震、崩塌、滑坡、泥石流、低温冷冻和雪灾、森林草原火灾等灾害及灾害链风险评估模型，发布重大灾害预警信息提醒。从制度、机构、技术、业务等层面，全面推进自然灾害综合风险防范信息服务业务技术体系建成落地。

自然灾害综合风险防范信息服务业务技术体系建设亟待补齐一系列的技术短板。从业务领域看，政府灾害救助信息服务业务已经形成，但是市场和社会力量参与防灾减灾救灾工作的信息服务业务刚刚起步，缺少面向政府、市场、社会和公众等多主体的自然灾害综合风险防范信息服务业务集成平台。从关键技术看，自然灾害综合风险防范信息获取主要依赖于各级灾害管理部门，亟须突破网络大数据灾害信息智能挖掘与时空融合分析技术，开辟基于互联网、物联网、大数据的灾害风险信息获取新渠道，提高信息产品制作的时效性；亟须突破综合风险信息产品多部门协同制作的关键技术，构建高时效、高精准的信息服务业务技术体系。

1.4.3　自然灾害综合风险防范信息服务业务技术体系研究框架

1. 信息服务业务技术体系研究总体框架

新时代自然灾害综合风险防范信息服务要求覆盖常态减灾和非常态救灾全过程，服务政府、企业、社会组织、公众等四类主体，涵盖政府救助、灾害保险、社会力量综合减灾、公众防灾减灾等四大领域，强调多灾种综合和灾害链分析。信息服务业务技术体系由产品体系、关键技术、服务平台、应用模式等四个方面组成。其中，产品体系是核心，信息产品的制作、表达、发布等关键技术是支撑条件，服务平台是工具，应用模式是业务工作机制。

面向新时代自然灾害综合风险防范业务需求，信息服务业务技术体系研究的目标是开发多灾种综合风险防范信息服务产品体系，以信息服务产品的制作、表达、发布为主线，开发基于标准致灾、灾情和救灾要素信息的产品要素定制与开发、多渠道智能表达技术、"云+端"多渠道信息服务集成平台开发技术，面向政府、企业、社会组织和公众提供信息服务。针对部门数据共享和网络大数据挖掘两类数据获取途径，开发灾害要素信息的多部门、多行业协同联动技术和灾害要素信息的网络大数据智能挖掘与融合分析技术，解决信息产品制作的数据源问题（图 1.1）。

2. 自然灾害综合风险防范信息服务产品体系研究

自然灾害综合风险防范信息服务产品体系是服务于自然灾害综合风险防范全业务链条、按照特定的分级分类规则有序组织的一系列信息产品的总和。信息产品是自然灾害综合风险防范信息服务工作的核心，产品体系是规划建设业务信息平台、基础数据库、运行保障模式、技术标准规范等自然灾害综合风险防范信息服务业务技术体系的前提和基础。构建信息服务产品体系需要解决两方面关键技术：一是信息产品分级和分类的技术规则，建立产品体系框架；二是开发各类信息产品的内容。新时代自然灾害综合风险防范信息服

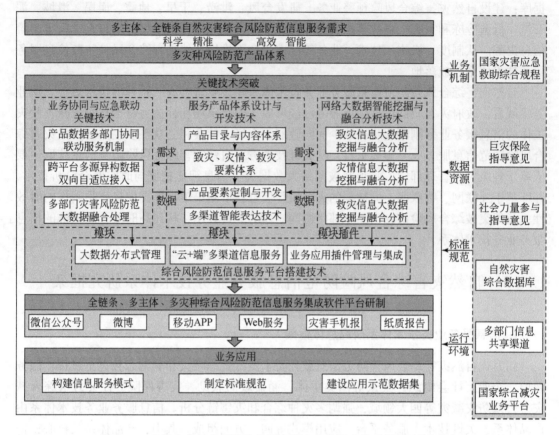

图 1.1　自然灾害综合风险防范信息服务业务技术体系研究总体框架

务的总需求是服务于政府、保险公司、社会组织、公众等多个主体，覆盖常态减灾和非常态救灾的灾前预防、灾中救援、灾后恢复重建等全过程，适应多灾种和灾害链的综合应对。以信息产品体系为依据，研究设计信息产品品种，建立信息产品目录，作为各种信息产品开发的总需求和总依据。结合中国主要自然灾害类型，逐级细化建立健全中国自然灾害综合风险防范信息服务的产品体系。

3. 自然灾害综合风险防范信息服务产品开发技术研究

信息服务产品开发包括产品要素信息分类与提取、产品要素信息的表达、产品动态定制等三个方面关键技术。国内主流技术是数据驱动的标准模板自适应定制技术，地震、地质、气象等单灾种信息产品及综合灾害信息产品都分别开发了信息产品的模板，推动产品自动化制作，促进了信息产品标准化及制作发布的高时效。主要问题是行业单灾种信息产品缺乏统一技术标准，产品要素的定义、表达和语义不一致，无法实现多部门信息产品自动交互和综合风险防范信息产品多部门协同制作。开发基于标准灾害要素信息的模板化产品动态制作技术，通过标准灾害要素信息分类与提取、产品要素标准化表达和产品动态定制，实现基于统一产品要素信息的行业单灾种信息产品共享及综合信息产品多部门协同制作。

(1) 产品要素信息分类与提取。各级各类灾害信息产品虽然在载体、渠道、表达方式方面各异，但是其内容均可以抽象为致灾、灾情和救灾等三类信息。基于行业灾害信息分类标准，分别构建致灾、灾情、救灾等灾害要素信息的指标体系，建立基于文本的灾害要素指标信息快速提取技术方法。目前，利用基于灾害信息文档提取灾害信息指标、图元文件的技术已经基本成熟并广泛应用于信息产品制作业务。

(2) 产品要素信息的表达。随着新兴信息技术发展和信息发布渠道的迭代，产品要素信息的表达方式也在持续变化。早期主要为格式化文档，表达方式以格式化文本和图表为主，如政府部门文件。网络电子地图出现后，灾害信息以专题地图形式传播，如以百度地图、天地图等商用电子地图为载体的各类网络在线电子地图。近年来，移动互联网和虚拟情景技术迅速发展，网络在线地图服务与 AR/VR 融合，灾害信息服务开始为用户提供沉浸式交互式体验。随着新时代自然灾害综合风险防范信息服务的深入发展，政府应急管理决策和互联网大众化服务两类需求并存，格式化文档、互联网电子地图、沉浸式交互体验等三代信息产品将融合发展，需要持续开发适应不同信息发布渠道的产品要素组件。

(3) 产品动态定制。产品动态定制以产品模板和产品组成要素标准化为基础，研究产品要素自适应组合的规则体系，实现模板驱动的信息产品动态快速制作。模板驱动的信息产品动态定制技术最早可追溯于 Web 应用界面自动生成，后应用于参数化文档制作，已广泛应用于在线地图服务、微信公众号、手机短信等各类信息产品的定制。自然灾害综合风险防范信息产品动态定制的技术核心是模板、组件和生成工具，以自然灾害综合风险防范信息服务产品体系为依据建设信息产品模板库，按照致灾、灾情、救灾三大分类体系建设产品组件库，整合产品动态生成工具和产品要素表达技术建设规则库。围绕中国重大灾害应急处置需求，研制地震、地质灾害等主要灾害的信息产品模板，建立主要灾种致灾要素、灾情要素和救灾要素信息的主要指标，开发基于模板和基本灾害要素信息的产品智能化制作技术。

4. 多部门大数据的业务协同机制与应急联动技术研究

行业部门灾害信息共享是制作自然灾害综合风险防范信息产品的权威数据源，目前主要采取文件交换和部门 Web 在线服务两种方式（张小燕，2007）。各部门信息服务平台独立运行、分布式部署、服务间耦合关系松散，难以支撑综合风险防范信息产品制作高时效的需求。建立多部门协同联动的数据共享机制，突破文件交换和部门 Web 在线服务两种方式下多部门、多源异构灾害要素信息的接入、管理和融合处理关键技术，实现重大灾害应急处置多部门灾害信息快速接入、实时动态集成与融合处理、综合信息产品协同制作。

(1) 实时动态多部门数据协同共享机制。文件交换和部门 Web 在线服务两种方式的技术机制全部采用主动推送或在线服务模式。重大灾害应急处置要求实时动态完成多部门信息的综合集成，多部门协同制作灾害风险防范信息产品，为"超前部署"提供决策支持，主动推送或服务机制无法满足高时效性需求，需要构建以重大灾害应急多部门数据协同为目标的新型数据共享机制（孟德存，2011）。对现有主动推送或服务机制进行技术升级，研究一种以多部门协同业务应用为驱动、双向自适应的部门微服务数据共享新机制（胡卓玮等，2021）破解了多部门数据协同开展信息产品制作的时效性保障难题。

（2）多部门多源异构数据自动接入与管理。文件交换和部门 Web 在线服务这两种方式数据格式复杂，涉及文本、图像、音频、视频、Web 页面数据等，主要为半结构化和非结构化数据，需要开发专用数据接入工具进行数据结构化处理（万里鹏，2013）。文本图像光符识别（OCR）、人工智能（AI）音频文本实时转换、网络爬虫等技术日渐成熟，已能够较好地支撑半结构化和非结构化数据的结构化处理需求。针对重大灾害应急多部门数据协同联动需求，开发 Web API、Web PAGE、文件抽取三种接入技术，兼具结构化、半结构化和非结构数据同步存储的数据库管理机制，解决文件交换、Web 在线服务两种方式多部门灾害信息数据的快速获取、传输、存储和管理的难题（邓雨婷等，2022）。

（3）多部门多源异构数据融合处理。单一部门的数据难以支撑灾害风险产品的综合制作，影响工作时效性。但是，来自多部门的多灾种数据存在格式不一致的问题；不同部门对相同或相似数据的关注点也不同，导致数据内容和属性表也会随之不同；数据在长期的生产和传输的过程往往会产生内容缺失、乱码、错排等情况，影响对数据的正常使用。基于此，多部门协同制作灾害综合风险防范信息产品，需要将多部门获取的结构化、非结构化数据进行预处理、转换和融合。按照致灾、灾情、救灾等灾害信息要素数据标准进行同化，形成统一空间基准的空间要素图层。国内外在结构化、非结构化数据和地理空间数据的融合处理技术研究方法已经相对成熟，多部门灾害信息数据融合亟待突破灾害语义信息融合和灾害空间矢量要素融合两方面的关键技术。研究非结构化灾害文本信息分类和语义融合处理方法（王月明等，2022），开发地图数据同名实体匹配算法，实现同一地区不同行业、不同时相、不同地理空间参考系统的多幅地图融合为一幅地图，消除多源数据之间的几何和语义等不一致性。

5. 多灾种综合风险防范大数据智能挖掘与融合分析技术研究

网页、移动通信、社交网络、物联网等渠道的网络大数据，因其时效性高、样本量大、代表性好、易于获取等特点，已经成为快速获取灾害信息的又一个重要渠道。近年来，灾害信息网络大数据智能挖掘技术研究取得了大量成果，利用网络爬虫技术监控重大灾害网络舆情，利用手机信令数据实时监控灾区人口分布及流动等技术，在重大灾害应急处置中开始应用。实时动态获取重大灾害的致灾、灾情和救灾指标及其空间分布信息，开发面向灾害要素指标的网络大数据智能挖掘方法及其空间化技术，建立网络大数据灾害要素信息分析模型库。

（1）致灾信息挖掘与融合应用技术。网络大数据蕴含大量、实时致灾强度信息，如台风灾害影响期间社交媒体数据中附带的大量风情和雨情信息，地震后震情及烈度信息等，但是目前研究仅限于文本语义信息的提取，对致灾因子强度空间化的研究相对较少。亟待开发基于网络大数据提取致灾因子强度信息并进行空间化的方法。

（2）灾情信息挖掘与融合应用技术。聚焦人口、建筑物、农作物三类承灾体，开发基于网络大数据大范围、高精度、高时效评估重大自然灾害及其时空分布的技术。开发利用网络大数据模拟高精度人口格网分布、高时间分辨率通勤人口规模及空间格局的技术，模拟灾时人口实时分布。综合运用深度学习建筑物提取、城市建筑及其功能制图、众源网络数据爬取等方法，开发城市建筑物空间分布及其各类建筑物脆弱性修正方法。开发融合气象数据、遥感数据、实地监控相机数据多源数据综合评估台风/暴雨灾害农田受灾情况的方法。

（3）救灾信息挖掘与融合应用技术。灾害发生后，网络舆情中蕴含大量的救灾信息，可以挖掘灾区的救灾需求，提高灾害应急救援的针对性。获取实时、大量的网络舆情数据，分析网络舆情数据的时间、空间和情感等特征，揭示了利用网络舆情分析救灾信息的影响因素。开发灾后不同时空尺度灾区紧急救援、基本生活保障、公共基础设施保障等需求及其空间分布的评估方法。

6. 多灾种综合风险防范信息服务集成平台搭建技术研究

中国灾害综合风险信息服务平台建设相对分散，政府灾害救助、灾害保险、社会力量参与综合减灾等业务领域已初步建设有关信息系统。近年来，互联网、物联网、大数据、云计算等新信息技术迅猛发展，为综合风险信息服务提供新的技术条件。多灾种综合风险防范信息服务集成平台的研制须基于现有业务平台从数据、模型、产品、服务等维度进行集成开发，亟待解决跨部门多源异构大数据管理、业务工具模型集成、多渠道信息发布与服务等方面的关键技术。

（1）时空分布式大数据管理。自然灾害综合风险防范数据来源复杂，包括基础地理信息、社会经济统计、行业部门、互联网与物联网等数据；存储管理方式多样，有传统关系型数据库、分布式网络数据库和网页在线数据等。"综合实体数据库+数据交换平台"的传统技术方案已无法满足当前跨部门多源异构网络大数据的管理需求，采用微服务架构开发多源数据异构数据接入引擎，实时动态接入、组织、集成、存储各类数据（刘继东等，2020），是当前云服务技术体系下时空分布式大数据库管理的有效解决方案，解决传统技术方案基于实体数据库综合集成的资源冗余、交互低效问题，实现综合风险防范信息服务数据的高时效、高可用。

（2）业务工具模型集成与管理。长期以来，业务应用集成采用系统松耦合模式或系统工具箱模式，系统接口复杂、模型适配技术要求高，系统兼容性、扩展性差。云服务体系下，业务应用采用微服务方式集成，应用的加载、管理、使用、卸载与硬件平台分离，大大提升了的信息服务集成平台的兼容性、扩展性和可定制性（杨强根等，2021）。微服务标准化是云平台体系下业务应用集成的另一个技术趋势，采用"标准插件+容器"的技术将应用工具进行标准化封装、注册和加载，实现应用工具的"即插即用"和快速集成（夏鹏，2018；许京乐，2021）。采用微服务架构和容器技术开发多灾种综合风险防范信息服务平台的集成框架，解决业务工具模型快速集成、平台功能开放扩展的难题。

（3）"云+端"多渠道信息服务。重大灾害应对过程中，各类用户主体通过Web网页、手机APP、微信公众号、手机报、微博等渠道获取灾害信息服务，同一信息产品需要建立适配终端技术特点的集成表达方式，确保信息产品多端统一迅捷发布。参与重大灾害应对全流程信息服务需求，基于"微内核+插件"技术框架，针对各类型用户终端开发信息产品组件自适应快速组合与集成表达方法，构建信息产品组件最优组合、多样化表达、多渠道自适应切换和多渠道迅捷发布技术，实现灾害信息多渠道统一、高效、自动化发布（何霆和陈修吾，2019）。

（4）信息服务产品精准推荐。大数据背景下，移动设备的快速发展为信息获取提供了便利，但同时也大大增加了有用信息的选择难度。尤其在重大灾害发生后，面对灾害信息大量涌现，需要快速发现有价值的信息，辅助救援或逃生，亟待开发个性化推荐方法，提升灾害信息服务的精准性和时效性。利用微博等社交媒体数据挖掘政府、社会力量、保险公司、社会公众等用户主体在常态减灾及重大灾害应对灾前、灾中、灾后各阶段的灾害信息需求特点，研究建立以用户需求为导向的灾害信息精准推荐方法（李增等，2020）。

7. 多灾种综合风险防范信息服务模式研究

分析梳理政府灾害救助、灾害保险、社会力量参与综合减灾等业务流程，从常态减灾、灾前预警、灾中应急和灾后恢复四个灾害管理阶段入手，研究中国自然灾害综合风险防范信息服务机制，探索建立政府灾害救助、灾害保险和社会力量参与综合减灾三个信息服务模式。信息服务模式着重规定服务对象、产品类型、产品制作流程和发布渠道，形成面向特定类型用户、集产品制作、发布、服务为一体的风险防范信息服务链条和服务模式。

本节围绕中国新时代自然灾害综合风险防范信息服务业务技术体系建设的技术与实践需求，结合国内外灾害信息产品开发服务领域最新技术进展，提出了中国自然灾害综合风险防范信息服务研究的总体技术框架，系统分析了信息产品体构建、信息产品开发、多部门数据应急协同联动、网络大数据挖掘与融合分析、信息服务平台集成、业务应用模式等方面亟待突破的关键技术、可采取技术途径，为中国新时代自然灾害综合风险防范信息服务业务技术体系建设提供了系统解决方案。本书第 3 ~ 9 章将依次详细阐述各项研究具体技术解决方案。

参 考 文 献

邓雨婷,胡卓玮,胡一奇 . 2022. 万维网环境下涉灾信息数据采集方法 . 自然灾害学报,31(5):31-36.
何霆,陈修吾. 2019. 多渠道地震应急指挥信息发布关键技术研究与实现. 华南地震,39(3):109-113.
胡卓玮,李小娟,王志恒,等. 2021. 一种双向自适应的多源异构大数据动态处理方法:中国,CN112711625A.
李增,刘羽,李诚诚. 2020. 基于用户行为的新闻推荐算法的研究. 计算机工程与科学,42(3):529-534.
刘继东,李春锋,李雁飞,等. 2020. GEOVIS iData 空天大数据助力灾害监测. 卫星应用,9:39-43.
孟德存. 2011. 跨部门的任务协同模式及其在城市应急联动系统中的应用. 青岛:山东科技大学.
苏晓慧. 2013. 公众参与式的地震异常信息提取与评价方法研究. 北京:中国农业大学.
万里鹏. 2013. 非结构化到结构化数据转换的研究与实现. 西安:西南交通大学.
王铭铭. 2020. 基于物联网的山洪预警多渠道发布技术探讨. 中国防汛抗旱,30(11):70-72.
王月明,胡卓玮,陈锡. 2022. 基于社交媒体文本的灾情信息识别方法比较研究. 自然灾害学报,31(1):179-187.
夏鹏. 2018. 基于开源框架及容器技术的微服务架构. 电子技术与软件工程,(20):148.
许京乐. 2021. 基于容器和微服务的弹性 Web 系统设计与实现. 成都:电子科技大学.
杨强根,王晓蕊,马维峰,等. 2021. 基于微服务架构的地质灾害监测预警预报系统设计. 地球科学,46(4):1505-1517.
伊战娥. 2012. 自然灾害风险理论与方法研究. 上海师范大学学报(自然科学版),41(1):99-103.
殷杰,尹占娥,许世远,等. 2009. 灾害风险理论与风险管理方法研究. 灾害学,24(2):7-10.

张小燕. 2007. 基于 Web GIS 的综合风险信息服务平台的研究. 西安:西北大学.

赵时亮,高扬. 2014. 基于移动通信的人口流动信息大数据分析方法与应用. 人口与社会,30(3):7.

钟开斌. 2018-7-23. 我国救灾体制改革的三大动向. 学习时报,6.

Bengtsson L,Lu X,Thorson A,et al. 2011. Improved response to disasters and outbreaks by tracking population movements with mobile phone network data:a post-earthquake geospatial study in Haiti. PLoS Medicine, 8(8):e1001083.

Cervone G,Schnebele E,Waters N,et al. 2017. Using social media and satellite data for damage assessment in urban areas during emergencies//Seeing Cities Through Big Data. Cham:Springer International Publishing.

Hao W,Fang L,Ling G. 2012. A hybrid approach for personalized recommendation of news on the Web. Expert Systems with Applications,39(5):5806-5814.

Huang X,Wang C,Li Z. 2018. Reconstructing flood inundation probability by enhancing near real-time imagery with real-time gauges and tweets. IEEE Transactions on Geoscience and Remote Sensing,56(8):4691-4701.

Jonnalagedda N,Gauch S,Labille K,et al. 2016. Incorporating popularity in a personalized news recommender system. PeerJ Computer Science,2:63.

Rosser J F,Leibovici D G,Jackson M J. 2017. Rapid flood inundation mapping using social media,remote sensing and topographic data. Natural Hazards,87(1):103-120.

Song X,Zhang Q,Sekimoto Y,et al. 2013. Modeling and probabilistic reasoning of population evacuation during large-scale disaster//Proceedings of the 19th ACM SIGKDD International Conference on Knowledge Discovery and Data Mining:1231-1239.

Xia C,Nie G,Fan X,et al. 2019a. Research on the application of mobile phone location signal data in earthquake emergency work:a case study of Jiuzhaigou earthquake. PloS one,14(4):e0215361.

Xia C,Nie G,Fan X,et al. 2019b. Research on the estimation of the real-time population in an earthquake area based on phone signals:a case study of the Jiuzhaigou earthquake. Earth Science Informatics,(8):1-14.

Xing Z,Zhang X,Zan X,et al. 2021. Crowdsourced social media and mobile phone signaling data for disaster impact assessment:a case study of the 8.8 Jiuzhaigou earthquake. International Journal of Disaster Risk Reduction,(5):102200.

Yabe T,Tsubouchi K,Sudo A,et al. 2016. A framework for evacuation hotspot detection after large scale disasters using location data from smartphones:case study of Kumamoto Earthquake//Proceedings of the 24th ACM SIGSPATIAL International Conference on Advances in Geographic Information Systems:1-10.

第 2 章　国际自然灾害风险防范信息服务经验借鉴

2.1　概　论

重大自然灾害对人类的生命、生产、生活都有巨大的影响。自然灾害风险管理就是从可持续发展的角度考虑如何将社会资源进行合理和最优的配置组合，从而实现资源价值最大化，减少自然灾害对人类自身和人类社会带来的损失。灾害风险管理贯穿于灾害发生发展的全周期，包括灾前的风险防范，灾害发生过程中的风险应急处置和灾害结束后恢复重建阶段的风险管理。灾害的风险预警是灾害风险管理的重要环节，通过对风险的辨识、分析等，让相关影响人群做好应对风险的相应措施准备。随着可持续发展理念践行程度的加深和国家个体情况的不同，人们的灾害风险管理理念也有所差异。通过查阅国内外相关文献，国际上一些主要国家的自然灾害风险管理做法如下。

美国从 20 世纪 50 年代开始建立国家预警系统，是世界上最早建立现代预警系统的国家之一。1951 年，经时任总统哈里·杜鲁门批准，美国建立了用于国家军事威胁预警的关键台站系统（Key Station System），后来更名为电磁发射管制（Control of Electromagnetic Radiation，CONELRAD）（李晓北，2016）。随后其预警信息种类扩展至包括自然灾害、社会安全事件等各类突发事件。后来美国国家海洋与大气管理局（NOAA）建立了 NOAA 气象广播（NOAA Weather Radio，NWR），用于一周 7 天、一天 24 小时全天时发布气象预警预报信息。

以日本京都大学防灾研究所冈田宪夫教授和多多纳裕一教授为代表的课题组于 19 世纪末和 20 世纪初提出了综合灾害风险管理的概念和基本理论（王牧兰等，2012），很快得到了世界同行的认可。在已经举办的"综合灾害风险管理"的国际学术研讨会上明确提出"综合灾害风险管理"是今后灾害管理的最佳模式，优化组合工程与非工程的综合灾害风险管理措施将成为今后防灾减灾和灾害管理的主要措施（张继权等，2006）。Renn 等（2018）指出巨灾风险管理已经由风险分析进入综合风险管理的新时代。Egbelakin 等（2019）通过研究地震风险管理中激励因素的有效性、测试增强业主减灾决策的模型和确定提高业主减灾决策的关键激励因素来鼓励业主积极参与，采取措施降低社区地震易损性，从而改善建筑环境的抗灾能力以降低地震灾害风险。并且早在 1985 年，在灾害应急管理方面，日本就开始使用广播电视紧急预警系统，以求在非常时刻，通过广播电视传播应急信息。只要这一平台启动，无需其他媒介辅助，就可以让公民在家中接收预警信号，进而传达警报。进入 21 世纪，日本正在推广使用数字化广播电视，并于 2011 年正式采用这一系统，摒弃模拟广播电视。但广播电视紧急预警系统是在模拟传播广播电视的基础上完成的，这一系统已经不能适应当下的需求。因此，日本将研究目标投放到如何对移动终端发送紧急信号上，并对预警信号进行完善和创新，做到精准定位。而菲尼克斯灾害管理系统（Phoenix Disaster Management System，Phoenix DMS）是现时日本最完善的防灾应急系统。该系统 24 小时检测运行，能够即时响应各种灾害（帅向华等，2004）。

英国工程和自然科学研究委员会在 2010 年开发出了一种利用声学来监测滑坡等地质风险的系统，可对将要出现的地质险情进行预警，帮助减少损失。这种监测系统由埋设在可能出现地质灾害区域的传感器以及中央计算机组成，适用于易滑坡山体、地质结构不稳的道路和堤坝基座等区域。当地质结构出现变化，可能引起滑坡、路基或堤坝崩塌时，传感器会感知到土壤中的声音变化，将信号传给中央计算机，计算出地质灾害风险可能发生的实际概率，然后对相关部门进行预警，提前疏散人员或清空道路。近年来技术的进步使得生产这种探测器所需的成本越来越低，因此这种新型地质灾害监测系统有望在发展中国家广为应用。而在洪水灾害风险管理中，为加强灾前防御、应急救援和灾后恢复能力，英国采取"属地原则"的灾害风险管理模式，即"中央—地方"两级管理。中央一级设立临时机构与专业机构，由各部大臣等官员构成，只有面临重大灾害事件时才启动，负责全国防灾减灾政策与应急指导；地方一级由市、郡或县主要官员领导，设立"突发事件计划官"，制定"金""银""铜"三种等级应急处置机制，优化了自上而下的"指挥—执行"冲突，实现临灾科学、快速、高效应急救援，在多场特大洪灾中起到显著成效（崔鹏等，2020）。

意大利国家研究委员会与欧盟在地质灾害的风险管理中，针对地质灾害预警、应急与救援等全过程，开发了一套地质灾害监测预警与信息共享技术——MAPPERS，专家团队和政府主管部门可以实时获取第一手观测数据，及时分析灾害演化动态，适时做出预警；并将该技术嵌入智能手机中，利用智能手机的位置服务功能，使民众可以实时共享"灾情信息"，同时利用智能手机对民众进行灾害预警培训，及时获取灾害防治政策、监测预警、应急救援与灾后恢复信息，加强公众在地域管理和减轻灾害风险方面的积极性与参与感。通过实施、推广该技术，旨在：①健全信息共享机制，构建精细化地形与灾情信息；②设计和实施适用于社区居民的"地形信息制图员"等行动的专门培训课程，增强社区居民防灾减灾专业技能；③激活社区居民参与的积极性，降低灾害管理成本；④加强民众预警监测与减轻灾害风险的成就感与责任感。意大利以 MAPPERS 技术为代表的群测群防手段的应用与发展，将最大限度地提高社区居民临灾响应能力，降低灾害管理成本投入的同时实现灾害风险管理的可持续发展（崔鹏等，2020）。

位于荷兰德比尔特（De Bilt）的荷兰皇家气象研究所（Royal Netherlands Meteorological Institute，KNMI）提供高质量的精确气象预报，研究气候变化并监视地震活动，可以使用它来提前预知气候变化趋势以预防自然灾害。2017 年，由 KNMI 制造的 TROPOMI 随哨兵-5 号 Precursor 卫星发射升空。最近，TROPOMI 测量并绘制了由 COVID-19 导致的 12 月至次年 3 月中国二氧化氮浓度下降的图表。

俄罗斯紧急情况部、内务部和联邦安全局共同创建了全俄罗斯人口密集人群信息和预警综合系统（OKCNOH）。该系统可以将音频和视频信息进行处理、传输和展示，其主要目标是对民众进行民防培训，在紧急情况下保护民众安全，确保消防安全、水体安全和维护公共秩序。其主要任务是在人员密集地区，及时向民众提供突发事件信息，以提高民众应对紧急情况的能力；提高民众的安全意识；监测人员密集场所的状况和公共秩序。该系统由终端设施组成，主要安装在地铁、车站、街道和超市等人口密集地点，通过液晶面板或 LED 屏幕 24 小时播放相关信息，可以在发生自然、人为、生物、社会等紧急状况时提供信息支持。截至 2019 年，这一系统已在全俄罗斯 50 多个地区建立了 44 个信息中心、668 个终端设施，提供的信息可以覆盖到全国 7000 多万人。整个系统由俄罗斯信息中心进行统一管理。这一套信息和预警系统堪称世界上唯一的 24 小时紧急情况预防和预测机制，可实现全天候实时监测和预报，并及时更新信息数据（李思琪，2021）。

通过对以上多个国家的自然灾害风险管理的做法进行总结，国际上的自然灾害风险管理通用做法主要有以下几个方面。

一是成立和合理设置综合灾害管理和防治机构。为提高灾害应对综合能力和多灾种的综合管理能力，国家设置统一的综合灾害管理和防治机构，负责包括灾害预警、灾害防范、灾害应对、灾害治理和灾后恢复等灾害的全过程管理，从而形成各级政府贯通的防灾减灾管理体制和应急反应系统。在灾害发生时，综合灾害管理和防治机构负责自然灾害的统筹管理和协调工作，将多个单一部门联系、整合，明确各个部门分工和责任，每个相关部门各司其职，应急联动，同时制定灾害应对措施和防灾减灾方案。使得灾害管理工作逐步向多灾种管理、全过程管理方向转变。

二是注重科学研究在灾害风险管理中的应用。通过科学研究灾害预警系统，当要发生较严重的灾害时，政府相关部门通过电视、广播、手机以及瞬时警报系统终端设施等向有可能致灾的地区紧急发布灾害信息，同时系统可以在短时间内自动计算出受灾规模，为政府有针对性地开展救援提出指导性意见。通过建立科研院所和加强国际交流，不断更新和提升灾害风险防范相关技术以提高国家对灾害防御和处置的科技能力。

三是重视灾害风险防治及管理的科普和宣传工作。充分利用现代互联网资源优势，在媒体上开展防灾减灾知识的科普，全面而系统地宣传减灾战略、措施以及公众应具有的基本防灾意识和应急技能（史培军，2007）。将防灾科普融入教育体系中，对青少年进行防灾减灾和应急应对的科普。针对不同的人群创设科普读物。注重科普场馆的建设，通过各类地震灾害主题纪念馆、纪念公园和防灾教育中心开展宣传教育，教育场馆设计时应注重和参观者的互动性和易懂性。重视社区参与，鼓励民众组成"社区应急反应队"，调动各种力量，开展防震减灾科普宣传。加强灾害演习，提高群众在灾害中的应急意识和逃生技巧，提高政府的应急救灾指挥能力和公众的防震技能及意识。

与国际上发达国家先进的自然灾害风险管理体制相比，我国的自然灾害风险及其管理问题研究还存在一些不足之处，其主要是：管理体制以分领域、分部门的分散管理为主，缺乏整合和统一的组织协调；自然灾害管理的重点在灾害治理和危机管理而不是风险管理，缺乏整合的自然灾害风险管理对策；自然灾害风险管理以政府为主，没有充分发挥非政府组织、学术机构和普通民众等作用；整个社会缺乏足够的自然灾害风险管理意识；缺乏有效的信息支持和信息沟通的机制。因此，建立健全自然灾害综合风险管理体制，是提高我国自然灾害综合管理水平的关键（张继权等，2006）。

国际灾害风险管理经验对我国有所启示，其优点值得借鉴。第一，成立统一的综合管理部门，各部门职能划分清晰且合理，强化部门间的沟通协作和统筹协调。充分发挥应急部门综合协调、职能部门共同参与的作用。随着应急管理部的成立，我国"全灾种、大应急"的灾害风险与应急管理能力正在形成。第二，重视科技研究，要根据本国国情建立更加实用和符合我国应急管理体系的防灾减灾系统和平台。第三，适应新时代发展，充分利用网络时代的便利，通过网络进行灾害信息的传递、共享和科普，打破各部门间的信息数据壁垒，合力减灾。

2.2　国际组织信息服务

2.2.1　联合国减少灾害风险办公室

联合国减少灾害风险办公室（United Nations Office for Disaster Risk Reduction, UNDRR）是联合国系统中唯一完全专注于减灾相关事务的实体，由联合国秘书长减灾事务特别代表领导，确保减灾战略行动计划的执行，承担协调联合国系统、区域组织及有关国家在减轻灾害风险、社会经济与人道主义事务等领域的活动。目前负责监督《2015—2030 年仙台减轻灾害风险框架》的执行情况，支持各国执行、监测和分享在减少现有风险和防止产生新风险方面的有效措施。

1. 机构职能及组织管理体系

联合国减少灾害风险办公室总部设在瑞士日内瓦，在纽约设有联络办公室，在非洲、美洲、欧洲，以及亚太地区设有区域和次区域办公室，并为设在神户的灾害恢复平台以及在波恩的早期预警平台提供支持。

联合国减少灾害风险办公室作为一个全球行动框架，其宗旨是支持社会更好地抵御自然危害、技术风险和环境灾害，减少人员、经济和社会的损失。这是通过把减灾融入可持续发展，从注重应对灾害转向风险治理的一种观念转变。

联合国减少灾害风险办公室作为联合国开展减灾合作的重要协调机构，在推动全球、区域和国家各层级减灾平台建设，促进各利益攸关方参与减灾合作，协调制定并推动实施《2015—2030 年仙台减轻灾害风险框架》，将防灾减灾救灾纳入《2030 年可持续发展议程》目标，以及提升各国人民防灾减灾救灾意识等方面发挥着重要作用。

其核心职能包括：协调联合国机构和有关各方制定减轻灾害风险政策、报告以及共享信息，为国家、区域以及全球范围的减灾努力提供支持；借助关键性指标，如两年一次的《全球评估报告》等监督《2015—2030 年仙台减轻灾害风险框架》的实施，开展世界减灾大会、区域减灾大会、全球减轻灾害风险平台和区域平台等机制性交流与合作；为《2015—2030 年仙台减轻灾害风险框架》优先领域提供政策导向，特别是将减轻灾害风险纳入可持续发展、气候变化适应和 21 世纪发展议程；倡导和举办"国际减轻自然灾害日"等减灾活动及媒体宣传；提供信息服务和实用工具，如虚拟图书馆等，建立包含减灾良好实践、国家情况、大事件等数据库以及电子文档等；推动减轻灾害风险国家多部门协调机制（国家平台）；沟通协调减轻灾害风险各利益攸关方，如私营领域、科研领域、民间社会、媒体组织等。

2. 信息平台

UNDRR 信息平台主要包括以下几个板块。

1）联合国减少灾害风险办公室最新信息发布

联合国减少灾害风险办公室召集合作伙伴并协调活动，以创建更安全、更有弹性的社区。联合国减少灾害风险办公室网站信息平台发布了大量有关该组织长期以来展开的工作详情以及对世界范围内的巨大影响。其网站首页主要介绍了联合国减少灾害风险办公室主要工作地点和最新出版物。

2）《2015—2030 年仙台减轻灾害风险框架》

《2015—2030 年仙台减轻灾害风险框架》是 2015 年后发展议程的第一项重大协议，为成员国提供了保护发展成果免受灾害风险的具体行动。

《2015—2030 年仙台减轻灾害风险框架》与其他 2030 年议程协议携手合作，包括《巴黎协定》《亚的斯亚贝巴发展筹资行动议程》《新城市议程》，以及最终的可持续发展目标。

在 2015 年第三届世界减灾大会举行之后，联合国大会批准了该公约，并倡导大幅度减少灾害风险，生命、生计和健康风险，个人、企业、社区风险，国家经济、物质、社会、文化和环境资产损失。它承认国家在减少灾害风险方面具有首要作用，但应与其他利益相关者，包括地方政府、私营部门等分担责任。

网站平台主页板块还介绍了《2015—2030 年仙台减轻灾害风险框架》的概念，以及联合国减少灾害风险办公室参与的应用《2015—2030 年仙台减轻灾害风险框架》的平台如全球减灾风险平台、区域平台、国家平台等。

3）新闻与活动

该板块包括了世界范围内有关自然灾害的最新消息和新闻媒体动态，以及与自然灾害有关的国际日新闻宣传。联合国灾害风险评估组织了减少灾害风险全球、区域和国家平台，并促进在世界各地举办培训讲习班。

4）建立风险意识

该板块提供 DRR 社区、UNDRR 出版物和全球评估报告（global assessment report，GAR）等工具。联合国减少灾害风险全球评估报告是联合国关于全球减少灾害风险工作的旗舰报告。GAR 提供了我们对风险的了解，如会员国在降低风险的努力中如何取得进展，通过一系列案例研究展示了最佳实践，并突出了我们需要更多了解的领域。GAR 每三年发布一次，偶尔会有值得注意的主题的特别版。它是民主制作的，由会员国、公共和私人与灾害风险有关的科学和研究机构以及个别专家提供。

3. 产品分析——全球灾害预警与协调系统（GDACS）

GDACS 是联合国与欧盟委员会之间的合作框架。它包括世界各地的灾害管理人员和灾害信息系统，旨在填补重大灾害后第一阶段的信息和协调空白。用于提供对基于网络的灾害信息系统和相关协调工具的实时访问。

此系统成立于 2004 年，包含针对地震、海啸、洪水、火山和热带气旋的多灾种灾害监测和警报系统。它的创建是为了减少针对不同灾难类型的各种监控网站。最初仅仅是警报系统，后来与联合国人道主义事务协调厅（United Nations Office for the Coordination of Humanitarian Affair, UNOCHA）的现场协调信息系统结合在一起，使其能够与人口统计和社会经济数据相结合，实现对灾难预期影响的实时评估分析。

GDACS 综合网站提供以下灾害信息系统和在线协调工具：

GDACS 灾害警报，在突发灾害发生后立即向约 25000 名订户发出警报。自动估计和风险分析（警报的基础）由欧盟委员会联合研究中心（Joint Research Centre, JRC）提供。

以 2022 年 1 月 10 日 08：36 UTC，在阿根廷发生的 5.5 级地震为例。全球灾害预警与协调系统在地震发生 50 秒之内收到讯息并于网站公布灾害事件信息。

在事件信息页面，显示每一事件对应的唯一事件代码、系统对灾害事件的评级、预估死亡人数、受灾人数等。

虚拟现场行动协调中心（On-site Operations Coordination Centre, OSOCC）是一个受限制的在线平台，于灾难的第一阶段在所有参与者之间进行实时信息交流和合作。来自受影响国家和国际响应者的信息更新由专门的团队主持。虚拟 OSOCC 有大约 19000 名注册用户，由联合国人道主义事务协调厅管理。

来自不同提供商的地图和卫星图像通过 GDACS 卫星测绘和协调系统（SMCS）在虚拟 OSOCC 上共享。它提供了一个沟通和协调平台，可以在紧急情况下监控和通知利益相关者已完成的信息，并组织当前和未来的绘图活动。这项服务由联合国训练研究所、联合国卫星中心提供。

2.2.2　亚洲备灾中心

亚洲备灾中心（Asian Disaster Preparedness Central, ADPC）是一个地区性的备灾中心，主要工作目标是减少亚洲及太平洋地区的自然灾害，以维护社会的安全与持续发展。亚洲备灾中心创立于 1986 年，是亚洲及太平洋地区在增进灾害认知及地方政府制度化灾害管理能力的一个重要信息中心。亚洲备灾中心成立初期是亚洲科技学院的一个外展中心，因而注册为以泰国为基地的独立国际性基金会。亚洲备灾中心由它的国际信托委员会来管理，委员会主席是泰国的甲赛·差纳翁色教授，副主席是菲律宾公民服务委员会主席科拉松。来自全世界的灾害管理专家组成一个咨询团队，为亚洲备灾中心的各项方案提供建议。美国国际开发署援外办公室向亚洲备灾中心提供财政援助。亚洲备灾中心与各国和地方政府通力合作对灾害做出回应并制订有关减灾政策。

1. 机构职能及组织管理体系

亚洲备灾中心的方案展现了一种多样化的工作内容，关注所有类型的自然灾害，并包含了灾害管理领域的所有向度——从预防到减灾、准备与响应、重建与修复。自创立起，亚洲备灾中心始终对灾害管理领域的最新科技发展保持高度关注，并持续不断地采用新的方式为亚洲国家的紧急需求提供最有效率的服务。亚洲备灾中心的工作内容主要包括：训练与教育，技术性服务，信息、研究与网络支持，以及区域方案管理等。

亚洲备灾中心依托专家队伍，建立了亚洲地区及全世界著名的灾害管理专家名单，提供的服务主要包括：灾后评估，减灾练习，即时性救援响应，后续的重建与复原的规划，全国性的灾害管理政策制订，灾害管理机构的能力培养，以及对较广泛的灾害管理提供方案设计的协助等。

亚洲备灾中心被视为亚洲地区灾害管理政策与实务的专业信息交换中心。除了提供传统的讯息传播资源，亚洲备灾中心还致力于全国性灾害管理信息系统的发展。亚洲备灾中心与拉丁美洲 LaRed 网站合作，在拉丁美洲运行一个称为 DesInventar 的灾害信息系统供亚洲使用。亚洲备灾中心出版有自己的季刊——《亚洲灾害管理新闻》，并通过亚洲备灾中心网站（http://www.adpc.ait.ac.th）对外发布信息。亚洲备灾中心致力亚太地区减灾案例研究，特别推广尼泊尔加德满都谷地以社区为基础的减灾倡议的成功案例，并希望总结出一套以社区为基础的灾害管理、学校地震知识教育经验、信息与网络支持、行动计划、紧急管理与应急计划，以风险为基础的城市规划等成功案例。

2. 信息平台

亚洲备灾中心在广泛的专业领域开展工作，制定和实施有关风险治理、城市弹性、气候弹性、卫生风险管理，应对准备和弹性恢复等战略主题的跨部门项目/计划。我们的战略主题得到性别和多样性、区域和跨界合作以及贫穷和生计等贯穿各领域的主题的补充和支撑。ADPC 学院设计并提供各级专业能力建设和培训课程，并加强国家 DRR 培训中心的能力。

ADPC 信息平台主要包括以下几个板块。

1）ADPC 平台首页

亚洲备灾中心会每年对风险治理、气候适应和复原力、城市韧性、性别与多样性、气候适应能力、贫困与生计、健康风险管理、弹性恢复等战略主题项目进行年度总结并出版发布。在其平台首页会发布有关灾害风险的新闻信息。

2）ADPC 出版物

亚洲备灾中心信息平台出版物板块中，会介绍年报、亚洲灾害管理新闻、宣传册、概况介绍和海报、政策、程序和准则、会议记录董事会、进展和评估报告、影响故事和案例研究、项目报告、会议和研讨会论文集、策略、技术论文、媒体发布险管理系统、培训手册、工具包和手册、多媒体、计划文件。

3）ADPC 学院

ADPC 学院为政府、政府间和非政府组织提供防灾专业领域的培训。ADPC 学院提供的能力建设课程通过多样化和定制的方法涵盖了减少灾害风险和适应气候变化的关键领域。我们根据区域和全球发展框架的优先事项定期更新培训课程。

ADPC 学院是 ADPC 的能力发展部门，负责托管所有 ADPC 旗舰培训计划。ADPC 学院通过开展全面的培训需求评估（TNA），设计培训模块，确保交付和进行评估来支持其他培训活动。它促进与亚洲、太平洋周围及其他地区的机构合作伙伴、国家培训机构以及研发机构的长期伙伴关系，为课堂和电子学习模式提供定制培训和能力发展工具。

ADPC 学院，以前称为培训服务部（TSD），是在对整个亚洲的备灾和响应能力进行战略评估后成立的，该评估建议将能力建设作为有效准备所必需的。从那时起，培训和能力发展倡议已成为 ADPC 在区域一级的主要和公认的专门知识举措之一。

ADPC 学院，提供了亚洲及太平洋地区减少灾害风险能力建设的三十年经验以及关于灾害、气候变化和复原力建设的大量定制课程、加入 ADPC 组织的渠道。

4）ADPC 工作进展

ADPC 的 2020 年战略旨在促进 ADPC 的运营方式更加综合。它以 2015 年后发展议程为依据，支持实施全球框架，包括《2015—2030 年仙台减轻灾害风险框架》和可持续发展目标，以及《巴黎协定》和世界人道主义峰会下的承诺。

已经确定了灾害风险管理的六个战略主题和三个跨领域主题，这些主题描述了我们如何应对灾害和气候变化带来的全球、区域和国家挑战，以及我们打算如何努力实现更大的复原力和可持续发展。

六个战略主题是风险治理、城市韧性、气候韧性、卫生风险管理、应对准备和韧性恢复，而三个跨领域主题是性别和多样性、贫困和生计以及区域和跨境合作。这些主题相互关联，形成了灾害风险管理的整体方法。它们是交叉和多学科的，反映了不同的全球和区域框架对国际社会的呼吁，即跨部门、跨受众和跨学科开展工作。

2.2.3　亚洲减灾中心

1. 机构职能及组织管理体系

亚洲减灾中心（Asian Disaster Reduction Center，ADRC）于 1998 年在兵库县神户市成立，其使命是增强成员国的抗灾能力，建设安全的社区，并创造一个可持续发展的社会。ADRC 致力于建设具有抗灾能力的社区，并通过人员交流和各种其他计划在各国之间建立网络。

ADRC 与联合国各机构和国际组织合作，联合国各机构如联合国减少灾害风险办公室（UNDRR）、联合国人道主义事务协调厅（UNOCHA）、联合国亚洲及太平洋经济社会委员会（UNESCAP），从全球角度处理减少灾害风险问题；国际组织如亚洲–太平洋经济合作组织（亚太经合组织）和东南亚国家联盟（东盟）。

2. 信息平台

ADRC 信息平台主要包括以下几个板块。

1）ADRC 信息平台首页

亚洲减灾中心（ADRC）信息平台首页会及时提供最新有关世界各地发生自然灾害的详细信息，自 1998 年以来，ADRC 开发了一个灾害信息数据库，并在其网站上公布，以便作为各种来源的灾害信息交换所。通过与原始数据源的直接链接进行信息汇总，可以快速搜索和检索信息。该数据库提供灾难的简要摘要（日期、地点和描述），损失状态概述，以及分类为报告/文章的地理数据，紧急救援信息，ADRC 成员国的紧急报告和图形信息的链接。此类信息在可用时会不断更新。关于自然灾害的多语种词汇表有英文、法文、西班牙文、中文、韩文和日文版本。

2）ADRC 活动发布模块

亚洲减灾中心（ADRC）信息平台首页会及时提供世界各地举办活动的最新消息以及与减少自然灾害主题相关的活动发布，亚洲灾害救援会每年召开一次国际会议，即亚洲减少灾害会议，一般由来自成员国的灾害风险管理官员以及来自国际组织的灾害专家出席会议。ADRC 旨在促进信息和想法的交流，并加强参与国和组织之间的伙伴关系。预计 ADRC 将促进执行《2015—2030 年仙台减轻灾害风险框架》的优先行动。

3）ADRC 灾害信息发布模块

该模块主要功能为发布最新灾害信息详情，包括发生时间、地区、灾害类别以及灾害发生的详细情况。

4）ADRC 成员国减灾信息共享模块

该模块可以通过点击模块地图中的国家来查看该国家的基本信息、国家受灾特点、近期重大灾害以及该国家的灾害管理系统等。

3. 典型信息产品分析

1）全球唯一灾害 ID 强化器

自 2001 年以来，ADRC 对灾害事件实施了一项全球通用、独特的识别计划，以促进分享世界各地组织存档的灾害信息。该计划被称为新的独特的灾害 GLobal IDEntifier 编号（GLIDE）倡议，是与联合国人道主义事务协调厅等组织联合发起的。GLIDE 是一个开放标准，任何对灾害数据感兴趣的人都可以免费访问。

访问灾难信息可能是一项耗时且费力的任务。不仅数据分散，而且在易于发生灾害的国家，经常识别灾害可能会令人困惑。为了解决这两个问题，亚洲减灾中心（ADRC）提出了全球通用的灾害唯一 ID 代码。布鲁塞尔鲁汶大学灾害流行病学研究中心（CRED）、联合国人道主义事务协调厅/救济网、联合国人道主义事务协调厅/联邦安全协调委员会、联合国国际减灾战略、联合国开发计划署、世界气象组织、红十字与红新月会国际联合会（IFRC）、美国国际开发署、联合国粮食及农业组织和世界银行都赞同和推动了这一想法，并作为"滑翔"新倡议。

从 2002～2003 年，紧急灾难数据库（EM-DAT）每周在 CRED 发布一个 global identifier 编号（GLIDE），用于所有符合 EM-DAT 标准（http://www.cred.be）的新灾难事件。当然，现在正在寻求涵盖超出 EM-DAT 标准的灾害的方法，并将在适当的时候提供。从 2004 年初开始，"自动滑翔机发电机"开始为所有新的灾难事件生成新的滑翔机。滑翔机号码的组成部分包括：用于识别灾难类型的两个字母（如 EQ，即代表地震）；灾难发生年份；6 位数的连续灾难编号；用于识别发生国家/地区的三个字母的 ISO 代码。例如，西印度地震的滑翔机编号为 EQ-2001-000033-IND。

上述组织在与该特定灾害有关的所有文件上都张贴了这一组数字，其他伙伴将逐步将其列入它们所产生的资料中。随着信息供应商的这一倡议，与特定事件有关的文件和数据可以很容易地从各种来源检索，或者使用唯一的 GLIDE 编号链接在一起。GLIDE 的成功应用取决于其广泛使用及其对从业者的实用性。今天，世界各地的用户都可以从 CRED、救援网（ReliefWeb）和 ADRC 的主页上获取 GLIDE 编号。ReliefWeb 和 ADRC 已经准备了一个专门的网站（http://www.glidenumber.net/）来推广 GLIDE。

2）灾害管理支援系统（"亚洲哨兵"项目）

亚洲灾害统计数字表明，亚太地区遭受自然灾害的程度尤为严重。该地区受到的影响约占 37%，死亡人数占全球的 57%，与此类灾害相关的受害者占总数的 89%。考虑到这些令人不安的统计数字，亚太地区空间机构论坛于 2005 年提出了一项名为"亚洲哨兵"的倡议，主要使用 Web-GIS 技术，在亚太地区近乎实时地共享灾害信息，以展示地球观测技术的价值和影响，并结合近实时的因特网传播方法和网络地理信息系统制图工具，为亚太地区的灾害管理提供支持。其架构最初被设计作为基于互联网的节点分布式信息分发至骨干网运行，最终在亚太地区分发有关多种灾害的相关卫星和原地空间信息。

"亚洲哨兵"项目于 2006 年启动，旨在利用卫星在亚洲建立灾害风险管理系统。ADRC 收到来自成员国和参与合作项目的其他组织的紧急观察请求。灾害管理支助系统也是"亚洲哨兵"项目的一部分，ADRC 通过该系统向亚太地区提供地图和卫星图像以及灾害信息。

"亚洲哨兵"旨在：

（1）通过将信息和通信技术（ICT）与空间技术相结合的应用，提高社会安全；

（2）提高备灾和预警的速度及准确性；

（3）改进灾害评估，了解灾害的影响程度；

（4）尽量减少灾害造成的受害者人数和社会/经济损失；

（5）为制定灾后重建计划做出贡献。

其中，许多目标只有通过地球观测卫星可以获得的图像和其他数据的广域与快速响应收集才有可能实现。

其架构最初被设计为作为基于互联网的节点分布式信息分发骨干网运行，最终在亚太地区分发有关多种灾害的相关卫星和原地空间信息。

2.3　主要发达国家信息服务

2.3.1　美国自然灾害风险防范信息服务

1. 美国的自然灾害应急管理体系

自 2005 年"卡特里娜"飓风事件之后，美国政府对其应急管理制度进行了反思，于 2006 年 10 月制定了《后"卡特里娜"应急管理改革法》，明确提出建立国家应急准备系统（图 2.1），对国家应急管理战略做出重大调整（刘铁民，2011）。2008 年 1 月颁布

《国家响应框架》，该框架是美国应急响应的指南，规定了各级政府、私营部门以及非政府组织的角色和职责，以美国国家突发事件管理系统为平台，为应急管理工作提供了一套完善的框架。美国的自然灾害应急响应框架采用国家—州政府—市政府三级管理体制，应急救援一般遵循属地原则和分级响应原则。

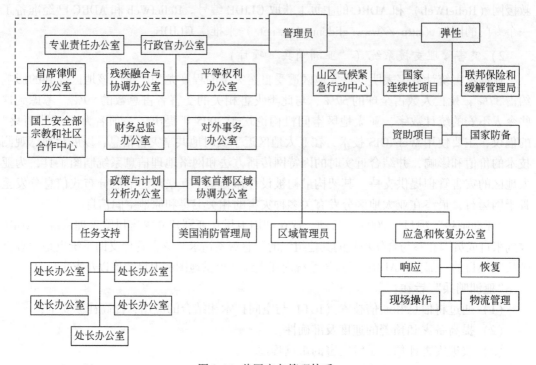

图2.1　美国应急管理体系

自然灾害应急管理具体由美国联邦紧急事务管理署（Federal Emergency Management Agency，FEMA；https://www.fema.gov/）负责总指挥，FEMA 在全国设立了 10 个应急管理分局。在美国现行的联邦体制下，国家级主要是由 FEMA 牵头组织和协调相关部门制定灾害应急管理方面的政策和法律，组织协调重大灾害应急救援，提供资金、物质以及科学技术方面的信息支持，组织开展应急管理的专业培训，协调外国政府和国际救援机构的援助活动等。美国的国家海洋与大气管理局、国家疾病控制与预防中心、国民警卫队、运输部、联邦航空管理局、农业部、红十字会等部门，也承担着自然灾害应急管理等方面的管理职能。

2. 美国的自然灾害应急管理机构职能

美国通过立法来界定政府机构在灾害管理中的职责和权限，已先后制定了上百部专门针对自然灾害和其他紧急事件的法律法规，且经常根据情况变化进行修订。1950 年制定，并经 1966 年、1969 年和 1970 年多次修改的《灾害救助和紧急援助法》，是美国第一部与应对突发灾害事件有关的法律，规定了联邦政府的救援范围及全面协调预警、防灾、减灾、紧急管理、恢复重建等工作。根据美国 2008 年 1 月发布的"国家灾难恢复框架"（Natural

Disaster Recovery Framework）及"国家应急反应框架"（Natural Response Framework），美国应急响应预案体系由联邦、州、地方三级政府和民间的不同领域应急计划和预案组成。这些应急计划和预案一般都对应急反应的目标、范围、框架、组织、权责、政策、调动、指挥、实施等做出了规定和安排，并在不同程度上涉及政府、私人部门和民间志愿组织应对紧急事件的准备、反应、恢复和减灾的具体分工和安排，部分应急计划和预案相互间存在一定的联系。

美国自然灾害应急管理措施具体分为减灾措施、灾前准备、应急响应、灾后重建四个环节：

（1）减灾措施主要指联邦和地方政府通过制订一些减灾计划和措施，以减少和排除灾害对人民生命财产的影响。例如，设计和建设防灾减灾工程，对各种灾害易发区的建筑物和设施是否按照国家标准建设进行日常检查，并责成有关方面对存在的问题进行整改，在各种灾害易发区开展政府支持的灾害保险等。

（2）灾前准备主要包括提供应对各种自然灾害的技术支持，建设灾害监测预警系统，建立灾害服务信息迅速传播的平台和工作机制；建设必要的应急避难场所，做好灾害公共卫生、医疗、救助抢险等应急准备；在全国广泛开展灾害应急知识培训、灾害应急演示、防灾科普教育等。

（3）应急响应主要指灾害预计发生或已发生时，通过政府的组织管理，努力并及时调配资源紧急应对灾害，主要包括协调各级政府、各个部门进行救援，组织人员紧急转移，加强灾情的评估及预测，迅速、科学地评估灾害影响程度，紧急调配设备、队伍、资源应对灾害等。

（4）灾后重建包括对灾后受害者提供紧急的临时性安置建设，根据灾情及时提供救灾资金，进行灾后重新规划、恢复重建，以及各种灾后保险赔偿等。

3. 美国飓风风险监测与应急管理的成功经验

在应急响应框架下完善的预案体系及落实措施保证了美国政府应对飓风的成功，美国应对飓风的成功经验可以归结为以下几点：

（1）系统统筹。美国自然灾害应急响应架构显示了美国政府在应对自然灾害时的统一协调系统。FEMA 在整个灾害风险应对和应急管理中起着关键作用，使整个风险管理职责明确且统一规划和行动。

（2）建立完善的数据库并在此基础上预测评估灾害风险。美国飓风风险管理研究文献相当多，其主要来源于美国国家自然科学基金会资助的研究项目和 FEMA 的有关资料，内容翔实，涉及风险监测与识别、评估、处理和预测等方面。这说明美国风险管理学者对飓风的预测、评估工作高度重视，同时，这些工作是建立在长期监测和完整收集数据的基础上的。美国国家海洋与大气管理局根据对飓风监测获得的相关数据，由国家飓风中心建立预测数据库，及时预测和预报飓风的发生、发展和变化情况。

（3）风险分级预警，跨部门整合专业合作。应急管理体系根据风险的危害程度进行量化分级管理，如飓风发生后联邦各部门及非政府组织的反应、美国疾病控制与预防中心（Center for Disease Control and Prevention，CDC）应急人员的组成等。在风险应急和管理方面，有机整合多部门多专业人员，不仅见效快、成本低，而且较好地解决了平战结合及知识、队伍、设备不断更新的矛盾。

（4）管理规范，不断完善改进。根据风险管理的实际经验，制定或修订各种相关法律法规，使风险管理有法可依。灾害管理政策类型多样，充分考虑了风险的预防、控制和分担，体现了应急管理政策的权威性和实用性。

（5）灾后救助不仅考虑受灾人群的身体健康，同时考虑心理恢复问题，体现了人本主义思想。CDC 专家提出了灾难后心理影响的金字塔模型，金字塔模型从塔尖到塔底的五个层次依次为：①统计的个体受害者；②家庭和社会网络；③救援人员、医疗保健服务提供者及其家庭和社会网络；④脆弱人群及受影响行业；⑤普通人群及其社区。由此以便开展快速公共卫生评估和监测、伤害和疾病的预防及心理支持工作（文进等，2006）。

4. 美国自然灾害风险管理平台

1）美国国家多灾种评估系统

HAZUS-MH（Hazards United States Multi-Hazard）系统是美国国家多灾种评估系统的简称，基于 GIS 综合平台，并结合多学科方法和技术，对自然灾害如洪水、飓风和地震的物理破坏、经济损失和社会影响进行评估。HAZUS-MH 系统主要针对地震、洪水和飓风灾害开展灾害损失评估、风险评估，灾害损失评估基本内容都由致灾因子评估、直接物理破坏评估、间接物理破坏评估、直接经济和社会损失评估、间接损失评估五部分组成。HAZUS-MH 系统在风险评估方面主要包括洪水、飓风灾害风险评估。该系统利用 GIS 技术，结合国家数据库及国家标准，基于现有的历史损失记录，计算灾害发生的可能性和频率；基于不同承灾体类型的灾损曲线，设置不同的灾害和资产数，模拟确定潜在的破坏和损失，评估洪水、飓风灾害风险，评估结果可通过 GIS 制图得到专题地图显示。HAZUS-MH 系统模块具体包括洪灾致灾因子风险评估、洪灾建筑物灾损曲线与矩阵、飓风致灾风险模型、飓风建筑物灾损曲线等。该系统可用于灾害发生后的现时评估，即快速评估，也可评估灾害对建筑、基础设施等造成的破坏，以及产生的直接和间接经济社会影响，确定需要开展应急工作的地区，判断救济资源的分配和次生灾害等（周洪建，2015a）。

2）PAGER 系统

PAGER（Prompt Assessment of Global Earthquakes for Response）系统是美国地质调查局（USGS）所属的全球地震响应快速评估系统的简称。该系统基于全球地震台网观测系统为地震紧急救援部门，其他政府相关组别以及媒体提供有关全球地震灾害的有效信息，通过移动电话和 E-mail 方式、PAGER 系统及时发送警报信息，包括最新确定的地震位置、强度和深度，灾害的初步影响估计等信息（周洪建，2017）。其中，后者呈现基于人口密度的地震烈度分布、不同地震烈度分析、主要城市及人口数量、地震可能造成的死亡人口数量、可能造成的经济损失、人口死亡与经济损失预警级别、周边历史地震及损失情况等内容（周洪建，2015）。

3）美国国家海洋与大气管理局平台

美国联邦政府中管理海洋资源的主要部门是商务部下属的国家海洋与大气管理局

（NOAA）（http://fisheries.noaa.gov）。NOAA 成立于 1970 年 10 月，它不仅负责海洋事务，同时还管理大气事务，其主要职责有：全美的天气及气候预报；海洋及大气资料的监测及归档；海洋渔业及哺乳动物的管理；全美水域的测量绘图；海岸带管理以及上述领域的研究与发展工作。此外，它还负责管理：美国气象和环境卫星的运行；用于海洋测量、调查、渔业及研究目的的舰队和机群；12 个环境研究实验室以及几个超级计算机（周放，2001）。

NOAA 是商务部众多机构中最大的一个，该局长一般由商务部的副部长担任。NOAA 内设以下部门：公共事务部、政策与战略计划部、可持续发展部、立法部、国际部、高性能运算与通讯部、军事部、财务管理部、海洋与大气运作部、系统购置部、项目协调部以及联邦气象协调部。此外 NOAA 还有五个中心（周放，2001）：国家海洋渔业服务中心，国家海洋服务中心，海洋与大气研究中心，国家天气服务中心和国家环境卫星、数据及信息服务中心。

（1）NOAA 的气象卫星：NOAA 目前拥有极轨环境业务卫星系统（Polar Orbiting Operational Environmental Satellite，POES）和地球静止轨道业务环境卫星系统（Geostationary Operational Environmental Satellite，GOES），主要应用于台风监测、暴雨和洪涝灾害监测、森林草原火情监测、地震监测、积雪监测、全球气候变化监测等方面。

（2）NOAA 下属的美国国家气象局（National Weather Service，NWS）在典型飓风季节会发布天气、气候和风暴预警预报及相关应急方案。

（3）应急警报系统：NOAA 天气警报广播系统是一个全国范围的无线广播网络，气象台 24 小时直接播发天气警报及其他灾害信息。美国国家气象局与应急管理部门紧密合作，不仅播发气象台的灾害监测和预警信息，而且还播发地震、雪崩等自然灾害，化学品泄漏、石油污染等环境生态灾难，甚至还播发绑架、恐怖事件、海难、重大交通事故等公共安全信息。

NOAA 天气有线服务（NOAA Weather Wire Service，NWWS）系统为美国州政府、应急管理、媒体、企业和商业用户提供实时的气象、水文等灾害警报以及相关信息。家庭气象服务系统是专门为私人气象服务公司和个人气象服务需要而设计的服务系统。

应急管理气象信息网络服务（Emergency Managers Weather Information Network，EMWIN；图 2.2）是针对气象灾害应急管理需要的应急气象服务系统。该系统的使用对象一般为从事应急管理、处置的单位和个人，分发服务的信息内容非常广泛，不仅有气象灾害预警信息和相关信息，而且系统还分发其他紧急事件信息（黎健，2006）。

2.3.2 欧洲自然灾害风险防范信息服务

1. 英国自然灾害应急管理的组织机构体系

英国由英格兰、苏格兰、威尔士（以上三个地区又称大不列颠）以及北爱尔兰等地区组成。在保持中央集权的情况下，英国实行地方自治，地方政府有较大的自主权（黄燕芬等，2018）。在政府行政管理体制的基础上，英国建立了适合本国国情的应急管理的组织机构体系。

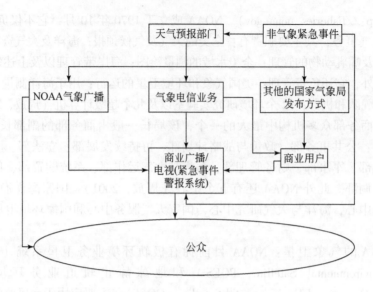

图 2.2 美国应急管理气象信息网络服务 (EMWIN)

1) 国家应急决策机构——首相、国内紧急情况委员会

英国首相是中央政府灾害应急管理的最高行政首长，负责统一领导、指挥和协调政府各部门的应急管理活动。英国设有国内紧急情况委员会，作为英国政府防灾救灾的决策议事机构，由各部大臣和有关官员组成，内政大臣任主席。灾害发生时，根据灾害类别和规模，政府将指定一个中央部门作为"领导部门"，如发生传染病疫情就由卫生部担任领导部门，负责协调各部门的应急救援行动；如果灾害风险对国家构成重大挑战，紧急情况委员会就会召开会议，以确定中央政府的应对部署。

2) 国家应急协调机构——内阁办公厅以及国内紧急情况秘书处

内阁办公厅是英国政府的中枢机构，在危机管理方面负有收集和评估灾害信息、向公众提供预警信息、进行公众教育等方面的职责。为了提高综合协调能力，2001 年在内阁办公厅专门设立了国内紧急情况秘书处，负责日常紧急事务管理和跨部门协调。该秘书处的主要职责是：负责向首相报告可能引发危机的各种事件；进行危机政策的制定、风险评估和编制应急计划；具体协调部门间的应急计划和工作职责；组织人员培训等日常工作。国内紧急情况秘书处下设三个具体职能部门：评估部，负责全面评估可能发生或已经发生灾难的程度、规模和影响范围，发布有关信息；行动部，负责制定和审议应急计划，确保中央政府做好有效应对各类突发事件和危机的充分准备；政策部，参与制定后续管理政策，并与政府各部磋商起草计划和全国性标准。此外，秘书处还设有紧急事务规划学院，负责进行危机管理研究和人员培训。内阁办公厅设有安全和情报协调官，具体负责跨部门的协调，处理反恐危机工作。安全和情报协调官由首相任命，日常工作主要向内阁秘书、内政事务负责人进行报告，同时担任内阁办公室的常务秘书、国家情报机构的总会计官员。其主要职责有：在单项情报账目中担任总会计官；领导情报委员会，该委员会就情报收集、机构项目支出和各部门事务协调提出建议；领导情报委员会以保证英国的五年反恐战略；

可代理国内紧急情况委员会的领导；担任英美安全联络小组的联合主席；领导情报委员会以保证政府安全战略的实施；检查国内紧急情况秘书处的工作，维持国内安全。

　　3）国家应急管理工作机构——中央政府各部门

　　英国政府各部分别负责各自职责范围内的防灾救灾工作。在发生灾害时，国内紧急情况委员会将根据灾害类型，确定由哪一个中央部门作为"领导部门"，具体负责协调各部门的紧急救援行动。这些部门通常包括内政部、交通部、外交部、财政部、能源部、国防部、环境部、贸工部、卫生部，以及其他部门（图 2.3）。

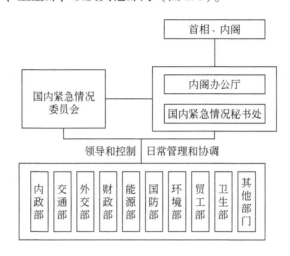

图 2.3　英国国家应急组织机构体系

　　4）地方应急管理机构

　　英国地方政府行政首长是本地灾害管理的最高领导人。为了加强应急管理的统一领导、综合协调和相互沟通，地方政府通常设有应急服务联络小组，核心成员包括警察、消防、交通和急救中心等部门的代表，主要职责是面临灾害事件时确保各个相关部门能够密切配合，及时做出反应。除此之外，地方政府通常设有应急服务联络论坛，参与者是各个部门的主要官员。论坛的宗旨在于制定应急服务联络小组的战略方向，并从领导层给予一定的支持和指导，但不参与灾害应对。所以，地方应急服务联络小组和应急论坛，可以看作是地方应对灾害的决策协调机构。地方政府各部门对各自主管领域发生的灾害负有应对职责，但警察、消防、医疗急救机构等，则是提供灾害应对的主要部门，都属于《国内应急法》规定的一线灾害处理者。地方警察部门的主要职责包括：与其他应急机构一起抢救幸存者的生命；在事故现场提供应急支援；保护事故现场，疏散围观者，疏导交通；调查事故原因；收集并发布伤亡信息；采取措施恢复正常秩序。地方消防部门的职责主要是：搜索和救援幸存者；消除和预防火患；提供人道主义服务；处理危险品并保护环境；控制获救和遭到破坏的财务；警戒线内的安全管理。地方急救中心的主要职责包括：抢救生命；为伤者提供治疗、安抚和照顾；提供适当的运输及医疗人员、设备以及资源；确定伤者的优先撤离顺序；为国家卫生署及其他医疗机构提供事故发生的地点和情况；运送医疗救护队及其装备到现场。在应急管理中，各种社会防灾救灾组织，如志愿者组织、工商企业、媒体、社区组织等，也是参与防灾救灾工作的重要主体，不管是在预防准备阶段，还是在灾害救助阶段，都会积极参与其中，协助政府开展防灾救灾工作。

2.3.3 日本自然灾害风险防范信息服务

1. 日本的自然灾害应急管理体系

日本是一个中央集权的单一制国家，政府体系分为三个层级：中央政府（张铁亮等，2017）；都、道、府、县（相当于中国的省市）政府；市、町、村（相当于中国的乡镇）政府。截至2022年10月1日，日本有一都一道两府43县，以及653个市、2006个町、594个村。日本实行地方自治，各级政府之间不是上下级行政隶属关系，而是一种指导协作关系，但中央政府可通过各种形式对地方政府进行监督和控制。在常态政府行政管理体制基础之上，日本根据国家和地方防灾救灾工作的需要，从中央到地方设置了一套政府和社会组织共同参与的应急管理机构，明确了各级各类应急管理机构的职责，确立了应急管理组织机构框架。日本政府从社会治安、自然灾害等不同方面，建立了以内阁首相为危机管理最高指挥官的危机管理体系，负责全国的危机管理（罗章和李韧，2010）。日本政府在首相官邸地下一层建立了全国"危机管理中心"，指挥应对所有危机。在日本许多政府部门都设有负责危机管理的处室（至言，2012）。一旦发生紧急事态，一般都要根据内阁会议决议成立对策本部；如果是比较重大的问题或事态，还要由首相亲任本部长，坐镇指挥。在这一危机管理体系中，政府还根据不同的危机类别，启动不同的危机管理部门。以首相为会长的中央防灾会议负责应对全国的自然灾害，其成员除首相和负责防灾的国土交通大臣之外，还有其他内阁成员以及公共机构的负责人等（王学栋和张玉平，2005）。

1）国家应急决策机构——首相、中央防灾会议

首相是日本中央政府应急管理的最高行政首长，负责领导防灾救灾工作，并担任中央防灾会议的主席。中央防灾会议是日本中央政府防灾救灾的主要决策议事机构，由防灾大臣（1名）、各省厅大臣、指定的公共部门首长（4名）和专家学者（4名）组成，首相为会议主席。中央防灾会议的主要职责是：制定和组织实施防灾计划；发生灾害时制定应急计划措施并推进实施；应首相和防灾大臣要求审议有关事宜（王洋，2011）；就重要事宜向首相和防灾大臣提出建议。日本中央防灾会议是综合防灾工作的最高决策机关，会长由内阁总理大臣担任，下设专门委员会和事务局。中央防灾会议的办公室（事务局）是1984年在国土厅成立的防灾局，局长由国土厅政务次官担任，副局长由国土厅防灾局长及消防厅次长担任。各都、道、府、县也由地方最高行政长官挂帅，成立地方防灾会议（委员会），由地方政府的防灾局等相应行政机关来推进自然灾害对策的实施。许多地区、市、町、村（基层）一般也有防灾会议，管理地方的防灾工作。各级政府防灾管理部门职责任务明确，人员机构健全，工作内容丰富，工作程序清楚（尚春明等，2005）。

2）国家应急综合协调机构——内阁官房、危机管理总监

内阁官房作为首相的辅佐机构，在政府日常应急协调管理方面发挥着重要作用。为了

确保在发生大规模灾害时日本首相官邸、中央省厅与相关防灾公共机构间的情报搜集和联络，以便灾害部门做出正确的判断。内阁府还设置了被称为中央防灾无线网的情报通信网络。该通信网络于 1978 年开始建设，目前已在首相官邸、27 个国家行政机构、49 个指定公共机关，各灾害对策本部和都道府县建立了通信网络。同时，首相官邸设置与各相关省厅连接的热线（电话、传真）、卫星电话、紧急集团电话、大型液晶投影设备等。在负责收集、整理、分析各相关部门提供情报的情报搜集汇总中心，还配备了不易受干扰、最先进的情报通信设备，设有互联网、地图数据终端、气象信息终端、通讯社数据终端等终端设备，能召开电视会议，传送图像、地图信息等数据。内阁官房应急管理的主要职责是：收集危机信息并向有关部门传达；召集各省厅建立应对危机的机制；综合协调各省厅的应急决策措施；负责对外宣传，以消除国民的恐惧和不安。为了提高灾害综合管理的能力，1998 年日本通过修改《内阁法》，在内阁官房设立了内阁危机管理总监（副大臣级），组建了由该总监直接领导的"安全保障与危机管理室"，专门负责危机管理事务（除国防外）的日常协调管理。内阁危机管理总监的主要职责是：在应急时，负责分析事件形势并做出第一手判断，迅速与有关省厅联络和进行综合协调，发布最初应急措施（戚建刚，2006），辅助首相和内阁官房长官采取应急对策。在平时，则站在内阁的立场上，研究制定政府危机管理对策，检查和改善各个省厅的危机管理体制。通过以上措施，日本政府改变了以往各省厅在危机处理中各自为政、相互保留所获得信息、管理分割的局面。

3）国家应急管理工作机构——中央各部门

日本政府中央各部门分别负责各自职责范围内的防灾救灾工作，处置可控范围内的突发事件。发生较大灾情时，中央各部门将根据灾害管理法律和规划，在首相及内阁危机管理总监的总体协调下，开展紧急救援救助工作，其中警视厅、消防厅、气象厅、自卫队等部门是应急管理的核心部门，在防灾救灾中常常发挥着重要的作用。

4）地方应急管理机构

（1）地方防灾会议。

行政首长（知事）是地方政府防灾救灾工作的最高领导，直接负责本地应急管理工作。根据国家《灾害对策基本法》和地方防灾会议条例，日本都道府县和市町村地方政府都设有自己的防灾会议，作为地方防灾救灾的决策议事机构。防灾会议由当地行政首长任会议主席，还包括地方政府部门、公共机构和都道府县或市町村的代表（李维明等，2021），主要任务是制定防灾规划和推进实施。例如，东京都设立防灾会议作为防灾救灾的最高决策机构，行政首长任会议主席，现有成员 62 人（金磊，2004），其中地方行政机构 14 人、陆上自卫队 1 人、教育委员会 1 人、警视厅 1 人、办公厅 21 人、消防机构和市町村代表 5 人、地方公共部门 19 人。防灾会议下设干事会和部会（相当于分会），人员组成主要是实际操作者；部会有地震部会、火山部会、风水灾部会，人员组成主要是有经验的专家学者。防灾中心设在政府第一办公大楼，位于行政首长办公室附近，以便行政首长直接掌握信息和迅速赶到中心指挥。

（2）灾害管理总监。

日本在都道府县等地方政府都设有"灾害管理总监"或"危机管理总监"，主要职责是：发生紧急事件时辅助行政首长进行应急处置，强化政府各局的应急功能，协调相关机构的应急救援行动。设置形式有三种：第一种是设立专门的行政职务"防灾总监"，直属政府行政首长，辅助行政首长全盘进行灾害管理；第二种是设立相当于厅长级别的"防灾总监"或"危机管理室长"，统管防灾救灾管理部门；第三种是在规划部门或办公厅或环境部门，设立副职"防灾监"或"灾害管理主管"，辅助正职局厅长和统管防灾救灾管理部门。同时，地方的城市政府以及农村的村町政府也设有专门灾害管理人员，协助地方行政首长进行防灾救灾工作。

（3）地方综合防灾部。

综合防灾部是地方政府应急管理的综合协调机构，由危机管理总监领导。综合防灾部由信息管理和实际行动两个方面的部门组成。信息管理部门主要负责灾害信息的收集、分析、战略判断，灾害发生时，警视厅、消防厅、自卫队等部门的派驻人员将本部门渠道收集的信息汇总到信息管理部门。实际行动部门主要负责灾害发生时的指挥协调。综合防灾部在危机管理总监的管理和指挥下，进行防灾救灾工作的日常管理和综合协调，与政府各局进行沟通联系，确保政府防灾机构之间的信息联络。例如，东京都防灾部设在市政府办公大楼，位于市长办公室附近，里面配有防灾行政无线、数据通信系统、图像通信信息系统（顾林生，2004），目的是便于市长直接掌握信息和赶到指挥中心。

（4）地方政府各部门。

根据地方制定的灾害管理规划、手册、预案等，地方政府各工作部门在防灾救灾方面都有明确的职责分工。例如，在发生灾害时，总务局负责与相关防灾机构进行联络协调，与市町村进行联络沟通，收集和分析灾害信息与通信联络，进行灾害对策的综合协调等职责。财务局负责灾害对策的预算，车辆的调度，紧急通行车辆的确认标志，征用应急设施工程等职责。生活文化局负责灾害的宣传，听取居民意见，收集灾害记录、照片和信息，与外国团体联系，支持志愿者活动等职责。教育局负责受灾学生的救护和应急教育，发放受灾学生的学习用品，检查、改善和维修文教设施，与避难场所协作等职责（图2.4）。

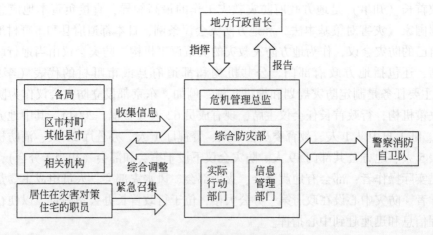

图2.4　地方政府应急管理体制

2. PhoenixDMS 管理系统

PhoenixDMS 管理系统，是日本兵库县防灾中心的核心系统，也是目前日本最完善的防灾应急系统（陶建光，2018）。该系统 24 小时监测运行，能够快捷准确地响应包括地震在内的各种灾害，收集和发布环境信息，给出灾害破坏信息，并进行灾害评估。同时，该系统的对策支持功能，能够快速有效地支持初步的应急对策制定，系统所提供的气象信息、灾害评估信息和实际破坏情况报告，可支持各种重要的决策制定工作。

PhoenixDMS 管理系统是由地震仪器信息网络系统、环境信息收集发布系统、灾害评估系统、应急管理系统、地图信息系统、灾情信息系统、可视信息系统、灾害管理通信支持系统、灾害响应对策支持系统九个子系统组成。其中，灾害评估系统主要开展房屋倒塌损坏、人口死亡与受伤、避难人员数量与空间分布评估；灾害响应对策支持系统主要开展灾害救助需求评估，包括对于生命、受灾人员的生活救助（周洪建，2015）。

Phoenix 管理系统的特点：①该系统是基于阪神地震实际经验教训的基础上所建立的防灾响应系统，它能够快捷准确地响应包括地震灾害在内的各种灾害，给出破坏信息、进行环境信息收集和发布以及灾害评估，同时，防灾系统的对策支持功能能够快速有效地支持初步的应急对策制定。②应急指挥中心可支持各种重要决策的制定。该系统所提供的气象信息、灾害评估信息和实际破坏情况报告，可进行各种重要的决策制定工作。③该系统面向公众开放。通过 Web 技术系统可以为灾害相关部门提供各种重要的气象信息和实时信息，在兵库县主页为当地居民提供各种必要的灾害管理信息。④加强与灾害相关组织的联系，并与之共享公共信息。该系统重点加强与各种组织的流畅联系，其中包括兵库县政府办公室、兵库县政府大楼、地方办公室、区、市町村、消防指挥中心、警察总局、警察局、自卫队、总理府、总理、火灾管理部门、海上保安厅和生命线管理部门。通过为这些组织安装系统终端以加强相互之间的联系，有助于快速对灾害进行初步响应，并进行各种应急管理活动。⑤平时（无灾害时）可以用于行政管理。在无灾害的情况下，该系统从台站获取气象信息，为日常的行政管理提供服务，并且将这些信息处理后与当地公众共享。

Phoenix 管理系统软件功能特点：①地震仪器信息网络系统，负责收集兵库县辖区内地震仪器所记载的信息，包括如地震烈度信息等。②环境信息收集发布系统，从气象部门收集河流、盆地和气象信息，并存储于后台数据库，经过该系统的处理统计分析，将结果提供给灾害管理工作站。③灾害评估系统，通过地震仪信息和气象信息触发系统，基于场地分类数据、建筑物数据和关键统计数据进行灾害评估，并将结果显示在灾害管理工作站屏幕上。其主要内容包括倒塌房屋和楼宇数目、起火数目、死亡人数、受伤人数和避难人数。④应急管理系统，根据当前灾害情况，结合兵库县灾害预案做出一些预警和建议，显示在灾害管理工作站屏幕上，同时呼叫应急人员。通过该系统也可以浏览并查询计算得出的地区性灾害计划和其他文档。⑤地图信息系统，管理和显示受灾区域的各种地图信息。该系统内主要包括兵库县地图（包括 1：500000 和 1：25000 比例尺地图）和局部区域的更大比例尺地图。⑥灾情信息系统，收集并处理来自市政部门和其他部门所提供的各种破坏情况报告，经过统计分析显示于灾害管理工作站屏幕上，主要内容包括地震破坏情况报告、灾害信息新闻、市政府的请求对策、开放灾害管理指挥部、灾害管理装备和设施的准备。⑦可视信息系统，利用实时编辑和视频点播技术在指挥部大屏幕上显示各种图像信息，这些信息来源于新闻发布会、灾区、灾害管理工作站。⑧灾害管理通信支持系统，提供电子邮件、公告版和文件共享功能。⑨灾害响应对策支持系统，针对地震灾害和所获取的信息，做出初始的对策响应，主要包括三个方面的内容，分别为供应需求评估分析（有效分配救灾人员和资源到各灾区）、救灾活动总览（根据应急响应类型指出政府须进行的行政工作及工作程序，同时记载已经采取的救灾计划活动）、收集和提供数据（将各种信息进行总结并编译成数据文件，用于供应需求分析和初步响应对策执行），具体内容包括生命救助对策（确保救助队员数量）、死亡人员对策（确保尸体运送和提供干冰、棺材、火葬场）、灭火对策（确保消防队数量）、受灾人员对策（确保救灾物资供应）、次生灾害防止对策（保证检查危险点和危险建筑物的人员数量）、伤员救助对策（确保医生、护理人员、医院和救护车数量）、运送系统恢复对策（确保运送系统有效，并确认救灾物资运送方式）、生命线系统恢复对策（确定生命线设施破坏情况，并做出优先恢复某些区域生命线设施的安排）。

Phoenix 管理系统是一个针对各种灾害进行监测和应急处理的综合防灾系统，其工作模式分为两种方式，分别为地震灾害情况下的工作模式和无地震灾害情况下的工作模式。地震灾害情况下的工作模式：①当地震烈度达到日本地震烈度 3 阶烈度时，系统弹出警示窗口显示于灾害管理屏幕上并发出应急呼叫；②该系统自动收集分布在辖区的 97 个地震检波器的地震烈度信息；③当地震烈度达到日本地震烈度 4 阶烈度时，根据基础信息（评估单元为 500m×500m）自动进行灾害评估并将结果显示于灾害管理屏幕上；④各地和灾害相关组织要报告其办公区域周围的总体破坏信息和周边环境信息；⑤所有灾害相关组织利用文本、地图和数字照片报告灾区的破坏情况；⑥在指挥部、市办公室和都政府的显示屏幕上显示灾害总体情况（死亡人数、破坏房屋和起火数）；⑦该系统同时显示直升机 TV（time value）相机所拍摄的灾区实际破坏信息。无地震灾害情况下的工作模式：①基于兵库县卫星通信网络系统收集并显示各种气象信息，如河流、降雨量、应急和预警信息；②在 10 分钟之内，从兵库县的 88 个地方气象预报台收集降雨量和河流信息，并根据一定条件考虑是否提交信息至灾害管理工作站；③通过设置于市町和消防本部屋顶上的 TV 相机所拍摄的城市实际情况并上报；④消防和灾害管理信息可以从兵库县主页下载，包含向公众报告信息（帅向华等，2004）。

3. 可借鉴经验

日本是一个高度重视防灾救灾的国家，将防灾救灾工作和国家建设发展结合起来综合考虑，为公民提供更加安心、安全、安定的社会和生活环境。按照综合防灾救灾的理念和原则，日本在建立综合防灾救灾体制、有效开展防灾救灾工作方面，都具有自身的特点，并积累了较丰富的经验。

1）建立综合防灾救灾体制

日本在防灾救灾的长期实践中认识到，传统的以单项灾种管理为主、单个防灾部门管理、单靠政府力量的应急管理体制，是无法面对重大危机挑战的，从而转向建立资源整合、广泛参与、综合协调的应急管理体制。其主要特征和经验是：在防灾救灾方面进行组织、信息、资源的全面整合，建立多灾种管理、多部门参与的综合应急管理体制；制定全面和详细的灾害管理法律法规、防灾规划和应急预案，为各级政府和社会组织防灾救灾提供明确而具体的行动指南；层层建立政府应急管理协调机构，强化防灾救灾工作的跨部门协调、跨地区协调、部门内部协调、政府与社会协调；提倡"自己的生命自己保护"的防灾理念，使民间组织、社区组织、企业、国民都广泛参与防灾救灾事务，增强全社会的自救、互救和公救能力；健全应急保障制度，包括财政预算、信息交流、宣传报道、物资储备、财产管理、评估考核、社会保障等一整套应急保障制度。在实际中，日本建立综合防灾救灾体制取得明显成效。例如，2002 年 5 ~ 6 月，日韩两国共同举办世界杯足球赛，共有 32 支球队参加，进行 64 场比赛。为了防止出现意外事件，如观众健康事件、足球流氓事件、生物型恐怖活动，日本采取了一系列防灾救灾应急措施。其中包括：在世界杯足球赛期间建立各应急管理机构之间的信息联络网（24 小时不间断开通），夜间安排专人值班；确定医疗救护的定点医院，保证患者能得到及时救护和治疗；向外国人提供医疗服务信息和翻译服务；制定应对恐怖活动的措施，准备生物医疗救助的设施和药品；平时加强对剧毒物品的保管、对食物中毒的监测，确保药品和血液供应；各应急管理机构建立紧急救援的合作机制，进行现场演习训练。再如，2007 年 8 月 20 日，一架中国台湾的中华航空客机在日本冲绳那霸机场降落时突然爆炸起火，机身折为三段。日本紧急出动上百辆救援车辆，在飞机爆炸起火的紧急情况下，消防人员以及志愿者有条不紊地进行救援，有效地控制了火势，165 名乘客和机组人员无一伤亡，这反映了日本综合防灾救灾体制的高效与完善。

2）有效开展防灾救灾工作

根据灾害管理法律法规，日本各级政府制定了由综合防灾救灾规划、部门规划和专项规划组成的灾害管理规划体系。防灾救灾规划一般包括总则、灾害预防、灾害应急和灾后恢复等部分。例如，各级政府制定的应对灾害事故规划，在总则中有规划细节、地区概况、危险物设施概况、交通现状；灾害预防包括火灾预防、危险品事故对策、大规模事故对策、训练和防灾知识普及、提高市民防灾能力；灾害应急和灾后恢复包括应急管理体制、信息的收集和传递、灾害救助法的适用、相互协作、请求救援、消防活动、危险品处置等方面的应急对策，警戒、交通管制、避难、救助、急救、救援和救护等方面的计划，民生紧急安排和城市设施恢复等方面的恢复计划。政府部门的应急规划更加详细，如医疗部门规划对发生危机时的食品和饮用水安全，医药品使用指导和监督，防止乱用药物对策，感染症对策等方面内容都有详细规定。对于防灾救灾规划，政府和各部门一般每年都要召开会议讨论规划内容，研究是否有必要进行修改，不断补充和细化规划内容。日本各级政府十分重视综合防灾演习，以加强各机构的紧密合作，促进对地区防灾规划的理解和提高防灾意识。演习训练的形式大致有三种：第一种是综合防灾演习。设想在某地发生大地震，或某核电站发生核泄漏，启动相应的管理体制，包括召开相关阁僚会议、临时内阁会议、成立对策本部、发布公告、出动自卫队和消防人员等。参加机构有政府部门，指定的公共机构、社区、志愿者、自卫队、居民等。演习项目有紧急召集演习、信息联络演习、总指挥部运作演习、现场指挥演习。这些大的演习每年举行，时间在防灾日或防灾周（8 月 30 日 ~ 9 月 5 日）。例如，2001 年 9 月 1 日（日本的防灾日），政府进行的综合防灾训练过程大致如下：早晨 8 点左右，以发生东海地震为假想，气象厅长官报告有地震预测信息，首相立即召开相关阁僚会议及临时内阁会议，在 8 点 30 分发布"戒严令"，8 点 40 分左右，在首相官邸内危机管理中心召开相关阁僚出席的地震灾害戒严本部会议。9 点 30 分左右，以首都圈内南关东地区发生大型地震为假想，向首相汇报地震情况。10 点 30 分左右，召开相关阁僚会议及临时内阁会议，然后发布灾害紧急事态布告，设置紧急灾害对策本部。11 点，在首相官邸危机管理中心召开全体内阁成员参加的紧急灾害对策本部会议，制定相关对策。第二种是图上演习。演习的主要目的是培养演习参加者的判断能力、行动能力、对地区防灾规划的熟悉能力，保证发生紧急情况时的快速反应和救援活动能够顺利进行。第三种是政府与相邻地区和单位进行联合演习。其主要目的是促进彼此之间的合作，通过演习发现问题，进一步完善灾害管理机制。

3）建立完善的灾害管理法律体系

日本建立了由五大类、数十项法律组成的灾害管理法律体系，有十分完善的防灾救灾法律制度。在国家层面，日本先后制定了《灾害救助法》《灾害对策基本法》《消防组织法》等一整套灾害综合管理法律法规和单项灾种管理法律法规。其中以 2000 年开始实施的《灾害对策基本法》最为重要。该基本法明确规定了国家、都道府县、市町村三级政府，以及社会组织及国民在防灾救灾中的责任和义务，确立了日本防灾救灾的基本法律框架。在地方层面，国家防灾救灾法律出台后，地方政府马上根据本自需要而制定相应的条例和实施细则，具体规定有关消防、危险物管理、急救、灾害救助、信息公开、药物管理、动植物防疫、水源和自来水管理、防止公害和环境污染等各个方面的灾害管理施行细则（顾林生，2004）。通过这些灾害管理法律法规，使各级政府、部门和社会组织依法实行灾害管理，提高防灾救灾工作的规范性和有效性。

4）通过签订协定加强不同主体之间的合作互助

为了保证发生灾害时各个民间团体、志愿者的救援和合作，相邻地区政府的合作互助，日本各级地方政府往往通过签订协定或合同的形式，做到平时进行灾害信息的相互交流，应急时相互救援和帮助。例如，为了确保应急信息畅通和正确，政府通过与新闻媒介签订灾害信息报道的协定，明确了向新闻媒体机构提出宣传报道的内容和程序。如警报的发布、传递，避难的劝告，消防和防洪的应急措施，受灾者的救援和保护，受灾儿童的应急教育，公共设施和设备的应急修建，卫生保健，交通管制和紧急输送道路等。为了发挥志愿者的作用，地方政府设立了防灾志愿者登记制度，政府负担旅费和损失补偿制度等。为了加强政府之间的相互救援，相邻地方之间往往签订有相互救援和合作的协定，一旦发生灾难，附近的地方政府都会予以援助，如提供救援车辆、船只、接受伤员等帮助。

5）提供充分的应急保障和物资储备

日本政府将各种应急保障职责落实到具体部门。发生灾害时，地方政府重点落实现场救援、疏散工具、避难场所和基本生活必需品供给方案，市町村行政首长可以征用公用、民用物资，设备，土地，建筑，可以向相邻地区、上一级政府提出请求援助要求。都道府县行政首长可以动员指定地方行政机关、公共机关采取应急措施，依法向防卫厅请求自卫队支援，发布人员物资设施动员命令。经费保障分为本级财政防灾预备费预算、上级政府财政负担或补助、政府借债、灾害对策基金等，发生紧急灾害时中央政府发布公告，并可以采取生活必需品配给、商品劳务价格管制、债务延期偿还等必要的紧急措施。在物资储备方面，根据日本《灾害救助法》，各级政府必须累积灾害救助基金，用于事先购买和储备足够的应急救援物资，如压缩饼干、大米、方便面、毛毯、饮用水等应急食品和物资；各种社会组织和家庭在平时十分重视应急物资储备，如每个家庭一般都储备有食品、毛毯、蜡烛、木炭、炉子、水壶、帐篷、医药品等应急时需要的物资，以备发生灾害时解决燃眉之急（方世南，2020）。

6）建立地区间横向应急救援协作体制

经验表明，发生大规模灾害时仅仅依靠本地政府的应急力量是难以应对的，这就需要与相邻地区政府进行合作。为此，日本地方政府比较重视建立相邻地区政府之间的相互协作和救援体制。救援内容包括提供应急救援的信息、物资、设备、医疗人员、避难场所使用、交通运输工具等，以应对重大危机的挑战。例如，东京市与邻接的七个县市签订了《八都县市灾害时期相互救援的协定》，明确了八都县市域发生地震时相互协作和救援对策措施；举行联合应急演习，加强八都县市防灾机构之间的协调和合作，提高防灾行动能力；成立了"广域防灾危机管理对策会议"，研究解决八都县市共同的防灾救灾问题，加强区域应急管理合作。

参 考 文 献

崔鹏，吴圣楠，雷雨，等. 2020. "一带一路"区域自然灾害风险协同管理模式. 科技导报，38(16):35-44.

方世南. 2020. 应对重大突发公共安全事件对国家治理提出哪些新任务. 国家治理，(Z3):55-58.

顾林生. 2004. 日本大城市防灾应急管理体系及其政府能力建设——以东京的城市危机管理体系为例. 城市与减灾，(6):4-9.

黄燕芬，韩鑫彤，杨泽坤，等. 2018. 英国防灾减灾救灾体系研究(上). 中国减灾，(21):58-61.

金磊. 2004. 东京城市综合减灾规划及防灾行政管理. 现代职业安全，(10):57-59.

黎健. 2006. 美国的灾害应急管理及其对我国相关工作的启示. 自然灾害学报，(4):33-38.

李思琪. 2021. 俄罗斯国家应急管理体制及其启示. 俄罗斯东欧中亚研究，(1):49-64,156.

李维明，戴向前，陈含. 2021. 借鉴国外典型经验建立健全雄安新区防洪工程管理体系. 重庆理工大学学报(社会科学)，35(8):1-6.

李晓北. 2016. 美国紧急预警系统运行特点及与我国应急广播系统的比较研究. 中国应急管理，(9):79-82.

刘铁民. 2011. 突发事件应急预案体系概念设计研究. 中国安全生产科学技术，7(8):5-13.

罗章，李韧. 2010. 中日应急管理体制要素比较研究. 学术论坛，33(9):76-82.

戚建刚. 2006. 行政紧急权力的法律属性剖析. 政治与法律，(2):46-52.

尚春明，贾抒，翟宝辉，等. 2005. 发达国家应急管理特点研究. 城市发展研究，(6):66-71.

史培军. 2007. 巨灾风险防范——全球环境变化条件下的综合灾害风险管理. 南京:中国地理学会2007年学术年会.

帅向华，杨桂岭，姜立新. 2004. 日本防灾减灾与地震应急工作现状. 地震，(3):101-106.

陶建光. 2018. 气象灾害应急管理能力评价. 信息记录材料，19(2):227-228.

王牧兰，萨楚拉，姜淑琴. 2012. 鄂尔多斯市风沙灾害孕灾环境风险评价. 南京:风险分析和危机反应的创新理论和方法——中国灾害防御协会风险分析专业委员会第五届年会.

王学栋,张玉平. 2005. 自然灾害与政府应急管理:国外的经验及其借鉴. 科技管理研究,(11):149-151.

王洋. 2011. 供电企业应急管理体系建设和处置对策研究. 合肥:合肥工业大学.

张继权,冈田宪夫,多多纳裕一. 2006. 综合自然灾害风险管理——全面整合的模式与中国的战略选择. 自然灾害学报,(1):29-37.

张铁亮,杨军,王敬. 2017. 农业事权划分研究:国外经验与启示. 中国农业资源与区划,38(5):230-236.

至言. 2012. 面对灾难. 中国减灾,(22):21.

周放. 2001. 美国海洋管理体制介绍. 全球科技经济瞭望. (11):9-11.

周洪建. 2015a. 全球十大灾害损失评估系统(上). 中国减灾,(1):56-59.

周洪建. 2015b. 全球十大灾害损失评估系统(下). 中国减灾,(3):58-60.

周洪建. 2017. 我国灾害评估系统建设框架与发展思路——基于尼泊尔实地调查的分析. 灾害学,32(1):166-171.

Egbelakin T,Wilkinson S,Ingham J, et al. 2019. 提高建筑抗震能力的激励措施和因素. 世界地震译丛,50(2):168-189.

Renn O,Klinke A,Schweizer P. 2018. Risk governance:application to urban challenges. International Journal of Disaster Risk Science,9(4):434-444.

第3章　各类主体灾害风险防范信息服务需求分析

3.1　政府自然灾害防治工作信息服务需求

目前，政府仍然是我国自然灾害防治、救助工作的主体，新时代的自然灾害防治工作涵盖常态减灾和非常态救灾的灾前预防、灾中救援、灾后恢复重建等全过程。自然灾害综合风险防范信息服务须全面支撑保障各级政府开展常态化减灾工作及重大灾害应对全过程的信息需求。

3.1.1　灾害风险防范信息服务

1. 常态灾害风险管理

当前中国自然灾害综合防治工作既要做好"坚持常态减灾阶段和非常态救灾相统一"，同时又要注重"坚持以防为主、防抗救相结合"。弘扬生命至上、安全第一思想，牢固树立灾害风险管理与综合减灾理念，把工作重心从应急救灾逐步转变到日常防灾减灾上来，全面减轻灾害风险，提升我国社会抵御自然灾害综合防治能力（佚名，2016）。相较于之前的工作重心侧重灾后救援，当前工作思路的重大转变标志着常态减灾阶段工作的重要性被重新定义，对应的业务工作也需要重新梳理与加强，相应的灾害信息需求也随之变化。

常态减灾阶段区别于非常态救灾阶段的重要特征在于该阶段针对单一灾种暂无灾害发生，或多种灾害综合灾情处于较轻阶段，致灾因子和孕灾环境亦处于相对稳定的状态，或处在为下一次灾害的发生积蓄能量的状态。从年度工作角度出发，常态减灾阶段多指非汛期的灾害管理阶段；从某一单灾种灾害管理角度出发，常态减灾阶段是指此类灾害未发生的阶段。因此，此阶段正是做好灾害防治、灾害应对资源筹备和提高公众灾害意识宣传教育等关键时期，其对灾害信息的需求多侧重于潜在的单灾种及综合的灾害风险监测、灾害预警和灾情趋势分析等中长期灾害风险信息。其中涉及行业部门各灾种的致灾危险性监测、承灾体及孕灾环境监测、灾害风险预测报送等方面内容。

1）各灾种致灾危险性监测

作为我国自然灾害综合管理部门，应急管理部的成立，整合了原本分散在国家安全生产监督管理总局、国务院办公厅（应急管理）、公安部（消防管理）、民政部（救灾）、国土资源部（地质灾害防治）、水利部（水旱灾害防治）、农业部（草原防火）、国家林业局（森林防火）、中国地震局（应急救援）以及国家防汛抗旱总指挥部、国家减灾委员会、国务院抗震救灾指挥部、国家森林防灭火指挥部的部分职责。因此，在做好全国灾害综合风险防范信息服务方面，尤其是灾害风险研判会商和决策分析阶段，需要关注并汇集多部门的单灾种监测信息，重点涉及地震、地质、气象、水旱、海洋、林草等六大行业。

2）承灾体及孕灾环境监测

政府灾害管理针对承灾体和孕灾环境信息，重点关注人口、房屋和农作物等重要承灾体信息，以及以国内生产总值（GDP）经济损失为主的重要孕灾环境信息。因此在常态减灾阶段，需要对各区域内的重点关注承灾体及孕灾环境信息进行监测。

人口方面的监测信息包括人口基数、重要日期（春节、周末等）人口动态分布、一天内不同时间阶段的人口分布情况等，这些基于不同时间颗粒度的关于人口的动态监测，能够为非常态救灾阶段的各项管理工作提供决策支撑，同时为灾害的预警预判提供科学依据。

农房的监测信息目前主要包括房屋的位置、抗震性能、建筑类型等信息。这些基于空间属性的房屋信息能够为不同灾害类型提供不同的关键决策信息，如依据房屋抗震性能可以震后第一时间开展倒损评估；依据房屋位置信息可以第一时间预警洪涝灾害、地质灾害的相应应对工作。同时，在常态减灾阶段，依据这些信息还可以开展房屋加固、搬迁撤离等灾害防治应对工作。

农作物作为农民，特别是灾民的口粮，涉及其生存大计，因此也是重点关注的承灾体之一。在中国，农作物的种植遵循典型的物候特征分布，使得监测、预警、评估等工作有规律可循。以粮食作物为例，小麦、水稻和玉米是我国主要的粮食作物，水稻主要分布于长江以南和东北地区，小麦和玉米主要分布在长江以北，且小麦的主产区位于华北平原。因此，对于农作物的监测可以分类别、分区域、分季节获取，监测技术主要包括航天遥感监测技术、航空无人机监测技术和地面站传感器监测技术等。这些监测信息一方面可以对区域承受灾害能力进行预判，另一方面可以为灾后的重点救助和来年冬春救助工作提供重要支撑。

孕灾环境作为灾害发生的重要一环，其是由大气圈、陆地生态圈和人类社会圈构成的一个综合的地表环境，其中涉及空气、水、岩石、植物、土壤和生物等更多的细小圈层的能量和物质流动。孕灾环境又可以分为自然环境和社会环境两大类，前面讲的圈层多为自然环境部分，社会环境方面主要涵盖工矿商贸、生命线系统、市场经济体、公共场所等信息。自然环境中的气候、水文、地形、地貌等因素信息是地质、洪涝、干旱、林草火灾等灾害重要关注的内容，也是常态减灾阶段灾害防治需要重点关注的信息和治理对象。社会环境部分与GDP社会经济数据联系紧密，一方面对灾害的风险评估及灾后的灾损评估具有重要决策支撑作用；另一方面可以更好地做好常态减灾阶段的灾害精准防治，因此也是灾害管理重点关注内容。由于历史国情原因，这些生命线、重点工程和工矿商贸等内容的监测，分散在市政、水利、商务等部门。因此，针对孕灾环境的监测依然涉及多部门数据的协同监测与共享。

3）灾害风险隐患数据监测

随着我国防灾减灾救灾工作重心的前移，各灾种的风险管理业务工作成为重点。针对灾害风险隐患数据的调查、摸底和实时监测工作，能为灾害风险管理提供重要信息支撑，也成为常态减灾阶段工作的首要任务之一。地质、水利、住建等行业多年来也建立了逐步完善的灾害风险隐患管理、报送机制，这些隐患数据的全过程监测和精准报送，可以为灾害发生前的防治提供重要的地理空间信息支撑。以地质灾害为例，目前已经针对全国地质灾害隐患点建立了空间数据库，利用"群防群策"的管理机制，将隐患点监测人员和每天监测结果纳入各级预警监测网络，实现了地质灾害隐患数据的科学化管理，使得灾害的综合分析研判工作更科学、精准和高效。

4）阶段性灾害风险预测

常态减灾阶段除了要监测重要的数据信息外，还需要做好阶段性灾害风险预测工作，特别是时间颗粒度以年和月为单位的中长期阶段的灾害风险预测。中国自然灾害以一年四季为时间轴，呈现出一定的灾害分布规律，通过在年初和月初的灾害风险预测，可以为地方各级政府制定相应的年度灾害应对策略提供技术支撑，也可以为社会应急力量和组织筹备年度应急物资，为保险行业制定年度标的保护计划和措施、减少赔付成本等提供科学依据。

2. 灾害风险预警

依据现阶段的灾害管理模式，针对致灾因子的实时监测信息，当灾害发生前，政府灾害管理部门需要对即将发生的灾害开展风险预警信息服务，主要包含各灾种的致灾强度预报信息和临灾预评估信息。

1）主要灾种致灾强度预报信息

除地震灾害外，滑坡、泥石流、洪涝、干旱、风暴潮、风雹、低温冷冻和林草火灾等主要灾害的发生均高度依赖气温和降水两大强致灾因子。因此，气象部门针对气温和降水的预报预警信息是灾害管理临灾前风险预警的重要信息来源。基于致灾因子预报信息，地质、水利、海洋、林草等部门会开展各主要灾种的致灾强度预警预报。致灾因子的时空分辨率越高，致灾强度预报信息也越精准。同时，分散在各行业的有效单灾种预警预报信息，如何通过高效、稳定和科学的信息共享技术及信息共享机制，将这些信息共享至应急管理部门，一直以来也是重点关注的问题之一。只有打破了信息共享的壁垒，灾害主管部门的灾害综合风险预警信息才更科学，预警效果才更有效。

2）临灾预评估

灾害发生前，依据各涉灾部门提供的致灾强度预报信息，灾害综合管理部门会开展针对人口、房屋和GDP的临灾灾害预评估，主要包括预计受影响人口、受灾人口、需转移安置人口、受损房屋、倒塌房屋等重要承灾体信息，以及GDP受影响情况。这些信息的发布，是各级政府部门、社会组织、保险公司和公众等应对灾害主体做出决策和应对的重要依据。

3. 灾中应急救援

灾害发生后，应急管理部门将第一时间启动灾害救助工作，其中针对灾害信息、灾情信息、应急救援力量和应急物资储备需求等信息，都将决定着政府灾害救助措施的制定、应对工作机制的选择和灾害救助的成效。

1) 灾情信息

灾情信息的精准掌握是一切工作开展的基石。灾害发生后的灾后救助工作是有黄金时效的，因此灾中的应急救助工作追求的是快速。灾害发生后的第一时间如何将灾区的重要信息传输到决策者手中是当务之急，其中包括灾害和灾情的基本信息。应急管理部门重点关注的信息和内容主要包括：致灾强度是否会对人民生命财产造成损失，造成的损失达到什么程度，是否需要启动应急响应，启动哪一级别的应急响应等，这些都依赖于我们获得的灾害和灾情信息的精准性。因此，当目前灾情信息依然以报送为主的情况下，如何提高灾害发生后的灾损评估水平，如何将灾后评估结果与灾情报送结果更好地结合，成为我们救援决策的关键。

2) 救援人员、救灾物资和装备的需求信息

当基于灾情信息的应急救援决策产生后，接着需要开展救援人员和物资的信息服务。一方面需要开展政府部门救援人员和物资的调度信息掌握，另一方面也需要开展基于社会力量的救援人员和物资的调度信息掌握。当前，中国的灾害救助工作依然以政府为主导，这是中国的历史国情决定的。但是随着社会力量和组织的快速发展，其在越来越多的国内外灾后救援中发挥越来越显著的作用。这主要得益于中国经济的发展和人民生活水平的提高，以及人民防灾减灾救灾意识的不断增强。这些地方性组织，多具有较强的灵活机动性，其深耕区域灾害救助工作，掌握区域灾害分布特征，储备的物资和装备对地方灾后救助工作更具针对性，所以其参与救助更有成效。同时，灾中应急阶段人民生活基本物资保障的需求信息也需做好服务。因此，灾害救助阶段，如何将这些社会力量及其装备物资储备信息快速掌握、调用，并服务于政府灾后救助工作，也是提高中国政府灾害救助工作水平的重点。

3) 灾中致灾因子信息

灾中应急救援阶段不应该忽略天气信息和孕灾环境的变化，防止灾后极端天气引发二次灾害或次生灾害，这些信息的服务质量对于确保前期灾害救助成果、消除受灾群众的焦虑情绪、提高其身心健康、提高灾后救助成效均具有重要意义。

4. 灾后恢复重建

灾后恢复重建工作是灾害管理的最后一环，是关乎灾民家园重建、生活秩序重构和灾害情感创伤恢复的关键时期。政府灾害风险信息服务也应该注重灾害的灾情综合评估、灾后重建需求分析、各级政府的重建优先政策等。

1) 灾情综合评估信息

灾害发生后，特别是发生重大灾害后的灾区基本生活恢复是需要时间的。如何科学、完整、精准地评估灾情，是灾害管理工作的首要任务。除了人口、房屋、牲畜等承灾体信息外，还涉及生命线工程、工农业生产设施、城市基础设施等信息，这些综合评估信息决定着灾后第一个"冬春救助工作"的服务质量，也决定着各级政府接下来一段时间重建政策的制定和落实成效，对于灾区的基本生产生活恢复具有重要意义。

2）灾后重建信息需求

灾后恢复重建阶段是指在度过灾中应急救援和过渡性安置阶段后，灾区基本生产、生活恢复的情况下，各级政府针对家园重建、人民生活水平提高、产业结构培育、再就业保障等一系列政策法规制定和落实的阶段。对于灾害管理部门，较关注灾民的生活保障，重点关注新生灾害风险、次生灾害隐患等信息。地方政府管理部门更关注中央的帮扶、补助政策等信息。中央管理部门更关注当地的人口、环境、产业结构、就业缺口等信息，以便科学制定重大项目建设、新农村建设、开展就业促进援助等政策。社会组织重点关注的是灾民的身心健康、学生教育等信息，以便在教育、医疗等方面开展灵活多变的帮扶活动。

3.1.2　政府防灾减灾救灾主体

《中共中央 国务院关于推进防灾减灾救灾体制机制改革的意见》明确了防灾减灾救灾体制机制改革要坚持分级负责、属地管理为主的原则，强化地方应急救灾主体责任。中央发挥统筹指导和支持作用，各级党委和政府分级负责，地方就近指挥、强化协调并在救灾中发挥主体作用、承担主体责任（史培军，2017）。

1. 各级灾害管理部门

各级人民政府是防灾减灾救灾工作的实施主体，中央、省、市、县各级应急管理部门作为各类灾害的综合管理部门，负责对全国各地发生的各类自然灾害的灾情信息整理、会商研判和报送等，同时还应负责针对灾害管理的一些综合管理工作。

应急管理部作为中央级灾害的综合管理部门，主要是组织编制国家应急行业的总体预案和规划，并指导全国各地区、各级别的应急管理部门做好突发事件的应对工作，推动各地应急预案体系建设和开展相应的预案演练。同时，还应建立全国标准统一的灾情上报机制和上报系统，并负责灾情信息的统一发布。统筹引导全国各地应急力量队伍的建设和管理，做好应急物资储备管理，并在救灾时统一调度。组织灾害救助体系建设，指导自然灾害类应急救援，承担国家应对特别重大灾害指挥部工作。因此，其除了要收集全国各地的灾情信息外，还需要收集全国范围内各阶段的致灾因子信息、承灾体信息、孕灾环境信息和单灾种危险性信息等，以便分析研判全国范围内的灾害风险，并上报相关领导做好风险预警及相应对策制定，同时还要将信息反馈给地方，以便地方做好风险预警与防范工作。

地方应急管理厅的主要职责是加强、优化、统筹全省应急能力建设，构建统一领导、权责一致、权威高效的应急能力体系，推动形成统一指挥、专常兼备、反应灵敏、上下联动、平战结合的应急管理体制（王家喜，2019）。地方应急管理厅，作为中央和地方工作连接的纽带，应充当信息流通、区域资源调度、政策制定等重要决策机构。因此，其除了需要了解本区域内的阶段性致灾因子信息和相关灾害预警信息，并做好应对防范外，还需要了解区域内救灾人员、物资、装备的储备，以便做好年度计划。如果灾害发生，需要第一时间了解各类资源的需求，并做好区域内的统筹调度。

各级地市应急管理部门是承担监测和化解重大灾害风险任务的首要力量。其主要职责是做好防范化解重大灾害风险责任，落实中央的各项防灾减灾政策，制定本区域内灾害应急响应预案，统筹协调各方力量做好灾害风险防范与灾后应对工作。抓好党中央对新时代应急管理事业的新要求在地方的落实，保护好人民群众的生命和财产安全。因此，其重点关注致灾因子信息、单灾种危险性信息、灾后应对信息、恢复重建信息等，其作用主要起到灾后灾情信息和灾后物资人员需求信息的上报，以及国家灾后应对政策的向下传达和落实。

2. 灾害应急救援队伍

中国的综合性消防救援队伍是由中国人民武装警察部队消防部队和中国人民武装警察部队森林部队退出现役后，划归应急管理部后组建新成立，由应急管理部统一管理的专业救援队伍。紧紧围绕防范化解重大灾害风险、应对处置各类灾害事故的核心职能，提升队伍正规化、专业化、职业化水平，推进消防治理体系和治理能力现代化（魏捍东和杨千红，2019）。综合性消防救援队伍的建立也是立足中国国情和灾害事故特点、构建新时代国家应急救援体系的重要举措，对提高防灾减灾救灾能力、维护社会公共安全、保护人民生命财产安全具有重大意义（邱超奕，2021）。国家综合性消防救援队伍除了主要承担城乡综合性消防救援和火灾预防、监督执法以及火灾事故调查相关工作外，还负责调度指挥相关灾害事故救援行动，在各省（自治区、直辖市）设消防救援总队，在各市（地、州、盟）设消防救援支队，在各县（市、区、旗）设消防救援大队、消防救援站。国家综合性消防救援队伍实行统一领导、分级指挥。队伍内部垂直管理，政令更加畅通，指挥更加顺畅。发生重大灾害事故时，应急管理部统一调动指挥，力量调派更加迅速，作战行动更加高效。同时，地方党委政府也建立健全了响应机制、联动模式。针对职责定位，其重点关注灾情信息和国家的灾后应对政策信息。同时，因为身处救灾抗灾一线，为保障救援队员人身安全，其也十分关注灾区致灾因子和孕灾环境信息等。

其他各类专业应急救援队伍，主要由地方政府和企业专职消防、地方森林（草原）防灭火、地震和地质灾害救援、生产安全事故救援等专业救援队伍构成，是国家综合性消防救援队伍的重要协同力量，担负着区域性灭火救援和安全生产事故、自然灾害等专业救援职责。另外，交通、铁路、能源、工信、卫生健康等行业部门都建立了水上、航空、电力、通信、医疗防疫等应急救援队伍，主要担负行业领域的事故灾害应急抢险救援任务。社会应急力量目前有1200余支，依据人员构成及专业特长开展水域、山岳、城市、空中等应急救援工作。另外，一些单位和社区建有志愿消防队，属群防群治力量。这些力量除了关注年度灾害的风险预警信息，为年度救援储备物资、设备外，还十分关注实时的灾情信息、致灾因子信息、救援需求信息等。

3. 灾害信息员

灾害信息员是灾害第一现场信息采集的主要力量，其主要负责灾害信息的收集、整理、分析、评估和上报等工作。灾害信息员需通过国家相关资格考试，获得灾害信息员国家职业资格证书才能上岗履行职责。目前，灾害信息员可按照5个等级划分：高级灾害信息师（对应国家职业资格一级）、灾害信息师（对应国家职业资格二级）、高级灾害信息员（对应国家职业资格三级）、中级灾害信息员（对应国家职业资格四级）、初级灾害信息员（对应国家职业资格五级）。无论灾害信息员的级别是哪一级，主要工作均为及时获取并汇总分析灾害发生和发展情况，及时向上级灾害管理部门报送相关灾害信息，对有关灾害情况进行全面核定，对有关灾害情况进行收集、分析、评估和上报等工作。

灾害信息员在其所在本级的基层组织领导下工作，常态减灾阶段主要做好灾害隐患调查、防灾避灾知识宣传的工作，非常态救灾阶段主要负责传递灾害预警预报信息、及时报送灾情，协助做好转移安置、应急救助和恢复重建等工作，其是解决灾害预警信息传递"最后一公里"瓶颈问题和确保灾情信息及时准确上报的关键力量。具体来讲，基层灾害信息员在灾害来临前，需及时向辖区群众发布灾害预警信息；协助基层管理部门做好基层的防灾避险工作；依据自然灾害应急预案安排，按程序、有秩序地转移安置危险地带人员至安全区域，并配合乡、村做好灾民基本生活保障工作。在灾害来临时，落实值班值守，保持人员在岗在位；及时收集灾情，做好灾情工作的初（续、核）工作；上报内容包括灾害发生时间、地点、种类、人员受灾，农作物受灾，房屋倒损，直接经济损失等情况。在灾情稳定后，配合灾害管理部门开展灾情核查，建立房屋倒损、生活救助、人员死亡（失踪）等工作台账信息。在灾害应急期，在乡镇政府统一领导下，协助做好救灾资金、物资的发放，统计过渡期需要生活救助人员；配合承保保险公司，做好农房倒损的查勘理赔工作。加强防灾减灾宣传，及时向当地群众宣传防灾减灾知识和安全避险常识，协助社区开展综合减灾示范创建活动。

3.1.3　政府灾害信息保障

中国的灾害管理工作重点正在向灾前预警转变，从应急管理部成立起，目前已经初步形成了部分能够支撑业务的产品报告，但是，离建设有中国特色的全链条、全过程、多主体的灾害风险防范信息服务还具有较大差距。

1. 现状分析

经过多年的发展，中国已经初步建立起地震、地质、气象、水利、海洋和林草等行业的自成体系、相对成熟的自然灾害综合风险防范信息服务业务体系，拥有各具特色的致灾风险信息服务产品和信息平台。自然灾害综合风险防范信息服务业务体系自应急管理部的成立才逐步建立，呈现出业务领域发展不平衡、上下游衔接不紧密、综合集成不高的信息服务特点。

1）灾害综合风险信息服务

应急管理部成立后，基于多年自然灾害管理经验，在综合自然灾害综合风险信息服务方面各行业信息产品的基础上，结合在灾害评估、灾情管理和灾害遥感方面的积累，探索了一批重点灾害的综合风险信息服务产品。这些产品一方面针对全国范围一段时间各灾种的综合风险等级进行预警，另一方面针对某些重大灾害开展有针对性的涵盖灾情预评估、灾害趋势发展和风险研判建议的单灾种监测预警。从产品的制作周期、预警频率和灾种分布分析，自然灾害综合风险信息服务的产品在常态减灾阶段以周、月为周期，非常态救灾阶段以天、月为周期。同时，作为预警的重点，台风、洪涝、旱灾的预警产品会单独形成专题信息。这些产品目前以服务于应急管理部的指挥中心及相关司局，以及各省（区、市）应急管理厅（局）等政府灾害管理部门为主。

2）其他行业的信息服务

气象部门的信息服务是中国开展灾害预警工作最系统的部门之一，主要针对气温、降水等致灾因子开展未来 12 小时、24 小时、48 小时和 72 小时的天气预报和预警，同时还会联合部分行业发布台风、暴雨、滑坡与泥石流、干旱和低温冷冻等灾害的预警。其产品服务的渠道，除了我们耳熟能详的每晚中央电视台播出的《天气预报》之外，还有自己的网站、APP 和微信公众号等渠道。其服务对象除了各级政府、部门和企事业单位外，基本上能覆盖到每一位可以接受信息的公众。

水利部门的信息服务主要针对全国水文信息开展监测和预警服务。服务内容主要为大江大河的水情、水位信息，以及大型水库的水情监测和预警，主要通过全国水情预警发布平台开展预警信息服务。因为水文信息相对敏感，所以服务对象主要为各级政府、部门和企事业单位。

地震、地质、海洋等其他行业也开展了相应的信息服务业务，为各行业用户提供了准确的信息服务产品，给信息产品服务行业应用提供了很好的借鉴。

2. 信息保障总体框架

为落实"三个转变"的防灾减灾救灾新思想，政府灾害救助类信息产品服务应该覆盖灾害管理全链条，涵盖常态减灾、灾前预警、灾种应急和灾后恢复四个阶段，且应将重点放在灾前预警与防治。信息产品不应只包含单因子、单灾种的初级产品，应向包含多因子、多时相和多灾种的综合灾害产品的中高级产品过渡。同时，信息产品服务对象也应该拓展，提升社会主体参与度，弱化政府在灾害救助中的绝对主导地位，实现政府和公众达成一致共识并有机配合的最优防灾减灾机制。

1）产品制作的信息来源

（1）行业信息。

涉灾部门灾害信息产品与数据共享以部门服务为主，这依然是中国的基本国情。因此，产品制作所需的信息，除获取降水量、气温、水文、承灾体、数字高程、遥感数据等基础信息外，还应包含水利、气象、国土等行业的危险性服务产品信息。

行业部门共享数据所在的网络和数据库管理软件及版本不尽相同，多源异构数据接入时应做好"去耦合"设计。采用消息总线模式进行数据交换，能够对实时调取的行业共享数据和本地存储数据进行统一调配与管理。这样不仅解决了行业共享数据的权限问题，而且还能有效提高行业部门业务协同的时效性（阿多等，2021）。基于服务的信息接入主要流程如图 3.1 所示。

（2）互联网、物联网等信息。

伴随互联网技术的发展和 5G 时代的到来，基于互联网和物联网信息的灾害研究逐渐引起人们的重视。社交媒体数据具有实时性和位置服务的特点，将社交媒体数据应用到灾害应急计划和危机管理中，能有效提高应急管理的效率。信息主要包括可进行舆论走向分

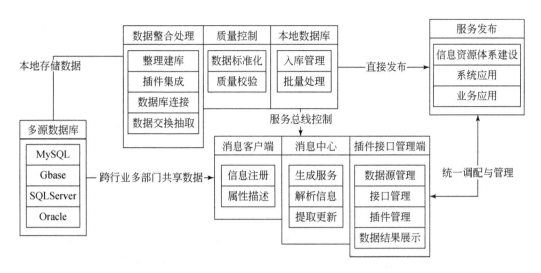

图 3.1　基于服务的信息接入主要流程图

析的语义分析数据、可为重灾区救援提供保障的微博数量和空间变化数据等，另外可以基于人口类型，分析公众情绪，寻找消极情绪的空间分布规律，优化救灾物资分配。基于各种传感器的物联网信息因具有快捷、直观的特点，也被越来越多地运用到灾害预警管理中。

（3）专家信息。

专家智库提供的决策信息能够弥补普通人员因为经验、技能和熟练度等造成的隐性知识缺陷，能完成基于创新的知识库中有效、有价值的知识信息加工。

2）政府灾害信息服务产品设计分类

政府灾害信息服务产品的设计不仅要关注各类用户主体的需求，还应考虑与现有防灾减灾救灾相关标准的兼容性。同时，应依据灾害管理周期区分各类产品特点，重点关注致灾因子、孕灾环境、承灾体和灾情等信息。表 3.1 为依据现实业务需求设计的涵盖灾害管理全过程、面向多主体、多灾种综合风险防范信息服务的产品体系。

表 3.1　政府灾害信息服务产品体系设计概要

类别	一级产品名称	二级产品名称
灾害监测	灾害监测产品	台风、地震、洪涝等主要灾害监测产品
	重点目标监测产品	高风险区、典型区、重大工程/活动监测产品
	舆情监测产品	国内、国外灾害舆情动态监测产品
风险评估预警	不同时段灾害综合风险产品	日、周、月、年度和某些重要时段风险监测产品
	重大灾害风险评估产品	台风、地震、洪涝等主要灾害风险监测评估产品
	多灾种综合预警产品	灾害综合预警产品
	防灾防损信息产品	防灾防损信息产品

续表

类别	一级产品名称	二级产品名称
灾情分析评估	灾情分析产品	重大灾害过程、日、周、月、年的灾情分析
	灾害损失评估产品	台风、地震、洪涝等主要灾害损失评估产品
	特别重大灾害损失评估产品	台风、地震、洪涝等主要灾害损失评估产品
	灾害损失核查评估产品	台风、地震、洪涝等主要灾害损失核查评估产品
	灾害救助需求能力评估产品	冬春期间受灾群众临时生活困难救助需求评估
	灾害保险快速理赔产品	灾害保险快速理赔产品

3）政府灾害信息服务产品服务机制

（1）产品发布的审核机制。政府灾害信息服务产品主要包含三类信息产品：仅服务于决策部门的信息产品、须向公众发布的相关预警与灾情信息产品、可提高公众风险意识与认知水平的信息产品。产品发布前需依据用户的类型、用户级别和信息的敏感程度，完成一定的审核后进行产品发布。

（2）产品发布渠道。为更好地兼顾社会团体和公众的灾害信息获取，除仅服务于决策部门的信息产品可通过政府内网、专线、纸质呈报的方式提交外，其余灾害救助信息服务产品的发布不应局限于传统的纸质报告和手机报的形式，应充分发挥互联网和移动终端在信息扩散方面的优势，开辟 Web、微博、微信、手机 APP 等多种发布渠道。

（3）产品服务对象。相较于传统的政府灾害救助信息产品多服务于政府决策部门，新时期的灾害管理更关注社会团体和公众的参与程度，因为后者的参与不仅可以提高公民的防灾减灾意识，更能提高灾害管理的整体水平。另外，保险行业也对灾害救助类产品关注度较高。

图 3.2 为政府灾害信息服务产品服务流程图。

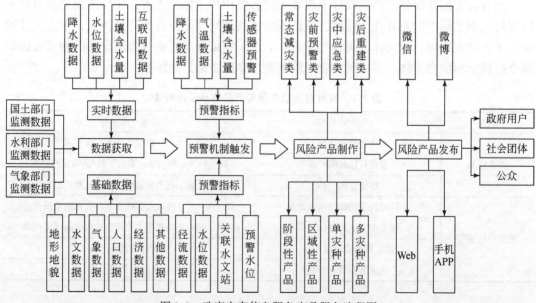

图 3.2　政府灾害信息服务产品服务流程图

3. 政府灾害救助信息服务面临的主要问题

1）业务分工体系化与产品体系单一化之间的矛盾

现有的信息产品体系相对完整，灾害管理覆盖常态减灾和非常态救灾阶段。产品体系基本涵盖灾损评估（自然灾害综合风险评估、灾害预警评估、灾损评估等）、灾情统计（单灾统计、季度灾损统计、年度灾损统计）和恢复重建（救助资金、物资、政策）相关内容。分析现有产品体系，其具有灾害管理不同阶段产品分布不均、重点灾害产品更新频率不高、产品用户（除政府用户外）覆盖针对性不强等特点。应急管理部成立后，灾害管理的牵头单位由原来的民政部救灾司一个部门，演变为应急管理部的风险监测和综合减灾司、防汛抗旱司、地震和地质灾害救援司、救灾和物资保障司等，自然灾害管理步入专业化、制度化、精细化发展，对防灾减灾救灾信息服务产品体系也有了新的需求。

中国灾害管理已经由以救灾为主向以防为主、防抗救相结合的方向转变，相应的信息产品体系也应做出调整。习近平总书记提出综合防灾减灾救灾工作的"两个坚持""三个转变"的重要论述，要求我们在设计自然灾害管理信息服务产品体系过程中，应将产品由侧重于灾前预警和灾中应急救援，向常态减灾阶段灾害防治和风险监测相结合的方向转变。譬如，如何发展在其他相关部委信息产品基础上具有自身特点的观点和判断的风险研判新产品等。

应依据不同灾害种类制定针对性强的产品体系。应急管理部成立后，约有四个关于自然灾害的专门司局，有负责专业灾种的司局，也有综合司局。不同灾种的致灾机理、演变过程都不尽相同，需要我们在探寻灾害管理的共性特征基础上，研究不同灾种的异质性特点，依据灾害的共性和差异，制定针对性更强的不同灾害的信息服务产品体系。譬如，与降水致灾因子联系较为紧密的洪涝、泥石流等灾害，其依据 1~2 天内气象数据生产的临灾预警产品的指导意义，优于地震的月度或季度的周期性风险防范产品。另外，同一种产品的更新频率也可能要差异区分。譬如，台风具有来势猛、速度快、强度大、破坏力强等特点，旱灾则具有发展缓慢、持续周期长、影响面广等特点，两种灾害的信息产品设计中，台风的更新频率应以小时计算更合理，而旱灾则以天或周计算更科学。

新应急体制对产品制作的应急性要求提高。灾害发生后，如何快速、准确地了解和掌握灾区的第一手灾情资料，是开展应急救援工作的基础。承灾体受损情况、灾区舆情信息、灾区的天气等重要信息的获取，离不开遥感技术、人工智能和地理信息技术的更深层次研究应用。另外，如何实现通信极端状态下多级行政部门救灾信息的搜集、传达，也需要信息技术做支撑，如北斗。因此，这些技术和方法如何汇聚成一个支点，实现风险防范信息产品制作的标准化、制度化、快速化，急需一个专业的信息化平台来实现。

2）灾害管理体精细化与产品内容简单化之间的矛盾

现有信息服务产品涉及的灾害种类涵盖台风、洪涝、泥石流、滑坡、地震、林火、干旱、低温冷冻和雪灾等，尤以台风、地震、泥石流和滑坡等地质灾害为主。信息服务产品内容主要涵盖致灾因子和承灾体信息，又以承灾体信息为主。其中致灾因子主要是气温和降水因子，承灾体主要是人口、房屋、农作物、直接经济损失等指标。应急管理部成立后，新时期对信息服务产品的内容需求主要表现在以下几个方面。

更全面的灾害信息指标需求。现有灾害信息服务产品的服务内容重点关注人口、房屋、农作物和直接经济损失等灾害指标，基本涵盖了与人密切相关的几大类承灾体，也较为适应主要服务政府灾害救助决策的目的。但是，随着社会的发展，关注灾害信息的行业和群体也越来越多，不同行业关注的信息指标也不尽相同，需要我们不断细化灾害信息内容指标体系。

多行业信息的有效整合。现有信息服务产品重点关注人、房屋、农作物和直接经济损失，这些是最直接也是和居民生活联系最密切的承灾体。但是随着中国城镇化水平的提高和基础设施的日趋完善，与居民衣食住行密切联系的行业也逐渐增多，这些行业在灾害中的受损情况同样值得关注。例如，电力、交通、通信、物资储备等信息，这些行业信息一部分是居民基本生活保障的基础行业信息，还有一部分是关系到灾后救援的行业信息。因此这些信息也应在信息产品内容中有所体现，能够为灾害决策管理和灾害救援提供更全面、准确的支撑。

内容形式的多样化需求。目前的信息服务产品内容形式还是以文字为主，或者是文字和图片相结合的形式，能够满足产品服务的基本需求。随着信息技术、网络通信技术、智能终端技术的发展，突破文字和图片限制，将信息服务产品内容以更生动、直观的形式展现，是未来灾害预警、评估、统计类产品发展的趋势。特别是可穿戴设备、智能探测和5G通信网络等技术的发展，使得视频制作、传输、存储更加方便快捷，由传感器的大范围布置生产的动态监测成本降低，从而极大地丰富信息服务产品的内容形式，也提高了预警、评估等工作的可信度。

3）信息服务渠道与新媒体势力结合不紧密的矛盾

当前，政府灾害救助领域的信息服务产品以纸质报告、网站和手机报三种渠道为主，微信公众号、微博等也有应用。随着自媒体时代的来临，越来越多的新兴技术和应用进入人们的视野，迅速吸引大量用户，并建立稳定的用户群体。例如，微信公众号、微博、抖音等，这些新技术的信息推广能力是几何级的，相较于传统服务渠道优势较为明显。另外，智能家居和物联网的发展也为信息服务渠道拓宽道路，也许家中的智能设备会突然给您播报重要的灾害预警信息。因此，信息服务应依据服务内容、对象、目的的不同，选择和开拓更加丰富的产品服务发布渠道，满足信息服务产品覆盖更广的需求。

4）用户对信息的渴望与当前信息服务不到位之间的矛盾

当前，政府灾害救助领域的产品服务呈现以部、省级政府灾害管理部门为主，面向公众为辅的特征，整体目的还是为灾害管理者提供决策支撑服务。随着社会的发展，越来越多的行业和用户群体开始关注灾害信息产品，也越来越需要这些产品为自己提供服务。

（1）以水利、地质为代表的涉灾行业用户。

因为历史原因，中国的许多行业都有灾害管理部门，在行业灾害评估、管理方面具有优势。随着应急管理部的成立，其作为权威的灾害综合管理部门，一方面需要涉灾行业在灾害机理、行业灾害应用等方面积累技术的支持；另一方面其获取的综合灾害管理信息，也应更好地反馈给涉灾行业部门，形成良性的促进发展机制，有助于提高灾害管理水平。

（2）以保险行业为代表的服务行业用户。

随着中国社会经济的发展，第三产业在国内生产总值中的比重和贡献愈加显著，服务行业的用户群体也越来越多。有些服务行业的各个环节联系紧密，任何大点的活动都会影响其行业发展。因此如何为这类企业提供好信息产品服务，就显得尤为重要。例如，保险行业的新保险产品设计、灾前预防措施制定、灾后理赔工作的开展等，都离不开政府部门的灾害信息产品中的重要信息。还有受灾害影响较大的航空、物流、通信等行业，也应逐渐进入主流服务对象名单。

（3）以社会组织为代表的参与灾害治理的社会力量用户。

中国参与灾害治理的社会力量主要包括基金会、社会服务机构、救援队、企业和志愿者。他们已经以各种形式广泛参与在灾害治理的多个环节，并发挥着越来越重要的作用，包括灾前的灾害风险识别、减灾社区建设等教育培训，灾中的安置转移、医疗救助、心理安慰，灾后的恢复重建等。但是目前，社会力量的灾害信息产品服务缺失，其获得灾害信息的渠道主要是通过新闻媒体，但媒体的信息来源五花八门，信息的完整性、系统性、科学性需甄别确认，这些非专业性的信息获取机制，将对社会力量的工作产生负面影响。因此，在政府灾害救助信息服务用户体系中，对以社会组织为代表的社会力量用户的产品服务应该作为信息服务的一个重点。

3.2　社会力量参与防灾减灾工作信息服务需求

社会力量是相对政府力量而言的，是政府（包括军队）之外的民间救灾力量的统称。在中国的救灾史上，政府一直作为救灾中的绝对力量主导救灾工作，社会力量参与救灾是近年来在政府不断放权和支持的环境下发展起来的。尤其是 21 世纪以来，中国经历了几次重特大自然灾害，社会力量越来越广泛地参与到救灾中，逐步成为一支具有相对独立性的重要力量。目前，中国已经形成了以政府为主导、社会力量广泛参与的多元主体救灾格局。在救灾的每个阶段，都能找到社会组织、救援队、企业、媒体、志愿者的身影。在灾区一线，救援队参与开展生命救援与伤病治疗；社会组织发放救灾物资、搭建安置住所、参与灾后重建与减灾能力建设；企业参与抢修交通道路与硬件设施；志愿者开展精神慰藉、伤病照护等志愿服务。在后方，社会组织开展募捐与捐赠活动，企业捐赠救灾善款与物资、提供技术与保险，媒体传播救灾资讯、搭建信息平台，个人向灾区捐赠等。社会力量参与救灾的法律架构也已经基本形成。《突发事件应对法》第六条要求"国家建立有效的社会动员机制"。《防洪法》则在第七条规定"各级人民政府应当组织有关部门、单位，动员社会力量，做好防汛抗洪和洪涝灾害后的恢复与救济工作"。《慈善法》第三十条规定"发生重大自然灾害、事故灾难和公共卫生事件等突发事件，需要迅速开展救助时，有关人民政府应当建立协调机制，提供需求信息，及时有序引导开展募捐和救助活动"。社会力量参与救灾具有受法律鼓励、支持和确权的地位，社会力量是法定的救灾主体。同时，政府负有支持社会力量参与救灾的责任和义务。

3.2.1　社会力量参与防灾减灾救灾工作的基本情况

社会力量常常通过发起或参与多部门合作的行动应对灾害，从而主动或自动地去填补从国家到地方的政府失灵造成的服务缺口。这一格局并不是新的创举，但对于中国的体制环境而言，这一格局的形成有着开拓性的意义。巨灾冲击下社会呈现出一定的脆弱性以及相应的公共政策困境，都会揭示出这些挑战不仅涉及灾害风险管理的技术能力，更关乎整个国家和社会在基本发展模式上的认知。

2008 年是中国志愿服务的"元年"，自汶川地震开始，真正打开了社会力量参与救灾的局面。据四川省民政厅统计，直接或间接参与 2008 年汶川地震救灾的社会组织有 6000 多个，其中有 2456 个社会组织直接参与救灾行动（边慧敏等，2011）。有超过 300 万的志愿者以"自组织"的形式参与到灾害治理的各个环节、阶段，形成政府主导、社会协同的共同治理格局。社会力量在灾区协助参与生命救援、群众转移、款物捐赠、物资运输发放、灾情排查、社区重建等工作，为救灾提供了专业化、多样化、精细化的支持，展现了公民参与的巨大能量。

汶川地震以来，越来越多的社会力量参与到救灾活动中。从参与救灾的社会力量类型来看，有基金会、社会服务机构、社会团体在内的社会组织，民间/专业救援队伍，爱心企业和志愿者。据中国共产主义青年团、民政部、红十字会三大系统统计，仅 2008 年一年就增加注册志愿者 1472 万人，年增长率达 31.8%。据民政部公布，截至 2008 年 12 月 4 日，全国社区志愿者组织数达到 43 万个，比 2007 年增加 16 万个，增幅达 59.3%；参与志愿服务人数达 3000 多万人，比 2007 年社区志愿者 2000 多万人，增加 1000 万人（数据来源：中民慈善捐助信息中心网）。

2018 年 3 月，《深化党和国家机构改革方案》发布，应急管理部正式组建成立。应急管理部的成立标志着中国应急管理事业进入了一个新时代，为进一步促进社会力量有序专业参与应急工作打下了基础，同时为完善多元力量参与应急管理工作提供了难得的创新机遇和广阔的发展空间。2019 年，应急管理部对全国社会应急力量基本情况进行了调查摸底，对社会应急力量组织机构、专业技能、人员构成、救援能力、救援经历和经费保障情况等信息进行统计，为全面统计社会应急力量建设现状，探索建立完善应急管理部门与社会应急力量协同工作机制奠定基础。经摸底调查，社会应急队伍有 1200 余支，依据人员构成及专业特长开展水域、山岳、城市、空中等应急救援工作。另外，一些单位和社区建有志愿消防队，属群防群治力量①。

在汶川地震之前，爱心企业与社会志愿者参与救灾以捐赠为主，捐赠资源主要是汇缴到政府及政府指定的社会组织。2013 年 4 月 20 日的芦山地震之后，开启了企业与个人捐赠的新格局。4 月 21 日，民政部发布《关于四川芦山 7.0 级强烈地震抗震救灾捐赠活动的公告》，倡导个人、单位通过依法登记、有救灾宗旨的公益慈善组织和灾区民政部门进行

---

① 2019 年 9 月 24 日，公益时报网发布"中国特色应急管理体系基本形成社会应急队伍有 1200 余支"（http://www.gongyishibao.com/article.html? aid=13326）。

捐赠，这极大鼓励了爱心企业和志愿者通过社会组织进行捐赠，社会组织成为企业和个人参与救灾的主要渠道①。

在新的格局下，爱心企业和志愿者参与救灾的主要有两种方式，一是通过社会组织、民间/专业救援队伍进行捐赠或参与，二是直接进入灾区开展救灾行动。但救灾是一个专业性要求较高的领域，对于缺乏备灾和训练的企业和个人而言，直接凭借热情进入灾区不仅对自身安全构成挑战，对灾区问题的解决也难以发挥更大作用，甚至会遭受"无序""添乱""做秀"的批评。而社会组织、民间/专业救援队伍因为其公益性和专业性，成为企业和志愿者间接参与救灾的主要途径。

3.2.2　社会力量参与救灾信息服务现状

防灾减灾救灾过程中，信息包括收集、整理、研判、发布等环节，信息效率和决策直接影响处置效果。对于信息的相关内容，贯穿于突发事件应对的各个环节。

除了一些大型基金会或突发事件发生在属地的情况，一般社会组织通常以政府部门核准公布的灾情信息为依据，在此基础上开展信息收集工作。在获取灾害消息后，社会组织及时开展信息收集和快速评估工作，通过多种渠道收集并甄别和核实信息。同时持续收集和更新信息，信息收集类别包括灾损与灾情发展基本情况、政府救灾开展情况、社会救援力量行动及资源情况、灾区当前实际需求等，社会组织通过对所搜集信息的分析评估，结合自身状况，决定是否启动救援响应②。

具体来讲，社会力量收集渠道包含以下几种：

一是政府发布的灾情信息。灾害发生后，政府都会在第一时间发布灾情信息，如中国地震台自动测定和发布的地震信息，一般包括震中位置、震源深度、地震级别等。国家减灾网第一时间发布更为详细的灾情，以及国家是否启动响应机制等，这些都是社会力量决策参考的权威信息。

二是媒体报道的灾情信息。灾害发生过程中或发生之后，中央和地方电视台、网络媒体、报纸等媒体也会发布大量的灾情信息，有时候甚至会进行灾害及救援的现场直播。这些来自媒体的信息准确性高，内容丰富，可参考性强。

三是自媒体传播的灾情信息。随着微信、微博等自媒体的发展和普及，越来越成为人们获取信息的重要方式。灾害发生后，当地的亲历者、见证者、网友会很快传递出灾情、伤亡、需求等信息，这些信息数量众多，是社会力量了解灾情的重要信息来源，但往往是局部和零散的，需要筛选和甄别。近年来，几乎每次大型突发性自然灾害发生后，都会出现基于互联网聚集的网友群体，以"众包"（crowd sourcing）形式开展不同程度的灾害信息服务，如"报灾地图""救命文档"等，也有大型互联网公司开发此类表单、地图工

---

① 2013 年 5 月 20 日，央视网发布的来源于《京华时报》的"芦山地震开启公益捐赠新格局"（http://news.cntv.cn/2013/05/20/ARTI1369984122255475.shtml）。

② 《社会力量参与一线救灾行动指南》于 2017 年 12 月在北京发布，是在民政部救灾司指导下，中国扶贫基金会联合国内相关具有救灾宗旨的基金会、救援救助类社会组织和有关高等院校共同制定的。

具，但信息内容的供给仍然需要"众包"志愿者的贡献。在国际上，典型的"众包"灾害信息服务始于 2010 年海地地震。这类服务通常希望直接服务于一线救援救灾行动。

四是专业组织提供的灾情信息。随着社会力量参与救灾的专业性不断增强，分工也更加细化，有一些专业的公益组织或平台会为社会力量参与救灾提供专业的灾情信息服务，成为社会力量参与救灾的重要信息来源。

五是自主获取的灾情信息。一些社会力量也会有自己的信息获取方式，如通过联系当地政府部门、社会组织、灾民获得的直接灾情信息，或者第一时间派出工作人员或合作伙伴进入灾区考察和评估所获得的信息，作为应急决策的参考。

信息报告可以分为平时工作信息报告和灾时工作信息报告。平时工作信息报告即日常应急管理工作中的有关工作进展情况。灾时工作信息报告指当突发事件发生或可能发生时，政府及其各有关部门在接到下级政府及其有关部门、专业机构、社会组织或公众的报告后，依据有关法律法规、突发事件分级标准及有关规定，及时、准确、客观地向上级党委、政府及有关部门报送事件信息，为突发事件的预防和处置提供信息支持和保障的工作过程。信息报告是信息传递互通的过程，信息报告的效率和准确性直接影响处置工作的开展，同时，由于信息的不断收集和情况更新，信息报告是一个持续性过程。

在此过程中，社会力量可以在准确核实信息内容和来源后，将突发事件情况向政府相关部门报告。报送信息内容要求准确、真实、客观地反映突发事件情况，不得主观臆断。政府有关部门及社会组织应持续跟进并及时续报详细情况，完善信息内容，确保为科学决策与处置提供准确依据。当信息报告内容涉及政治、军事、外事、民族、宗教、社会稳定、重要人物等方面时，要具有保密意识。对于需要遵守保密规定的信息和一些难以准确预测、容易引发社会恐慌的信息，在未经明确授权公开相关信息时，或在公开相关信息时机存在争议时，要确保信息在传递过程中不泄密、不丢失，避免造成负面影响（闪淳昌和薛澜，2012）。

政府内部信息报告渠道包括会议、文件、网络（信息报告网络，减少中间层次，提高信息传递效率）。政府外部信息报告渠道包括文件、协同平台（微信群）、新闻媒体渠道（包括广播、电视、报刊，以及微博、微信等网络媒体）。政策智囊机构通过内参渠道进行信息报告。

研判是指借助现代先进技术和经验教训，在及时、准确、全面捕捉突发事件征兆后，对已采集、整合的信息进行分析研究，及时发现倾向性、苗头性的问题，为预警信息发布和采取预警措施提供决策依据。研判主体主要是突发事件处置的决策者、相关部门和专家。研判的内容包括判断突发事件是否发生及其发展态势，次生、衍生灾害是否发生及其发展态势，突发事件发生后可能造成的后果等。相关政府部门负责各专业类别的信息收集统计，协同应急管理部门做好信息评估。与相关领域专家对灾情信息进行研判，对灾情的影响和应对所需的资源进行评估和分析。

社会组织对于信息的研判，主要是通过对收集到的信息进行分析和评估，从而为制订响应计划（是否启动响应、评估参与方式）、设计行动方案提供支持和参考。社会组织灾情信息研判的内容和维度包括：

（1）灾情的严重程度，包括灾害本身的量级、影响的范围、人员伤亡数量、财产损失数量等灾害的核心信息。

（2）灾区的需求情况，包括受到灾害影响的人群类型、人群数量、影响时间的长短、主要需求的内容、需求的迫切程度等。

（3）政府及社会救援情况，包括政府启动的救灾应急响应的级别，开展救援的主要内容，以及救援的进展信息等，也包括其他社会力量已经参与救灾的信息，决定了灾区需求已被满足的程度，也是应急社会力量考量的重要依据。

（4）是否符合组织的工作策略，包括要开展工作的区域、所要服务的群体、需要的内容等，是否与组织的工作领域、专长、策略相吻合。

（5）是否具有资源和能力，包括本组织的救灾物资、行动资金、工具设备、专业人员等，是否能够满足救灾的需要。

3.2.3　社会力量参与救灾信息协同存在的问题

在社会应急力量参与救援的协同性、系统性日益提升的同时，中国参与应急救灾的社会应急力量自身发展也逐步向专业化、组织化发展。虽然社会力量发展势头迅猛、协同效率提升，但信息协同依然是其重难点，多元主体协同过程中依然存在信息沟通不畅、协同效率低等问题，如何建立长效社会力量信息协调机制等问题还未能有效破解。

汶川地震期间，中国还没有出现微博、微信等自媒体工具，受众与社会组织获取信息的方式主要是通过官方媒体，尽管亲临前线的社会组织和志愿者能够了解灾区的需求信息，但也仅限于在各自的小圈子内传播，基本上信息以碎片化的形式存在。从 2008 年汶川地震到 2013 年芦山地震的短短五年时间，中国智能手机用户增长了 10 倍。由于社会化新媒体的发展，中国也在虚拟社会中呈现了不逊于西方的活跃局面。在大数据时代环境下，应急系统在逐渐扩充，服务体系日趋复杂，各地方平台标准不统一，规范也不一致，常常各自为政，导致各地方平台之间的协调性较差，这在一定程度上影响了应急处置过程，以及应急信息服务的平衡发展（肖花，2019）。

由于社会力量参与救灾缺乏统一的协调机制，社会力量在救灾过程中常常各自为战，社会力量之间无法进行有效沟通，易造成服务重复、服务短缺等问题。政府与社会力量之间缺乏有效的沟通联络机制，在救灾中无法有效地调动社会力量，很难实现资源的充分利用和创造资源整合的价值，为受灾地区提供满足需求的全方位的服务。这导致社会力量在参与减灾救灾工作缺乏有效的政府引导途径，从而具有较大的随机性和随意性，参与行为和结果都缺乏可靠预期。而且，当前社会力量参与救灾工作主要集中在灾害发生后的紧急救援和灾后重建过程中，日常的救灾协调工作无法为其打开参与窗口，社会力量无法表达在救灾过程中收集到的信息和做出相对全面的工作反馈。信息协同机制不完善产生的影响主要表现在以下方面。

一是信息协同机制不完善导致社会动员渠道难以稳定。目前政府部门动员社会组织参与救灾的方式，还停留在"中国特色社会主义举国体制"的动员机制（叶笃初，2008），而社会组织则主要通过新闻媒体等渠道获取信息并确定是否参与救灾，而该渠道并不可靠和稳定。

　　二是信息协同机制不完善导致政社协调活动困难重重。目前，中国大部分政府部门与社会力量之间没有有效的沟通平台，社会力量和政府部门之间无法有效沟通和协调，双方需求都无法实现最大化。

　　三是信息共享机制不完善导致监督管理机制形同虚设。由于无法有效获取社会力量相关信息，政府部门无法对社会力量参与救灾工作的过程、成效以及其对灾区和受灾群众的影响进行及时有效的监督和评估，对活动不规范、信息不透明、违规运作等行为缺乏及时有效的制约和惩罚。

3.2.4　社会力量参与救灾信息服务需求

　　总体来看，社会力量参与救灾服务需求极为迫切，主要体现在以下五个方面。

　　一是建立信息协同传播机制，提升信息流转能力。灾害事件发生之后，承担不同社会角色的组织和个体对灾害信息有着不同的需求，既有共性需求也有个性需求。灾害事件发生之后社会对信息的需求更加紧迫，也更多样化。基于灾害救助、社会稳定、受众知情权的信息需求都分别指向了不同的传播者和传播媒介。协同传播，不同于以往单一媒介形式的独立传播，需要多元主体共同作用，从信息的内容获取、传播手段、主体互动方式等方面协调合作。基于协同理论的视角，应急处置整体是一个复杂的系统，信息资源协同化传播并不是某一个或某几个部门之间的事情，它涉及整个应急管理领域，如各个政府部门和社会力量，包括信息的获取和发布，强调各主体信息收集和发布渠道，如微信、微博、手机 APP 在应急系统内部的定位，打破主体间界限，建立渠道网络，在应急信息传播过程联合发力、共同作用产生 1+1>2 的效果。

　　二是建立社会力量参与救灾基础信息数据库。认真统计并及时更新地方救援类社会组织、企业救援队、志愿者的基础信息，掌握具有应急救援救灾宗旨和能力的社会应急力量人员信息及其专业特长、技能水平、设备装备等信息，并建立统一数据资料库，为信息协调系统提供数据基础，供全国各级应急管理部门调用。同时为今后统筹和规范社会应急力量建设、开展分级分类等标准提供参考。将全国参与防灾减灾救灾工作的人、机构、事件、标准、规范、认证等信息逐步完善，将现在社会上主流的应急管理部紧急救援促进中心的应急救援员、中国红十字会救护员和中国灾害防御协会第一响应人三大体系全国人员信息纳入平台数据库，形成全社会共同参与的新型社会治格局。

　　三是完善社会力量参与救灾协同平台。在危机信息服务网站等应急管理平台功能基础上认真筛选、加工、整合，结合现代化科学技术，建设一个能够满足不同主体应急需求的、协同的应急处置数据共享的集成信息平台，能进行应急信息检索、获取，实现救援数据的动态化、可视化监测和统筹。打通突发事件资源信息获取、管理和交换渠道，将突发事件应对中的资源需求信息及时、准确、专业地传输，并进行有针对性的社会动员。通过信息的收集、交换和处理，加速资源的调集过程，提高社会应急力量参与工作的规范性和效率。平台通过收集与统计社会组织的人员、装备与能力等状况，协助政府进行力量的调配和资源的整合与分配，在信息、物资装备与行动层面协助政府与社会组织对接。

　　四是搭建应急信息沟通机制。2015 年 10 月 8 日，民政部发布《关于支持引导社会力量参与救灾工作的指导意见》，指出各地民政部门支持引导社会力量参与救灾工作的主要任务之一是要建立常设的社会力量参与救灾协调机构或服务平台，为灾区政府、社会力量、受灾群众、媒体等相关各方搭建沟通服务的桥梁。社会力量要想有效地参与应急行动，就需要在其与政府应急体系之间以及各社会力量主体之间建立日常工作与应急期间的应急信息沟通平台，使危机信息得到及时传递和沟通。例如，运用现代通信、网络等信息交流方式技术，通过微信群、QQ 群等组群，建设科学有效的应急管理信息沟通机制，减少政府、社会力量之间的沟通环节，降低沟通成本，提高沟通效率。

五是进一步加强舆论引导。通过媒体生成的社会舆论具有公共性、可变性、扩散性和需导性。灾害事件中，正确的社会舆论将大大增加各种救助力量的整合。一些信息从信息源头开始，会借助信息渠道进行扩散，在某些舆论引导者、群体或团体的参与下，形成在社会上的传播与放大，接着会造成公众态度的变化并最终导致社会行为的偏离。灾害发生时信息多发、集中，社会力量无论在收集信息时对信息的筛选还是发布时的控制，都需要慎重严谨、及时处理不实信息和开展舆论引导、防止信息发酵。所以，对舆论源头的治理、对信息渠道的监管以及在社会放大阶段进行有效的处理，可对涟漪效应的扩散程度予以控制。

3.3　保险公司参与防灾减灾工作信息服务需求

随着极端事件增多，保险特别是财产险业面临的风险日益增大，对保险业自身发展及其服务经济社会全局的能力提出了严峻挑战。保险作为经营风险的行业，必须转变发展方式，不应只是单纯地提供事后补偿服务，更重要的是将风险减量管理前置，秉承"承保+减损+赋能+理赔"的保险新逻辑，做好灾前预防、灾中应急和灾后理赔工作，最大限度地减轻损失，助力灾后迅速恢复生产生活。而保险新逻辑的落实和风险减量管理的实现对灾害风险数据、信息服务产品和支撑平台提出了新的要求。

3.3.1　灾害保险

保险作为国家应急管理体系的重要组成部分，要发挥好保险在防灾减灾救灾中的风险管理职能，就是要立足服务国家发展大局，创新保险产品，通过提升对大灾的保障范围和保障程度，满足人民日益增长的美好生活需要；通过政企合作推动保险融入国家防灾减灾救灾体系，助力国家治理体系和治理能力现代化。

目前，已形成了服务于社会民生各个领域的产品体系，如车辆保险、财产保险、农业保险、责任保险、船舶货运保险、意外健康保险、能源及航空航天保险、信用保险等。承保责任涉及台风、暴雨、洪水、地震、暴风、龙卷风、雷击、雹灾、海啸、地陷、冰陷、崖崩、雪崩、泥石流、滑坡、干旱、冻灾、火灾、爆炸、疾病等。既有承保综合责任的传统保险产品，又有解决国家防灾减灾救灾痛点的专项巨灾保险产品。

对专项巨灾保险，从全国到地方层面都在积极推动创新。在全国层面，2015 年成立了中国城乡居民住宅地震巨灾保险共同体。目前，保障已经覆盖包括北京、上海、江苏、安徽、福建等 30 个省（自治区、直辖市）。含台风、洪水的多灾因巨灾保险也已陆续推出。在地方层面，保险与地方政府合作，积极探索发展地方性巨灾保险机制。一是参与政府救助模式创新。例如，2015 年在宁波，建立了由政府出资购买、中国人民财产保险股份有限公司首席承保的公共巨灾保险，为全市居民提供台风、暴雨、洪水等 10 余种灾害风险保障，既有助于减轻政府财政压力，也提高了老百姓应对自然灾害风险的能力。二是开展指数型产品创新。如广东、湖北武汉巨灾指数产品和云南地震指数产品，大大提高了保险补偿效率。三是加强组合产品创新。不断探索覆盖跨险种、多灾因的一揽子保险解决方案。例如，针对 2021 年 7 月暴雨灾害及时推出"守护保"、"综治保"和应对极端天气巨灾风险的"风雨保"，在传统巨灾保险产品基础上拓展了保障范围。

灾害、事故发生后，有的损失可以通过保险进行补偿，但人的生命、心理损伤以及企业停产损失、商誉损失、市场竞争力损失等难以通过经济补偿化解。因此，保险业必须坚持防重于赔，依靠科技赋能，从简单的"险后补偿"转向"险中响应"和"险前预警"，不仅做好灾后的经济补偿，而且要协助政府和客户做好事前的风险管控。这就要求保险业要积极与政府、科研机构、高科技企业等合作，引入灾害风险信息数据，强化空间信息技术、物联网、大数据等科技创新应用，为客户提供专业的风险减量管理服务，做好灾前预防、灾中应急和灾后理赔工作，切实减少客户损失，支持灾后快速恢复生产生活，助力国家综合风险防范能力的提升。

3.3.2　数据需求

风险数据是保险公司进行定量风险评估和管理的基础，而数据的积累是一个长期过程，必须将数据积累内嵌于各个业务环节，从保险公司总体数据规划出发，引入 GIS、大数据等新技术，建立涵盖公司内部数据和外部数据的时空大数据库，特别是统一的地图相关系统。

保险公司内部数据主要包括标的库、客户信息库、承保数据、理赔数据、再保数据等。要加强保险数据本身的积累，增加风险维度信息的采集，提升数据质量，同时对现有数据进行深入分析和挖掘。例如，建立包含空间信息、承保、理赔和风险等多维度信息的保险标的库，在灾害来临后能够根据预报预警信息，第一时间筛查出将要受影响的客户及标的，进而有针对性地发送风险提示函，进行现场风险排查，以减少灾害损失。在承保验标和理赔查勘过程中，采集标的受灾位置、周边环境、灾害程度及标的损失等信息，进而基于历史承保和理赔等数据信息，制作保险风险图。

对外部数据，要积极引入应急管理、气象、水文、地震、消防等外部数据，并以地理信息为纽带将之与保险数据进行整合，形成灾害风险空间数据库整合标准，为进行定量风险评估和给客户量身打造风险管理方案提供支持。在承保前，基于历史数据评估标的所面临的灾害风险等级，管控承保风险。在灾害发生时，通过预警预报等实时数据与公司标的的叠加分析，提取受灾客户列表，及时采取防灾防损措施。内容上涵盖基础地理信息（行政边界、河流、道路、地形、土地利用、遥感等数据）、灾害数据（暴雨、洪水、地震、台风、冰雹、低温霜冻、雪灾、雷电、滑坡、泥石流、风暴潮、高温等自然灾害，火灾、爆炸、环境污染等事故灾难，疾病等公共卫生事件，恐怖袭击等社会安全事件）、承灾体数据（人口、GDP、建筑、POI 点等）、专家知识库等数据。时间上包含历史数据和实时数据，既能支持风险分析，又能支持实时监测预警。

3.3.3　产品需求

1. 承保风险管控环节信息产品需求

承保风险管控环节信息产品主要服务于保险制定承保策略、识别承保风险、评估风险等级和核保等方面，同时也能够让投保客户更好地了解自身风险。其主要产品为阶段性自然灾害综合风险评估产品。该产品时间尺度包括多年、年、月和特定时段等。该产品要素包括标的信息、客户信息、综合风险等级、历史灾害、保险风险、未来长期趋势预测等。灾种主要为台风、洪涝、滑坡、泥石流和地震。信息产品用户涉及保险公司总公司及其地方省、市、县三级分支机构用户、投保客户和潜在客户。发布渠道以 APP 和 Web 等为主，以手机报和纸质报告等为辅（表 3.2）。

表 3.2　承保风险管控环节信息产品需求

主要产品要素	内容	数据来源	频率	发布方式
综合风险等级	台风、洪涝、地震、滑坡、泥石流等灾害的综合风险等级图	气象水利地震相关部门或研究机构	每年或多年更新	APP 和 Web 为主
历史灾害	地震目录（震中、震级、震源深度等）	地震相关部门或研究机构	最新地震实时获取	APP 和 Web 为主
	风险气候指数日数及极端值	气象部门或研究机构	年	APP 和 Web 为主
保险风险	承保数据、历史出险和赔付情况等	保险内部数据	年	APP 和 Web 为主
未来长期趋势预测	台风、降水、气温趋势等	气象水利部门	月/季/年	APP、微信、邮件、公文和 Web 等线上和线下方式相结合

2. 防灾防损服务环节产品需求分析

防灾防损服务环节产品主要服务于保险定期风险监测、灾害动态监测和发展趋势预测，以采取相应防灾防损措施，减轻灾害风险，减少灾害损失。其主要产品包括自然灾害阶段性综合风险评估、灾害预警、临灾预评估、灾害遥感监测等产品，防灾防损信息产品，灾害损失与影响评估信息产品和灾区灾情动态监测信息产品。对灾前防灾防损，产品时间尺度包括多年、年、月和特定时段等，产品要素包括综合风险等级、历史灾害、保险风险、未来长期趋势预测、预报预警信息、影响标的信息、客户信息等。对灾中防灾防损，产品时间尺度为日和小时。该产品要素包括影响标的信息、标的损失信息、历史灾害、综合风险等级、保险风险、未来长期趋势预测、灾害实况监测、客户信息等。产品涉及的灾种主要为台风、洪涝、滑坡、泥石流和地震。该产品主要服务于保险总部、省、市、县四级保险用户和投保客户，发布渠道以 APP、Web 和短信等为主，以手机报和纸质报告作为辅助手段（表3.3）。

表3.3　防灾防损服务环节产品需求

主要产品要素	内容	来源	频率	发布方式
综合风险等级	台风、洪涝、地震、滑坡、泥石流等灾害的综合风险等级图	气象水利地震相关部门或研究机构	视情况每年或多年更新	APP 和 Web 为主
历史灾害	地震目录（震中、震级、震源深度等）	地震相关部门或研究机构	最新地震实时获取	APP 和 Web 为主
	风险气候指数日数及极端值	气象部门或研究机构	年	APP 和 Web 为主
保险风险	承保数据、历史出险和赔付情况等	保险内部数据	年	APP 和 Web 为主
未来长期趋势预测	汛期预报等，包括台风、降水、气温趋势等	气象水利部门	月/季/年	APP、微信或者 Web 显示
预报预警信息	包括台风、降水、洪涝、滑坡、泥石流、地震等灾害的预报预警	气象、水利、国土、地震等部门	实时	APP、Web、邮件、电话、短信、微信、提示牌等多种方式联合
影响标的信息	受到台风、降水、洪水、地震等灾害影响的标的数量和分布	预报预警信息结合保险标的信息	实时	APP、Web、短信、微信等为主
标的损失信息	受到台风、降水、洪水、地震等灾害影响的标的损失数据	气象、水利、国土、地震等部门或研究机构，结合自主评估	快速评估 1～3 天；精确评估视灾害进展情况而定	APP、Web、报告等为主

3. 理赔查勘定损环节产品需求分析

理赔查勘定损环节产品主要服务于灾害动态监测、灾害损失评估和发展趋势预测等，以采取相应防灾防损措施，减轻灾害风险，减少灾害损失。其主要产品包括阶段性自然灾害预警信息、自然灾害临灾预评估、自然灾害遥感监测信息产品、防灾防损信息产品、灾害损失与影响评估信息产品、灾区灾情动态监测信息产品、灾害损失及影响综合评估产品、灾后恢复重建进度监测产品和灾害保险快速理赔产品。该产品时间尺度为日、小时和理赔阶段性时期。该产品要素包括保险风险、预报预警信息、影响标的信息、标的损失信息、灾害实况监测、客户信息等。该产品涉及的灾种主要为台风、洪涝、滑坡、泥石流和地震。

理赔查勘定损环节的产品主要服务于保险总部、省、市、县四级保险用户和投保客户。发布渠道以 APP、Web（集成平台、保险业务平台）和短信息等为主，以手机报和纸质报告等为辅（表3.4）。

表 3.4　理赔查勘定损环节产品需求

主要产品要素	内容	来源	频率	发布方式
保险风险	承保数据、历史出险和赔付情况等	保险内部数据	年	APP 和 Web 为主
预报预警信息	包括台风、降水、洪涝、滑坡、泥石流、地震等灾害的预报预警	气象、水利、国土、地震等部门	实时	APP、Web、邮件、电话、短信、微信、提示牌等多种方式联合
影响标的信息	受到台风、降水、洪水、地震等灾害影响的标的数量和分布	预报预警信息结合保险标的信息	实时	APP、Web、短信、微信等为主
标的损失信息	受到台风、降水、洪水、地震等灾害影响的标的损失数据	气象、水利、国土、地震等部门或研究机构，结合自主评估	快速评估 1～3 天；精确评估视灾害进展情况而定	APP、Web、报告等为主

3.3.4　平台需求

根据保险公司风险管理需求和各业务环节管控需求，梳理具有共性的功能模块，模块设计应保证其标准化和可扩展性。

1. 灾害风险图

灾害风险图主要包括自然灾害、意外事故、保险风险图等相关专题数据，以分层方式显示。

灾种包括自然灾害、事故灾难、公共卫生时间和社会安全事件等，以自然灾害为主，可以根据情况逐步扩展事故灾难（火灾、爆炸、环境污染）等。

在尺度上，既包括全国尺度的宏观风险图（如1km网格），也包括地方尺度的高分辨率风险图。

从保险公司内外部来看，既包括外部的风险数据成果，也包括保险公司内部保险风险信息（分灾因、分险种、分渠道等的历史承保和理赔情况，如赔付金额、赔付率、出险次数等，核保和理赔时采集的受灾情况和损失信息等）。

2. 标的风险评估

对保险标的进行标准化分类，根据标的类型采用不同方法开展评估工作，支持标的的查询、修改和增删等。基于地理位置开展风险评估，并输出评估报告。报告内容主要包括标的基本信息（名称、位置等）、承保信息（保额、保费等）、标的客观风险（台风、暴雨、洪水、地震等）、保险风险（历史出险和赔付情况等）、行业风险、防灾防损建议（主要风险点提示和建议等）、个性化部分（根据标的类型、所处行业等信息，选取相应的风险调查表或模型进行分析评估。该部分具有可扩展性，需求单位可以根据具体需求进行扩展）。

根据评估报告，可以直接链接进入防灾防损服务项目管理模块，立项并开展防灾防损服务。

3. 预报预警

实时接入水文、气象、地质等灾害预报预警信息，结合标的分布信息，分析标的受影响情况，通知公司内部人员和客户开展相应的防灾防损工作。

在功能方面，包括预报预警信息查询和显示、评估分析、预警推送、预警阈值设定管理等。

预报预警信息查询和显示：通过分级设色的方式，将外部接入的预报预警信息进行展示，可以根据时间、灾种、地区、预警级别等多种条件进行查询。

评估分析：将预报预警范围和未来发展趋势与公司标的进行叠加，分析已受影响和将受影响的标的分布及其数量，为开展防灾防损工作提供支持。

预警推送：在预警推送流程上，首先确定阈值，根据不同预报预警级别自动给公司内部不同层级人员推动预警信息，相关人员进一步处理后，视情况再向客户发布信息。与防灾防损服务项目管理功能结合，采取相应的防灾防损服务措施。

预警阈值设定管理：与应急预案等相结合，根据不同地区的具体情况设计预警等级、需要通知的人员和采取的措施。

4. 防灾防损服务

主要用于防灾防损服务项目管理，建立项目，跟踪项目，评估防灾防损成效，共享防灾防损经验。

5. 其他辅助功能

风险知识：包括灾害常识、防灾防损技能等内容，支持已有研究成果和优秀经验分享，支持查询、上传、下载等功能；

专家库：系统内部和系统外部专家信息管理；

用户管理系统：系统用户的统一管理，不同层级的用户看到的范围和数据不同。

参 考 文 献

阿多,廖永丰,李大千,等. 2021. 基于GEOVIS数字地球的多灾种综合风险防范信息服务集成平台关键技术研究. 河南师范大学学报:自然科学版,49(4):9.

边慧敏,王振耀,王浦劬,等. 2011. 灾害应对中的社会管理创新:绵竹市灾后援助社会资源协调平台项目的探索. 北京:人民出版社.

邱超奕. 2021. 充分发挥我国应急管理体系特色和优势——写在国家综合性消防救援队伍组建三周年之际. 消防界:电子版,7(22):2.

闪淳昌,薛澜. 2012. 应急管理概论:理论与实践. 北京:高等教育出版社.

史培军. 2017. 推进综合防灾减灾救灾能力建设——学习《中共中央 国务院关于推进防灾减灾救灾体制机

制改革的意见》的体会. 中国减灾,(1X):3.

王家喜. 2019. 秦皇岛新时代应急管理体系的实践探索. 中国安全生产,(10):2.

魏捍东,杨千红. 2019. 新时代国家综合性消防救援队伍新使命和新挑战. 消防科学与技术,38(1):3.

肖花. 2019. 协同理论视角下的突发事件应急处置信息资源共享研究. 现代情报,39(3):109-114.

叶笃初. 2008. 生命第一与举国体制. 理论导报,6:4.

佚名. 2016. 国务委员、国家减灾委主任王勇:全面提升国家综合防灾减灾能力. 中国减灾,(4):1.

第4章 综合风险防范信息产品体系设计与开发

4.1 中国自然灾害综合风险防范信息服务现状

作为一个地震、地质、台风、洪涝等多种灾害频繁多发的国家，我国长期以来形成了部门分工负责的灾害管理体制。在组建应急管理部前，气象、水利、地震、自然资源等部门均形成了各自的灾害风险防范信息产品和发布服务渠道。其中，预警信息是应急管理工作的"发令枪"，党中央、国务院高度重视突发事件预警信息发布工作。习近平总书记于2019年11月29日在中央政治局第十九次集体学习中提出"提升多灾种和灾害链综合监测、风险早期识别和预报预警能力""预警发布要精准""预警信息发布要到村到户到人"等要求。目前，我国建立了以国家突发事件预警信息发布系统和国家应急广播为代表的综合性预警发布渠道。国家突发事件预警信息发布系统依托气象部门现有的业务系统和气象预报信息发布系统，建成了1个国家级、31个省级、358个市级及2016个县级预警发布管理平台，汇集和发布了20个行业领域的151类预警信息（孙健和白静玉，2016）。2020年通过该平台发布预警信息的政府机构中，国家卫生健康委员会、自然资源部、应急管理部、水利部位列前四。该平台实现了"一通四达"的矩阵式预警信息发布渠道，即直通各级应急责任人，以及移动通信直达、广播电视直达、应急广播直达、社会媒体直达，对公众和社会媒体的有效覆盖率达到92.7%以上。除此之外，各行业预警信息发布渠道依然存在，在重特大自然灾害发生时，中国气象局以及应急管理部、水利部、自然资源部等部门也自成体系地发布预警信息。

1. 气象灾害信息产品及服务

气象灾害信息产品是各类气象灾害风险防范服务的基础信息，也是目前共享程度高、社会普及面广的一类灾害风险防范信息。气象部门建立了台风、暴雨、暴雪、寒潮、大风、沙尘暴、高温、干旱、雷电、冰雹、霜冻、大雾、霾、道路结冰等气象灾害四级预警信号体系，制定了气象灾害预警信号发布与传播办法，编制了有关气象灾害风险调查、气象产品服务、预警信息发布等标准规范，形成了覆盖广播、电视、固定网、移动网、因特网、电子显示装置等手段的信息服务渠道。中国气象局利用气象灾害监测预报的优势，提供了包括洪涝在内的综合气象灾害预报预警服务，利用中国天气网（http://www.weather.com.cn）、中央气象台（http://www.nmc.cn）、国家突发事件预警信息发布网（http://www.12379.cn）等渠道进行信息发布。目前，中国气象局根据灾害发生发展情况不定期发布低温、暴雪、大雾、海上大风、寒潮、台风、暴雨、强对流、高温、沙尘暴、中小河流洪水、渍涝等气象灾害预警产品，发布森林火险、草原火险气象预报产品，向公众提供可能的灾害范围、风险强度等信息，提示需采取的防御措施。同时，各级气象部门通过国家突发事件预警信息发布网等平台滚动发布气象灾害预警信息。

2. 水旱灾害信息产品及服务

针对水旱灾害，水利部门依托布设的高密度水文监测站网体系，对大江大河及其主要支流、有防洪任务的中小河流、大型水库等的水情信息进行实时监测，制作水情旱情预警信息产品并通过水情预警发布平台对外公布。气象部门结合自身观测优势，定期发布气象干旱和农业干旱监测产品。

2010～2020 年，水利部、财政部组织全国 29 个省（自治区、直辖市）和新疆生产建设兵团、305 个地（市）、2076 个县先后实施了全国山洪灾害防治县级非工程措施建设和全国山洪灾害防治项目建设，在中央、省、市级建设了监测预警信息管理系统（尚全民等，2020），以及时对山洪区域居住居民发布洪水预警信息。同时，水利部联合中国气象局定期发布山洪灾害气象预警产品。

3. 地震灾害信息产品及服务

地震部门建立了地震监测台网，开展了地震监测信息产品的制作和发布。中国地震台网中心（https://news.ceic.ac.cn）依托中国地震台网地震活动（http://www.ceic.ac.cn/dataout）和历史查询（http://www.ceic.ac.cn/history）等信息产品。自 2006 年 1 月该平台上线运行以来，通过不断完善，已经成为支撑全国地震监测、中短期预报，地震救援应急响应和指挥决策，各类地震数据汇交处理等业务的专业化平台。中国地震台网中心还推出了面向公众的震情发布平台，利用 Web 网页、手机 APP、微博等多客户端进行地震信息及其相关数据产品的发布，实现了地震速报信息的自动发布，并利用地图、表格等方式提供历史地震信息的查询、统计和展示。除监测信息外，中国地震局制作发布了中国地震动参数区划图等地震风险防范信息产品。

4. 地质灾害信息产品及服务

为了服务于地质灾害监测预警与应急决策，中国地质调查局水文地质环境地质调查中心建立了地质灾害信息管理平台，为灾害研究和应用部门提供专业化的服务。同时，中国地质调查局的地质云服务平台、中国地质调查局水文地质环境地质调查中心的地质灾害信息管理平台基于多年的调查数据，向公众开放了各类地质灾害风险图，为地质灾害的防治提供依据。此外，自然资源部联合中国气象局定期制作地质灾害气象风险预警产品，面向公众发布地质灾害高风险区。

5. 森林草原火灾信息产品及服务

应急管理部、国家林业和草原局、中国气象局联合制作森林火险预报产品，通过中国森林草原防灭火网（http://slcyfh.mem.gov.cn）、国家突发事件预警信息发布网等平台向公众发布全国森林火灾风险区域和风险程度信息。森林草原火险预报产品包括每日火险预报、高火险天气警报、高火险预警、地方火险预报等。每日火险预报产品以预报图的形式标注了当日全国范围内森林火险气象等级较高的区域；高火险天气预警产品则不定期发布高森林火险天气预警，以文字加图片的形式予以呈现；高火险预警产品结合降水、气温、大风等情况，综合研判森林火险高度危险的区域；地方火险预报则以文字的形式发布地方森林火险预警信息。

6. 海洋灾害信息产品及服务

海洋部门围绕风暴潮、海浪、海冰等海洋灾害开展了一系列海洋灾害监测预报产品的开发。国家卫星海洋应用中心定期利用海洋卫星对渤海、黄海等地区制作海冰监测专题图。国家海洋环境预报中心开展了海冰、海浪、风暴潮等海洋灾害的预报预警，按照周、旬、月和年尺度进行海冰预报，并根据预案发布海冰警报产品；制作近海海区、滨海旅游城市、海水浴场等海浪预报产品，并发布台风、温带海浪警报信息；制作台风、温带风暴潮预报产品，发布台风和温带风暴潮警报。同时，自然资源部每年还发布中国海洋灾害公报。

7. 综合风险监测预警信息产品及服务

应急管理部成立以来，围绕防范化解重大灾害风险任务，应急管理部在综合性风险防范产品制作方面做出了有益的尝试，组织开展了每日和每周全国灾害综合风险分析，对未来多灾链发和复合灾害风险进行分析研判。通过跨部门的月度和年度灾害风险会商，发布月度和年度全国自然灾害风险形势信息。针对重大灾害过程和重要时间段，应急管理部面向社会公开发布全国自然灾害综合风险预警提示。但总体上，目前综合性的风险防范产品发展尚未成熟，现有预警信息大多为致灾因子强度的预警信息，缺乏面向应急响应行动的灾害综合风险预警产品。同时，应急管理部通过中国应急信息网（https://www.emerinfo.cn）、国家减灾网（http://www.ndrcc.org.cn）等平台发布风险监测预警产品。

综上，各涉灾部门建立了适应自身业务职能的信息服务系统，形成了各自的信息产品和服务方式。除公开发布的信息产品外，各部门还编制了服务于专业人员和决策管理人员的专题信息产品，但面向灾害保险和社会救援力量的综合风险防范信息产品较少。不同部门的信息系统千差万别，数据产品格式各异，缺乏统一的数据交换标准，尚未形成相互衔接的综合风险防范产品体系，为部门间信息的互换与交流增添了共享困难。

4.2 新时代自然灾害综合风险防范信息产品体系

通过查阅文献、走访调查等多种方式，分析政府、保险公司、社会力量和公众等不同用户主体对综合风险防范信息产品的需求，逐级建立综合风险防范信息产品目录，明确各产品定义和表达方式等属性，构建包含三级产品目录、产品属性明确的综合风险防范信息产品体系。

产品体系分级构建过程如下：首先进行现有灾害风险产品的调研，对各类信息产品之间的相似性进行分析，优化产品分类结构。根据调研信息中各类主体对信息产品的重点关注内容需求，同时考虑与现有防灾减灾救灾相关标准的兼容性，建立一级产品目录。然后对涉及多种灾害类型或包含内容较多且内部具有明显差异性的产品，进行二级产品分类。最后确定每个产品的服务对象，如果某个产品对某类主体的服务作用不大，则不将该主体纳入该产品的服务对象，形成三级产品特征分析表，表单结构见表 4.1。

表 4.1　产品特征分析表

一级产品 （类别）	二级产品 （灾种和内容）	三级产品 （服务对象）	产品 描述	更新 频率	空间 范围	时效性 要求	发布 渠道
类别 1	产品 1	政府部门					
		保险公司					
		…					
	产品 2	政府部门					
		保险公司					
		…					
	…	…		…		…	…
…	…	…		…		…	…

面向政府部门、保险公司、社会力量、公众等不同用户主体，综合风险防范信息产品体系总体分为灾害监测、风险评估预警、灾情分析评估等三大产品类别。在此基础上，依据综合风险防范信息产品的应用领域和手段等进行一级产品类别的划分，其中灾害监测可分为灾害目标监测、重点对象监测、舆情监测、基层险情信息采集等四个一级产品；风险评估预警分为不同时段灾害综合风险形势分析、重大灾害风险评估、国际灾害风险评估、多灾种综合预警、防灾防损信息等五个一级产品；灾情分析评估分为灾情分析、突发灾情、灾害损失快速评估、灾害损失评估、特别重大灾害损失综合评估、灾害损失核查评估、灾害救助需求评估、国际重大灾害评估、自然灾害调查评估、灾害保险快速理赔等 10个一级产品。二级产品主要在一级产品的基础上按照灾种、信息服务的时段等需求进行划分。三级产品则是根据产品所面向的政府、保险、社会力量、公众等不同领域、不同区域用户来划分形成最终产品。综合风险防范信息产品目录体系如表 4.2 所示。

表 4.2　综合风险防范信息产品目录体系概表

产品类别	一级产品	二级产品	三级产品	产品形式
灾害监测	灾害目标监测	台风灾害监测	面向**用户的台风灾害监测	专题图表、报告
		地震灾害监测	面向**用户的地震灾害监测	专题图表、报告
		洪涝灾害监测	面向**用户的洪涝灾害监测	专题图表、报告
		地质灾害监测	面向**用户的地质灾害监测	专题图表、报告
		干旱灾害监测	面向**用户的干旱灾害监测	专题图表、报告
		沙尘暴灾害监测	面向**用户的沙尘暴灾害监测	专题图表、报告
		低温冷冻和冰雪灾害监测	面向**用户的低温冷冻和冰雪灾害监测	专题图表、报告
		森林草原火灾监测	面向**用户的森林草原火灾监测	专题图表、报告

续表

产品类别	一级产品	二级产品	三级产品	产品形式
灾害监测	灾害目标监测	风雹灾害监测	面向**用户的风雹灾害监测	专题图表、报告
		风暴潮灾害监测	面向**用户的风暴潮灾害监测	专题图表、报告
		海浪灾害监测	面向**用户的海浪灾害监测	专题图表、报告
		海冰灾害监测	面向**用户的海冰灾害监测	专题图表、报告
		火山灾害监测	面向**用户的火山灾害监测	专题图表、报告
		海啸灾害监测	面向**用户的海啸灾害监测	专题图表、报告
	重点对象监测	高风险区监测	面向**用户的高风险区监测	专题图表、报告
		典型区监测	面向**用户的典型区监测	专题图表、报告
		重大工程/活动监测	面向**用户的重大工程/活动监测	专题图表、报告
	舆情监测	国内灾害舆情动态	面向**用户的国内灾害舆情监测	专题图表、报告
		国际灾害舆情动态	面向**用户的国际灾害舆情监测	专题图表、报告
	基层险情信息采集	险情信息	面向**用户的险情信息监测	专题图表、报告
风险评估预警	不同时段灾害综合风险形势分析	每日灾害综合风险形势分析	面向**用户的每日灾害综合风险形势分析	专题图表、报告
		每周灾害综合风险形势分析	面向**用户的每周灾害综合风险形势分析	专题图表、报告
		月度灾害综合风险形势分析	面向**用户的月度灾害综合风险形势分析	专题图表、报告
		年度灾害综合风险形势分析	面向**用户的年度灾害综合风险形势分析	专题图表、报告
		重要时段灾害综合风险形势分析	面向**用户的重要时段灾害综合风险形势分析	专题图表、报告
	重大灾害风险评估	台风灾害风险评估	面向**用户的台风灾害风险评估	专题图表、报告
		洪涝灾害风险评估	面向**用户的洪涝灾害风险评估	专题图表、报告
		地质灾害风险评估	面向**用户的地质灾害风险评估	专题图表、报告
		干旱灾害风险评估	面向**用户的干旱灾害风险评估	专题图表、报告
		森林草原火灾风险评估	面向**用户的森林草原火灾风险评估	专题图表、报告
		雪灾风险评估	面向**用户的雪灾风险评估	专题图表、报告
		地震灾害风险评估	面向**用户的地震灾害风险评估	专题图表、报告
	国际灾害风险评估	国际灾害风险评估	面向**用户的国际灾害风险评估	专题图表、报告
	多灾种综合预警	灾害综合预警	面向**用户的多灾种综合预警	专题图、报告
			自然灾害综合风险预警提示	报告
	防灾防损信息	防灾防损信息	面向保险用户的防灾防损信息	专题图表、报告

续表

产品类别	一级产品	二级产品	三级产品	产品形式
灾情分析评估	灾情分析	重大灾害过程灾情分析	面向＊＊用户的重大灾害过程灾情分析	专题图表、报告
		昨日灾情分析	面向＊＊用户的昨日灾情分析	报告
		每日灾情分析	面向＊＊用户的每日灾情分析	报告
		一周灾情分析	面向＊＊用户的一周灾情分析	报告、专题图表
		月度灾情分析	面向＊＊用户的月度灾情分析	报告
		年度灾情分析	面向＊＊用户的年度灾情分析	报告
	突发灾情	突发灾情信息分析	面向＊＊用户的突发灾情信息分析	报告
	灾害损失快速评估	地震损失快速评估	面向＊＊用户的地震损失快速评估	专题图、报告
		台风损失快速评估	面向＊＊用户的台风损失快速评估	报告、专题图表
		洪涝灾害损失快速评估	面向＊＊用户的洪涝灾害损失快速评估	报告、专题图表
		地质灾害损失快速评估	面向＊＊用户的地质灾害损失快速评估	报告、专题图表
		森林草原火灾损失快速评估	面向＊＊用户的森林草原火灾损失快速评估	报告、专题图表
		低温雨雪冰冻灾害损失快速评估	面向＊＊用户的低温雨雪冰冻灾害损失快速评估	报告、专题图表
	灾害损失评估	台风灾害损失评估	面向＊＊用户的台风灾害损失评估	报告、专题图表
		洪涝灾害损失评估	面向＊＊用户的洪涝灾害损失评估	报告、专题图表
		地震灾害损失评估	面向＊＊用户的地震灾害损失评估	报告、专题图表
		干旱灾害损失评估	面向＊＊用户的干旱灾害损失评估	报告、专题图表
		地质灾害损失评估	面向＊＊用户的地质灾害损失评估	报告、专题图表
		森林草原火灾损失评估	面向＊＊用户的森林草原火灾损失评估	报告、专题图表
		低温雨雪冰冻灾害损失评估	面向＊＊用户的低温雨雪冰冻灾害损失评估	报告、专题图表
	特别重大灾害损失综合评估	洪涝灾害损失综合评估	面向＊＊用户的洪涝灾害损失综合评估	专题图表、报告
		地震灾害损失综合评估	面向＊＊用户的地震灾害损失综合评估	专题图表、报告
		地质灾害损失综合评估	面向＊＊用户的地质灾害损失综合评估	专题图表、报告
		台风灾害损失综合评估	面向＊＊用户的台风灾害损失综合评估	专题图表、报告
		低温雨雪冰冻灾害损失综合评估	面向＊＊用户的低温雨雪冰冻灾害损失综合评估	专题图表、报告
		干旱灾害损失综合评估	面向＊＊用户的干旱灾害损失综合评估	专题图表、报告
	灾害损失核查评估	台风灾害损失核查评估	面向＊＊用户的台风灾害损失核查评估	报告、专题图表
		洪涝灾害损失核查评估	面向＊＊用户的洪涝灾害损失核查评估	报告、专题图表
		地震灾害损失核查评估	面向＊＊用户的地震灾害损失核查评估	报告、专题图表
		干旱灾害损失核查评估	面向＊＊用户的干旱灾害损失核查评估	报告、专题图表
		地质灾害损失核查评估	面向＊＊用户的地质灾害损失核查评估	报告、专题图表

产品类别	一级产品	二级产品	三级产品	产品形式
灾情分析评估	灾害损失核查评估	低温雨雪冰冻灾害损失核查评估	面向＊＊用户的低温雨雪冰冻灾害损失核查评估	报告、专题图表
	灾害救助需求评估	受灾群众临时生活困难救助需求评估	全国冬春期间受灾群众临时生活困难救助需求评估	报告、专题图表
		应急救助需求评估	面向＊＊用户的灾害应急救助需求评估	报告
	国际重大灾害评估	国际重大灾害评估	面向＊＊用户的国际重大灾害评估	报告、专题图表
	自然灾害调查评估	自然灾害调查评估	面向＊＊用户的自然灾害调查评估	报告、专题图表
	灾害保险快速理赔	灾害保险快速理赔	面向保险部门的灾害保险快速理赔	报告

4.3　自然灾害综合风险防范信息产品制作技术

受气候变化影响,自然灾害风险加剧,对灾害综合风险防范信息产品的准确性、及时性、高效性、表达丰富性等方面都提出更高的要求。近几十年来,遥感观测、数据同化、数据挖掘与分析等技术快速发展,在灾害管理领域的应用越来越广泛。准确理解和运用这些技术能显著提高监测、预警和损失评估水平,以及灾害综合风险防范信息产品制作的水平。本章节将围绕灾害综合风险防范信息产品制作,从产品要素分类体系、产品要素表达方式、产品自适应快速定制技术等方面出发,系统梳理各个环节中的关键要素和核心技术,为提升灾害风险防范产品制作水平提供理论支撑基础。

4.3.1　产品要素分类体系

产品要素是灾害综合风险防范信息产品的关键组成部分,产品要素体系就是按照特定的分级分类规则有序组织的一系列产品要素组合。对产品要素体系进行科学合理的分类是制作自然灾害综合风险防范信息产品的基础。该产品结合我国当前应对的六大类自然灾害灾种(地震、地质、气象、水旱、海洋、林草火灾),根据灾害发生的过程对产品要素进行逐级分类细化。一级划分包括致灾产品要素、孕灾产品要素、灾情产品要素、救灾产品要素和辅助产品要素。一级产品要素分类下面则是更为细致的二级产品要素分类,如灾害类型、灾害发生时间、灾害持续时间、灾害地点或范围、灾区地形地貌、受灾人口、灾害经济损失、灾区避难所数量等,不同灾种对应的二级产品要素分类会略有差异(表4.3)。

表 4.3　产品要素分类体系

要素名称	要素构成	要素表现形式
致灾产品要素	灾害类型	文本
	灾害发生时间	文本
	灾害持续时间	文本
	灾害地点或范围	文本+统计图
	灾害强度	文本
	灾害综合风险研判	文本+统计图
	⋮	⋮
孕灾产品要素	灾区行政区划	文本+统计图
	灾区交通状况	文本+统计图
	灾区人口密度	文本
	灾区海拔	文本
	灾区地形地貌	文本
	灾区气候特征	文本+统计表
	灾区天气预报	文本+统计图
	⋮	⋮
灾情产品要素	受灾面积	文本+统计图表
	农作物损失面积	文本+统计表
	受灾人口	文本+统计表
	灾害经济损失	文本+统计表
	舆情信息	文本+统计表
	⋮	⋮
救灾产品要素	专家对策建议	文本
	灾区避难所数量	统计表+统计图
	救灾物资储备	
	救援力量	文本
	⋮	⋮
辅助产品要素	灾情航拍	图片
	灾害现场实拍	图片
	历史灾害发生状况统计	文本+统计图表
	⋮	⋮

致灾产品要素主要是对灾害基本特征的描述，主要包括灾害类型、灾害发生时间、灾害持续时间、灾害地点或范围、灾害强度、灾害综合风险研判等，其表现形式多为简洁的文本，可附带少量的统计图，对该类要素的解读可以基本判断灾害发生的时空特征和主要原因。

孕灾产品要素是对灾区行政和自然特征的描述,主要包括灾区行政区划、灾区交通状况、灾区人口密度、灾区海拔、灾区地形地貌、灾区气候特征、灾区天气预报等,其表现形式为文本与统计图相结合,对该类要素的解读可对灾害发生的背景条件有基本的了解。

灾情产品要素是对灾害造成影响的描述,主要包括受灾面积、农作物损失面积、受灾人口、灾害经济损失、舆情信息等,表现形式多为文字、统计图表相结合的方式,对该类要素的解读可对灾害造成的损失做出初步估计。

救灾产品要素是对所掌握的应对灾害对策或者资源的描述,主要包括专家对策建议、灾区避难所数量、救灾物资储备和救援力量等,表现形式以文本为主,对该类要素的解读可对灾害的应对措施有初步的了解。

辅助产品要素是对灾害产品要素的补充,主要包括灾情航拍、灾害现场实拍和历史灾害发生状况统计等,表现形式以文字、统计图表相结合的方式,对该类要素的解读可对灾害情况的了解更为立体全面,但限于条件并非所有灾害产品都具备辅助产品要素。

4.3.2　产品要素表达方式

产品要素的表达直接关系到产品受众信息获取的程度和效率,因此是信息服务产品的关键环节。好的产品要素具备生动、形象、直观等特点,深入浅出的表达使人一目了然,便于受众提取里面的关键信息。常用的产品要素表达包括统计表、统计图和文字表达等。

1）统计表

统计表是将灾害信息以一定的方式进行归纳整理,并以表格方式呈现的一种表达方式,一般由横标题、纵标题、数据资料等部分构成,横标题标明了每一横内数据对应的含义,纵标题标明了每一列内数据对应的含义。统计表具备简洁、美观、科学等特征,使数据表达更有条理,简明清晰,非常便于产品受众理解和比较,因此在产品服务产品的表达中具有十分广泛的应用。

2）统计图

统计图是指将灾害资料或者信息以几何图形、空间图等方式绘制表达的各类图形。通常情况下对于那些比较抽象的灾害信息,一般的文字和表格都很难直观地将规律表现出来。此时,通俗易懂、使人一目了然的统计图表达方式就显得尤为必要。统计图起源最早可以追溯到18世纪,自20世纪70年代以来,随着计算机图形学的发展,统计图发展成为一种重要的分析工具,在灾害防治领域也有了广泛的应用。除了传统的折线图、条形图、散点图、扇形图之外,三维立体图、风向玫瑰图、小提琴图等丰富的表现形式也满足了统计图简洁、美观、科学准确表达的需求。

3）文字表达

统计图和统计表极大地丰富了灾害产品要素的表达方式,然而文字依旧是灾害产品最重要的表达载体。文字除了是统计表、统计图的重要构成之外,在灾害报告的一些关键部分依然扮演着不可替代作用。例如,在灾害报告的专家"对策及建议"部分,只有文字表达才能满足其灵活多变的特定需求。灾害报告的文字表达应遵循凝练、准确、科学的原则，这样才更有助于让受众提取其中的关键信息。

4.3.3　产品自适应快速定制技术

　　产品自适应快速定制技术是满足产品迅捷化发布的关键技术，同时也是灾害服务产品表达的重要基础。产品自适应快速定制技术是指根据已有的灾害资料和定制模板，通过数据同化、分析处理、数据库建立、匹配模板等一系列操作，依托于各类产品要素表达方式，快速生成灾害报告的一种技术。产品自适应快速定制技术是一项综合性的技术，其实现依赖于多项技术的支撑，在数据来源端依托于数据共享技术；在数据处理分析端依托于数据同化技术、灾害大数据分析技术、数据库构建技术，在信息整合端依托于模板系统架构技术、信息匹配与填充技术和灾害信息可视化技术（图 4.1）。

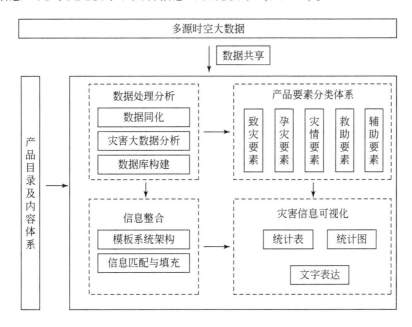

图 4.1　灾害综合风险防范信息产品自适应快速定制技术

1. 数据来源端

　　产品自适应快速定制技术的数据来源于多源时空大数据，其中的关键技术是数据共享技术。数据共享技术是指在不同地区的主体，如各级政府、企业和个人等，能够读取其他主体拥有的数据并进行运算分析的技术。近年来，随着各种观测手段的增加和观测技术的进步，不同地区的不同部门拥有的灾害数据量都大幅增加，实现不同主体间的数据共享，能够充分利用已有的数据资源，减少数据采集的成本，有效促进地区和国家灾害信息发展水平。互联网的兴起和大数据、云计算技术的发展为不同主体间的数据交流提供了可能。然而，目前数据共享工作仍然存在较大的困难，主要因为不同来源的灾害数据内容、格式、质量等都存在非常大的差异，除此之外，不同部门之间的信息壁垒也严重阻碍了数据的流动和共享。要实现数据共享，需要建立一套完善的数据交互标准，制定矢量数据、栅格数据的交换格式和元数据的标准格式。与此同时，要建立严格的数据使用和管理办法，出台相应的法律法规保障数据主体的权利，只有这样才能打破不同部门之间的信息保护，进而实现真正的数据共享。

接下来以本研究的部分数据来源为例，阐述数据爬取与共享的具体操作。本研究联合北京师范大学环境演变与自然灾害教育部重点实验室，从中科星图股份有限公司灾害地理信息产品等数据来源，获取多主题地震、地质、干旱、洪涝、森林草原火灾、台风、雪灾风险监测警示信息，形成自然灾害综合风险预警提示、风险评估报告等自然灾害多灾种综合风险防范信息产品。根据网站中的关键字句，提前收集与之有关的内容。例如，在网站中找寻可用的文件，通过下载 GeoJSON① 文件，能够爬取到页面中相关数据；再通过访问 GeoJSON 文件里面的链接，进一步获取 JSON 数据及灾情相关图片。系统后台识别并解析网站内容，后将网站内容中可用的数据遍历并对应地填充到数据实体中。基本流程如下：

（1）发起请求。通过 HTTP 库向目标站点发起请求，即发送一个 Request，请求可以包含额外的 headers、data 等信息，然后等待服务器响应。

（2）获取响应内容。如果服务器能正常响应，会得到一个 Response，Response 的内容便是所要获取的内容，类型可能有超文本标记语言（HTML）、JSON 字符串，二进制数据（图片，视频等）等类型。这个过程就是服务器接收客户端的请求，进过解析发送给浏览器的网页 HTML 文件。

（3）解析内容。得到的内容可能是 HTML，可以使用正则表达式、网页解析库进行解析；可能是 JSON，可以直接转为 JSON 对象解析；可能是二进制数据，可以做保存或者进一步处理。

（4）保存数据。保存的方式可以是把数据存为文本，也可以把数据保存到数据库，或者保存为特定的 jpg、mp4 等格式的文件。

2. 数据处理分析端

数据处理分析端是灾害模板构建的基础，其中涉及的关键技术包括数据同化技术、灾害大数据分析技术和数据库构建技术。

1）数据同化技术

数据同化是将不同来源灾害数据整合到一起并在同一体系下加以研究的关键步骤。数据同化指依据严格的数学和物理理论，在地球系统动态运行过程中不断融入离散分布的、不同来源和分辨率的直接或者间接观测数据去调整估计，以改善动态模型的估计精度和预测能力，并得到与灾害风险防范相关数据的一项技术。数据同化过程包括四个关键要素：地球系统动力模型、用以输入的直接或间接的观测资料（如气温、降水、风力、湿度）、数据同化算法和驱动模型的参量数据。其中关键的核心是数据同化算法，又可分为滤波算

① GeoJSON 是一种对各种地理数据结构进行编码的格式，基于 JavaScript 对象表示法（JavaScript Object Notation, JSON）的地理空间信息数据交换格式。

法（如卡尔曼滤波和粒子滤波算法）和连续数据同化算法（三维和四维变分算法）两大类。在本研究中，运用数据同化技术能得到科学性和准确性更高的数据，为后期的灾害建模和损失评估提供强有力的数据支撑。

2）灾害大数据分析技术

伴随着各种观测手段的发展，大量的灾害数据也在不断地产生。为了能在体量巨大，有用信息却相对贫乏的数据中提取出来与灾害相关的关键信息，灾害大数据分析技术应运而生。大数据分析是指对规模体量巨大的数据进行分析，进而挖掘出有用信息的一种处理方式。灾害大数据分析的过程主要分为问题识别、数据可行性论证、数据准备、建立模型、评估结果等五大步骤。问题识别是大数据分析的第一步，大数据分析的问题需具备两个基本特征，一是清晰，二是符合现实；数据可行性论证是指评估现有的数据是否充足、准确，以足够支撑问题解决的论证；数据准备包括数据的收集和数据的前期清洗处理等两个环节，通过梳理分析每个条目所需的数据，为建立模型、评估结果做好充足的准备；建立模型是针对需要解决的问题，利用前期处理好的数据挖掘有用信息，进而为问题的解决提供依据的过程；评估结果包括定量评估和定性评估两部分，这一阶段是论证上述步骤的结果是否严谨可靠并确保结果有利于最终决策的过程。总而言之，灾害大数据分析是对大体量、多来源、动态变换的灾害数据，运用各种分析方法或者模型进行挖掘，进而获取有价值内容结果，为各级政府应对灾害决策提供依据的过程。由于分析的数据来源广，角度多，灾害大数据分析能让我们对灾害的认识更加全面，避免陷入"一叶障目，不知深秋"的困境。具体而言，灾害大数据分析是研究历史灾害信息、评估灾害风险等级必不可少的手段，也是在数据中提取有用信息用以绘制统计图、统计表等的重要基础。

3）数据库构建技术

数据库的构建是后续综合模板开发的基础，能在很大程度上保证模板匹配的操作能高效准确地完成。数据库是所反映的现实世界中的实体、属性和它们之间关系等的原始数据形式，包括各项记录、系、文卷的标识符、定义、类型、度量单位和值域等，数据库的建立是为后期的数据自动化填充提供索引基础，数据库的建立需遵循先进、合理、易扩展、易维护、充分利用现有资源等原则。数据库产品要求符合现有应用系统环境和所有的工业标准，安全可靠性高，支持数据库分区管理和集群部署，并且要求是成熟稳定的版本。

3. 信息整合端

信息整合端是产品自适应快速定制技术的核心环节，其涉及的技术包括模板系统架构技术、信息匹配与填充技术和灾害信息可视化技术。

1）模板系统架构技术

为保证产品自适应模板能够安全、稳定、高效地运行，模板系统架构需要满足诸多性能要求：①实用性。以灾害表达需求为出发点架构模板系统。②安全性。系统提供安全手段防止非法入侵和越级操作，应用系统和软硬件都遵守相关的规定，符合国家有关电子政务系统安全的要求。③可靠性。系统能通过严格的鲁棒性测试（robust 测试），以保证在有大量模板生成任务时系统依旧能够平稳运行。④成熟与先进性。系统结构设计、系统配置、系统管理方式等方面采用国际上先进且成熟、实用的技术。⑤规范性。在系统设计过程中采用符合国际标准、国家标准和业界标准的技术和设备，为系统的扩展升级、与其他系统的互联提供良好的基础。⑥开放性。在设计时，提供开放性好、标准化程度高的技术方案；设备的各种接口满足开放和标准化原则。⑦可扩展性。在设计上必须具有适应业务变化的能力，当系统新增业务功能或现有业务功能改变时（界面改变、业务流程改变、规则改变、代码改变等），应尽可能地保证业务功能改变造成的局部影响。所有系统设备不但满足当前需要，并在扩充模块后满足可预见将来需求，保证建设完成后的系统在向新的技术升级时，能保护现有的投资。各功能模块间的耦合度小，以适应业务发展需要，便于系统的继承和扩展。⑧可管理性。系统应易于管理，易于维护，操作简单，易学，易用，便于进行系统配置，能够很好地监控设备、安全性、数据流量、性能等方面内容，并可以进行办公楼内的远程管理和故障诊断。系统应具有良好的结构，各个部分应有明确和完整的定义，使得局部的修改不影响全局和其他部分的结构和运行。⑨易使用性。应用界面简洁、直观，尽量减少菜单的层次和不必要的点击过程，使用户在使用时一目了然，便于快速掌握系统操作方法，特别是要符合工作人员的思维方式和工作习惯，方便非计算机专业人员的使用；应提供联机或脱机等多种帮助手段。

基于以上性能要求，本研究的模板系统架构主要采用以下技术策略：①采用 J2EE 平台架构；②采用组件化的设计和扩展策略；③以服务方式发布统一的数据访问接口。具体而言，采用浏览器/服务器架构，以 JavaEE 作为开发集成环境，IDEA2019.3.3 为程序开发工具，甲骨文公司的 Oracle 11g 为中央数据库，ApacheTomcat 9 为 Web 服务器，服务器采用 Windows Server 2008 系统。平台开发使用 SpringMVC+Hibernate 框架，并使用 Spring 安全框架和 Apache Shiro 框架进行用户信息及权限的统一管理，实现单点登录和统一门户建设。系统访问通过定义拦截器，对用户操作实现日志级的记录、管理，登录密码采用 SHA-1 方式加密，各用户间锁定用户可操作范围保证数据的安全性，数据库服务器设防火墙。

J2EE 是与传统应用开发截然不同的技术架构，内含组件众多，具备简洁、规范、可移植性高、安全性高等诸多优势。特别是 1.4 版本的 J2EE 平台通过新的基于 Servlet 和企业 Bean 的服务端点的 JAX-RPC 1.1 API，提供了完整的 Web 服务支持。JAX-RPC 1.1 因其基于 WSDL 和 SOAP 协议，与 Web 服务之间有良好的互操作性。除此之外，J2EE 还支持 Web Services for J2EE 规范和 WS-1 Basic Profile 1.0，这让 Web 服务克服了不同编程语言与操作系统及供应商平台之间的障碍。在 J2EE 框架下，Web 服务客户访问应用程序的方式有两种，一种是访问基于 JAX-RPC API 创建的 Web 服务，再通过 JAX-RPC 使用 Servlet 来实现 Web 服务，另一种方法是通过 Bean 的服务端点接口访问无状态会话的 Bean。在本研究的采集平台内部，配置库归所有系统公用。统一的门户框架、采集接口应用、管理模块、分拣模块都提前部署到对应的 J2EE 容器中，其中采集接口应用部署到接口服务器上，管理模块和分拣模块部署到应用服务器上。各类采集模块发布为单独的 EAR（enterprise archive）程序包，发布到应用服务器上（图4.2）。

产品模板的搭建是模板系统架构的关键一步，实行步骤为预先做好文档模板，只保持

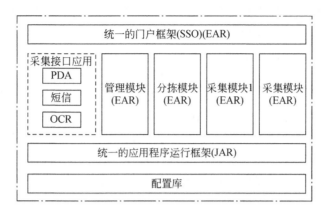

图 4.2　采集平台内部的部署策略

其中某些关键要素的可替代特征,之后若有新的分析结果产生时,只需将模板中要素信息进行替代而保留模板其他字段不变即可。灾害产品模板并不是单一、静态的,针对多用户多主体的不同需求以及不同的发布渠道需求,可以灵活变换、及时做出调整以满足需要。模型建立与存储过程中按产品要求将产品实体以生产、开发等不同使用角度和切入面抽象化为数学模型,将数学模型、文档实体等持久化,即取即用,极大地提高了系统的可拓展性和健康度,模板的多数据源构造技术将数学模型、产品模板和文档实体模块化,存储于不同数据库或实体设备中,互不干扰,增加系统的弹性上限和可维护性,同时也便于排查与溯源突发问题。在实际构建过程中,模板制作按灾害的种类和灾害报告的需要制定相应的灾害报告模板,同时定义其中的要素信息和其他信息,以地震灾害模板为例,要素包括地震发生时间、坐标、震级、震源深度、震中周边人口数和人口密度等,针对不同时次的地震灾情专报发布需求,只需将要素进行替换即可。

2) 信息匹配与填充技术

随着各种灾害信息评估报告发布量的增加,信息发布人员需要投入大量时间和精力用于编辑报告文本,而信息匹配与填充技术能够在很大程度上避免信息发布人员出现大量无谓的重复劳动问题,在节省劳动力的同时提高灾害产品信息发布效率、准确性和便捷性,因而在灾害综合风险防范信息服务平台构建中具有十分重要的作用。信息匹配与填充技术是自动将需要发布的信息与已生成的模板内对应的位置进行匹配和填充,进而自动快速生成模板的一种技术。信息匹配与填充技术具体可分为要素预处理、信息匹配、人工校验、软件平台对接等步骤。

要素预处理是对要素信息提取归类,灾害风险防范要素信息来源包括利用气象、遥感等手段获取的分析评估信息、模型模拟数据、灾情统计上报信息、移动终端感知数据、网络数据等。软件通过信息要素识别,对多源异构数据进行分类整理及标准化处理,将要素信息归为四类:致灾产品要素、灾情产品要素、救灾产品要素和辅助产品要素。要素预处理还需对要素进行筛选,根据产品类型的要素需求差别,通过设定筛选规则,对提取的各类要素信息数据进行自动判断和筛选,提取关键要素信息。

信息匹配步骤则是将输入的信息与数据库建立联系,自动匹配并插入事先准备好的模板之中。信息匹配的核心技术是多参数分析与匹配技术和数据填充与文档生成技术。多因素验证技术首先匹配模型与模板，进而匹配模板与数据，多技术交叉验证，对每一项匹配过程严格控制，对数据的使用采用多次校验，提高系统的准确度及安全可靠性。匹配的方式主要是索引匹配，匹配引擎为联机事务处理 OLTP（on-line transaction processing）。OLTP是关系型数据库的主要应用，可以在短时间内处理大量小型事务。这种在云端构建数据库然后再用 OLTP 索引的方式，使资源调配、安全性恢复、备份和扩展操作都能自动化完成，更易于用户使用和管理员维护。除此之外，通过嵌入会自动调整的智能化索引数据算法，无论数据量、并发用户数和查询的复杂性如何，数据库查询性能都是一致的，REST APIs 的使用为索引提供了灵活性，使得开发人员能灵活在应用程序中构建新的定制功能。多参数分析与匹配完成之后，数据填充与文档生成技术将准确匹配后的数据与相应产品模板相结合，线上自动精确填充各项数据，生成文档或报表以供使用。生成文档后，通过流式传输将文档持久化，存储于本地指定位置。同时采用安全文件传输协议（SFTP）技术，加密传输文档至指定 SFTP 服务器。SFTP 是文件传输协议（FTP）的安全版本，是安全外壳协议（SSH）2.0 版的扩展。SFTP 提供了一个安全的连接用以传输文件，并在本地和远程系统上遍历文件系统。SFTP 中的加密使用 SSH 连接完成，以保证文件传输功能的安全性。

人工校验环节则是工作人员对自适应过程中可能的误差进行排除，同时对报告中一些难以模板化的信息，如专家的对策建议等，以文字的形式进行补充。

软件平台对接步骤则是将自适应模板生成的报告对接并集成到综合性平台之中，用以灾害信息报告的发布，其主要操作如下。

（1）前期安装部署，具体操作包括：JDK 安装部署及配置；应用中间件安装部署及配置；数据库安装部署及配置；应用系统部署及配置（将项目文件复制到服务器、修改 Server. xml 文件、配置虚拟主机）；Tomcat 安装部署及配置（Tomcat 环境变量配置、启动 Tomcat 后测试 Apache）。

（2）Docker 打包，具体操作包括：安装部署 Docker；创建 Java 镜像（说明基础镜像，默认为 Latest，之后设置环境变量）；部署 Java 环境包（启动 OMS 和 DAS）；集成 PostgreSQL；Docker 跑容器（编写 Dockerfile，若是发布 war 包，那么需要把 Dockerfile 连同 Tomcat 和 Linux 版本的 JDK 一起放到服务器上）。

（3）对接系统，根据需要开发五个接口：一个查询所有模板接口，一个查询模板要素接口和三个模板预览接口。接口基于 HTTP 协议开发，HTTP 协议接口是目前应用最为广泛的，这类 API 使用起来简单明了，是轻量级的、跨平台、跨语言的。

3）灾害信息可视化技术

灾害信息可视化技术是增加模板可读性的关键技术。这种技术是利用图形图像等表现形式，将大量的灾害信息进行视觉呈现，以帮助人们直观地理解、分析灾害信息并找出其中有用信息的一种技术方法。当需要表达大量的灾害信息的时候，单纯的文字和数字的表达方式往往很难让读者直观地捕捉到灾害信息的规律，此时信息可视化技术生成的图表能让读者更好地发现灾害信息间的关系、洞察灾害的本质从而找到可能应对灾害。自 20 世纪 90 年代图形化界面问世以来，信息可视化研究高速发展，灾害信息可视化的潜在表达方式也呈现多样化趋势，空间分布图、柱状图、饼图、箱线图、风向玫瑰图等丰富多样可视化方式都能使灾害报告美观性、直观性、简洁性大幅提升。本研究在模板上绘制图形是基于 JavaScript 语言，JavaScript 有多种方法可以在页面中绘制图形，最为直接的是采用<canvas>元素在页面中圈定区域，下面简单介绍使用此方法绘图时的常规操作：

（1）设置好该元素的宽度（width）和高度（height）等属性用以指定绘图区域的大小，之后就可以通过 JavaScript 在此区域中动态绘制图形。

（2）要调用 getContext() 函数并传入上下文的名字，之后可通过定义 fillStyle 和 strokeStyle 等属性对画布进行填充和描边操作，属性值可以是字符串和模式对象等，之后可用 CSS 指定颜色值的格式。

（3）使用 fillRect()、strokeRect() 和 clearRect() 等函数可以绘制矩形，三种方法绘制时均需定义矩形的 x、y 坐标和宽度、高度等信息，绘制之后可用 fillStyle 属性指定需填充的颜色。

（4）绘制路径可创造出复杂的形状和线条。绘制之前需调用 beginPath() 方法，之后可通过 arc() 方法绘制圆形、arcTo() 方法绘制弧线、bezierCurveTo() 绘制带控制点的曲线、lineTo() 方法绘制直线、quadraticCurveTo() 方法绘制二次曲线等操作组合得出各种各样的复杂图形。

（5）通过 fillText() 和 strokeText() 方法可以在图上绘制文本，绘制时需指定文本字符串，x、y 坐标和最大像素宽度。

除了直接绘制之外，JavaScript 还可以通过调用图形绘制库的方式将前期处理得到的信息更为方便地完成可视化操作。常见的图形绘制库有：Chart. js（支持折线图、条形图、雷达图、饼图、柱状图和极地区域区等 6 种图表类型）；Highcharts JS（支持折线图、曲线图、区域图、区域曲线图、柱状图、饼图等表现形式）；Chartkick（支持地理空间图、饼图、柱形图、条形图等）；ECharts（基于 Canvas，支持折线图、散点图、地图等）和 Chartist. js（支持 SVG 渲染和动画操作）等，使用这些图形绘制库可以绘制灾害相关的统计图表。

4.4　自然灾害综合风险防范信息服务产品多渠道发布技术

目前我国尚未建立面向多灾种的综合风险防范信息服务平台，无法满足防灾减灾救灾等业务及多主体用户对于综合防灾产品的差异化需求。因此本研究针对政府、保险市场、社会力量与公众等用户，挖掘其灾害信息需求并研发适应于灾害综合风险防范信息的精准推荐技术；基于产品体系构建成果和产品制作技术，以微信、微博、APP、短信、网页等作为信息发布渠道，研究适应于不同发布渠道、不同用户类型和不同灾害的产品表达方式；突破综合风险防范服务产品的自适应迅捷发布与智能表达技术，为多用户提供常态减灾与非常态救灾情景下的精准协同服务能力。

4.4.1　面向多主体的灾害信息精准推荐技术

大数据背景下，移动设备的快速发展为信息获取提供了便利，但同时也大大增加了有用信息的选择难度。尤其在灾害背景下，面对灾害信息的大量涌现，需要快速发现有价值的信息，辅助救援或逃生，因此个性化推荐变成一项紧迫的任务。随着社会经济的发展、科技水平的提高，灾害信息范围逐渐扩大，灾害风险防范服务趋向于综合，各类用户需及时获取相应灾害信息服务产品。现有研究利用社交媒体数据弥补推荐过程中信息不足的问题，但缺乏针对保险、社会力量、政府、媒体、公众不同行业用户的灾害信息精准推荐研究且缺少特有的信息发布渠道。因此，在灾害信息的背景下，如何实现信息精准匹配，对于防灾减灾工作至关重要。

本研究利用微博等社交媒体平台挖掘公众、保险公司、社会力量、政府等用户在灾前、灾中、灾后、常态四种不同状态下的灾害信息需求，在传统的推荐算法的基础上，考虑灾害信息地域性、社会性等特征，提出满足用户获取风险防范信息服务产品需求的基于规则推荐方法，为多主体用户提供个性化的信息服务产品。

1. 网络数据采集技术

为获取各主体用户对于灾害信息的偏好情况，首先需要基于网络爬虫进行社交媒体信息采集。网络爬虫是一种根据既定规则自动抓取网页信息的程序或者脚本。它从一个初始的 URL 链接或者 URL 集开始访问，将访问到的网页或者网络文档中所包含的 URL 放入待访问的 URL 队列中，之后从队列中取出 URL 继续访问，然后重复以上活动，直至满足结束条件为止（方帅等，2013）。

本研究根据通用网络爬虫原理、网络社区的特征，制定社交媒体和新闻网站抓取策略、网页过滤机制，实现了基于主题词搜索的论坛、微博、微信社交平台及腾讯新闻、新浪新闻等网站灾害信息获取。基于主题词的搜索策略是指利用灾害相关的关键词通过社交媒体网站自带的搜索功能，对其中的每条新信息进行监控，获取新信息后判断其与关键词的相关性，并利用实验确定相关阈值 M，当该页面的相关性大于 M 则确定为灾害相关内容，再进行下一条内容的判断，从而形成符合灾害信息主题的爬虫获取策略。同时，通过分析社交媒体的更新信息，对社交媒体制定增量更新方案、增量抓取算法以及增量调度算法，以挖掘多主体需求进行产品精准推荐（图 4.3）。

2. 基于文本分类的用户偏好挖掘技术

随着机器学习的发展，文本的分类方法逐渐趋于快速、精准。非监督分类需要对其结果进行大量分析及后处理，并存在一定的不可解释性，分类结果与类别无法匹配，不利于信息精准推送。因此我们采用卷积神经网络（convolutional neural networks，CNN）方法进行灾害信息分类，并构建适应于挖掘用户内容和表达偏好的信息分类体系，以反映在灾害过程中用户对于灾害防范服务产品的需求。卷积神经网络是一类包含卷积计算且具有深度结构的前馈神经网络（feedforward neural networks），包括输入层、卷积层、池化层、全连

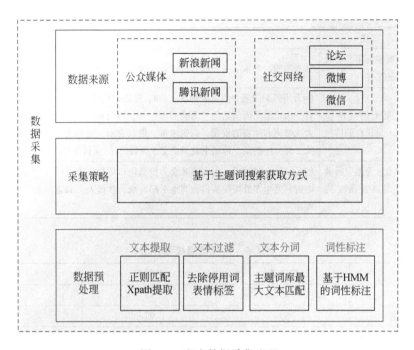

图 4.3　爬虫数据采集流程

HMM. 隐马尔可夫模型，hidden Markov model

接层、Softmax 层，是深度学习（deep learning）的代表算法之一。利用卷积局部特征提取的功能，可以提取文中的关键信息，以应用于文本分类。针对微博等短文本，在样本较少、特征较为稀疏时，基于词袋模型或词频–逆向文件频率（term frequency- inverse document frequency，TF-IDF）等建立的深度学习分类有时并不能取得较好的效果，且会增长训练时间。因此我们采用字符级 CNN（Zhang et al.，2015），利用中文字符表，基于分词结果，使用哈尔滨工业大学停用词表删除分词结果中的停用词，再构建 64 维的字符向量输入卷积神经网络中进行文本分类，最终分类精度可达 89.27%，较好地满足了多主体信息精准推荐需求（表4.4、表4.5）。

表 4.4　六类数据集分类标准

类别	描述	例子
保险理赔	与台风灾害相关的保险理赔的要求	发布了头条文章："台风过后光伏电站如何巡检、加固维护、保险理赔?"
灾情描述	对当前风级、降雨量、台风距离等的一些描述	【山东多地暴发水灾，今晚#利奇马将在山东再次登陆#】受台风利奇马影响，#山东全省55个暴雨红色预警#青岛、潍坊、日照、淄博等地出现暴雨洪涝灾情，临朐句月湖凉亭被冲毁，寿光部分大棚再遭水灾，山东启动省Ⅳ级应急响应，省自然资源厅和省气象局联合发布山东地质灾害气象风险预警。@人民日报
防灾减损	预防台风带来损失的方法和措施	【省防指提升防台风应急响应至Ⅰ级】9日上午11点50分，记者从省防指获悉，根据台风发展趋势及《浙江省防汛防台抗旱应急预案》，省防指决定将防台风应急响应提升至Ⅰ级。#台风##利奇马##93快讯#

类别	描述	例子
情感抒发	公众面临灾害前后对心情的描述	做养殖的，太难了……#利奇马##台风##海参#
伤亡损失	台风带来的经济损失、人员伤亡的情况	【#万亩鸭梨园遭台风侵袭掉落一地#，果农称只能卖5分钱一斤［悲伤］】8月13日，山东滨州阳信县的"万亩梨园"内，万余亩鸭梨受到台风"利奇马"带来的大风暴雨和冰雹的侵袭，损失惨重。果农表示，三分之二的梨都遭到损坏，平时卖2元一斤的梨，掉地上就只能卖5分钱一斤。#利奇马#
抢险救灾	各方力量为救灾所做的行动以及救灾的情况	#利奇马#台风过后，山东寿光全力抢修决口堤坝。受台风"利奇马"影响，寿光市近日发生多处堤坝决口，当地干部群众、救援人员和志愿者等全力抢修决口的堤坝

表 4.5　六类信息模型评价　　　　　　　　（单位:%）

类别	准确率	召回率	F 值
保险理赔	99	97	98
灾情描述	89	97	93
防灾减损	79	83	81
情感抒发	76	78	77
伤亡损失	86	75	80
抢险救灾	85	73	78

在此基础上对紧急灾情进一步挖掘，对灾情描述、伤亡损失、抢险救灾三类灾情信息进行分析，发现包含有道路、水、电、通信、树木等基于设施相关的损毁信息、建筑物损毁以及由台风引起的次生灾害信息，主要包括洪涝、滑坡、泥石流、塌方等，具体细分类别为：基础设施损毁、建筑物损毁、次生灾害和其他，人工标注标签制作数据集，紧急灾情分类标准如表 4.6 所示。

表 4.6　紧急灾情分类标准

类别	描述	例子
基础设施损毁	台风引起的停水、停电、交通停运、道路积水、通信损坏	#淄博台风#淄博的雨已经下了两天了，交通全部停运，河水已经上马路了，"利奇马"为什么要拐个弯又回来，已经要淹了
建筑物损毁	台风引起的房屋、桥梁等坍塌	台风"尤特"后遗症，感受世间百态，仿佛自己不是生活在最基层，而是生活在社会最底层。山路倾斜，房屋倒塌，一步一泥泞，徒步走访一天，好累，晚安
次生灾害	台风引起的次生灾害主要有滑坡、泥石流、塌方等	8月10日凌晨，永嘉县岩坦镇山早村一山体因大暴雨引发山体滑坡，山洪暴发，道路塌方。永嘉县消防救援中队是第一批到场救援的力量
其他	其他类	#台风"利奇马"今晚登陆山东#今天晚上不睡觉了，第一次遇见这么强烈的台风，还是挺害怕的

同样采用字符级 CNN 分类的准确率达到 88%，可满足分类挖掘需求（表 4.7）。

表 4.7　紧急灾情分类评价　　　　　　　　　（单位：%）

类别	准确率	召回率	F 值
基础设施损毁	92	89	90
建筑物损毁	83	82	82
次生灾害	66	75	70
其他	98	97	98

依据政府人员、保险公司、社会力量、公众以及媒体等对灾害信息的获取需求，开发了一套基于规则匹配模式的用户分类方法，并根据时间序列划分状态探究灾前、灾中、灾后、常态下的用户偏好。在研究所用的数据中，各类微博用户比例如图 4.4 所示：公众数量占有绝对的优势，政府人员和媒体次之，保险公司最少（因图 4.4 中比例四舍五入所以显示为 0）。

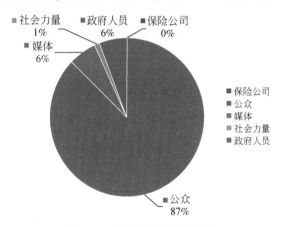

图 4.4　各类微博用户比例图

针对用户分类及信息分类结果，挖掘了灾前、灾中、灾后、常态四种状态下不同类别用户对灾害信息的偏好差异。在灾前、灾中、灾后，保险人员均较为关注保险理赔相关的信息，在灾中除了关注保险理赔还关注灾情描述相关的信息，灾后则关注抢险救灾相关的知识；社会力量在各个阶段都较为关注抢险救灾之类的信息，以便第一时间获取求助信息，采取行动；政府人员在灾前会较为关注民众的灾害预防工作做得如何以及民众情绪是否平稳，时刻准备为民情管控提供宏观指导，灾中和灾后最关注是抢险救灾之类的信息；媒体工作人员在灾前较为关注灾情描述相关的信息以便及时地将灾情状态发布给民众，灾中、灾后都尤其关注抢险救灾之类的信息，其次在灾中关注的是伤亡损失情况、情感抒发和灾情描述信息，灾后更倾向于向民众传递防灾减损，情感抒发以及保险理赔之类的知识。公众在灾前和灾中发表得最多的信息是情感抒发，在灾后则是抢险救灾。

3. 精准推荐研究

在传统的推荐算法的基础上，本研究考虑灾害信息地域性、社会性等特征，提出了一种满足用户信息需求的基于规则的推荐方法，基于标签传播算法（label propagation algorithm，LPA）、TF-IDF 等方法实现了多用户的灾害信息精准匹配。

由图 4.5 可知，推荐序列通过三种方法生成：①基于知识的推荐；②基于内容的推荐；③协同过滤。

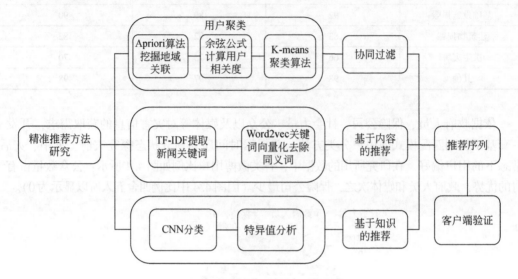

图 4.5　精准推荐技术方法研究路线图

（1）基于知识的推荐。

在挖掘出不同用户在不同状态下对不同类别的新闻偏好状况之后，按照挖掘出的规则进行推荐，得到基于知识的推荐序列。

（2）基于内容的推荐。

基于内容的推荐基本思想：给用户推荐其曾经喜爱的新闻相似的新闻（基于物品自身的属性），首先提取关键词，这里选用的方法是 TF-IDF，它是一种用于信息检索与数据挖掘的常用加权技术（Aizawa et al.，2003）。TF 是词频（term frequency），是某一个给定的词语在该文件中出现的频率，IDF 是逆文本频率指数（inverse document frequency），是一个词语普遍重要性的度量。某一特定词语的 IDF，可以由总文件数目除以包含该词语的文件数目，再将得到的商取以 10 为底的对数得到。

而后将关键词向量化，这里采用的是 Word2vec——就是词嵌入（word embedding）的一种。简单来说，就是把一个词语转换成对应向量的表达形式，来让机器读取数据。为降低词语的冗余度，进行同义词替换，这里采用的是 most_similar 函数，原理是计算当前词语其他词的余弦距离，选出距离最近的若干词，然后用权重最大的词代替其同义词。用最后得到的关键词建立用户兴趣词表，并以此为依据得到给予用户的推荐序列，对兴趣表中的关键词权重定义定期衰减的规则，更新兴趣表，以解决用户兴趣迁移的问题。

基于内容推荐算法序列计算以用户标签库和资讯标签为基础，通过余弦公式计算用户历史内容和待推荐资讯的相似度以衡量用户对该资讯的偏好程度，计算公式如式（4.1）所示：计算两词向量各自的余弦相似度，乘以其对应的 TF-IDF 值，求和之后再求平均值。

$$\mathrm{conre} = \frac{1}{m \times n} \sum_{i=1}^{m} \sum_{j=1}^{n} \cos(w_i, w_j)(T_i \times T_j) \tag{4.1}$$

式中，conre 为基于内容推荐的资讯偏好值；m 为用户标签库中的标签个数；n 为每条资讯的标签个数；w 为词向量；T 为 TF-IDF 的值。

（3）协同过滤。

协同过滤是指利用某兴趣相投、拥有共同经验群体的喜好来推荐用户感兴趣的信息。寻找邻居用户是协同过滤方法的技术难点，这里使用以下两种方法寻找邻居用户。

一种是基于地域关联挖掘用户相似性，采用标签传播算法，实现步骤为：①为所有节点指定一个唯一的标签；②逐轮刷新所有节点的标签，直到达到收敛要求为止。每一轮刷新时，对于某一个节点，考察其所有邻居节点的标签，并进行统计，将出现个数最多的那个标签赋给当前节点。当个数最多的标签不唯一时，随机选一个。最终得到若干个组，同一组内的用户具有更高的关联性。

另一种是建立用户档案，根据用户的配置文件建立用户档案，包含以下几个元素：年龄、性别、社区、已读新闻类别。性别用 0 和 1 表示；年龄以 45 岁为界限分为青年和老年。对得到的三条新闻序列进行加权计算，得到最终的推荐序列，实现用户和资讯的精准匹配。

基于上述协同过滤、基于知识的推荐和基于内容的推荐方法，最后通过加权计算得到多灾种综合风险产品推荐序列，根据该序列向不同用户推送灾害相关信息，实现面向多主体用户的精准信息服务。

基于上述研究内容，本研究基于安卓手机 APP 设计个性化推荐模块，包含资讯速递和资讯详情两个页面（图 4.6）。资讯速递页面展示资讯列表，实时获取定位信息，根据定位信息查询当前地点状态，结合用户注册类型输入推荐模型获取推荐结果，展示于软件页面上。根据用户点击浏览行为反映用户兴趣，实时更新用户标签库。资讯详情显示资讯的详细内容。资讯速递列表中包含两条信息，分别是资讯标题和发布时间；点击资讯速递列表中的任意一条进入资讯详情页，展示完整资讯内容。

图 4.6　资讯推荐页面设计

　　紧急灾情地点词展示页面通过一个导航栏切换三类紧急灾情，分别为建筑物损毁、次生灾害和基础设施损毁，后端连接紧急灾情表，圈越大表明该地点词出现的次数越多，即发生灾情的可能性越大，灾情越严重。

4.4.2　面向多主体的灾害综合风险信息服务产品智能表达研究

　　不同灾害的特点不同、影响不同以及灾情表达内容不同，因此也具有不同的表达手段。地震灾害往往发生突然、破坏程度大，且容易引发崩塌、滑坡、泥石流等灾害，通常侧重展示烈度和深度等信息；台风灾害涉及面广，发生具有明显的季节性，通常侧重展示台风路径、最大风速等信息；洪涝具有明显的区域性、可重复性，且影响范围广，通常侧重展示影响范围、累计雨量等信息。仅仅开发一个灾害发布系统不能达到一个完备的灾害体系，在基础发布系统下，对不同灾种进行深度探索与研究，针对不同用户群体以及不同灾种阶段类型信息特点，设计合理的要素表达方式以及组合方案，提取灾情信息，实现灾情模板自动制作，能使社会群体更快速、直观地掌握不同灾种的灾情状况。因此，面向多灾种的灾害发布系统研发，制作灾情信息模板，实现不同灾种灾情信息提取与表达，对快速、直观地掌握灾情状况具有重要意义。

　　从科学意义的角度来看，研究不同灾种信息的表达、模板的设计与实现、信息的提取与发布，对于建立灾情表达标准体系具有重要意义。从应用价值的角度来看，目前较多的发布系统是针对特定灾种的灾害发布系统，这些系统所发布的数据种类不够丰富，且没有将不同灾害类型数据进行统一的管理、发布与集成展示，以多灾种进行研究，可以便捷地在一个平台上发布多种灾情信息，为各级政府、保险公司、各类救援力量、社会公众等不同用户提供及时准确的不同灾种的灾情信息服务，也为公众各类人员提供及时的参考信息及研究资料，同时减少灾害信息发布人员的工作量，提高工作效率，因此对于多灾种的发布系统研究有很大的应用价值。

　　综上所述，为了将不同灾害类型数据进行统一管理与发布、快速对灾情信息进行展示，本研究在基础发布系统下，开展不同灾种灾情的表达研究，设计展示模板，定位与提取灾情数据，从而为灾害综合风险防范信息服务产品及时发布提供技术支撑。

1. 自然灾害综合风险防范信息服务产品表达需求分析

　　基于对国内外现有的灾害信息发布系统进行调研、分析以及评价，本研究对灾种、用户、灾情阶段进行需求分析，确定灾种类型、用户类型、划分阶段；对用户、灾情划分阶段进行需求分析，确定用户在每个所处的阶段的信息需求；对发布途径进行需求分析，确定本研究的发布渠道；对每种灾害的特点、产品进行需求分析，确定本研究针对每种灾害所需要的数据、产品类型以及产品内容；对模板进行需求分析，确定每个用户针对每种灾害以及所处的每个灾情阶段所需要的模板类型、模板数量，为模板设计做准备；对模板地图的符号、元素等进行需求分析，确定模板的设计、制作方案（表4.8）。

表 4.8　灾害不同阶段的需求总结表（仅展示政府用户部分需求）

用户	阶段	产品需求	产品目标
政府	常态减灾	灾害每日风险评估信息（地图）	政府预先了解各地灾害发生可能性，即可以提前开展准备工作
		灾害阶段风险评估信息（文字）	政府每隔一段时间进行一次风险评估，提前开展准备工作
		高风险地区信息（专题图）	使政府了解灾害风险防范重点关注区域，合理部署资源
		历史灾害信息（表格+地图+柱状图+专题图等）	便于政府掌握历史灾害情况，合理部署
		国际灾害信息（地图）	使政府了解国际灾害信息，保持防灾减灾经验
		突发灾情信息（地图）	使政府了解突发灾情信息，有足够的预防措施
		重大灾害信息（地图）	使政府了解重大灾害信息，有足够的预防措施
		物资备灾库信息（位置、电话、导航）	政府需要实时监测备灾库存情况，系统中提供物资备灾储备信息功能，即可为系统的物资补充和分配决策提供支持
		安置点信息（位置、电话、导航）	政府需要提前掌握安置点情况，可辅助其对安置点的管理与决策
		⋮	⋮

2. 灾害综合风险信息服务产品发布模板设计

基于上述需求总结，针对灾种类型、用户类型、灾情阶段，本研究提出一个模板体系与设计方案，即提出各种灾情要素、用户类型与灾情阶段的不同的组合。具体模板设计路线图如图 4.7 所示。

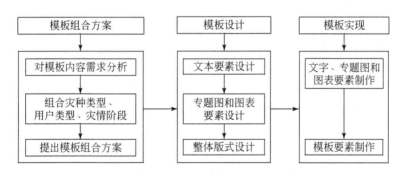

图 4.7　模板设计路线图

第一步，确定有多少模板组合方案，提出一套定性的规则，重点是需求模板内容分析以及制定规则，这里模板具体指报告模板，含有文本、专题图、图表等模板要素，其中专题图为主要要素，首先对模板内容需求分析，再将灾种、用户、灾情阶段分别组合，针对所有的情况，提出模板组合方案，确定模板的最终数量。

第二步，模板设计，即确定模板的要素格式，确定各个要素如何表达，设计模板的表达形式。模板设计分为文本要素设计、专题图和图表要素设计以及整体版式设计，其中专题图和图表要素设计作为主要研究，对于专题图设计具体是要素表达方法的选择、符号的设计、色彩的设计以及专题图的整体设计等。

第三步，模板实现，要先根据信息制作文字、专题图和图表要素，再将模板要素进行组合。

根据不同发布端，本研究设计了模板要素。PC 端 Web 的主题模板包括主题的标题、创建时间、字体的选择、打印本页、目的以及生成内容的简介，信息按重要性从高到低自上而下排列，并选择对应要素模板进行表达。其中，专题图模板图名位于最上方的中间位置，主图件区位于中间部分，用来放基础地理信息的背景底图、灾害信息等专题矢量图层以及符号、规范、色彩、投影、地图整饰部分等；统计图模板图名位于图形正上方，图例位于图名的右边，中间部分为柱状图、折线图、饼图等图；统计表模板的表名位于表上方中间位置，文本模板的文本名在左上角，视频模板的视频名在中间部分。APP 的主题模板设计，由于移动端尺寸较小，所以各个要素单独占一行，并且对于各自的解释文本也单独占一行；由于微博自身条件限制，上面是该主题所包含的信息的简述文字，下面是主题图；短信文本由该主题包含信息的简述文字。图 4.8 是模板设计结果实例。

最终依据多灾种综合风险产品智能表达需求挖掘研究成果，针对不同灾种、不同灾害阶段与不同主体需求进行了灾害综合风险产品发布模板的设计。

4.4.3 基于微服务的自然灾害综合风险防范信息服务产品发布技术

针对政府灾害救助、灾害保险、社会力量参与综合减灾、公众防灾减灾等信息服务业务技术体系建设需求，基于微服务架构，本研究选择 Web 端、微博、微信公众号、手机短信、手机 APP 等五种渠道进行灾害信息产品发布的开发，以满足不同场景下，各平台用户获得灾害风险信息的便捷性。

1. 灾害综合风险信息服务产品发布系统架构

围绕常态减灾与非常态减灾情境下政府灾害救助、灾害保险、社会力量参与综合减灾、公众防灾减灾等业务灾害信息服务需求，构建了由用户使用层、应用层、数据存储层组成的灾害综合风险信息发布系统技术架构，面向 Web 端、手机 APP、手机短信、微信公众号及微博进行统一的功能构建、用户管理和数据存储。基于 .NET Core+Vue 框架实现了前后端分离式的微服务架构，并且支持前端、后台代码业务动态扩展。另外使用了百度开源图表组件 ECharts、高德地图服务等实现灾害综合服务产品的多样化表达。后台基于关系型数据存放于 SQL Server 数据库，非关系型数据存放于文件（图 4.9）。

功能模块主要由用户管理、灾情上报、综合预警、应急响应、灾后恢复、灾害科普等组成，分别完成多主体用户精准推荐、用户上报灾害情况以及综合预警、突发灾情、重大灾害、保险理赔等产品的发布。

其中灾情上报模块以微信公众号、手机 APP 为主，支持用户选择灾害发生地点、灾害类型并支持文字描述和图片上传。

综合预警模块支持各端发布多灾种综合风险预警信息，包括灾害预警提醒、防御指南等内容，以手机 APP 和 Web 端为例，如图 4.10 所示。

救援保障

　　救援保障主题模板为社会力量的灾中应急阶段，为了了解利奇马台风救援过程中的一些情况，内容包含备灾库信息、安置点信息、救助机构信息、医院信息、服务保障信息、救灾物资分发情况信息6类信息，表达方式有专题图、文本、统计图，这些信息为社会力量人员及时开展救援工作、减少灾害事故、灾后的恢复与重建等工作提供参考。

保障设施图

　　此图包含备灾库信息、安置点信息、救助机构信息和医院信息，采用专题图的方式进行表达，以受灾严重的浙江杭州为研究区域，统计并展示该地的保障设施信息。

　　由图可得，医院点较多，比备灾库、安置点、救助机构数量多。

服务保障信息

　　凌晨3时台州高速路况：受今年第9号超强台风"利奇马"影响：1、G15甬台温高速全线双向开通，水洋枢纽（1637K）甬向转S28台金高速双向实行卡口，温向转S28台金高速金向实行卡口，台向可以正常通行；2、G1522常台高速全线双向开通；3、S28诸永高速杭向开通，温向继续关闭，温向神仙居出口实行分流；4、G1523甬莞高速沙门至南塘进口温向开通，头门港至蛇蟠进口双向开通，温向头门港南出口分流，台州东至温岭南进口继续关闭，宁向温岭南出口分流；5、S28台金高速台向白塔至前仓进口关闭，台向白塔出口实行分流，沿江至杜桥进口双向开通，因高速积水严重，金向水洋枢纽实行卡口，双向仙居东至市区进口仍然关闭；

救灾物资分发情况统计图

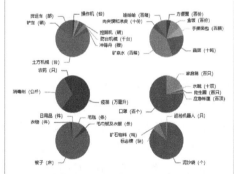

　　救灾物资分发情况信息，采用多个饼图的方式进行表达，对自发生以来救援工作中出现的救援物资情况提取，并进行统计分析，这里统计的是截止到8月14号的物资情况。

　　由图可得，救援物资共分为六大类，分别是器械工具类、食物类、药类、应急物资类、生活用品类、其他类等六大类，每个类别都有具体的物资，比如器械工具类分为操作机、橡皮艇、救生筏、挖掘机、防台机械、冲锋舟、土方机械、铲车、货运车。

图4.8　模板设计结果实例（彩图见封底二维码）

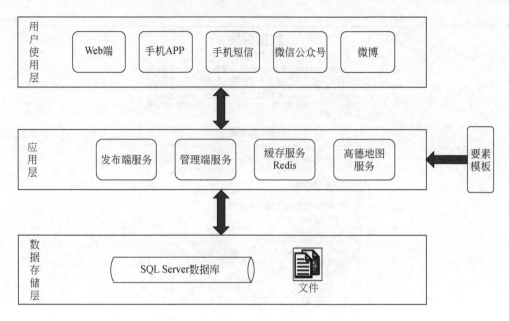

图 4.9　技术架构

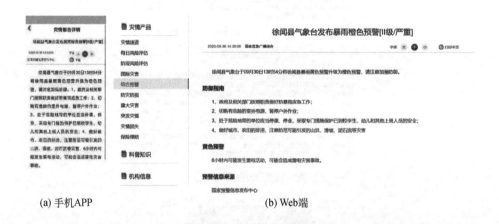

(a) 手机APP　　　　　　　　　(b) Web端

图 4.10　综合预警模块示例

应急响应模块中提供多发布端的灾情信息速递，发布各类灾害基本信息（图4.11）。灾后恢复模块以保险理赔功能为例，主要针对保险公司用户提供相关信息发布。

灾害科普模块提供各类灾害的避灾指南、医院、保险公司等信息查询。

针对各用户主体的差异化需求，灾害综合风险信息发布系统采用面向政府、保险、社会力量、公众四类用户的用户管理模式，统一进行用户注册、注销以及组织管理（图4.12）。根据灾害信息智能表达等需求，系统针对不同类型用户匹配产品模板，同时由平台相关模块提供面向不同灾种、不同阶段的多种信息要素，最终实现用户需求导向的产品精准发布服务。具体地，用户在使用时，如果不进行注册登录等操作则默认为公众类型，匹配公众类型的模板。若是政府、保险、社会力量想要获取更多的信息，则必须进行注册、身份认证、登录等操作，在身份认证通过后才能获取到相应的权限，查看特定的灾害信息。

(a) 手机APP　　　　　　　　　(b) Web端

图 4.11　应急响应模块示例（彩图见封底二维码）

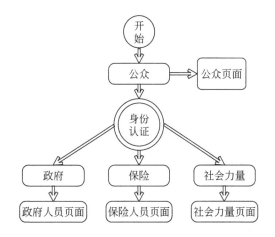

图 4.12　多用户主体管理图

以 2019 年超强台风"利奇马"为例，本系统模拟台风登陆前后的灾害信息发布需求，进行了相关产品的多发布端展示。首先在常态减灾过程中，面向公众进行灾害相关科普知识的宣传，同时公众可以在 Web 端、手机 APP 查询距离自己最近的医院、安置点等信息；面向政府提供备灾库查询功能；临灾将在各个发布端发布预警信息；灾害发生过程中可通过"灾情速递"模块查询灾害实时信息，如台风路径、伤亡人数、雨量等信息，而针对政府、社会力量等用户则提供较为专业的风险评估展示；灾后面向不同用户发布灾情损失等报告，并针对保险公司发布保险理赔相关产品。

2. 多渠道功能一体化的多灾种综合风险服务产品发布微服务构建

为满足面向多渠道的灾害信息迅捷发布需求，基于.NET Core+Vue 微服务框架，构建了一套面向综合风险服务产品发布需求的 REST 风格微服务，综合考虑多灾种不同灾害阶段的产品发布需求与产品体系结构，实现了符合各发布渠道特征的功能一体化发布模式。

图 4.13 为微服务架构示意。微服务是一种"细粒度"的面向服务架构（service-oriented architecture，SOA），它提倡将单一应用程序划分成一组小的服务以实现对解决方案的解耦（王鹏，2019）。传统应用架构的弊端早在大型企业和互联网行业中呈现，这些公司都遇到了复杂应用的开发维护成本变高、代码重复率增大、团队协作效率变差、系统可靠性变低、系统水平扩展困难、新功能上线周期变长等问题。而微服务架构高度适应于多发布渠道的产品发布需要，可将高度耦合的功能分解到各个离散的微服务中以实现对应用系统的解耦，Web 端、手机 APP、手机短信、微信公众号及微博等不同发布端均独立构建并与 HTTP 资源的 API 服务进行通信。所有服务均围绕业务功能开发，可以通过全自动部署机制进行独立部署，并针对不同灾种或灾害事件的需要进行扩展或压缩。

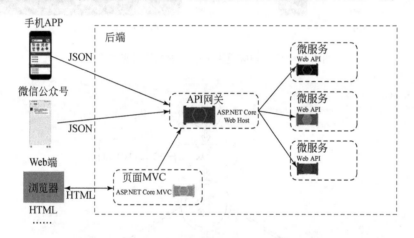

图 4.13　微服务架构示意图

基于. NET Core 提供的微服务架构构建，微服务之间通过暴露的 REST 风格 API 供发布端和集成平台调用，实现微服务之间的通信，接口由 URL 请求地址、请求、响应消息等组成。针对灾害综合风险服务信息模板和软件插件集成需求，主要构建了灾情上报、灾害数据获取、报告获取、科普信息获取等微服务，分别与灾情上报、综合预警、应急响应、灾后恢复、灾害科普等功能模块对应，以接收集成平台下发的各类型产品信息并向平台上传用户报告的实时灾情数据，实现了灾害监测、风险评估、灾情分析等面向多主体、多灾种的综合风险服务产品的发布，可满足不同用户对于灾害信息获取的需求。

基于微服务架构，本研究构建了多端统一、业务独立、特征鲜明的灾害风险服务产品信息发布模式，同时支持 Web 端、手机 APP、微信公众号、微博、手机短信多发布端功能一体化的灾害综合风险信息发布，产品发布形式符合各发布渠道特征，并可适应多主体用户使用习惯。实现了不同情境下多样化综合风险防范产品的快速、动态和精准服务，弥补了目前国内灾害信息发布渠道单一、功能不足等问题，可满足多主体用户对于灾害综合风险产品的信息获取需求。

　　针对不同发布端特征和用户使用习惯，基于微服务架构的功能一体化特点和产品智能表达，各个发布端统一构建、统一发布综合风险服务信息产品。以台风信息展示为例，微博及手机短信端定时发布相关灾情简报，其中微博以图文形式为主，手机短信则以文字文主；Web 端及手机 APP 实时更新台风路径图及风速等相关信息，综合利用地图、文字、图表等形式进行信息可视化表达，并提供影响地区的基本信息查询。

参 考 文 献

方帅,李林,张晓东. 2013. 面向地震宏观异常的主题爬虫研究. 震灾防御技术,8(4):6.

尚全民,吴泽斌,何秉顺. 2020. 我国山洪灾害防治建设成就. 中国防汛抗旱,30(9):4.

孙健,白静玉. 2016. 国家突发事件预警信息发布系统的建设与应用. 中国应急管理,(6):3.

王鹏. 2019. 微服务架构在 SWIM 信息交换服务中的应用研究. 信息系统工程,(8):5.

Aizawa A. 2003. An information-theoretic perspective of tf-idf measures. Information Processing & Management, 39(1):45-65.

Zhang X, Zhao J, Yann L. 2015. Character-level Convolutional Networks for Text Classification. NIPS'15 Proceedings of the 28th International Conference on Neural Information Processing Systems,1:649.

第5章 多部门协同开展自然灾害综合风险防范信息服务的技术途径

5.1 中国部门灾害信息数据与产品共享现状

5.1.1 多部门灾害信息数据共享现状

1. 多部门官网灾害信息数据

党的十八大以来,党和政府建设现代化的公共安全网,中国防灾减灾救灾工作取得显著成效,能够更加合法、有力、有序、适度、有效地应对各种突发事件。重大体制机制改革和法律法规修改为防灾减灾事业的发展铺平道路。同时,这也标志着中国应急管理工作进入了一个崭新的阶段。防灾减灾救灾事业是一个完整的链条,每一个环节都会产生大量的数据。灾害信息数据来源于水利、气象、地震、农业、自然资源、环保、测绘等相关部门(张天军,2019)。多部门通过官网提供数据公开服务,实现大数据惠民便民,顺应大数据新时代潮流,实现共同发展进步。列举若干部门的官网中涉灾开放数据,如表5.1所示。

表 5.1 若干部门官网涉灾开放数据

数据来源	网址	涉及灾害信息数据种类	数据描述
中国地震局	https://www.cea.gov.cn/cea/dzpd/zqsd-lsdz/index.html	地震	震级、发震时刻、纬度、经度、深度、参考位置
中国农业信息网	http://www.agri.cn/kj/hljc/	农业干旱	农业干旱综合检测
北京水务局	http://swj.beijing.gov.cn/	水利	供水水质信息、城市河湖水情、地表水水质、城市雨情、道路积水、水厂供水水量、大中型水库水情、地下水动态、水价信息
中国森林草原防灭火网	http://www.slfh.gov.cn/	森林火灾	火险预报:每日火险预报、高火险天气警报、高火险预警
中央气象台台风网	http://typhoon.nmc.cn/web.html	气象	台风预报、预警信号、海区预报、降水预报、灾害天气、卫星云图、雷达拼图、天气实况
全国雨水情信息	http://xxfb.mwr.cn/index.html	气象、水利	洪旱告警、水情查询(站名、站址、河名、水位、流量、时间、警戒水位)、水利风景区

续表

数据来源	网址	涉及灾害信息数据种类	数据描述
中国天气网	http://www.weather.com.cn/	气象	天气预报、预警、台风路径、雷达、云图、专业产品（农业、环境、交通、地质水文、海洋）、空间天气（太空）
自然资源部门户网站	http://www.mnr.gov.cn/gk/dzzhzqxqbg/	地质	地质灾害灾情险情报告

2. 各省市数据开放平台灾害信息数据

2015 年国务院印发的《促进大数据发展行动纲要》，要求在 2018 年底前建成国家政府数据统一开放平台，率先在信用、交通、医疗、卫生、就业、社保、地理、文化、教育、科技、资源、农业、环境、安监、金融、质量、统计、气象、海洋、企业登记监管等重要领域实现公共数据资源合理适度向社会开放。同年两会期间，李克强总理在回应有关开放数据的相关提议时表示，政府掌握的数据要公开，除依法涉密之外，数据要尽可能地公开，以便于云计算企业为社会服务，也为政府决策、监管服务。时任副总理马凯也强调，要共促数据开放，让大数据惠及更多民众，建立政府数据开放平台，优先开放高价值数据，鼓励基于开放数据应用创新的实践和行动。目前，我国已有多个省市政府数据开放平台正在建设或已上线，列举若干省市政府数据开放平台如表 5.2 所示。

表 5.2　若干省市政府数据开放平台

省市	开放数据平台名	开放数据平台网址	数据数量	灾害信息相关数据
北京	北京市公共数据开放平台	https://data.beijing.gov.cn/	115 个单位数；15798 个数据集；580570 个数据项；71.86 亿条数据量	大中型水库水情信息：库名、结束时间、库水位、蓄水量、日平均入库流量、日平均出库流量、比去年同期增减、总库容、汛限水位。河湖水情信息：河名、站名、结束时间、水位、流量、日平均流量。城市积水点：日期、积水位置、水位。公路气象信息：公路气象设备信息和公路气象数据。其中，公路气象设备信息包括所属区县、路线编号、路线名称、行政等级、点位名称、设备 ID；公路气象数据包括设备 ID、接受时间、大气温度、湿度、露点、雨水关开、风速、风向、降水量、雨水强度、雪高、能见度、气压、气温趋势、雨水级别、太阳辐射、最大风速、最大风向属性字段。社区防灾减灾地图数据、常住人口总量及人口密度

省市	开放数据平台名	开放数据平台网址	数据数量	灾害信息相关数据
上海市	上海市公共数据开放平台	https://data.sh.gov.cn/	50 个数据部门；100 个数据开放机构；5495 个数据集；60 个数据应用；45268 个数据项，2022339056 条数据	全市应急避难场所分布、天气预警信息表、防汛预警、防汛预警信息内容、防汛预警开始时间、防汛预警标题、河长河湖数据（河道类型、水体编码、河道名称、地方编码、河道等级、河长级别、河长姓名）
天津市	天津市信息资源统一开放平台	https://data.tj.gov.cn/	21 个主题；61 个市级部门；16 个区；2547 个数据集；801 个数据接口	静海区雨情数据静海雨量监测站表、应急避难场所一览表
湖北	武汉市公共数据开放平台	http://data.wuhan.gov.cn/index.html	60 个市级部门/区；1412 个数据目录；1358 个数据集；1055 个数据接口；11649 个数据项；23336 万条数据	地震应急避难场所内容、雨量监测数据、水库监测数据
河北	河北省公共数据开放网	http://hebdata.hebyun.gov.cn/home	52 个开放部门数；803 个开放目录量；746 个开放资源量；12 类数据主题	地震速报信息、预警信号、未来三天天气预报

注：表中数据统计截止时间为 2022 年 9 月 26 日。

5.1.2　面向灾害信息的公共数据服务产品共享现状

1. 全球灾害数据平台建设

由应急管理部–教育部减灾与应急管理研究院、中国灾害防御协会、应急管理部国家减灾中心联合建设"全球灾害数据平台（中文版）"于 2021 年 5 月 12 日"全国防灾减灾日"正式上线，该平台实时采集和发布全球灾害数据、共享全球灾害分析评估产品、提供全球灾害风险管理决策支持，基本信息如表 5.3 所示。

表 5.3　全球灾害数据平台基本信息

数据来源	应急管理部国家减灾中心、中国地震台网中心、中国气象局国家气候中心、中国地震应急搜救中心、全球灾害预警与协调系统（GDACS）、比利时鲁汶大学 EM-DAT、红十字与红新月会国际联合会（IFRC）、世界银行及知名媒体等权威网站
版块	全球灾害实况、重大灾害、灾害评估报告、灾害特征分析、中国灾害数据库五大版块
灾害类别	地震、火山等地质灾害，洪涝、干旱、风暴等气象灾害，生物灾害，海洋灾害，野火
地域	亚洲、欧洲、非洲、大洋洲、北美洲、南美洲
年份	年度单位
损失	受影响人数（人）、死亡失踪人数（人）、直接经济损失（万元）
实时监测	新灾浏览、态势分析、重大灾害简报、重大灾害、相关链接
事件	至少满足以下三个条件之一入库：①人口损失，报道有 5 人或以上人口因灾死亡，受影响人口不计；②经济损失，因灾损失达到当地 GDP 的 0.1%（相对值）及以上；③政府针对灾害事件宣布过国家处于紧急状态或请求过国际援助

续表

特征分析	全球尺度、区域尺度、国家尺度（国家排名、事件排名）	
数据检索	底图：行政区划、影像、地形；人口、活动、GDP、年平均气温、降雨量	
评估产品	例如：The Global Risks Report 2020；数据来源：世界经济论坛	
中国灾害数据库	年份累计：近 5 年、近 10 年、近 12 年各省报告 数据来源：灾害事件-国家减灾中心、国家年度人口-国家统计局、国家 GDP-国家统计局	

资料来源：https://www.gddat.cn/newGlobalWeb/#/DisasBrowse。

2. 灾害信息数据服务平台建设

目前，我国已有多个公共数据服务平台建成或在建中，结合多灾种综合风险防范产品服务的实际业务需求，从元数据标准、数据的分类与检索、数据整合方式等三个方面对中国气象数据网、国家地震科学数据共享中心、国家地球系统科学数据中心、国家农业科学数据中心、国家林业和草原科学数据中心、国家海洋科学数据中心等数据服务平台的数据组织现状进行分析。

各平台的数据分类差异较大，数据分类体系差异大，且数据类目数量和划分方式也各不相同，如表 5.4 所示。

表 5.4　国内各数据服务平台的数据分类

数据服务平台	一级类目	二级类目
中国气象数据网	13 个：地面资料、高空资料、海洋资料、辐射资料、农气资料、数值预报、历史气候使用、雷达资料、卫星资料、服务产品、气象灾害、科考资料、专题服务	27 个："实况数据展示"这一子类在 3 个不同类目下重复出现，而"数据和产品"子类在 10 个类目下重复出现。其他非重复类目下包含地面资料类目下的 GIS 综合显示，卫星资料类目下的卫星/仪器分组查询、自由组合查询等
国家地震科学数据共享中心	按科学数据分类：地震观测数据、地震探测数据、地震调查（考察）数据、地震实验与试验数据等 7 个；按观测业务分类：测震、强震、GNSS 数据及产品、地电地磁、地下流体等 9 个；按产出单位分类：中国地震台网中心、中国地震局地球物理研究所、中国地震局地质研究所等 14 个	按科学数据分类为 41 个，如地震观测数据类目下包含测震数据、强震动观测数据、地磁观测数据、地电观测数据等按观测业务分类 17 个，如测震类目下包含测震台网、地震目录、连续波形等；按产出单位分类无二级类目
国家地球系统科学数据中心	11 个：遥感数据、陆地表层、自然资源、日地空间环境与天文、大气圈、海洋、陆地水圈、古环境、极地、冰冻圈、固体地球	96 个：遥感数据类目下包含卫星影像、遥感解译产品、反演数据产品、航片、雷达影像、其他
国家农业科学数据中心	同时采用 2 种分类方法：学科数据分类（作物科学、动物科学与动物医学、农业科技基础、渔业与水产科学等 12 个）、《中国图书馆分类法》数据分类（农业科学、经济、综合性图书、生物科学等 13 个）	无二级类目

续表

数据服务平台	一级类目	二级类目
国家林业和草原科学数据中心	8 个：森林资源、生态环境、森林保护、森林培育、木材科学、科技信息、研究专题、行业发展	61 个：森林资源类目下包含国家级森林资源数据库、省级森林资源数据库、森林调查数据库、林相图数据库等
国家海洋科学数据中心	4 类：实测数据、分析预报数据、地理与遥感数据、专题信息产品	按实测数据分类 7 个：海洋水文、海洋气象、海洋生物、海洋化学、海洋底质、海洋地球物理、海底地形；按分析预报数据分类 3 个：实况分析数据、再分析数据、统计分析数据；按地理与遥感数据分类 5 个：中国近海环境遥感产品、北冰洋卫星遥感产品、矢量地图数据、遥感影像、海底地形；按专题信息产品分类 6 个：海底地形命名、海洋经济产品、海域海岛产品、潮汐潮流预报、海洋灾害产品、海洋专题图集

通过调查分析，上述六大平台对数据的描述采用元数据的形式，其中有 3 个平台采用较完善的元数据标准，包括国家林业和草原科学数据中心、国家地震科学数据共享中心和中国气象数据网，其余平台采用部分元数据字段（但未说明采取的具体元数据标准）。总体来说，各平台均选用了专指性较强的行业性元数据标准。对主要数据服务平台的元数据标准、来源及字段的分析见表 5.5 所示。

表 5.5　对主要数据服务平台的元数据标准、来源及字段的分析

平台名称	元数据标准及来源	字段	
		共有字段	其他字段
中国气象数据网	《气象科学元数据》，国家科学数据共享工程制定	数据名称、时间信息、数据联系人	关键字、数据质量描述、更新频率、数据源、空间范围、共享级别、数据基本信息、数据摘要、数据使用说明、数据详细描述、数据引用方式、数据来源、数据产生或加工方法、数据质量说明
国家地震科学数据共享中心	《地震科学数据元数据》，中国地震局制定		
国家地球系统科学数据中心	12 个字段：最新更新时间、数据量、数据基本信息（数据时间、空间位置、主题词、学科类别、主题分类）、数据联系信息（联系人、电话等 5 个字段）		数据基本信息（空间位置、主题词、学科类别、主题分类）、数据量、最新更新时间
国家农业科学数据中心	9 个字段：数据标题等		
数据共享中心	数据来源、处理技术工具、数据产品形成时间等		数据来源、处理技术工具、数据的相关
国家林业和草原科学数据中心	《林业科学数据元数据标准》，自行制定		

　　数据的检索功能直接关系到数据的获取利用。通过对主要数据服务平台的数据检索功能进行统计（表5.6），其中国家人口与健康科学数据共享平台的子平台检索功能有所不同。大部分平台没有设置专门的高级检索入口，但通过不同方式可以实现多种高级检索功能，如在检索结果页面提供结果精炼与二次检索的功能。几乎所有平台均实现了字段检索的功能，结果精炼和结果的二次检索功能较为常见，其余检索功能也均有近半平台实现（表5.6）。

表 5.6　主要数据服务平台的数据检索功能

平台名称	简单检索	高级检索	分面检索	二次检索	布尔逻辑检索	条件检索	字段检索	复选框检索	结果精炼	结果排序	总计
中国气象数据网	√		√	√			√	√	√		6
国家地震科学数据共享中心	√			√		√	√		√	√	6
国家地球系统科学数据中心	√		√		√		√		√	√	6
国家农业科学数据中心	√	√	√	√	√	√	√		√		8
国家林业和草原科学数据中心	√			√	√		√			√	5
国家人口与健康科学数据共享平台	√		√	√	√	√	√	√	√		8
总计	6	1	4	5	4	3	6	2	5	3	

3. 国内领先企业旗下行业应用产品

　　国内领先企业也为国家防灾减灾事业做出一定贡献，如国内领先的遥感和北斗导航卫星应用服务商——航天宏图信息技术股份有限公司（简称航天宏图），致力于卫星应用软件国产化、行业应用产业化、应用服务商业化，研发并掌握了具有完全自主知识产权的PIE（pixel information expert）系列产品和核心技术，为政府、企业、高校以及其他有关部门提供基础软件产品、系统设计开发和数据分析应用服务。航天宏图在气象行业、海洋行业、水利行业、环境行业、应急管理、地震行业、林业行业、农业行业、无人机、高分遥感等有相对应的行业应用产品，部分行业应用产品如表5.7所示。

表 5.7　航天宏图行业应用产品

种类	名称	数据	功能
气象	道路交通气象服务平台	历史、实时道路气象灾害数据	临近、中短期精细化道路天气实况及行驶条件地面高温、道路大雾等信息的跟踪预报和预警服务
	航空气象服务平台	基础气象观测数据、机场气象观探测数据	机场常规气象预报、机场起降飞行条件预报、飞机航线预报、机场短临预报。机场气象服务：机场的精细化气象保障，应用多种预报工具提供起飞降落条件、跑道状态、空域气象灾害预报预警等。航线气象服务：为航空公司提供航线和终端区的精细化基础预报产品，对火山灰、台风颠簸等航线高影响天气进行实时监测和预报预警。通用航空气象为通用航空飞行活动以及通用航空器研发制造、市场运营、综合保障以及延伸服务等全产业链提供精细化航空气象保障
	大气环境监测分析服务平台	向日葵8号气象卫星数据	处理生成立体云图、半球云图、区域红外、水汽、可见光云图、云信息、降水、云雾监测，灰霾监测、沙尘暴监测及危险天气诊断和短时预报产品，充分提高灾害性天气、降水、大雾、灰霾、沙尘暴等监测的精度和准确率

种类	名称	数据	功能
火灾	火情卫星遥感监测服务系统	新一代遥感卫星数据（静止卫星+极轨卫星至少六颗卫星组合）	通过自动监测+专人值班的方式提供针对电力、山火、秸秆焚烧等监测服务产品，并以短信、邮件、网页等形式发送给客户，进行现场确认。服务频次可达 10 分钟一次，可监测到 $15m^2$ 左右火情，可在卫星数据到达 5 分钟内进行预警，并可基于客户需求进行深度定制
海洋	海洋卫星遥感应用平台	海洋卫星遥感数据	集成海洋生态灾害监测、近海海洋动力环境监测、海域海岛变化监测、海洋防灾减灾等多方面的海洋产品处理、应用服务以及辅助决策能力，实现分发产品标准化、业务管理一体化、检测报告智能化，为用户提供海洋卫星遥感数据的深入挖掘分析，卫星应用产品的实时发布与共享
	海洋环境统计分析业务化平台	海洋水文和海洋气象基础观测数据	分固定站、大面水文、大面气象、断面四个方面的业务应用，包括数据清洗、基础统计、客观分析、特征分析功能，具备强大的数据分析和统计能力，能够满足海洋业务单位的较全面的业务需求
水利	水利综合监管平台	水利部、流域、省、市、县以及各类水利数据	基于"水利一张图"整合水利全业务，按照"查、认、改、罚"的业务流程实现水旱灾害防御、水资源与节水、水利工程、水土保持、农村供水、水利资金、规划计划、水利扶贫、水文监测和水利工作考核等 10 大类业务的综合监管
	水旱灾害智慧应用平台	卫星、雷达、无人机、视频、遥控船、机器人、移动终端等多种监测手段获取数据	以及窄带物联网（NB-IoT）、5G、小微波、长期演进技术（LTE）等新一代物联通信技术的应用，扩大江河湖泊水系、水利工程设施、水利管理活动等实时在线监测范围及信息采集覆盖面，全面获取流域下垫面自然情况、经济社会活动、水文、气象、土壤墒情、遥感农情、水利工程等信息，运用网格化分布式水文预报模型、区域干旱预测等水利专业模型，提高洪水预报能力，开展旱情监测分析，强化水情旱情预警，强化工程联合调度，构建水旱灾害智慧应用平台
农业	智慧灌区综合管理平台	水库水情、农作物种植数据	主要包括灌区管理局和各管理所信息中心建设、信息自动采集与监控、闸门自动控制、工程安全监测、会商会议系统、计算机网络系统和灌区综合管理平台七大部分
	智慧农业决策支持平台	农业农村数据、气象数据	融合遥感监测、精准气象、物联网监测、农学模型、大数据分析挖掘、人工智能、云服务等技术，建立天空地一体化网络服务平台，为农业从业者，包括农户、农企和农业管理部门提供农地信息精准管理、作物长势动态监测、精准气象格点预报、农业灾害预警防治、种植环境定量评估、智慧种植指导建议等服务，帮助农业生产节本增效，改变农民靠天吃饭的境遇，推动智慧农业从量到质的转变，从而"让每一块田地成为更美的风景"

续表

种类	名称	数据	功能
灾害综合	灾害综合风险普查	空间地理数据、多部门、多行政层涉灾数据	实现多部门、多行政层级协同联动的灾害风险调查在线数据采集管理、风险评估、风险制图；实现全国灾害综合风险普查数据的统一管理、动态维护和分级在线应用，为各级政府部门协同开展全国灾害综合风险普查提供信息化手段支撑。为有效获取主要灾害致灾信息、重要承灾体信息、历史灾害信息、掌握重点隐患情况，查明区域抗灾能力和减灾能力，形成全国自然灾害防治区划和防治建议，形成一整套灾害综合风险普查与常态业务工作相互衔接、相互促进的工作制度等提供信息化保障。利于推进灾害风险调查和重点隐患排查工作，提高普查工作的规范性、时效性、科学性和精确性
	自然灾害综合监测预警平台	气象水文监测数据、灾害风险隐患数据、灾情报送数据、卫星遥感监测数据等全要素感知数据	以防范化解重大灾害事故风险为主线，以推进防灾减灾救灾体制机制改革为动力，建设灾害综合风险监测预警系统；结合灾害风险监测预警工作的实际需求，通过构建灾害风险综合监测专题数据库，实现对多源海量数据的高效融合处理、智能对比分析、三维综合展示；可自动化、批量化生产灾害风险监测预警评估产品，为多方会商和综合研判提供支撑，为应急管理人员提供全面、准确的信息及决策支持
北斗	北斗应急指挥调度系统	北斗卫星数据	以 PIE 系列产品为平台，依托北斗、自组网、4G LTE、加密公网、卫星通信网、数传电台、地面有线网等通信链路，以手持终端、穿戴式设备为载体，实现前端人员和后端指挥人员的互联互通，在动态过程中支持前出人员之间、前出人员与指挥中心之间高效互通、精确指挥、快速反应，提供信息的上传下达，位置的实时监控等丰富功能，可广泛应用于应急救援、重大安保、移动执法等领域
	北斗"宏图位智"物联网智能服务平台	北斗卫星数据	面向政府、企业和公众用户在平台即服务（Platform as a Service，PaaS）和软件即服务（Software as a Service，SaaS）两个层面提供基础平台能力和行业应用能力。基础平台能力主要是面向具有二次开发应用能力的科研院所、公司企业和个人提供融合通信、定位导航和高分遥感等通用功能；行业应用能力主要是面向政府、企业和公众等最终用户在市政管理、生态环保、智慧农业、智慧旅游和应急管理等领域提供软件系统和综合解决方案。打造"基础平台+应用生态"的战略，降低北斗、遥感应用门槛，赋能企业政府，服务社会大众

资料来源：https://www.piesat.cn/。

此外，国产 GIS 软件领军企业——北京超图软件股份有限公司（简称超图）依托于 SuperMap GIS 地图产品软件与应急减灾领域行业部门展开合作，研发了一系列关于"大环境"的产品，涉及生态环境、气象、水利、自然灾害、地震等，如表5.8所示。

表 5.8 超图应用产品

种类	名称	数据	功能
生态环境	生态环境信息"一张图"	多要素、多时相和多区域的基础地理空间数据和生态环境专题数据	形成生态环境信息"一张图",实现数据的统一管理;基于"一张图"基础地理数据底图叠加各种生态环境管理业务数据,实现任意区域任意生态环境信息的可视化查询展示;基于大数据、人工智能等新一代信息技术深入挖掘数据信息,提升数据价值,聚焦生态环境问题和管理难点,构建决策管理系统,形成技术驱动、带图决策的创新管理模式;最终向各业务部门提供统一的共享服务(数据服务、地图服务、功能服务、专题服务等),形成互联互通、数据共享、业务协同的新局面,助力生态环境保护工作迈上新台阶、提升新水平、开创新局面
	"三线一单"数据应用平台	生态保护红线、环境质量底线、资源利用上线数据、基础底图数据、环境业务数据以及政策法规等综合数据	包含桌面端和 Web 端。其中,桌面端(C/S 架构)侧重于数据与成果的管理,通过衔接"三线一单"工作底图,开发数据整合、汇总、标准化处理流程,将"三线一单"成果数据及其他综合数据纳入数据库实现统一管理,并建立更新维护机制,实现数据动态更新和历史溯源。平台(B/S 架构)包含"三线一单"成果数据查询展示与分析、智能研判和共享交换,为建设项目环评审批、环境监察执法等业务应用提供支撑
气象	气象灾害一体化平台	多源灾害数据、行业数据、互联网数据等多渠道气象灾害数据,气象观测、预测、灾害过程、淹没数据等致灾因子、隐患点、预警点、人口、GDP 等承灾体信息	形成气象灾害风险大数据库,实现 100 余种专业模型算法。同时,平台支持暴雨洪涝、干旱、台风、高温、低温冻害等多种气象灾害的自动监测识别、预警、评估、风险区划及灾害产品的交互式制作和服务,提供对灾害风险的全过程化产品制作与服务流程,可作为气象灾害风险管理、自然灾害防御提供支撑的数据平台、业务平台和研究平台
	精细化农业气象服务平台	农业、气象数据、基础地理数据	农业气象灾害从灾前风险分析和预警评估、灾中跟踪监测诊断到灾后强度分析和损失评估的全自动大数据汇聚处理、全生命周期灾害进展监控、全要素地图综合研判及多渠道精细化服务,实现对农业气象灾害事件的全过程跟踪管理,能够为农业气象防灾减灾提供决策参考,提高农业气象业务管理与服务的现代化水平,为农业生产部门、农业管理部门及时提供有针对性的气象服务信息,解决气象为农服务最后 1km 问题,为实现农业现代化提供气象保障服务支撑
水利	智慧水利(水利"一张图")	水利数据、基础地理数据	对多时空水利数据进行综合管理,打破数据壁垒;提供标准服务接口,实现为水利业务应用系统的快速搭建提供规范、高效、丰富的功能及服务共享;构筑统一平台,开展大数据分析,赋能水利业务应用,为水利业务用户提供集浏览、查询、统计、分析于一体的二维、三维一体化综合展示,加快智慧水利发展进程

续表

种类	名称	数据	功能
自然灾害	自然灾害空间信息服务平台	影像数据：环境减灾卫星、高分、无人机、谷歌影像；基础地理数据地名数据、数字正射影像图（DOM）、数字高程模型（DEM）、数字栅格地图（DRG）、数字线划地图（DLG）；气象专题（气象站点/降雨量等）、地震专题（地震活动图等）、林业（森林火险区划等）、国土（泥石流/滑坡空间分布等）、业务专题数据交通（公路/铁路等）、水利（水文测站数据等）、社会经济数据备灾数据（救灾物资储备等）、救灾数据（灾情数据/历史救灾数据等）	基于多源数据搭建空间信息服务平台，可有效提高自然灾害信息的管理水平，科学规划并有效利用各级各类信息资源，拓展信息获取渠道和手段，提高信息处理与分析水平，完善灾情信息采集、传输、处理和存储等方面的标准和规范，建立自然灾害信息数据库，完善灾害信息动态更新机制，提高信息系统的安全防护标准，保障信息安全。同时，基于共享平台可开展各类应用单元建设，以平台推动应用，通过应用带动平台，持续发展
地震	地震现场应急信息管理与决策支持平台	现场救援信息空间位置、在线地图、离线地图、救援信息	支持在线地图、离线地图两种方式，提供救援队现场分组功能，现场救援信息空间位置采集（主要实现救援现场的倒塌建筑、损毁道路、危险源等空间位置信息的快速采集），提供现场救援信息表单填报功能，提供多种多媒体形式，方便用户完善标绘数据、现场救援信息数据管理。为防止现场网络中断、无法通过移动网络进行通信，支持北斗短报文的收发功能、接收后方产出的专题图，进入系统设置，选择"专题图"，可显示目前接收的专题图，可将现场信息发送给后方的专家，请专家在线提供处理方案，为救援队提供参考意见，同时，以地图为基础，提供了距离计算、面积计算以及角度计算。操作以节点为单位，依次添加节点

资料来源：https://www.supermap.com/。

　　专注于数据可视化领域的北京数字冰雹信息技术有限公司拥有可视化渲染运行平台、三维渲染引擎、可视化数据服务平台、大屏人机交互引擎、可视化地图服务平台、多源大数据融合分析引擎等众多核心技术，与行业需求深度结合，形成了一系列行业可视化产品，成功应用于应急管理相关领域（表5.9）。

表 5.9　数字冰雹应用产品

种类	名称	数据	功能
应急管理	应急管理大屏可视化决策系统	各类自然灾害监测数据：气象灾害监测、森林草原火险监测、地震灾害监测、地质灾害监测、水旱灾害监测	气象灾害监测：支持对降雨量、风速、风向、温湿度、雷电、台风路径等气象参数进行实时可视化监测，并对异常状态进行可视化告警。森林草原火险监测：支持对森林草原火险情况、降水量、风向、风速等参数进行实时监测，并结合专业的分析计算模型，进行火险等级预警告警。地震灾害监测：支持对震中经纬度、震源深度、地震震级、影响范围等地震参数进行可视化分析，为灾后救援、灾害防范等方面提供有力支持。地质灾害监测：支持对位移、裂缝、地温、应力应变等多维度数据进行实时监测，并对异常变化情况进行预警告警，强化地质灾害监测力度。水旱灾害监测：支持对降水量、江河湖泊水位、水库蓄水量等要素进行实时监测和可视化分析，并支持对大坝、河堤进行三维显示，对异常情况进行告警
气象	气象日常监测	地面、高空、海洋气象数据	地面：支持对观测设备、人员等以及气温、降水、风力等要素进行监测，对气象变化趋势进行可视化分析，对恶劣气象情况进行可视化预警告警。 高空：支持对大气层中温度、气压、大气成分等气象要素进行监测分析，支持气象异常实时告警，并对告警信息进行实时查询。 海洋：支持对海啸、台风、海雾以及波浪、海流、潮位等海洋水文要素进行实时监测、多维度分析研判和可视化预警告警
气象	气象灾害监测	降雨量、温湿度、风力、地质数据	火险气象灾害监测：支持对降雨量、温湿度、风力等易引发火灾的气象因素进行实时监测；支持设立火险气象阈值进行可视化预警告警。 地质灾害监测：支持对重点关注区域地形地貌进行真实复现，对降雨量、山体位移、裂缝等多维度数据进行实时监测，对异常变化情况进行预警告警。 水旱灾害监测：支持对降水量、水位、水库蓄水量等要素进行实时监测和可视化分析，对水位、降水异常等易引发水旱灾害的情况进行告警。 气象灾害事件复现：支持建立气象灾害发展时间轴，再现气象灾害发展演进过程，辅助管理者进行回顾总结、分析，以提高应急响应能力。 重点场所监测：支持直观展示重点区域的分布、范围、边界等信息，并对重点场所实时状态、气象条件等信息进行联动分析，提升重点场所的应急保障效力
水利	流域气象水文监测	气象站点数据	水文气象监测：支持对各站点、子流域的降水、蒸发、渗流、径流、蒸腾等参数指标进行综合监测分析，支持灾害气象预警告警，辅助管理者全面掌控水文气象态势。 水文信息监测：支持对河流、湖泊、水库、地下水等要素的位置、范围、状态、径流组成等要素信息进行直观展示，对河道水位、流速、出入库流量等数据指标变化态势进行实时监测分析，对异常态势进行实时预警告警。 水情监测：支持对水雨情测报站点等要素的分布、覆盖面积、类型等信息进行直观展示，并可结合专业分析预测模型，对流量、流速、蒸发、泥沙、墒情等水情参数进行多维度分析，对异常水情进行可视化预警告警

续表

种类	名称	数据	功能
水利	水库调度监测	水库监测数据	水库库容监测：支持对水库的位置、范围、状态等信息进行直观展示，对径流量、蓄水量、防洪库容等数据指标进行分析研判，对异常态势进行可视化预警告警，提升水库运行监管力度。 水库调度监测：支持对防洪、发电、生态、航运调度等水库调度方案进行直观展示，并可结合专业计算模型，对水能利用率、节水增发电量、削峰量等指标进行可视化分析和预测预判。 水库泥沙监测：支持对流域泥沙量进行可视化监测，通过可视化手段动态展示泥沙淤积情况，支持设立泥沙量超标预警机制，对泥沙沉积过量进行告警，提升泄洪抗洪效能。 航运调度监测：支持对船只数量、停泊位置、状态等信息进行监测，对通航船次、过闸船次等航运数据进行多维度分析研判，辅助用户进行汛期防洪航运影响分析，提高航运调度的能力

资料来源：http://www.digihail.com/。

5.2　新时代综合风险防范信息服务部门协同机制探索

5.2.1　多灾种综合风险防范下的多部门应急联动模式研究

研究面向多灾种综合风险防范产品开发应急联动的多部门数据共享任务流程模型定义与构建。在对面向多主体的多灾种综合风险防范服务产品体系设计与开发技术的研究工作和进一步深入调研分析基础上，针对多灾种综合风险防范服务产品体系设计与开发技术这项工作中的产品体系、开发流程、综合风险防范产品开发应急联动要求等，抽象出各部门针对数据共享的任务模型；研究多部门参与下的多灾种综合风险防范数据协同系统模式，分析针对综合风险防范产品开发过程中的不同部门任务执行关系，构建基于消息传递和资源共享的跨部门任务协同模式。

1. 综合风险产品的应急联动技术

综合风险防范是一个开放的复杂巨系统，涉及很多关键环节，为保障这些环节的有效运行，需要多地区、多部门等主体间协同工作，而协同工作的基础就是综合风险防范信息搜集、分析、共享与集成应用。多部门应急联动是指多个应急组织（应急管理、国土、气象、水利等相关部门）在一定时间和应急资源的约束下，通过交互、通信、协作和协调，共同实施一个面向多灾种的综合风险防范过程。应急联动的协同既是技术问题，也是组织管理问题。

1）Petri 网背景

卡尔·A. 佩特里是一名物理学家，他发明了 Petri 网，主要是从物理的角度去描述并发现象的。据佩特里本人所述，他认为 20 世纪 60 年代计算机科学的概念构架由于缺乏并发现象而不适合描述物理系统。其中一个重要的概念，就是 Petri 网里面不存在所谓的"全局时间"的概念，因为这跟狭义相对论是冲突的。相反，Petri 网可以描述每一个节点的时序。

从狭义相对论的观点出发，两个时空点之间如果没有因果关系把它们联系起来（或者说"类空"的），它们就是独立的，不能说其中一个发生在前，另一个在后，或者相反。因此，Petri 网里面的两种变迁如果都有发生的条件，则不能认为其执行顺序有任何关系。然而，Petri 网旨在描述变迁之间的因果关系，并由此构造时序。

2）经典 Petri 网

经典的 Petri 网是简单的过程模型，由库所、变迁、有向弧以及令牌等元素组成。

Ⅰ. 结构

Petri 网的元素：

库所（place）圆形节点；

变迁（transition）方形节点；

有向弧（connection）是库所和变迁之间的有向弧；

令牌（token）是库所中的动态对象，可以从一个库所移动到另一个库所。

Petri 网的规则是：

有向弧是有方向的；

两个库所或变迁之间不允许有弧；

库所可以拥有任意数量的令牌。

Ⅱ. 行为

如果一个变迁的每个输入库所（input place）都拥有令牌，该变迁即为被允许（enable）。一个变迁被允许时，变迁将发生（fire），输入库所（input place）的令牌被消耗，同时为输出库所（output place）产生令牌。

Ⅲ. 流程建模

一个流程的状态是由在场所中的令牌建模的，状态的变迁是由变迁建模的。令牌表示事物（人、货物、机器）、信息、条件，或对象的状态；库所代表库所、通道或地理位置；变迁代表事件、转化或运输。

一个流程（flow）有当前状态、可达状态、不可达状态。

Ⅳ. 形式化定义

Petri 网是一种很有效的模型描述语言，它不仅能描述系统的结构特性，同时还能描述其动态特性，尤其适用于描述含有并行的系统。Petri 网由三元组 $N = (S, T, F)$ 构成，S 和 T 分别称为 N 的库所（place）集和变迁（transition）集，F 为流关系（flow relation）。

Ⅴ. Petri 网建模、仿真

针对中国自然灾害应急管理中存在的跨组织多部门业务协同、信息壁垒较为严重等问题，对综合风险防范产品开发业务流程进行分析，得到业务流程图和信息流程图，通过可达标识图、关联矩阵等方法构建基于 Petri 网的产品开发业务流程模型，并进行仿真；并通过示范应用进行有效性分析和性能分析。

2. 以任务模型为基础的协同模式

目前 Petri 网在各部门的研究协同模式上的应用十分广泛,如孟德存(2011)提出,从 Petri 网出发,分析多部门之间协作各部门完成任务时的行为,抽象出部门的任务模型,并且由此分析得到跨部门的协同模式,并主要研究了以下几方面的内容:

(1)通过分析各部门的任务,抽象出各部门任务模型。

(2)针对部门内部的业务流程,提出了一种 ORM_WF 模型的化简方法。

(3)以城市应急联动系统为应用平台,进行了实际 ORM_WF 建模、化简、时间性能分析、资源冲突分析及解决策略的应用。

5.2.2　多灾种综合风险防范产品制作多部门数据协同框架设计与实现技术

针对在综合风险防范产品开发中面临的多部门间"信息孤岛"问题,即多灾种综合风险防范产品制作过程中多部门各自为中心的问题,以数据协同为切入点,以网络技术为支撑点,引入微服务概念,将多部门数据协同中的节点(数据源、数据接收、数据使用等)定义为微服务单元,进而设计构建以微服务为基础的去中心化数据协同网络框架,在微服务单元中对所涉及的各种业务(数据发布、数据接收、数据处理)流程进行实现;基于框架内微服务间的有效通信机制,实现"发布-接收""请求-提供"两种模式组合的双向自适应数据服务;在数据协同框架中,做好多部门间数据流转过程中的消息路由、负载均衡和权限验证。

通过对多灾种综合风险防范产品制作多部门数据协同的实际业务需求进行分析,结合上述思路,设计多灾种综合风险防范产品制作多部门数据协同框架。

1. 去中心化的数据协同微服务框架设计与构建

1)微服务的介绍

微服务最早由 Martin Fowler 与 James Lewis 于 2014 年共同提出,微服务架构风格是一种使用一套小服务来开发单个应用的方式途径,每个服务运行在自己的进程中,并使用轻量级机制通信,通常是 HTTP API,这些服务基于业务能力构建,并能够通过自动化部署机制来独立部署,这些服务使用不同的编程语言实现,以及不同数据存储技术,并保持最低限度的集中式管理。微服务是一种架构风格,一个大型复杂软件应用由一个或多个微服务组成。系统中的各个微服务可被独立部署,各个微服务之间是松耦合的。每个微服务仅关注于完成一件任务并很好地完成该任务。在所有情况下,每个任务代表着一个小的业务能力。微服务不需要像普通服务那样成为一种独立的功能或者独立的资源。微服务是需要与业务能力相匹配。微服务凭借着自身的影响力成为备受关注的架构模式,企业及相关部门都开始重点探索更有利的渠道,促使对应应用程序科学地设置在云环境之中,可见微服务现已被认定是未来的发展趋势。通过科学化的分解,确保将小且松散的微服务集中起来,以实现更好的服务模式,并对这些微服务极易进行升级与扩展。

微服务架构（许京乐，2021）与 SOA 一样都是服务化思想的体现，只是划分粒度更加细化。微服务架构通过将原本复杂、庞大的软件应用，细分成一系列功能模块（微服务），每个模块只负责完成一种或者一部分业务功能，模块之间通过相互协作（远程调用），从而实现系统完整功能。每个模块（微服务）都是构成完整系统的一个组件。因此，一个微服务系统就是一系列组件（微服务程序）的集合，并且组件之间通过远程过程调用（RPC）进行通信。这种细粒度的划分和"组件化"的思想使得微服务架构具备了很多优点：使用简便、方便测试、部署简易、运维容易。

2）微服务框架设计需求

在多灾种综合风险防范产品制作多部门业务协同这一核心问题中，微服务框架是其他微服务单元功能实现的前提和基础，是保证数据协同所涉及的通信机制和安全机制实现的关键，因此，针对微服务框架的技术选型、设计实现需要重点考虑以下几个问题：

（1）框架内微服务功能单元多，同步运行的业务数据量较大、系统运行压力大等问题，既要考虑到使微服务功能单元可以在微服务框架中正常有效运行，又要考虑到未来随着业务的需求，微服务功能单元要进行扩充，微服务框架是否具有高稳定性、可持续性、可扩充性以及高安全性运行的特点。

（2）同时要考虑到目前微服务框架搭建条件的成熟性和可实施性问题，要考虑架构成本，考虑是否开源，社区资源够不够丰富，考虑国内是否有典型应用案例。

（3）要考虑微服务框架是否对其他组件具有高度兼容性，或是否拥有丰富的其他组件，如网关组件、服务调用信息流组件等，可以对微服务框架提供高度的支持。

3）微服务框架选择

目前国内外对微服务框架的使用也比较成熟，像阿里巴巴（中国）网络技术有限公司技术团队的 Apache 顶级开源项目 Dubbo 和新浪微博所属的北京微梦创科网络技术有限公司技术团队的 Motan 为国内开发者所熟知；国外的许多知名互联网公司如 Amazon、Netflix、Uber 等在内部已成功实践了微服务架构，其中 Meta 开源的 Apache Thrift 和基于 Netflix 微服务开源组件的 Spring Cloud 也备受开发者推崇。因此，选用微服务框架来实现多部门间数据协同具有非常大的可行性。以下是对常用的几种微服务框架的简单描述。

（1）Dubbo。

Dubbo 是一个阿里巴巴（中国）网络技术有限公司开源出来的分布式服务框架，致力于提供高性能和透明化的 RPC 方案，以及 SOA 服务治理方案。其核心部分包含以下几点。

远程通信：提供对多种基于长连接的 NIO 框架抽象封装，包括多种线程模型、序列化，以及"请求-响应"模式的信息交换方式。

集群容错：提供基于接口方法的透明远程过程调用，包括多协议支持，以及软负载均衡、失败容错、地址路由、动态配置等集群支持。

自动发现：基于注册中心目录服务，使服务消费方能动态地查找服务提供方，使地址透明，使服务提供方可以平滑增加或减少机器。

（2）Motan。

Motan 是一套基于 Java 开发的 RPC 框架,除了常规的点对点调用外,Motan 还提供服务治理功能,包括服务节点的自动发现、摘除、高可用和负载均衡等。Motan 具有良好的扩展性,主要模块都提供了多种不同的实现,如支持多种注册中心,支持多种 RPC 协议等。

Motan 中分为服务提供方（RPC Server）、服务调用方（RPC Client）和服务注册中心（Registry）三个角色。

Server 提供服务,向 Registry 注册自身服务,并向注册中心定期发送心跳汇报状态;

Client 使用服务,需要向注册中心订阅 RPC 服务,Client 根据 Registry 返回的服务列表,与具体的 Server 建立连接,并进行 RPC 调用。

当 Server 发生变更时,Registry 会同步变更,Client 感知后会对本地的服务列表作相应调整。

（3）Thrift。

Thrift 是一个跨语言的服务部署框架,最初由 Meta 公司于 2007 年开发,2008 年进入 Apache 开源项目。Thrift 通过一个中间语言（IDL,接口定义语言）来定义 RPC 的接口和数据类型,然后通过一个编译器生成不同语言的代码（目前支持 C++, Java, Python, PHP, Ruby, Erlang, Perl, Haskell, C#, Cocoa, Smalltalk 和 OCaml）,并由生成的代码负责 RPC 协议层和传输层的实现。

Thrift 实际上是实现了 C/S 模式,通过代码生成工具将接口定义文件生成服务器端和客户端代码（可以为不同语言）,从而实现服务端和客户端跨语言的支持。用户在 Thrift 描述文件中声明自己的服务,这些服务经过编译后会生成相应语言的代码文件,然后用户实现服务（客户端调用服务,服务器端提供服务）便可以了。其中 protocol（协议层,定义数据传输格式,可以为二进制或者 XML 等）和 transport（传输层,定义数据传输方式,可以为 TCP/IP 传输,内存共享或者文件共享等）被用作运行时库。

（4）gRPC。

gRPC 是一个高性能、通用的开源 RPC 框架,基于 HTTP/2 协议标准和 Protobuf 序列化。在 gRPC 框架中,客户端可以像调用本地对象一样直接调用位于不同机器的服务端方法,如此就可以非常方便地创建一些分布式的应用服务。在服务端,实现了所定义的服务和可供远程调用的方法,运行一个 gRPC server 来处理客户端的请求;在客户端,gRPC 实现了一个 stub（可以简单理解为一个 client）,其提供跟服务端相同的方法。该框架的主要特点如下。

Ⅰ.基于 HTTP/2

HTTP/2 提供了连接多路复用、双向流、服务器推送、请求优先级、首部压缩等机制,可以节省带宽、降低 TCP 链接次数、节省中央处理器（CPU）运行空间,帮助移动设备延长电池寿命等。gRPC 的协议设计上使用了 HTTP/2 现有的语义,请求和响应的数据使用 HTTP Body 发送,其他的控制信息则用 Header 表示。

Ⅱ.IDL 使用 ProtoBuf

gRPC 使用 ProtoBuf 来定义服务,ProtoBuf 是由 Google 开发的一种数据序列化协议（类似于 XML、JSON、hessian）。ProtoBuf 能够将数据进行序列化，并广泛应用在数据存储、通信协议等方面。压缩和传输效率高，语法简单，表达力强。

Ⅲ. 多语言支持

例如，C、C++、Python、PHP、Nodejs、C#、Objective-C、Golang、Java 具备简单、实用等特点。

Ⅳ. Spring Cloud

Spring Cloud 几乎考虑了服务治理的方方面面，提供一整套解决方案，通过构建其框架下的各个组件可快速实现微服务设计中的许多功能，对该微服务框架的详细介绍可以参考 5.3 节对 Spring Cloud 关键技术的描述。

经过对上面不同类型的框架进行简单介绍之后，同时通过微服务框架需要满足的高稳定性、可扩充性、可持续性安全运行的要求，对目前几种微服务框架在功能定位、是否支持 REST、是否支持 RPC、是否支持多语言、负载均衡、配置服务、服务调用链监控、高可用/容错、典型应用案例、社区活跃程度、学习难度、文档丰富程度多个方面进行比较分析（表 5.10）。

表 5.10　各微服务框架对比表

功能	Spring Cloud	Motan	gRPC	Thrift	Dubbo
功能定位	完整的微服务框架	RPC 框架，支持集群环境的基本服务注册/发现	RPC 框架	RPC 框架	服务框架
是否支持 REST	是，Ribbo 支持多种可插拔的序列化选择	否	否	否	否
是否支持 RPC	否	是	是	是	是
是否支持多语言	是	否	是	是	否
负载均衡	是，服务端 Zuul+客户端 Ribbon，Eureka 针对中间层服务器	是，客户端	否	否	是，客户端
配置服务	Spring Cloud Config Server 集中配置	是，zookeeper 提供	否	否	否
服务调用链监控	是，Zuul 提供边缘服务	否	否	否	否
高可用/容错	是，服务端 Hystrix+客户端 Ribbon	是，客户端	否	否	是，客户端
典型应用案例	Netflix	Sina	Google	Meta	
社区活跃程度	高	一般	高	一般	2017 年后，开始维护，中间断了 5 年
学习难度	中	低	高	高	低
文档丰富程度	高	一般	一般	一般	高

由此得出，Spring Cloud 框架较其他开源框架更加完整，拥有支持各层的负载均衡组件和高可用容错组件等，支持多语言编译以及高度的社区活跃程度等，使得微服务框架具

有高稳坚性、可持续性、可扩展性等优点。

4）Spring Cloud 关键技术

接下来是对 Spring Cloud 这项关键技术的详细介绍，以方便我们对它的进一步了解。在介绍它之前，我们需要先认识一下 Spring Boot，Spring Boot 是由 Pivotal 团队提供的全新框架，其设计目的是用来简化新 Spring 应用的初始搭建以及开发过程。该框架使用了特定的方式来进行配置，从而使开发人员不再需要定义样板化的配置。简单来理解，就是 Spring Boot 其实不是什么新的框架，它默认配置了很多框架的使用方式，就像 maven 整合了所有的 jar 包，Spring Boot 整合了所有的框架。

Spring Boot 简化了基于 Spring 的应用开发，通过少量的代码就能创建一个独立的、产品级别的 Spring 应用。Spring Boot 为 Spring 平台及第三方库提供开箱即用的设置，这样就可以有条不紊地开始。Spring Boot 的核心思想就是约定大于配置，多数 Spring Boot 应用只需要很少的 Spring 配置。采用 Spring Boot 可以大大地简化开发模式，所有想集成的常用框架，它都有对应的组件支持。

而 Spring Cloud 是从成熟的 Spring framework 上发展起来的，是基于 Spring Boot 实现的服务治理工具包，也是一系列框架的有序集合，可以为微服务构建提供标准化的、全站式的技术方案。Spring Cloud 为开发人员提供了快速构建分布式系统中一些常见模式的工具，如配置管理，服务发现，断路器，智能路由，微代理，控制总线等。针对数据协同框架中要达到的高稳坚性、可持续性、可扩展性等特点，其实现即是将 Spring Cloud 框架中符合要求的成熟组件进行集成。

多部门综合风险防范产品开发数据协同与处理的微服务构建，主要应用到 Spring Cloud 的核心功能组件包括：分布式/版本化配置管理（Spring Cloud Config）、服务注册和发现（Eureka）、服务调用（Feign）、熔断器（Hystrix）、API（Zuul）、负载均衡（Keepalived）、数据监控（Actuator）。Spring Cloud 各种组件采用插拔形式集成，各组件相互配合，可以合作形成一套完整的微服务技术框架：Spring Cloud Config 提供统一的配置中心服务，实现分布式系统的配置文件的统一管理；Eureka 负责服务的注册与发现，避免服务之间的直接调用，方便服务后续的水平扩展、故障转移，将各服务连接起来并保持服务高可用；Feign 负责服务之间通过 RESTful API 方式进行声明式的调用，网关使用 Feign 做数据验证；Hystrix 负责监控服务之间的调用情况，连续多次失败进行熔断保护，并按一定间隔时间检查调用失败的服务，如果服务恢复将继续提供服务；轻量级网关 Zuul 负责服务转发，接收并转发所有内外部的客户端调用，实现相关的认证逻辑从而简化内部服务之间相互调用的复杂度；Keepalived 负责在高并发访问时进行服务负载均衡，加强网络数据处理能力，提高网络的灵活性和可用性；Actuator 负责监控服务间的调用和熔断相关指标，保证数据服务业务的连续性、可靠性。

5）数据微服务封装与构建

多部门综合风险防范产品开发数据协同与处理微服务封装，主要根据具体的业务场景将服务流程细化拆分成一系列的微服务进行封装，各个微服务之间通过消息总线、负载均衡、配置中心等协调计算资源处理并实现业务所需的服务。

　　具体到技术层面，一个微服务的表现形式就是同一类型数据（产品）的一组 RESTful Web Service 的组合。因此，构建一个微服务时，首先基于划分好的服务类型或服务对象做 API 层面的定义，然后在业务层实现本地 Repository 和对其他服务的聚合，数据访问层根据存储系统类型实现各自的 Data Access Object，从而以 Web Service 形式提供数据或产品服务。其中，业务层聚合微服务可以借助 Spring Cloud 的 Feign 组件实现，如果调用服务不可用，则借助 Hystrix 组件结合业务要求实现熔断或服务降级，防止长时间等待导致故障蔓延、服务雪崩。此外，微服务需要开启服务发现客户端即 Enable Discovery Client，并配置 Eureka Server 集群地址，实现自动化的服务注册与发现。

2. 以微服务框架为基础的通信机制设计与实现

1）通信机制设计需求

　　微服务框架像一座大房子，各微服务单元是里面的房间，各个房间之间需要交流。同样的道理，要实现各部门数据协同，微服务框架内各个微服务单元间也不能是封闭的，也需要建立联系。

　　由于传统的数据传输方式中，数据提供者和数据请求者的扮演角色非常固定，数据请求者只能作为数据的被动接收方。因此，针对数据协同微服务框架中各个微服务功能单元以消息机制为中心的优势，设计了双向自适应的数据协同通信机制：数据请求者可以作为数据接收方，但是当有数据需求时，数据接收方也可作为消息发送方，而数据提供者就可作为消息的接收方。

　　因此在设计并实现微服务框架内的通信机制时，需要重点考虑以下几个问题：

　　（1）要解决微服务框架中微服务单元之间角色设置和管理的问题，明确哪些微服务单元是消息的发布者，哪些微服务单元可以是消息的订阅者。

　　（2）解决在角色设置完成的前提下，微服务单元之间如何发送数据请求、如何接收数据请求以及数据消息如何发布问题。

　　（3）解决通信机制运行中某一消息能有针对性地发送给消息接收方，数据请求者可以有针对性地将消息发送给数据提供者，保证通信过程满足用户需求，不出错，不杂乱。

　　（4）解决当消息量剧增时，消息系统能正常运行，通信机制要具有强大的缓冲能力和可扩展性。

　　目前，主流的微服务间的通信方式有两种：一种是远程过程调用，另一种是基于消息管道。通过对两种方式的优缺点进行比较（表 5.11），发现基于消息方式的通信使得服务间具有更高的松耦合和可用性，相对于远程过程调用中只涉及一对一的单一模式，支持请求/异步响应、发布/订阅等更多模式的通信。

表 5.11　微服务间通信方式比较

方式	优点	缺点	示例
远程过程调用	简单、常见	只支持请求/异步响应的模式，可用性低	REST、gRPC、Apache Thrift
基于消息管道	高松耦合、消息缓冲、可用性高、支持多种通信模式	较复杂	Apache Kafka、RabbitMQ

通常将消息系统看作通信实体的中间层，用消息中间件（message-oriented middleware，MOM）的方式来体现。消息系统收到发送方的数据以后，将它们以一定的格式缓存于消息中间件，然后通过点对点、广播或者发布订阅等通信模式将其发送到接收方。基于消息系统的信息传递方式有如下优点：

（1）消息的发送者与接收者不需要明确对方的通信地址，只需要确定消息中间件的地址。

（2）消息的发送者与接收者在进行通信时不需要同时处于在线状态。

（3）双方通信模式为异步的，消息的发送者与接收者在进行通信时都不会出现因对方尚未应答而被迫等待的状态。

2）关键技术描述

消息队列中间件是分布式系统中重要的组件，主要解决应用解耦，异步消息，流量削峰等问题，实现高性能，高可用，可伸缩和最终一致性架构。目前使用较多的消息队列有 ActiveMQ，RabbitMQ，ZeroMQ，Kafka，MetaMQ，RocketMQ。消息中间件到底该如何使用，这是一个很关键的问题。

关于消息队列的通信模式有以下几种。

（1）点对点通信：点对点方式是传统和常见的通信方式，它支持一对一、一对多、多对多、多对一等多种配置方式，支持树状、网状等多种拓扑结构。

（2）多点广播：消息中间件（MQ）适用于不同类型的应用。其中重要的，也是正在发展中的应用为"多点广播"，即能够将消息发送到多个目标站点。可以使用一条 MQ 指令将单一消息发送到多个目标站点，并确保为每一站点可靠地提供信息。MQ 不仅提供了多点广播的功能，而且还拥有智能消息分发功能，在将一条消息发送到同一系统上的多个用户时，MQ 将消息的一个复制版本和该系统上接收者的名单发送到目标 MQ 系统。目标 MQ 系统在本地复制这些消息，并将它们发送到名单上的队列，从而尽可能减少网络的传输量。

（3）发布/订阅（Publish/Subscribe）模式：发布/订阅模式使消息的分发可以突破目的队列地理指向的限制，使消息按照特定的主题甚至内容进行分发，用户或应用程序可以根据主题或内容接收到所需要的消息。

（4）群集（Cluster）：为了简化点对点通信模式中的系统配置，MQ 提供群集的解决方案。群集类似于一个域（Domain），群集内部的队列管理器之间进行通信时，不需要两两之间建立消息通道，而是采用群集通道与其他成员通信，从而大大简化了系统配置。

消息组件对于任何一个架构来说，都是至关重要的一个组成部分，使用消息队列的优势有以下十点：解耦、冗余、扩展性、灵活性-峰值处理能力、可恢复性、送达保证、排序保证、缓冲、理解数据流、异步通信。

介绍完了消息队列的优势，接下来是对常用的几种消息队列进行介绍，如下。

RabbitMQ 是使用 Erlang 编写的一个开源的消息队列，本身支持很多的协议——AMQP、XMPP、SMTP、STOMP，也正因如此，它是非常重量级的，更适合于企业级的开发。同时实现了 Broker 构架，这意味着消息在发送给客户端时先在中心队列排队。对路由、负载均衡或者数据持久化都有很好的支持。

　　ZeroMQ 是号称最快的消息队列系统，尤其是针对大吞吐量的需求场景。ZeroMQ 能够实现 RabbitMQ 不擅长的高级/复杂的队列，但是开发人员需要自己组合多种技术框架，技术上的复杂度是对这 MQ 能够应用成功的挑战。

　　ActiveMQ 是 Apache 下的一个子项目。类似于 ZeroMQ，它能够以代理人和点对点的技术实现队列。同时类似于 RabbitMQ，它只需少量代码就可以高效地实现高级应用场景。

　　而 Kafka（慕容云甲，2018）最初由 LinkedIn 公司开发，之后成为 Apache 项目的一部分。Kafka 是一个分布式的，可划分的，冗余备份的持久性的日志服务。它主要用于处理活跃的流式数据。其主要特点有：①同时为发布和订阅提供高吞吐量；②可进行持久化操作；③分布式系统，易于向外扩展；④消息被处理的状态是由 Consumer 端维护，而不是由 Server 端维护；⑤支持 online 和 offline 的场景，通过 Hadoop 的并行加载机制统一了在线和离线的消息处理。

3）实现通信机制的技术路径

　　针对在多灾种综合风险防范产品制作数据协同框架中对于通信机制要具有灵活性、可扩展性、消息传递正确性的要求，基于消息中间件 Kafka 开发消息发布订阅服务和请求提供服务。

　　基于 Kafka 的实现通信机制设计实现图如图 5.1 所示。

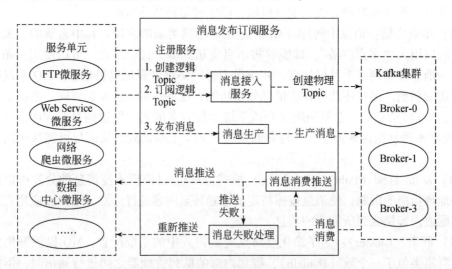

图 5.1　基于 Kafka 的实现通信机制设计实现图

基于 Kafka 的通信机制中消息流转具体步骤为：

（1）各微服务功能单元先进行注册，包括提供服务编码（服务的唯一标识符）、服务名称、服务描述、服务部署机器 IP 地址、服务负责人邮箱等信息。

（2）注册过的发布方微服务功能单元可以创建一个逻辑 Topic（对应 Kafka 中一个特定的物理 Topic），并往该逻辑 Topic 中发布消息。

（3）订阅方微服务订阅该逻辑 Topic（发布方服务本身也可以订阅）。

（4）在向订阅方服务推送消息过程中，若消息管理模块出现异常信息报警通知，包括程序执行报错、消息消费延迟过大、消息推送失败等情况时，消息管理模块会分别对发布方和订阅方发送通知，并进行消息推送失败处理，确保该条消息不会丢失。

5.3　部门数据与信息快速接入技术研究

多部门、多行业数据存在多源异构、分布广泛、动态增长的"大数据"特征。在多灾种综合风险防范产品开发与服务中，面临来自多部门数据源和多行业需求，在解决新时代综合风险防范信息服务部门协同机制探索后，需解决从传统数据库"团体格局"向大数据"差序格局"转换的数据接入与获取问题。针对平台多数据库多源异构的特点，本节主要对综合风险防范产品业务数据接入服务技术、基于 RESTful Web 服务的多源异构数据资源统一发布技术以及面向不同形式数据源的部门数据集成技术等方面开展研究。基于微服务技术框架和 5.2 节的消息机制，实现基于消息总线的多部门、多行业既有异构系统数据的共享及通信接口；基于 GML（geography markup language）实现不同空间数据类型及格式的双向交换；实现多部门综合风险防范产品数据的分形式获取及微服务单元设计。

5.3.1　面向多灾种综合风险防范产品开发的大数据自动接入服务技术

对在综合风险防范产品开发中面临的多部门间"信息孤岛"问题，研究如何通过微服务组合技术框架下的消息驱动机制、数字认证以及 GML 等技术等，实现多部门间业务数据的自动接入和安全传输。研究重点包括：综合风险防范产品开发业务大数据需求分析、资源发现、自动提取与传输接入服务。

1. 基于 RESTful Web 服务的多源异构数据资源统一发布技术

对于多灾种风险防范产品制作中，针对不同部门的数据采取不同的采集技术，因此我们的数据库中已经存储了大量的数据，包括结构化的和非结构化的，但是分布在不同的系统中，为了满足不同客户从数据库中提取数据，需要建立统一的数据管理和访问平台，以便于统一维护和管理，提供"一站式"的数据访问服务。

为了满足多源异构数据的统一管理，首先需要实现基于服务的分布式数据整合。针对结构化数据的处理过程：作为数据源的结构化数据库需要开放数据库接口，供元数据管理系统从源数据库中抽取数据结构信息，并保存在元系统中。服务生成模块可以查询存放于元数据系统中的各业务系统元数据，通过简单的操作（如勾选、组合字段）自动生成提取数据的代码块，并将该部分代码块包装成 Web Service，存放于服务运行模块，并服务注册到企业服务总线（ESB，服务注册可以是手工注册，如果 ESB 能通过 API 支持自动注册就更好），对外部进行数据服务。

针对非结构化数据的处理过程：对于 NoSQL 数据库，由于没有统一的数据结构，是无法通过上面的方式自动生成代码块并发布服务的。但是还是可以通过定制服务接口的方式生成 Web Service，通过 ESB 进行集成并发布到数据整合平台，统一对外提供服务。这种情况下，只能对每个接口都进行 Web Service 的定制开发。

利用微服务组合技术框架特点，在多灾种综合风险防范产品开发统一数据资源定义的基础上，可以为每一个数据资源建立独立的标准化接口，运用 RESTful API 对数据资源接口进行封装，并实现规范化、标准化、统一化的发布和访问管理，也可以实现推送用户数据以及消息队列等服务（图 5.2）。通过建立微服务总线管理标准接口，实现按接口细粒度对数据资源进行管理，形成服务目录、数据目录和安全目录。通过服务目录、数据目录和安全目录的协同使用，可以有效保障数据交换的快速、稳定实现，以及其过程中的安全性、可靠性和一致性。在提供基于接口总线的指挥调度功能的同时，还提供安全服务，充分满足数据调度管理的要求。

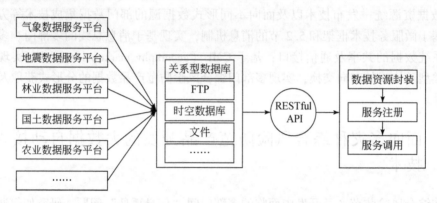

图 5.2　基于 RESTful API 的多部门数据资源发布接口概图

基于微服务注册与发布技术，实现多灾种综合风险防范产品开发所涉及的细粒度数据资源的注册与发布。各个数据资源服务在启动时，将自己的网络地址等信息注册到服务发现组件中，服务发现组件会存储这些信息。对数据资源具有实用需求的微服务接口（服务消费者）可从服务发现组件查询服务提供者的网络地址，并使用该地址调用服务提供者的接口。各个微服务与服务发现组件使用一定机制通信。当数据资源微服务网络地址变更时，会重新注册到服务发现组件。使用这种方式，服务消费者可以无需人工修改提供者的网络地址。

RESTful 编程接口可以提供资源多种表述方式，如 JSON、XML 和 CVS 等，满足不同需求的应用。应用可根据自己的需求，在调用编程接口时，选择数据格式。RESTful 编程接口对资源的操作都是通过 HTTP 中的请求方法——GET、POST、PUT 和 DELETE 等来表示和实现，这可以简化应用和平台的交互，减少应用开发的时间。

2. 微服务架构下的时空数据资源自动发现技术

在微服务组合技术框架下，研究基于注解驱动的消息服务框架，通过注解方式完成框架内消息的发布和订阅处理，实现基于"发布-订阅"模式的时空数据资源自动发现。

基于 Stream 的消息服务框架包括通道接口、消息通道、消息绑定、消息监听通道接口等，如图 5.3 所示。

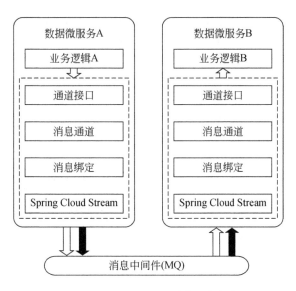

图 5.3　基于 Stream 的消息服务框架

通道接口：用于 Stream 与外界通道的绑定，可以在该接口中通过注解的方式定义消息通道的名称。当使用该通道接口发送一个消息时，Spring Cloud Stream 会将所要发送的消息进行序列化，然后通过该接口所提供的 Message Channel 将所要发送的消息发送到相应的消息中间件中。

消息通道：是对消息队列的一种抽象，用于存放消息发布者发布的消息或者消费者所要订阅的消息。在向消息中间件发送消息时，需要指定所要发送的消息队列或主题的名称，而在这里，Spring Cloud Stream 进行了抽象，只需要定义好消息通道。消息通道具体发送到哪个消息队列则在项目配置文件中进行配置，这样一方面可以将具体的消息队列名称与业务代码进行解耦，另一方面也可以让开发者方便地根据项目环境切换不同的消息队列。

消息绑定：通过消息绑定器作为中间层，可以实现应用程序与具体消息中间件细节之间的隔离，向应用程序暴露统一的消息通道，使应用程序不需要考虑与各种不同的消息中间件的对接。当需要升级或更改不同的消息中间件时，应用程序只需要更换对应的绑定器即可，而不需要修改任何应用逻辑。

消息监听通道接口（Sink）：是 Stream 提供应用程序监听通道消息的抽象处理接口。当从消息中间件收到一个待处理消息时，该接口将负责把消息数据反序列化为 Java 对象，然后交由业务所定义的具体业务处理方法进行处理。

在 Stream 消息驱动框架基础上，基于 Kafka 框架构建框架内的"发布-订阅"消息模式，进而实现多灾种综合风险防范产品开发多部门数据资源的自动发现。基于 Kafka 的"发布-订阅"消息框架如图 5.4 所示。

如图 5.4 所示，Producer、Broker（Kafka）和 Consumer 都可以有多个。Producer，Consumer 实现 Kafka 注册的接口，数据从 Producer 发送到 Broker，Broker 承担一个中间缓存和分发的作用。Broker 分发注册到系统中的 Consumer。Broker 的作用类似于缓存，即活

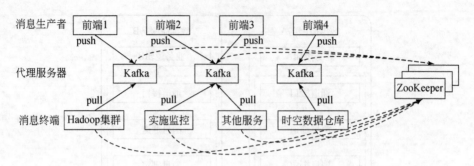

图 5.4　基于 Kafka 的 "发布–订阅" 消息框架示意图

跃的数据和离线处理系统之间的缓存。客户端和服务器端的通信，是基于简单、高性能，且与编程语言无关的 TCP 协议。

多灾种综合风险防范产品开发多部门数据资源生成或更新的消息发送与接收过程如图 5.5 所示。

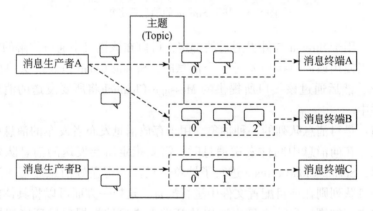

图 5.5　消息发送与接收过程示意图

Producer 根据指定的 partition 方法（round-robin、hash 等），将消息发布到指定 Topic 的 partition 里面；Kafka 集群接收到 Producer 发过来的消息后，将其持久化到硬盘，并保留消息指定时长（可配置），而不关注消息是否被消费；Consumer 从 Kafka 集群 pull 数据，并控制获取消息的 offset。

3. 基于 GML 和数字证书的多源异构空间数据安全传输技术

针对多灾种综合风险防范产品开发多部门应急联动中存在的数据异构传输困难、安全性差等问题，研究基于 GML 和数字证书的多源异构空间数据安全传输技术，保证数据传输过程中的安全性和完整性。

1）数字签名

数字签名过程中首先将消息经安全散列算法（secure hash algorithm 1，SHA-1）计算出固定长度的消息摘要，然后调用 RSA 算法（RSA algorithm）函数随机生成公钥和私钥，并利用私钥对消息散列进行加密生成数字签名。数字签名验证过程与数字签名过程相反，首先发送方公钥将签名解密，得到消息摘要，然后将接收数据由 SHA-1 生成消息摘要，将原始消息摘要和计算出的消息摘要进行对比，即可判断消息在传输过程中是否被篡改或丢失。

为减少计算量，在传送信息时，常采用传统加密方法与公开密钥加密方法相结合的方式，即信息采用改进的 DES（data encryption standard）或 IDEA（international data encryption algorithm）密钥加密，然后使用 RSA 密钥加密对话密钥和信息摘要。对方收到信息后，用不同的密钥解密并可核对信息摘要。

2）时空数据加密

空间数据的数据量往往较大，为提高数据加密速度，拟采用对称加密算法 AES（advanced encryption standard）对消息进行加密。对称加密只有一个密钥，为了对密钥进行管理，对数据进行加密时将随机产生加密密钥，加密完成后，将服务请求方信息连同密钥、数据标识、时间信息写入数据库中，客户获取密钥后再将密钥销毁，以确保密钥的一次性使用。

AES 是美国国家标准与技术研究所用于加密电子数据的规范，该算法是一个新的可以用于保护电子数据的加密算法。与公共密钥密码使用密钥对不同，对称密钥密码使用相同的密钥加密和解密数据。通过分组密码返回的加密数据的位数与输入数据相同。

3）基于 GML 的时空数据格式交换

利用 GML 对各部门中产生的业务数据进行空间地理要素解析，实现与 GML 元素的映射，对空间要素属性统一编码，完成 GML 文档的创建；通过 SOAP 协议和 HTTP 协议，将数据发送至综合风险防范应急联动平台数据中心，按照相应的 XSLT 规范将 GML 文档转换成符合数据中心要求的数据结构和格式，并导入业务数据库。

GML 基本模式只是为地理空间信息编码提供了元模式，或者说是一系列基本类。为了约束应用领域的数据实例，需要在这些基本模式提供的类型和结构上，根据综合风险防范下各部门的数据类型、格式等，开发自己的模式。GML 应用模式与 GML 基本模式的关系如图 5.6 所示。

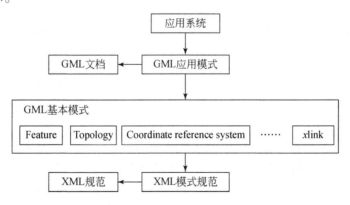

图 5.6　GML 应用模式与 GML 基本模式的关系

GML 文档模式抽取框架结构如图 5.7 所示。其中，单个 GML 文档或 GML 文档集作为输入，文档解析模块连续地解析输入的文档。当解析 GML 文档时，文档解析模块把这些数据传送到数据类型识别模块、属性提取模块和特征识别模块中。模式生成模块将识别的数据类型、属性和特征进行集成和优化，然后输出相应的 GML 应用模式。

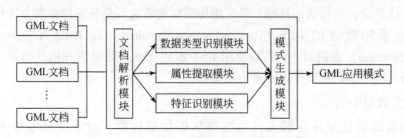

图 5.7　GML 文档模式抽取框架结构

文档解析模块接收输入的 GML 文档序列，检查文档的有效性，将其内容进行分解后存入不同的容器中。这些容器包括元素容器、属性容器、结构容器、数据容器和几何容器等，以便为进一步处理进行缓冲。数据类型识别模块根据数据容器和几何容器中存储的内容，识别出相应的数据类型，包括整型、浮点型、字符型、日期型，以及各种几何体类型，包括点、线、多边形等。属性提取模块根据属性容器和结构容器的内容，判断属性的类型和所隶属的元素。特征识别模块根据结构容器中和元素容器中的内容，以及数据类型识别模块和属性提取模块的结果，形成元素的内容模型，即构建地理特征。模式生成模块将各种地理要素进行综合和优化，最终得到文档的完整模式信息。

5.3.2　基于微服务架构下面向不同形式数据源的部门数据接入技术

总结分析数据主要来源类型，并依据不同来源形式设定有针对性的功能服务模块，从而更为有效地获取、接入数据。面对多灾种综合风险防范产品制作中多部门数据协同的数据采集、数据接收等业务需求，需要对框架内不同形式数据获取与接入部分的微服务单元的功能进行设计。通过对多部门数据协同的功能需求进行分析，在多灾种综合风险防范产品制作多部门数据协同技术框架中，将微服务获取与接入功能单元设计分为以下三个方面。

1. 面向 Web Page 形式数据源的数据提供 Web Crawler 微服务单元实现技术

1）关键技术描述

在多灾种综合风险防范产品制作中，有些部门数据以平台或网站的形式进行数据共享。传统的涉灾信息数据获取方式单一，一般由国家部门统一发布。随着网络的迅速发展，万维网（world wide web）成为大量信息的载体。万维网服务器通过超文本标记语言（HTML）把信息组织成为图文并茂的超文本，利用链接从一个站点跳到另一个站点。这样一来彻底摆脱了以前查询工具只能按特定路径一步步地查找信息的限制（徐梅等，

2014）。据《中国互联网发展报告（2021）》显示，中国网民规模为 9.89 亿人，互联网普及率达到 70.4%（中国互联网协会，2021）。由此可见，网络已成为人们信息传递和数据共享的重要途径。各级部门通过官方数据平台，将权威数据公开在网络便于阅览。

随着涉灾信息数据的网络化和多源化的发展，在面向 Web Page 形式数据源的数据提供 Web Crawler 微服务单元设计时，需要重点考虑以下几个问题：①要解决多平台、多网站数据难以直接获取的问题。②要解决首次全量采集历史数据，数据量庞大、网页结构多样，大规模获取数据具有一定难度的问题。③要解决数据中及时发现和实时接入的问题。

2）关键技术的实现原理和思路

Web Crawler 是一种按照一定的规则，自动抓取万维网信息的程序或脚本（罗春，2021）。通过给定其一个或多个种子——统一资源定位系统（uniform resource locator，URL），下载与这些 URL 关联的网页，提取其中包含的任何超链接，并递归地继续下载由这些超链接标识的网页。它通过下载文档和跟踪页面之间的链接来自动穿梭在网络之间。

由于获取的涉灾信息数据将用于自然灾害综合风险防范的研究，为保证数据的真实性、准确性，选用国家部门官方网站、行业单位官网作为 URL，采取广度优先爬取策略。通过对灾害相关平台和网站的网页分析，发现其以动态页面为主，且有些网站需要进行登录，因此采用动态页面获取技术获取加载后的完整网页源码，结合模拟登录技术进行网站登录，能够使得数据被完整、准确地抓取，且抓取效率最大化。

考虑到涉灾信息数据具有数据量大、时效性强的特点，将数据源分为历史数据与更新数据。历史数据量较大且需一次性全量获取，为保证数据采集时的效率和可用性，采用分布式采集技术，水平扩展了爬虫的性能。更新数据则使用增量爬虫，以保证数据的及时获取及实时更新。根据不同类型数据设定不同的抓取策略，对抓取到的数据进行处理，将关键信息从众多信息中提取出来。

3）关键技术的实现技术路径

（1）全量采集。

分布式采集：传统 Web Crawler 通过单机多线程抓取数据，效率有限；分布式爬虫以一种规则将多个单机进行连接、组合和调度，使分散的单机共同完成一个爬取任务，适用于大规模数据爬取。实现分布式爬取需要设置一台主机为核心服务器（Master），其余主机为爬虫程序执行端（Slaver）。核心服务器端负责判重、生产、调度任务。执行端负责读取核心服务器下发的任务并进行数据采集。分布式抓取策略可以充分地利用各 Slaver 的宽带，从而能够更高效、更有针对性、更有组织地获取大规模涉灾数据，为全量采集提供有效的技术支持。

动态页面获取：网页可分为静态页面和动态页面两种类型。在抓取数据时，动态页面无法获取完整的网页源码，因此需要进一步分析请求或使用专业工具。Selenium 是一个基于网络爬虫的浏览器自动化测试框架，可模拟人工操作自动化，提供对多种浏览器的支持（Gundecha，2018）。在进行涉灾信息数据相关页面请求时添加 Selenium 技术，Selenium 中的 WebDriver 组件对浏览器原生的 API 进行封装，形成一套面向对象的 Selenium WebDriver API。用户通过该 API 可以编写代码对网页元素进行点击、滚动等操作，并直接获取 Ajax

（异步 JavaScript 和 XML）技术、动态 HTML（dynamic HTML）技术和 JavaScript 渲染后的代码，方便进行后续的元素定位及抓取。

模拟登录：有些网站需要进行用户登录，包括账号、密码、验证码等，一些验证码逻辑复杂导致代码冗余量大。模拟登陆通过增加 cookie 池将模拟登录单独做成一个服务，达到服务分离、组件分离、服务分别部署的目的，使得代码耦合性降低，程序更加便利和灵活。整体流程为 cookie 池产出 cookie 存储入数据库（类型自选），进行数据采集时随机从数据库中获取 cookie 进行登录。由于 cookie 不是长期有效的，需要设置 cookie 检测服务，及时清除失效 cookie。需根据具体采集数据量需要，定义 cookie 池的容量。由于 cookie 池中存储多个网站，所以需对网站进行管理。cookie 管理器起到多网站管理及调度的作用，把需要的网站经管理器进行注册，以有针对性地对网站运行和定时检测，同时设立线程池便于多个网站同时运行。

不同的网站登录逻辑不同，因此要开发一个通用并统一配置的 cookie 池接口，便于新加入的网站快速接入系统。通过设置抽象基类以保证每个网站接入时按照指定的规范来实现特定的方法。

（2）增量采集。

有些涉灾信息数据更新频繁会产生增量数据，因此需设置增量爬虫便于及时抓取更新数据。增量爬虫在设计时需考虑两种情况，一种是正在全量抓取历史数据时有更新数据，另一种是历史数据已抓取完毕后有更新数据。

针对第一种情况，可以使用优先级队列，将队列类型设置为 PriorityQueue，由于增量数据一般会出现在首页或者末页，所以根据数据更新的大致频率，通过自定义脚本嵌入 enqueue_request 中，实现每间隔一段时间就将增量数据所在页面的 URL 插入队列中，并将优先级设置得较高，以便于及时发现并优先抓取新数据，而后再继续抓取历史数据。针对第二种情况，scarpy-redis 可以在队列为空的时候进行等待，使得爬虫不会关闭，及时发现增量数据并进行抓取。

4）接口

（1）外部接口是指面向网络爬虫形式数据源的数据提供微服务单元与数据中心微服务单元、产品制作微服务单元之间通信与数据传输接口、面向网络爬虫形式数据源的数据提供微服务单元与数据中心微服务单元及海量网络资源服务端的接口，如 HTTP 接口、URL 接口。

面向 Web Page 形式数据源的数据提供 Web Crawler 微服务单元向数据中心微服务单元发送数据，并接收来自数据中心微服务单元的响应信息；同时数据中心微服务单元可以主动向面向网络爬虫形式数据源的数据提供微服务单元发送消息及数据；微服务单元向 Web Crawler 形式数据源服务端通过接口获取平台及网站信息。

设置外部接口参数包括输入参数和响应参数，其中输入参数有地址栏参数，规范为"微服务单元代号_接口代号"、数据类型，默认为 JSON 格式或 XML 格式的可选形式。响应参数有返回值，默认 1 为操作成功，数据传输与消息传递成功；0 为操作失败，数据传输与消息传递失败。

（2）内部接口是指在面向网络爬虫形式数据源的数据提供微服务单元内部能对其本地

数据库进行直接访问的接口，默认直接将数据传输到该数据库，设置响应参数 1 为数据传输成功，0 为数据传输失败。

5）关键技术预期成果

通过 Web Crawler 微服务单元可以适用于多种网站数据获取。在首次访问时获取目标平台的全量数据，对目标平台进行监听和实时数据的更新，并通过微服务单元内部、外部接口进行数据的接入和传输。

2. 面向 Web API 形式数据源的数据提供 Web Service 微服务单元实现技术

1）关键技术描述

Web Service 是一种跨编程语言和跨操作系统平台的远程调用技术。在多灾种综合风险防范产品制作中，有些部门数据以 Web Service 的形式进行数据共享，随着互联网和智能终端应用的不断增多，各部门可以在通过数据库和文件直接调用局域网中的业务数据的基础上，还能根据各部门之间特定需求通过调用数据接口实现数据共享。因此针对在多灾种综合风险防范产品制作中遇到的数据要求，就需要设计一种面向 Web Service 形式数据源的数据提供微服务单元，来支持数据协同的正常运行。

2）关键技术的实现原理和思路

面向 Web Service 形式数据源的数据提供微服务单元实现技术的研究目标是数据源的动态发现、接口调用，进而能够高效率和自动化地获取数据源的数据。

本微服务单元通过阅读 WSDL 文档，了解 Web Service 的请求并生成 SOAP 请求，生成的 SOAP 请求会被嵌入在一个 HTTP 请求中发送至 Web 服务器，Web 服务器将请求发送至 Web Service 的请求处理器。Web 请求处理器用于解析收到的 SOAP 请求，调用 Web Service，然后生成相应的 SOAP 应答。Web 服务器得到 SOAP 应答后，在通过 HTTP 应答的方式将其返回给 Web Service 微服务单元。为了能够定时访问、更新数据而搭建了 Quartz 任务定时框架，与数据库结合，定时请求数据，做到了数据的及时发现。

3）关键技术的实现技术路径

本微服务单元运用 RESTful Web Service，RESTful Web Service 与基于 SOAP 的传统 Web Service 相比，具有跨平台、跨语言的优势，其风格更轻量和快速。RESTful Web Service 使用 HTTP 协议作为客户端和服务器之间的通信媒介。运用 Ajax 技术调用 Web Services。客户端发送一个 HTTP 请求形式的消息，然后服务器按照 HTTP 形式的响应，进行消息传递，客户端访问并发现调用数据源。XMLHTTPRequest 对象可以发出 HTTP 请求。通过 JavaScript 控制 XMLHTTPRequest 对象产生 SOAP 消息来调用 Web Services。

每个数据源都 URI 标识。REST 使用各种不同的表现形式表示数据源，本微服务单元采用 JSON 和 XML 数据交互格式，如客户端向数据源发送 GET 请求，保证服务器端正确返回 JSON 格式响应，通过上述步骤完成对资源的访问，类似地，可以使用 HTTP 的 POST 方法向资源 URI 发送 JSON 格式的数据，以进行资源的创建、更新和删除操作。

将微服务单元中集成 Quartz 定时任务框架，来定时地调用存储服务。Quartz 是一个开源调度框架，Quartz 启动后会产生一个容器，容器中有主任务调度线程负责获取触发器

(Trigger) 和对象（吴芳, 2020）。将 Quartz 与数据库结合, 定时请求数据并进行存储。主要使用 Quartz 框架中调度器（Scheduler）、触发器（Trigger）、任务数据（JobDetail & Job）三个基本要素实现微服务单元中定时任务的开发。

微服务单元从一个端口向 Web Service 服务器发送数据请求, Web Service 服务器通过另一端口向微服务单元发送数据。在日常情况下, 微服务单元将数据传输到中心数据库进行存储; 在应急状态下, 产品制作端向微服务单元发送数据请求后, 微服务单元将应急所需数据发送到产品制作端。

4）接口

(1）外部接口是指面向 Web Service 形式数据源的数据提供微服务单元与数据中心微服务单元、产品制作微服务单元之间通信与数据传输接口、面向 Web Service 形式数据源的数据提供微服务单元与 Web Service 服务端的接口, 如 JS 接口、HTTP 接口、URL 接口。

面向 Web Service 形式数据源的数据提供微服务单元向数据中心微服务单元发送数据, 并接收来自数据中心微服务单元的响应信息; 同时数据中心微服务单元可以主动向面向 Web Service 形式数据源的数据提供微服务单元发送消息及数据; 微服务单元向 Web Service 形式数据源服务端通过接口进行 HTTP 请求, 调用及传输数据。

设置外部接口参数包括输入参数和响应参数, 其中输入参数有地址栏参数, 规范为"微服务单元代号_接口代号"、数据类型, 默认为 JSON 格式或 XML 格式的可选形式。响应参数有返回值, 默认 1 为操作成功, 数据传输与消息传递成功; 0 为操作失败, 数据传输与消息传递失败。

(2）内部接口是指在面向 Web Service 形式数据源的数据提供微服务单元内部能对其本地数据库进行直接访问的接口, 默认直接将数据传输到该数据库, 设置响应参数 1 为数据传输成功, 0 为数据传输失败。

5）关键技术的预期成果

实现数据集成软件的 Web Service 资源自动发现和数据安全传输模块, 向 Web Service 服务器端发送请求, 服务器端正确且安全地返回 JSON、XML 格式数据, 将数据完整、统一、规范地传输给数据中心微服务单元、产品制作微服务单元。

3. 面向 FTP 形式数据源的数据提供 Web Transfer 微服务单元实现技术

1）关键技术描述

在多灾种综合风险防范产品制作中, 往往有些部门数据是基于 FTP 服务器这种形式来进行数据共享的。而传统的基于 FTP 服务器来获取数据时, 需要每获取一次数据就登录一次 FTP 服务器来查找下载数据, 且有的服务端不支持未知用户对其进行访问。从而可以看出, 这种传统的方式对数据的实时性更新功能弱, 获取方式繁琐。因此需要设计一种面向 FTP 形式数据源的数据提供 Web Transfer 微服务单元来实时获取数据。

2）关键技术的实现原理和思路

在进行文件传输时, 微服务单元端和 FTP 服务器之间要建立两个连接, 即"控制连接"和"数据连接"。控制连接在整个会话期间一直保持打开，微服务单元端发出的数据请求通过控制连接发送给服务器端的控制进程，但控制连接并不用来传送数据。实际用于传输数据的是"数据连接"。服务器端的控制进程在接收到微服务单元端发送来的数据传输请求后就创建"数据传送进程"和"数据连接"，用来连接微服务单元端和服务器端的数据传送进程。在数据传送进程实际完成数据的传送之后关闭"数据传送进程"和"数据连接"并结束运行。

当微服务单元端进程向服务器进程发出建立连接请求时，要寻找连接服务器进程的熟知端口，同时还要告诉服务器进程自己的另一个端口号码，用于建立数据传送连接。接着，服务器进程用自己传送数据的熟知端口与微服务单元端进程所提供的端口号码建立数据传送连接。由于 FTP 使用了两个不同的端口号，所以数据连接与控制连接不会发生混乱。

3）关键技术的实现技术路径

Web Transfer 微服务单元从一个端口向 FTP 服务器发送数据请求，FTP 服务器通过另一端口向微服务单元发送数据。在日常情况下，微服务单元将数据传输到中心数据库进行存储；在应急状态下，产品制作端向微服务单元发送数据请求后，微服务单元将应急所需数据发送到产品制作端。通过微服务单元端的微服务协议层向 FTP 服务器指定数据传输的端口，服务器数据传输层对数据进行加密后将数据传输到指定端口，可解决数据在传输过程中的安全性问题。

4）接口

外部接口是指 Web Transfer 微服务单元与数据中心微服务单元/产品制作微服务单元之间通信与数据传输接口。数据中心微服务单元/产品制作微服务单元向 Web Transfer 微服务单元发送数据请求消息，并接收来自 Web Transfer 微服务单元的响应信息及数据；同时 Web Transfer 微服务单元可以主动向数据中心微服务单元发送消息及数据。

设置外部接口参数包括输入参数和响应参数，其中输入参数有地址栏参数，规范为"微服务单元代号_接口代号"、数据类型，默认为 JSON 格式或 XML 格式的可选形式。响应参数有返回值，默认 1 为操作成功，数据传输与消息传递成功；0 为操作失败，数据传输与消息传递失败。

内部接口是指在 Web Transfer 微服务单元内部能对其本地数据库进行直接访问的接口，默认直接将数据传输到该数据库，设置响应参数 1 为数据传输成功，0 为数据传输失败。

5）关键技术预期成果

该关键技术的预期成果是构建面向 FTP 形式数据源的数据提供 Web Transfer 微服务单元，该微服务单元可以解决用传统方式从 FTP 服务器获取数据的不足，并实现以下功能：实时监听 FTP 服务器下指定目录下的数据；识别 FTP 服务器的数据类型以及传输对象，确保数据内容符合用户所需以及传输对象为数据所需用户；下载和包装用户所需数据，并指定数据包装的统一命名规范、数据结构；将包装后的规范数据传输到中心数据库微服务，在应急状态下直接传输到产品制作端，并确保传输过程中数据结构和内容不会发生变化。

5.4 跨部门多源异构数据融合处理技术研究

5.4.1 面向标准化数据产品准备的多源数据预处理

由于收集的数据来源于中国气象数据网、国家地震科学数据共享中心、国家地球系统科学数据中心、国家人口与健康科学数据共享平台、国家农业科学数据中心以及国家林业和草原科学数据中心等数据服务平台，来源平台多种多样，导致获取的数据格式不完全一致，影响对于数据的综合使用；在数据生产及传输过程中会产生数据的丢失、乱码及错排问题，影响对数据的正常使用。为了对获取数据进行正常运用，需要对多源数据进行预处理，解决数据格式混乱和"脏数据"的问题。由于数据是来自多部门的多灾种数据，具有数据量庞大的特点，所以要对大量数据进行清洗，需要根据大数据的技术原理，选用相应的技术方法，以达到对数据的快速清洗。技术应满足各项功能的实现要求，应该实现数据的标准化，以便于数据传输和数据集成，为产品制作微服务提供可靠数据。

1. 数据清洗

1）缺失值清洗

"脏数据"中最常见的问题是数据值缺失，常见的处理数据值缺失的方式主要有四种：①对于数据值重要性高且缺失率低的情况可以通过计算进行填充或者根据经验和知识进行估计；②对于重要性高且缺失率高的数据可以尝试从其他渠道获取数据对缺失的数据进行补齐，或通过计算其他字段得到缺失值，或去除字段并在结果中标明；③对于数据值重要性低且缺失率低的情况可以忽略处理或进行简单填充；④对于重要性低且缺失率高的数据可以直接去除该字段。通过对收集数据的缺失值进行清洗，保证了运用数据集数据信息的准确性。

2）格式内容清洗

地理空间的矢量数据、栅格数据、三维模型数据等在预处理时经常会需要进行格式的转换，将矢量数据、栅格数据等转化成文本结构描述或其他可用数据，以便数据的后续运用。由于数据格式转换会造成数据内容信息的缺失和错误，所以在对数据进行格式转换或投影转换时，要选用稳定的转换组件保证转换后数据信息的完整性和正确性。另外，选用数据格式转换组件时，要考虑到商业组件不能根据具体应用进行相应定制和成本较高的问题，应多选用开源数据转换组件进行设计开发。

当对收集到的数据建立数据集时可能会发现，不同的方式收集的数据可能存在数据类型不正确的现象，此时需要进行数据格式的转换，需要正确判断字段或变量的数据类型，如字符型、数值型、日期型等。

2. 数据预处理关键技术

1）Spark 技术是数据清洗技术的支撑

Spark 是由加利福尼亚州伯克利分校 AMP 实验室所开发的一种开源并行计算框架（McCrae and Costa，1991）。Spark 采用 Scala 语言实现，由于 Scala 是函数式的编程语言，所以操作十分便捷，代码十分精简，同时 Spark 还支持 Python、Java、R 语言。目前，Spark 作为一种快速、通用、可扩展的大数据分析引擎，Spark 生态系统已经发展成为一个包含多个子项目的集合。在这个生态系统中，Spark 以 Spark（core）为基础，上层包涵 Spark Streaming、GraphX、MLlib 和 Spark SQL。Spark 的核心和精华是它的弹性分布式数据集（resilient distributed dataset，RDD）。RDD 是一个容错的、并行的数据结构，同时它也是只读的纪录分区的集合，能够在内存中加载，方便再次使用。RDD 不仅具有不变的数据存储结构，还能够很好地支持跨集群的分布式数据结构，并且由于 RDD 直接将数据存储在 cache 中，能够降低读取数据而造成的延迟（Holden，2015），使得 Spark 不仅能够进行大数据的计算，同时也可以实现数据的随机查询与分析，弥补了 MapReduce 在这方面的不足。

图 5.8 是 Spark 生态系统，Spark 支持存储层和资源管理层，支持图计算的 GraphX，支持流计算的 Spark Streaming（Wang et al.，2015），支持机器学习的 MLlib（Guller，2015）库，支持 SQL 查询的子项目 Spark SQL 等都在 Spark Core 的上层。如图 5.8 所示的生态系统又被称为伯克利数据分析堆栈（Berkeley data analytics stack，BDAS），以下是 BDAS 中的主要项目。

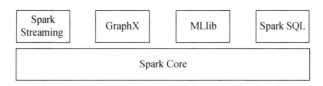

图 5.8　Spark 构成图

（1）Spark Streaming：基于 Spark 的上层应用框架。

（2）Shark SQL：对于数据的抽取、转换、加载（ETC）三个过程都能够起到很大作用。

（3）GraphX：基于 Spark 的上层的分布式图计算框架。GraphX 功能和 Pregel（Google 图算法引擎）的功能很相似（Tian et al.，2015），可以解决社交网络等节点和边模型的问题。

（4）MLlib：主要应用在机器学习领域，充分发挥了 Spark 迭代计算的优势，其性能比 MapReduce 模型算法提升高达数百倍。

2）地理空间数据抽象库开源组件是数据格式转换的支撑

地理空间数据抽象库（geospatial data abstraction library，GDAL）是一个在 X/MIT 许可协议下的开源栅格空间数据转换库。1998 年由 Frank Warmerdam 教授提出，它利用抽象数据模型来表达所支持的各种文件格式，并且还有一系列命令行工具来进行数据转换和处理（张宏伟等，2012）。开源 GIS 简单元素参考实现（OpenGIS simple features reference implementation，OGR）是 GDAL 项目的一个子项目，提供对矢量数据的支持。这两个库合称为GDAL/OGR，或者简称为 GDAL。GDAL/OGR 使用面向对象的 C++语言编写具有很高的执行效率；并且 GDAL/OGR 同时还提供多种主流编程语言的绑定，除了 C 和 C++语言之外，用户还可以在 Perl、Python、Java、C#等语言中调用 GDAL。由于数据格式转换要保证信息的完整性和正确性，目前最流行的可支持市场绝大部分矢量和栅格文件格式的开源组件GDAL 成为项目使用的首选。通过使用 GDAL 不仅可以对矢量和栅格数据进行读写操作，还可以直接通过自带的函数实现栅格转矢量、矢量转栅格以及矢量转 GeoJSON 的功能。这些功能对于空间数据的融合以及在数据库中的存储起到很大的帮助。

GDAL 提供对多种栅格数据的支持，包括 GeoTiff（tiff）、ErdasImagineImages（img）、ASCIIDEM（dem）等格式。GDAL 使用抽象数据模型来解析它所支持的数据格式，抽象数据模型包括数据集、坐标系统、仿射地理坐标转换、大地控制点、元数据、栅格波段、颜色表、子数据集域、图像结构域、XML 域。GDAL 包括如下几个部分：带有元数据的对象的 GDALMajorObject 类；从一个栅格文件中提取的相关联的栅格波段集合和这些波段元数据的 GDALDdataset 类；GDALDdataset 也负责所有栅格波段的地理坐标转换和坐标系定义；文件格式驱动类 GDALDriver；用来管理 GDALDriver 类的文件格式驱动管理类 GDALDriverManager。

OGR 提供对矢量数据格式的读写支持，它所支持的文件格式包括：ESRI Shapefiles、S-57、SDTS、PostGIS、Oracle Spatial、Mapinfo mid/mif、Mapinfo TAB。OGR 包括如下几部分：Geometry 类封装了 OpenGIS 的矢量数据模型，并提供了一些几何操作，如 WKB（well knows binary）和 WKT（well known text）格式之间的相互转换以及空间参考系统（投影）；SpatialReference 类封装了投影和基准面的定义；Feature 类封装了一个完整 Feature 的定义，包括一个 geometry 和 geometry 的一系列属性；FeatureDefinition 类封装了 Feature 的属性，包括类型、名称及其默认的空间参考系统等；Layer 类中的 OGRLayer 是一个抽象基类，表示数据源类 OGRDataSource 里面的一层要素（feature）；DataSource 类中的 OGRDataSource表示含有 OGRLayer 对象的一个文件或一个数据库；Drivers 类中的 OGRSFDriver 对应于每一个所支持的矢量文件格式。

3）PROJ（GIS 开源组件）是投影变换的支撑

PROJ 是根据 X/MIT 开源许可证发布的可以从一个协调参考系统（CRS）到另一个协调参考系统（CRS）的地理空间坐标转换组件。PROJ 支持上百种不同的地图投影，具有强大的投影转换功能，可以使用除最模糊的大地测量技术外的所有技术在基准之间转换坐标。PROJ 可以在 Windows、UbuntuLinux 和 FedoraLinux 环境下进行部署，支持多种编程语言如 Python、JavaScript。因此考虑到投影转换的重点在于空间数据的坐标一致性，以及组件的成本与适配性，所以选用 GIS 开源组件 PROJ。

4）关键技术算法

GDAL 库中有各类工具辅助实现空间数据格式转换以及投影变换：

（1）GDAL_translate 用来在不同格式间转换栅格数据。

（2）GDAL_warp 工具是一个图像镶嵌、重投影和纠正的工具。

（3）GDAL_rasterize 将矢量几何图形（点，线，面）栅格化到栅格波段中。

（4）GDAL_transform 用来转换坐标，从支持的投影，包括 GCP 点的变换。

（5）GDAL_merge 自动镶嵌指定的图像。

（6）GDAL_polygonize 根据栅格文件创建面要素图层。

（7）ogr2ogr 支持矢量数据格式转换。

（8）坐标转换和变换（coordinate conversion and transformation，CCT），在一组输入点上执行变换坐标系。

（9）cs2cs 在一组输入点上执行源地图坐标系和目标制图坐标参考系统之间的转换。

3. 关键技术路径

如图 5.9 所示，数据微服务通过开源的分布式消息系统 Kafka（Topic）接入后将数据传输 Spark 框架中的 SparkStreaming 组件中进行清洗，再通过另一个开源的分布式消息系统 Kafka（Topic）传输到数据格式转换流程中。

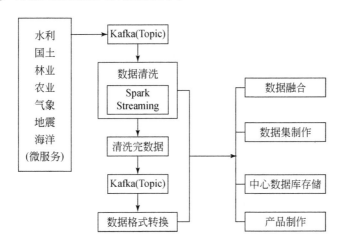

图 5.9　关键技术路径

5.4.2　面向扩展数据集的多源异构数据融合处理

由于数据是来自多部门的多灾种数据，不同部门对相同或相似数据的关注点不同，数据的内容和属性也随之不同。而单一部门的数据不足以实现对灾害风险产品的综合制作，所以要对多源异构数据进行融合处理。对多源异构数据的融合处理主要是对空间数据融合处理，通过数据间的融合，丰富数据内容，统一数据规范，从而获取高质量的空间数据，以提高综合灾害风险产品的质量。

对空间数据融合处理，要考虑的问题有以下几点。

1）空间数据融合算法的类别

由于相同或相似空间数据之间的差异性所产生的原因不同，当通过数据融合解决这些差异性时，空间数据融合算法的类别也随之多样，所以要通过对空间数据差异性产生原因的分析，归纳出主要的空间数据融合算法。

2）空间数据融合算法的选择

由于空间数据融合算法有多种，不同的融合算法实现融合结果不同，所以在空间数据融合过程中，要根据空间数据融合的目的，选择适当的空间数据融合算法。

经过预处理之后待融合的空间数据，首先根据产品制作的需要，确定对应的融合策略，然后选择合适的组件接口进行几何特征融合、几何位置融合、属性特征融合。通过组件融合后得到用于研究的新数据。

1. 多源异构数据融合结构分类

数据融合结构分类的方法有多种（姜延吉，2010），一种常见的分类方法是将其分为：数据级融合、特征级融合和决策级融合。

1）数据级融合

数据级融合也被称为像素级融合，数据级融合直接对未经进一步处理的数据进行关联和融合，融合之后才做特征提取工作，所以能够在最大程度上保留原始数据的特征，也能够提供较多的细节信息。数据级融合过程如图5.10所示。但正因如此，这一层次的融合受原始数据的不确定性、不完整性和不稳定性的影响较大，所以这一层的融合要求传感器是同质且具有较高的纠错处理能力，同时数据级融合也具有融合代价高、时效性差、抗干扰能力差等缺点。

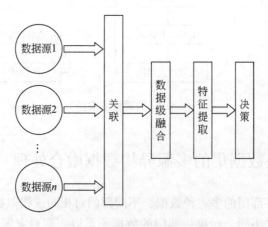

图5.10　数据级融合过程图

数据级融合主要应用于：图像分析和理解、多源图像复合、多传感器信息融合等应用领域。

2）特征级融合

特征级融合是中间的一个层次，首先从原始数据提取特征信息，再对被提取出来的特征信息进行融合。特征级融合过程如图 5.11 所示。特征信息可以是数量、方向、距离等信息。特征级融合的融合顺序使得它可以做到较好的信息压缩，较像素级融合而言有更好的实时性，同时由于特征提取部分直接与决策分析相关，因而在保证实时性的同时也能够最大限度地给出决策所需的特质信息，但是在特征提取时有可能会损失部分数据，导致融合结果不够精确。

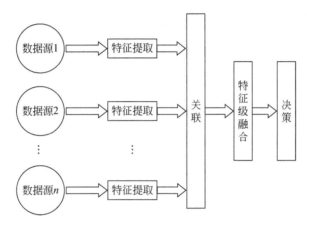

图 5.11　特征级融合过程图

特征级融合常用的方法有：人工神经网络、特征压缩聚类法、卡尔曼滤波、多假设法等。

3）决策级融合

决策级融合是更高层次的融合，它的融合对象是各传感器的个体决策。决策级融合过程如图 5.12 所示。通过各传感器的数据，在融合之前先完成各自的决策或识别工作，随后将这些决策进行融合，最终获得具有整体一致性的决策结果。在决策层，数据传输量小，鲁棒性好，对传感器依赖小，且具有较好的容错性，但缺点是初始决策的操作代价较高。

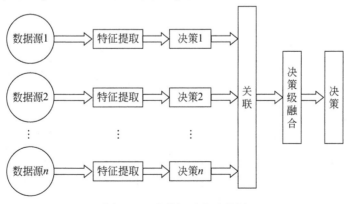

图 5.12　决策级融合过程图

决策级融合方法：专家系统、D-S 证据理论、贝叶斯推理以及模糊推理理论等。

4）三种融合层次比较

总体而言，三个层次的融合各有优劣，表 5.12 从对传感器依赖性、数据量、通信量等方面对比分析了几个融合级别的大小。

表 5.12　数据融合级别对比

融合级别	数据级	特征级	决策级
传感器依赖性	同质	不限	不限
数据量	大	中	小
通信量	大	中	小
信息损失	小	中	大
处理代价	大	中	小
实时性	小	中	大
抗干扰性	小	中	大
融合精度	大	中	小

可以看到，由于数据级融合是最基础层次的融合，能够在保全尽量多信息的条件下进行数据融合，但是对传感器、通信能力、处理代价等要求较高；相反地，决策级融合多源异构数据的同时，仅需要较小的数据线路通信，也有较好的通信量，但融合精度低。特征级数据融合各项性能居中，综合了其他两个层次的优缺点。

2. 多源异构数据融合关键技术

数据融合技术是一个具有复杂性的综合处理过程，在多年来的发展中，传统的识别与分类算法为数据融合技术的进步和完备打下了理论基础；再加上近些年出现的新技术，对继续推动数据融合向前发展也起了重大的作用，数据融合方法主要的经典方法与现代方法如图 5.13 所示。

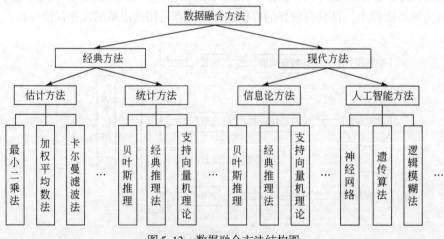

图 5.13　数据融合方法结构图

下面介绍一些主要的数据融合方法。

1）估计方法

估计方法也可以概括为信号处理与估计理论方法，主要包括最小二乘法、加权平均数法、卡尔曼滤波法等线性估计技术（Petrovic and Xydeas，2004；Nunez et al.，1999），以及一些非线性估计技术，主要有高斯滤波技术（Alspach and Sorenson，1972）、扩展的卡尔曼滤波技术（extended Kalman filter，EKF）等。

（1）加权平均数法。

加权平均数法是数据级融合中最简单易行的方法，在数据级融合中应用较为广泛，该方法将数据源所提供的一组有冗余信息的数据赋予加权系数后做加权平均处理：用□□代表赋予数据源□的权重，用□□□表示数据源□对决策□的支持度，那么∑□□□□□就是综合的各个证据对各决策的支持程度，得到的结果即为数据融合的结果，这种方法简单直观但不够精确，且在权重的确定上，会受一些主观因素影响。

（2）卡尔曼滤波法。

卡尔曼滤波法主要用于动态环境中多传感器信息的实时融合，其算法核心是计算各传感器数据之间的加权平均值，其中权值与测量方差成反比。在实际应用中，通过调节各传感器的方差值来改变权值，从而得到更可靠的结果。

2）统计方法

统计方法主要包括贝叶斯推理、支持向量机理论、经典推理、随机集理论（Goutsias et al.，1997）及证据推理（Bloch，1996；Robin，1998）。

（1）贝叶斯推理。

贝叶斯推理是多源数据融合经常使用的方法，利用概率原则组合传感器信息并将不确定性通过概率表示出来，然后计算在给定多源数据这一条件下，某个假设为真的后验概率。贝叶斯推理要求系统的决策□1，□2，…，□□之间相互独立，对于数据源给出的属性（证据）B_1，B_2，…，B_n，计算每一个证据在各假设为真的条件下的概率 $P(B_i|\square\square)$，以及□个证据的联合条件概率：

$$P(B_1,B_2,\cdots,B_n|\square\square)=P(B_1|\square\square)\cdot P(B_2|\square\square)\cdots P(B_n|\square\square)$$

然后利用贝叶斯公式即可计算出在□个证据为真的条件下，假设□□的后验概率：

$$P(\square\square|B_1,B_2,\cdots,B_n)=[P(B_1,B_2,\cdots,B_n|\square\square)\cdot\square(\square\square)]/P(B_1,B_2,\cdots,B_n)$$

在实际应用中，最后再按照一定的判定策略来做决策。

（2）多贝叶斯方法。

多贝叶斯推理的原理也很简单，它把每个数据源当作一个贝叶斯估计，然后由这些单源数据的联合概率分布合并成一个联合后验概率分布函数，接着将由似然函数中的最小值给多传感器提供融合结果，这样还可以降低部分有偏差信息的数据包对最终结果的影响。与贝叶斯推理一样，根据某种决策规则来确定最终的结果，最常使用的规则是取具有最大后验概率的那条决策作为系统的最终决策。

3）信息论方法

信息论方法在多源数据融合中应用数理统计知识研究信息的处理和传递，其典型算法有：模糊理论、D-S证据理论、熵方法（Tang et al.，2017）、模板法、最小描述长度方法等。

（1）模糊理论。

模糊理论在数据融合领域应用的实质就是利用一个模糊映射将数据源信息作为输入映射到融合结果的输出空间，其基本思想就是将原本只有两个取值：非0即1的隶属关系，扩展到一个连续的取值范围：［0，1］，用这个区间内的一个值来表示元素对某个模糊集的隶属程度，通过这种度量方法能够很好地描述和表达不确定事件。

模糊理论在数据融合中的应用原理见图5.14，待融合数据和融合结果分别作为输入和输出，首先利用模糊理论分别将它们模糊化，转变成相应的模糊语言变量值，为了得到各位置的总兼容度，在输入变量定义的区间内寻找输出变量与各个证据的兼容度。再通过模糊理论的AND或OR运算合并所有兼容度，再将该结果作解模糊处理，得到最终的融合结果。

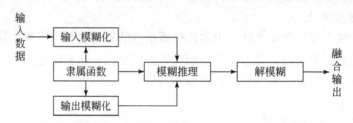

图5.14　模糊理论在数据融合中的应用原理

（2）D-S证据理论。

D-S证据理论提供了一种有效的方法来解决不确定性和来自多个来源的信息的整合。它不需要先验概率或条件概率（Dempster，1967），对"不确定"与"不知道"之间的区别能够很好地描述出来，是一种对概率论的扩展（Manyika and Durrant-Whyte，1994）。

在我国，关于D-S证据理论的正式研究开始于段新生（1993）这一专门论述证据理论的文献，随后，国内一些较早开始研究的专家如刘大有在该理论的模型解释、理论扩展和实现等细分领域发表了一系列论文；苏运霖等将证据理论与约集（即粗糙集）理论进行了比较与研究（David et al.，1999）；曾诚、顾伟康（孙全等，2000）等研究了证据合成公式的扩充，解决了不完备识别框架下的证据合成方法，提出了改进的证据合成公式。近些年国内的研究已经逐渐跟上国际水平，不断在现实应用中出现。

数据融合的数据源是来自多种类型的传感器，因为受到环境、数据源信息质量等因素的影响，可能会得到具有随机性、模糊性和不确定性信息数据，D-S证据理论能够处理不确定、模糊信息，为这类问题提供了解决思路。

4）人工智能方法

近几年人工智能方法蓬勃发展，在数据融合领域的应用也有较好的表现，人工智能方法主要包括：神经网络、遗传算法、逻辑模糊法、专家系统、基于规则的推理等。

神经网络可以对复杂的非线性映射进行模拟，且由于具备很高的运算速度、联想能力、适应性、容错能力和自组织能力等特点，神经网络能够很好地适应多源数据融合的处理要求。反向传播（back propagation，BP）神经网络是目前使用最普遍的一种神经网络，它能够对输入的样本进行学习，采用梯度搜索技术，从输入层开始，经隐含层单元，最终传向输出层。BP 神经网络在数据融合中的应用如图 5.15 所示。

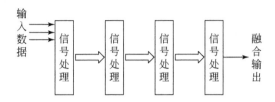

图 5.15　BP 神经网络在数据融合中的应用

神经网络的自学习能力可以根据输入的样本之间的相似性制定一定的规则，也可以通过自学习来得到不确定推理机制，由此，神经网络可以在数据融合领域得到应用。

参 考 文 献

段新生. 1993. 证据理论与决策、人工智能. 北京：中国人民大学出版社.

姜延吉. 2010. 多传感器数据融合关键技术研究. 哈尔滨工程大学.

罗春. 2021. 基于网络爬虫技术的大数据采集系统设计. 现代电子技术，44(16)：115-119.

孟德存. 2011. 跨部门的任务协同模式及其在城市应急联动系统中的应用. 山东：山东科技大学.

慕容云甲. 2018. Kafka 史上详细原理总结. https：//blog. csdn. net/qq_14901335/article/details/80451087.
　　2018-05-25.

孙全，叶秀清，顾伟康. 2000. 一种新的基于证据理论的合成公式. 电子学报，28(8)：116-119.

吴芳. 2020. 基于 Web Service 的政务云资源数据交换平台的设计与实现. 江苏：苏州大学.

徐梅，陈洁，宋亚岚. 2014. 大学计算机基础. 武汉：武汉大学出版社.

许京乐. 2021. 基于容器和微服务的弹性 Web 系统设计与实现. 四川：电子科技大学.

张宏伟，童恒建，左博新，等. 2012. 基于 GDAL 大于 2G 遥感图像的快速浏览. 计算机工程与应用，
　　48(13)：159-162.

张天军. 2019. 浅谈地理信息系统在涉灾数据管理中的应用. 活力，(11)：2.

中国互联网协会. 2021. 2021 中国互联网大会|《中国互联网发展报告(2021)》在京发布. https：//www. isc.
　　org. cn/article/40203. html.［2022-09-13］.

Alspach D，Sorenson H. 1972. Nonlinear Bayesian estimation using Gaussian sum approximations. IEEE
　　transactions on automatic control，17(4)：439-448.

Bloch I. 1996. Information combination operators for data fusion：a comparative review with classification. IEEE
　　Transactions on Systems，Man and Cybernetics Part A，26(1)：52-67.

David A B，苏运霖，管纪文，等. 1999. Evidence theory and rough set theory 证据论与约集论. 软件学报，
　　10(3)：277-282.

Dempster A P. 1967. Upper And lower probabilities induced by a multi-valued mapping. Annals of Mathematical
　　St Atistics，38(2)：325-339.

Goutsias J，Mahler R，Nguyen H T. 1997. Random Sets：Theory and Applications. New York：Springer- Verlag.

Guller M. 2015. Spark Streaming // Big Data Analytics with Spark. New York：Apress.

Gundecha U. 2018. Selenium 自动化测试——基于 Python 语言. 金鑫，熊志男译. 北京：人民邮电出版社.

Holden K. 2015. Learning Spark. 江苏：东南大学出版社.

Manyika J, Durrant-Whyte H. 1994. Data Fusion and Sensor Management: a Decentralized Information Theoretic Approach. New York: Ellis Horwood.

McCrae R R, Costa P. 1991. The NEO personality inventory: using the five factor model in counseling. Journal of Counseling and Development, 69(4):367-372.

Nunez J, Otazu X, Fors O, et al. 1999. Multiresolution-based image fusion with additive wavelet decomposition. IEEE Transactions on Geoscience and Remote Sensing, 37(3):1204-1211.

Petrovic V S, Xydeas C S. 2004. Gradient-based multiresolution image fusion. IEEE Transactions on Image Processing, 13(2):228-237.

Robin R M. 1998. Dempster-shafer theort for sensor fusion in autonomous mobile robots. IEEE Transactions on Robotics and Automation. 14(2):197-206.

Tang Y, Zhou D, Xu S, et al. 2017. A weighted belief entropy-based uncertainty measure for multi-sensor data fusion. Sensors, 17(4):928.

Tian X, Lu G, Zhou X, et al. 2015. Evolution from Shark to Spark SQL: preliminary analysis and qualitative evaluation. Kohala, HI, USA: Big Data Benchmarks, Performance Optimization, and Emerging Hardware-6th Workshop, BPOE 2015.

Wang K, Bian Z, Chen Q. 2015. Millipedes: distributed and set-based sub-task scheduler of computing engines running on yarn cluster. IEEE, International Conference on High Performance Computing and Communications.

第6章 网络大数据支撑自然灾害综合风险防范信息服务的技术途径

6.1 中国网络大数据灾害信息挖掘与融合分析技术现状

社交媒体是灾害应急管理的一个新兴但尚未充分利用的大数据源。本节对国内外利用社交媒体数据进行灾害信息挖掘和融合分析技术的相关研究进行了综述，归纳出社交媒体数据在灾害应急管理中应用的潜力、优势和问题。

6.1.1 基于社交媒体数据的灾害信息提取方法

目前常见的社交媒体数据提取致灾强度信息的方法有：①基于社交媒体数据得到致灾因子的强度空间分布情况，进而提取致灾强度信息；②使用位置熵和马尔可夫转移矩阵结合时空维度，反映致灾因子动态演变；③通过空间聚类识别受灾区乃至重灾区。特别地，对于地震灾害，可以利用空间增长模型快速估计震区烈度，但该方法对原始数据要求较高。社交媒体数据常与监测数据结合，用于修正监测数据，得到更合理的地震烈度分布图。但在提取致灾强度信息的过程中，存在以下问题：①对文本信息的分类计数方法并不能应用到图像视频的处理中；②虽然保证了获取致灾强度信息的实时性，但没有考虑细化到街道及具体建筑物的受灾情况；③相关研究通过位置纠正提高了社交媒体数据的地理精度，但由于缺乏官方的致灾强度图，使优化结果无法验证等。

社交媒体数据提取因灾损失信息的主要方法有：①采用语义分析、语义分类、情感分析和主题标签等多维分析方法预测灾害损失，并用机器学习和反馈机制提高预测精度（Enenkel et al., 2018）；②对于损失细节信息的提取，信息检索技术和地理标记评分法都是可行的；③航测照片和推文融合分析技术也能估计直接经济损失。但仍存在以下问题：①损失预测结果精度受限于数据质量；②在特定灾害中涉及更多的是间接经济损失，无法通过社交媒体数据进行定量估算等。

社交媒体数据提取灾害救助需求信息的方法主要有：①通过语义分析识别舆论走向，提供救灾参考，并结合机器学习来获取需求信息；②分析推文数量和空间的变化，为重灾区的救援提供保障；③考虑人口类型，分析公众情绪，寻找消极情绪的空间分布规律，进而分配救灾物资。主要存在的问题包括：①需求信息依赖于含有精确地理位置的社交媒体数据，大部分社交媒体数据无法满足要求；②社交媒体信息可能存在个人夸张成分，导致需求信息与实际受灾情况不匹配。

已有研究结果表明，虽然各研究角度不同，但技术方法类似，大多遵循如图 6.1 所示的技术路线。主要技术流程包括：①数据源。多类社交媒体平台能够提供丰富的文本、位置、图片和视频信息。微博等社交媒体信息地理位置获取的问题可能是其在灾害应急管理中应用的瓶颈。②数据预处理。原始社交媒体数据含有较多噪声，需要通过机器学习和分词技术删除与灾害主题无关的数据，实现数据降噪。另外，对于地理位置不准确的数据，需要通过标签匹配等方法纠正并提取地理信息。③数据分析。方法种类繁多，重点在于数据的合理利用，充分挖掘数据的潜在信息。如对于时空分析，仅仅分析时空变化是不够的，还需对发生此变化的原因和驱动力进行分析，结合灾害特点，进一步提取灾害应急管理信息。④应急管理应用。通过数据分析和可视化技术得到致灾强度、损失分布、舆情信息和需求信息等，服务于灾害应急管理。在灾害应急管理应用中，决策者和受灾群众之间通过应急管理的四个阶段相互联系。社交媒体在防灾、备灾、响应和重建阶段的应用能有效提高应急管理的效率。

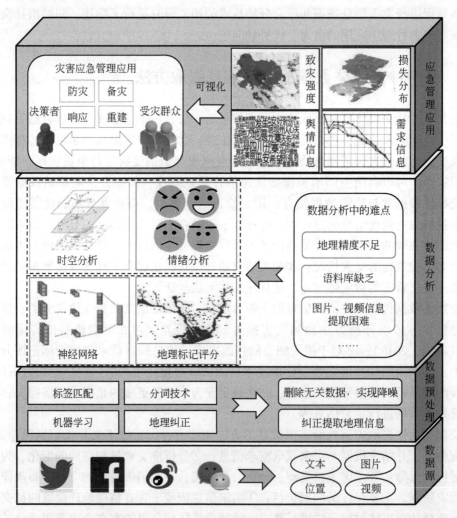

图 6.1　社交媒体数据在灾害应急管理中应用的技术路线图（据邬柯杰等，2020；彩图见封底二维码）

同时，已有研究对灾害应急管理中致灾、损失和救助需求等关键环节信息的提取存在以下问题：①应急管理信息提取精度不高，如提取致灾因子强度信息时，由于对关键词——致灾强度分级存在主观性和夸张成分，导致致灾强度信息提取精度不高；②地理精度不高，空间信息有所偏差；③对于灾害应急管理信息的提取，已有研究呈现出方法多样但普适性不高的特点。

6.1.2　社交媒体数据的优势

从社交媒体可获取的灾害应急管理优势信息包括：①高实时性的致灾信息。②实时灾情信息。目前的灾情信息一般是通过灾区考察以及上下级部门统计上报的渠道获得，时间滞后性较大。而通过社交媒体中传递的灾情信息，决策者可以对整体灾情有基本认识。另外，社交媒体灾情信息还能为统计上报提供参考，提高上报数据的准确度和可信度。③对接受灾者的救助需求信息。

6.1.3　社交媒体数据的应用潜力

社交媒体数据应用于灾害应急管理的两个重要目的是态势感知和信息共享，其在灾害应急管理的四个阶段：防灾、备灾、响应和重建中都有应用潜力。

在防灾阶段，工程措施、保险再保险和减灾战略规划等手段受到较多关注。社交媒体数据为防灾阶段提供信息参考，其中的典型应用为手机信令数据。通过收集灾害发生前后手机呼叫及等待的详细信息，能够估计区域内人口分布和社会经济状况，以进行风险评估。规划避难所也是防灾阶段的重要措施，Kusumo 等（2017）分析了居民撤离情况，表明居民所需庇护所的位置与政府避难所的位置匹配度只有 35.6%，为避难所的设置提供了数据和位置参考。

在备灾阶段，需要实施紧急物资储备、召集救灾队伍和通信后勤等预案措施来保障灾害响应的有效性，其中及时监测灾害进程是备灾阶段的必要措施。社交媒体数据能够监测灾害情况。如在台风来临时，人们通过发布社交媒体信息反映当地风雨情况。应急管理部门可以通过访问社交媒体平台，获得灾害基本情况，并建立起防灾备灾的情景意识。已有研究运用社交媒体进行降雨和洪水事件的监测，并通过网络地图应用于巴黎和伦敦等城市的备灾阶段。

在响应阶段，决策者需要通过指标统计对灾情有全局认识。社交媒体能支持统计指标的获取：①通过提取社交媒体中与致灾因子相关的文字和图片信息，可以快速得到致灾因子的分布和强度等指标。②损失的快速评估。如微博能被用于估计台风灾区的损坏程度。美国联邦紧急事务管理署（FEMA）还组织了公共和私人小组来分析灾害推文，进而找出需求点并进行援助，可见其在灾害响应中对于社交媒体数据的重视程度。③详细的需求信息。社交媒体数据来源于群众，其需求是精确到个人的。在进行资源分析和物资调度时，详细的需求规划能够提高救援效率。

在重建阶段，决策者关注各产业恢复情况、基础设施重建情况以及群众的心理变化等信息。社交媒体能够显示恢复重建的进程和时空模式。Yan 等（2017）使用带有地理标签的社交照片，通过可视化研究监测和评估 2013 年菲律宾地震和台风"海燕"之后旅游业的复苏情况。

6.1.4　社交媒体数据的应用挑战

在灾害应急管理应用中，社交媒体数据的机遇与挑战并存。

社交媒体数据采集不及时。目前基于关键字搜索是获取社交媒体数据的主要方法，考虑到灾害应急管理，该方法仍存在时间滞后，需要充分考虑推文发布的时间滞后性，综合微博内容中的时间信息，实现时间聚类或创建时间线。若能开发自动化社交媒体数据采集工具，实时采集、分析和可视化社交媒体数据，对灾害应急管理来说是有利的。

应急管理信息提取存在瓶颈，其中涉及以下几个问题：

缺乏从多媒体数据中提取灾害应急管理信息的专业语料库。灾害应急管理与舆情紧密联系，目前在舆情分析中，合适的语料库是保证舆情精度的前提。对灾害应急管理来说，不同类型灾害的致灾程度、不同承灾体的破坏程度和救助需求在感知信息和表达形式上都存在显著的差异。如何针对灾害应急管理需求建立专业化的语料库以提取相应信息，是利用社交媒体数据进行应急管理的基础，而这种专业化语料库的缺乏是限制其信息提取精度的关键因素之一。

分词的多义性问题。相比于英语，中文较为简练且内涵丰富，在处理推文时，必须考虑推文的多义及歧义等问题。对于分词结果中多义性的处理，常用的方法为使用贝叶斯分类判别器，结合含有词义标注的大规模语料库资源，利用多义词在上下文中的特征概率给出歧义判别结果（刘商飞和张志祥，2009）。尽管有丰富的中文分词方法，对于新词的处理还是目前存在的难点之一。

灾害相关推文图片与视频的处理技术仍存在难度。对于表情图片的信息提取，使用情感分类器是一个有效方法，通过特征抽取、构建分类器以及性能优化的步骤，达到提取图片情绪的目的。在识别推文图像内容时，可通过支持向量机方法提取信息。

单源社交媒体提取的应急管理信息有限，其精度往往难以达到科学管理决策的需求，如何利用文本、图片、视频以及常规观测等多源信息，研发多源社交媒体信息融合分析技术以更加全面系统地提取灾害应急中的致灾、损失和救助需求等信息，仍是未来研究的难点，也是未来的发展趋势。

6.1.5　小结

社交媒体数据丰富的感知信息可以为灾害应急管理中致灾、灾情和救助信息的提取提供支持，具有传统观测调查数据无可比拟的大数据信息特征，可在一定程度上弥补传统观测调查数据全面性、系统性的不足。

基于态势感知和信息共享，社交媒体数据有望实现灾害管理防灾、备灾、响应和重建四个阶段的数据支持和信息参考。在防灾阶段，社交媒体数据能为减灾工程以及灾害保险再保险提供数据支持，使防灾规划更具科学性；在备灾阶段，社交媒体数据能够实时监测灾害进程，反映灾害基本情况；在响应阶段，社交媒体数据能够提供灾情统计指标，包括致灾因子、损失评估和需求信息等，提高应急救援的效率；在重建阶段，社交媒体数据能够反映群众总体的灾后恢复情况，为决策者监控重建进程提供参考。

社交媒体数据应用于灾害应急管理时，基本遵循以下技术流程：数据获取、数据预处理、数据分析和应急管理应用，关键技术在于数据预处理和数据分析阶段。数据预处理阶段通过机器学习和分词技术等排除与灾害无关的信息，实现数据降噪，同时为提取地理位置，还需要进行地理纠正，进而提高数据分析的精度。数据分析的难点在于地理精度的不足、专业语料库的缺乏以及图片视频的处理难度高等。

研究表明，基于社交媒体数据的数据挖掘及机器学习方法，可以很好地提取灾害应急管理信息，而且传统观测手段很难像社交媒体数据那样能够获得灾害管理的社会感知信息。尽管社交媒体在灾害应急管理中已有较多研究，但其缺陷不容忽视。如何解决社交媒体数据地理位置模糊、灾害应急管理信息精度有限等问题，仍需要在社交媒体数据处理及多源数据融合分析技术方面取得突破。

6.2 新时代网络大数据灾害信息挖掘与融合应用框架探索

目前应用于灾情评估的数据源非常多元化，包括了站点监测、社交网络、通信基站、交通监测、遥感影像、监控视频等多手段、多类型、多时空尺度的数据。在应用过程中都要面对数据的异源异构、碎片化、噪声多等挑战（Tang et al.，2021；唐继婷等，2022）。利用大数据分析技术，研发基于多源数据的要素信息提取与校正方法，进一步基于机器学习构建从多源数据到致灾因子强度、承灾体与灾损估计的映射方法，实现空间化灾情的快速动态提取是新时代灾害信息挖掘与应用的可能路径。

6.2.1 研究内容

灾中应急救助需求伴随灾情的蔓延与发展，动态性较强。单一渠道的救助需求信息已无法满足精准救助的实时性和准确性。因此需要通过融合灾情动态变化的上报信息、遥感信息等基础数据和实时更新的万维网、社交平台数据，分析灾害强度、灾情、应急救助需求的时空分布特性与变化规律，解决灾害风险分析、应急救助时效性和准确性等关键技术问题。灾害管理的全流程链条长、涉及利益相关主体多。因此建立应用框架，需要选择针对常态减灾与非常态救灾情境下的主体和应用内容。

我们针对政府灾害救助、灾害保险、社会力量参与综合减灾、公众防灾减灾等重大业务的信息服务需求，从致灾、灾情、救灾三个维度，研究建立产品要素信息的核心指标，研发各核心指标的大数据信息挖掘与融合分析技术，突破灾害要素信息的实时动态监控、关联分析和综合认知等技术难点，形成基于"互联网+"和物联网要素信息的高时效、多渠道获取与融合分析应用框架，建立大数据信息挖掘与行业部门监测并行、相互补充、相互验证的信息获取新机制。相应地，网络大数据灾害信息挖掘与融合应用应涵盖：

（1）多灾种致灾强度信息多源时空大数据挖掘与融合分析技术研究。

针对台风、洪涝、滑坡、泥石流、地震等灾害，基于多源大数据，利用数据清洗、数据挖掘、统计建模、机器学习、空间分析等技术，并依托互联网数据、社交网络数据、高风险区域高分遥感影像及土地利用信息等多源异构数据，研究建立台风风场、暴雨强度、洪水深度及淹没范围、地震烈度等致灾要素信息的大数据提取方法。

（2）多灾种灾情信息多源时空大数据挖掘与融合分析技术研究。

依据国家现有灾情采集、管理与评估业务，根据典型承灾体种类建立灾情要素的信息指标集。基于多源异构大数据，研发人口、房屋、农作物、交通和直接经济损失等受灾情况空间分布的快速分析研判技术，结合部门统计数据进行模型校正。

（3）多灾种救灾信息多源时空大数据挖掘与融合分析技术研究。

基于多源异构大数据，采用网络爬虫、舆情分析、遥感灾情研判等技术，研发大数据救灾需求指标信息快速挖掘与融合分析技术，实现应急救援、人员转移安置、生活保障、灾区秩序恢复等救助需求空间分布的快速分析研判。

6.2.2　技术路线

基于国家灾情管理、评估与救灾业务需求分析，针对台风、洪涝、滑坡、泥石流、地震等灾害的致灾强度指标，分别研究建立基于台风、洪涝、滑坡、泥石流、地震等灾害致灾强度指标的致灾要素信息时空大数据挖掘与分析模型。针对多灾种人口、房屋、农作物、交通等灾情要素，研究大数据多灾种灾情指标信息挖掘与融合分析技术，利用大数据样本空间分布信息，进行遥感影像灾情判别，建立灾情信息时空大数据挖掘与分析模型。针对应急救援、生活保障、人口转移安置、灾后秩序恢复等方面救灾要素指标，研发大数据多灾种救灾要素指标信息挖掘与融合分析技术，提取遥感影像时空序列信息，利用差分自回归移动平均/时空自回归移动平均（ARIMA/STARMA）模型，建立救灾信息时空大数据挖掘与分析模型。集成多灾种致灾、灾情和救灾等要素指标的时空大数据信息挖掘与数据融合分析技术，研制多灾种综合防范大数据融合分析模型工具插件，供信息服务平台集成。

网络大数据灾害信息挖掘与融合应用技术路线图如图6.2所示。

6.2.3　关键性分析

基于网络大数据灾害信息挖掘与融合选择的应用研究内容和技术路线，我们对其中的关键环节进行梳理。

6.1节提到灾害信息获取来源多样，但往往信息不全，时效性不高，科学完整性无保证。互联网、物联网等网络大数据提供了新途径，但是由于数据来源复杂、异构性强、碎片化程度高、噪声多，在信息挖掘和融合应用中存在着种种困难。

我们从关键数据、关键方法和关键产出三个方面进行关键性分析（图6.3）。

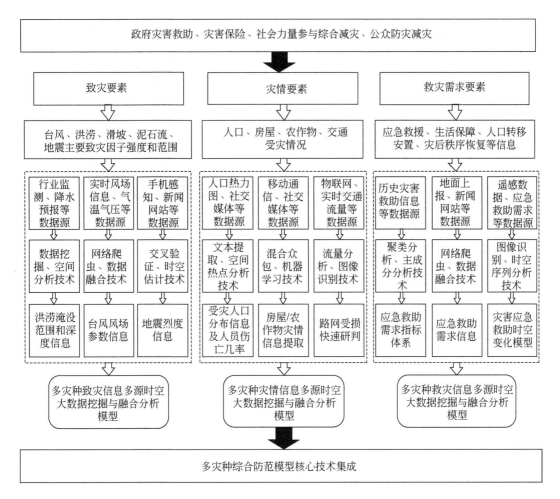

图 6.2　网络大数据灾害信息挖掘与融合应用技术路线图

（1）关键数据：在灾情管理、评估与救灾业务需求分析中，近实时抓取和集成新闻网络、交通监测、高分影像、现场调查、站点监测、移动通信、视频监控。

（2）关键方法：强调领域知识与多源数据关联，利用大数据样本空间分布信息，实现多灾种时空动态模拟与监测，进行灾情判别；基于深度学习的时空大数据挖掘，建立多灾种时空信息动态获取与分析技术；研发大数据多灾种救灾要素指标信息挖掘与融合分析算法，建立动态救灾需求评估模型。

（3）关键产出：针对台风、洪涝、滑坡、泥石流、地震等致灾因子制作致灾强度产品；针对多灾种人口、房屋、农作物、交通等承灾体，制作灾情评估产品；针对应急救援、生活保障、人口转移安置、灾后秩序恢复等方面的救灾要素，制作应急需求产品。

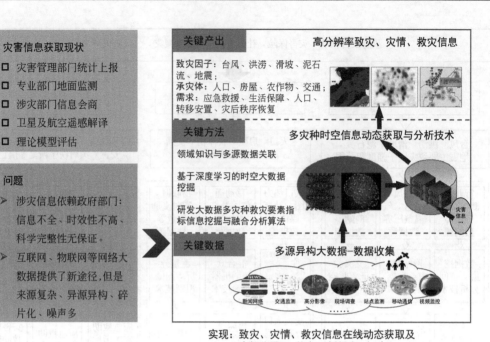

图 6.3　网络大数据灾害信息挖掘与融合应用关键性分析（彩图见封底二维码）

6.3　网络大数据致灾信息挖掘与融合应用技术

6.3.1　新浪微博大数据在地震致灾要素提取中的应用

　　本节以基于新浪微博大数据的地震烈度快速评估工作为例介绍网络大数据致灾信息挖掘与融合应用技术（Yao et al., 2021）。

　　地震烈度作为地震学、地震工程学中广泛应用的参数，对于震灾快速评估、震后应急救援及科学指导救灾具有重要意义。目前，震后宏观调查烈度圈的社会用途得到较大拓展，促使政府对地震烈度的快速评估提出新需求。地震烈度快速评估方法主要包括基于强震观测台网获得仪器烈度、根据区域烈度衰减规律快速勾画烈度等震线图、采用地震学模拟地震动计算烈度分布，同时也出现诸如 ShakeMap、遥感烈度等新的表述方式（孙柏涛等，2019；王德才等，2013）。但已有方法存在局限性，如仪器烈度和宏观震害不能完全一致、遥感烈度只适用于 8 度以上高烈度区等。移动社交网络的普及和发展为震灾速估带来新的契机，蕴藏海量灾情信息的社交媒体大数据在时效性、获取效率、信息量及空间范围上均具优势（徐敬海等，2015），能较好地补充现有地震灾情获取方法。较之传统的仪器监测与衰减模型方法，基于微博大数据的地震烈度评估聚焦"活传感器"——用户反馈，优势在于能够反映经济、人口等因素下具备社会属性和震害情况的宏观烈度特征，对于灾情动态获取、灾区救援辅助工作具有参考价值（Sakaki et al., 2012；曹彦波等, 2017；薄涛等, 2018）。

本节说明以构建地震词表为核心的文本烈度转换方法, 对地震烈度进行快速评估、评价及修正。以 2019 年 6 月 17 日 22 时 55 分发生的长宁 6.0 级地震为案例阐述技术细节。该地震震中位于四川省宜宾市长宁县双河镇附近, 地处渝黔川交界地带, 地震破坏性较强, 同时引起社会媒体的广泛关注及政府部门的高度重视, 聚焦的数据时段为震后 10 分钟。

1. 数据来源与处理

通过调用新浪微博的商业 API 接口, 依据关键词 "地震" 实现批量抓取。经数据清洗、去重去噪、格式化等过程后, 以微博创建时间字段为索引排序, 得到长宁地震震后短时间内的原创微博数据序列集, 原创微博数据抓取及处理过程如图 6.4 所示。震后 10 分钟内抓取微博总量 21957 条, 其中含精确地理信息的微博达 3895 条, 这表明新浪微博能及时快速地响应地震事件。技术研究框架如图 6.5 所示。

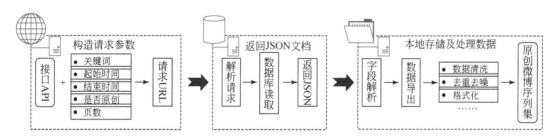

图 6.4　原创微博数据抓取及处理过程

2. 微博大数据在地震致灾要素提取中的可行性分析

作为国内主流社交媒体平台, 新浪微博所拥有的巨大用户载体在突发灾害事件中起到 "传感器" 作用, 能够在短时间内反馈大量灾情信息, 继而经社交网络广泛、迅速传播, 但同时也对识别真实受灾区产生干扰。这里抓取的微博数据时段为震后 10 分钟, 已有研究数据时间跨度均较长。因此, 首先需要从空间分布及时效性角度评估该短时段的微博大数据在地震致灾要素提取中的可行性。

1）时效性特征

针对添加定位的位置微博（含经纬度的微博）, 计算微博用户与震中的距离, 再统计每分钟距震中一定范围内出现的微博数量, 验证微博监测地震的时效性, 如表 6.1 所示。距震中 400km 以内的微博数量均在震后 2 分钟（即 22：57）后出现了激增现象, 这种灾区附近微博数量显著增加的瞬时特征有力证明了微博监测地震在时效性上可行。距震中 400km 以外的微博数量变化不明显, 且增加的时间节点滞后, 可推测受地震影响偏小, 此次地震有感范围的边界可能在距震中 400km 左右。

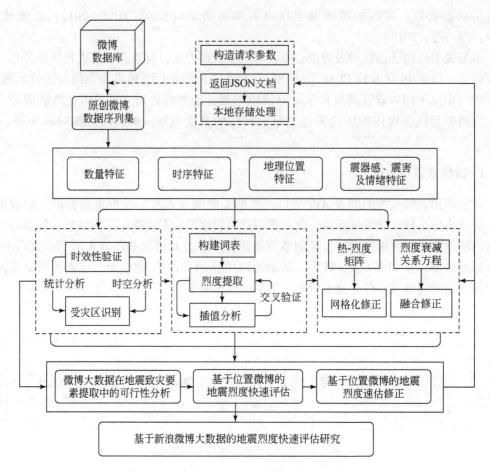

图 6.5　技术研究框架

表 6.1　长宁地震震后 10 分钟距震中不同距离内的相关微博数量统计（单位：条）

时间	状态	距震中距离										
		0 ~ 30km	30 ~ 70km	70 ~ 100km	100 ~ 150km	150 ~ 200km	200 ~ 250km	250 ~ 300km	300 ~ 400km	400 ~ 450km	450 ~ 800km	大于 800km
22：53	震前	0	0	0	0	0	0	0	0	0	0	0
22：54		0	0	0	0	0	0	0	0	0	0	0
22：55		0	0	0	0	0	0	0	0	0	0	0
22：56		0	0	0	0	0	0	0	0	0	0	0
22：57	震后	0	1	0	1	0	1	0	0	0	0	0
22：58		1	8	11	17	10	23	53	2	0	0	2
22：59		2	14	21	28	45	135	263	20	1	0	6

续表

时间	状态	距震中距离										
		0~30km	30~70km	70~100km	100~150km	150~200km	200~250km	250~300km	300~400km	400~450km	450~800km	大于800km
23:00	震后	1	19	23	27	72	185	303	29	3	0	6
23:01		3	15	13	29	58	189	291	20	3	3	7
23:02		0	14	11	24	50	112	248	17	4	3	13
23:03		3	13	12	24	53	159	243	20	9	13	10
23:04		0	14	15	25	50	110	184	26	6	18	10
23:05		0	10	16	20	48	95	167	22	7	16	17
合计	3895	10	108	122	195	386	1009	1752	156	33	53	71

2）灾区识别

基于微博大数据快速研判地震灾害的前提是：微博数据具有快速定位、识别受灾区的能力。以震后10分钟内3895条含经纬度的微博为数据源，图6.6从全局空间分布尺度上对用户位置进行可视化，发现：长宁地震震后0~3分钟内的微博聚集在渝黔川交界地带，震后3~6分钟和震后6~10分钟两时段尽管呈现出扩散趋势，但仍集中在该区域，由此表明微博数据能够快速定位受灾区。图6.7是对图6.6中微博主要集聚区域的点密度分析，发现：在微观空间尺度上，形成以成都市—自贡市—宜宾市—内江市—重庆市为主的点状辐射分布的微博高密度区，该高值区已涉及实际6度以上烈度受灾区，证明微博数据在识别受灾区方面的有效性。

以上研究表明，不论从时效性抑或空间分布角度，震后短时段的微博大数据具备快速响应地震事件、识别受灾区域的能力，故基于含经纬度微博开展烈度速估工作是可行的。

3. 基于位置微博的地震烈度快速评估

1）基于位置微博构建地震词表

位置微博的文本长度通常较短，用于表达灾情的词语出现频率很高，且多为日常用语表达，因此采用分词技术对位置微博逐条进行统计人工筛选，汇总得到基于位置微博的地震分级词表。利用词表实现烈度匹配能精确到每个词语，有效提高了匹配的准确度和效率，同时利于扩展补充，随着研究深入可以构建出适用不同地域用语习惯和人群感知水平的地区词表，进一步提升评估精度。

2）基于地震词表实现烈度提取

在已识别受灾区的基础上，烈度提取的核心思想是基于词表匹配、计算烈度相对分值，来反映用户评论间的相对强弱程度。用户评论中通常包含不同类不同级的词语，在进行烈度转换时需统计各类各级词语所出现的词频及得分，加权平均计算出能反映烈度相对大小的烈度相对值，计算过程如下。

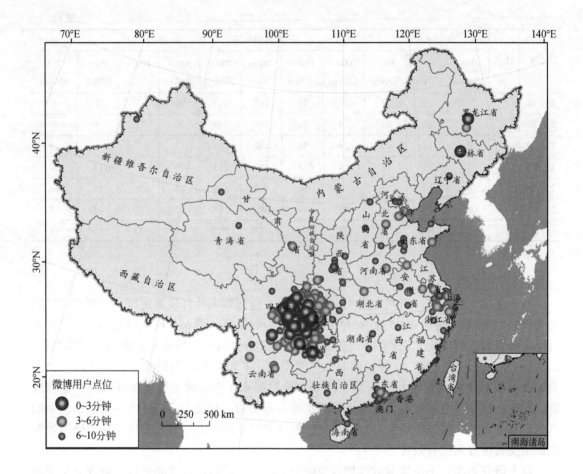

图 6.6　长宁地震震后 0～10 分钟内各时段微博用户的空间分布（彩图见封底二维码）

$$\text{Score} = \sum_{i=1}^{3} f_i \times S_i$$

$$S_i = \frac{\sum_{j=1}^{3} j \times N_{ij}}{\sum_{j=1}^{3} N_{ij}} (i = 1, 2, 3) \tag{6.1}$$

式中，Score 为微博地震烈度相对值，Score ∈ [1，3]；S_i（$i=1$，2，3）对应一级类别中各类别的烈度得分，如 S_1 为震器感（指人自身感受到的震感及观察到的其他客观器物的晃动情况）描述类得分，S_2 为情绪反应类得分；f_i 为一级类别中各类别得分权重；j 为等级；N_{ij} 对应二级类别下各等级匹配的词语数量，如 N_{11} 为震器感描述类中等级为 1 的词语数量。量化烈度值后导入 ArcGIS 生成点位，利用反距离加权插值（IDW）法对 Score 字段插值，得到基于地震词表烈度提取、插值的微博地震烈度时空演变图，如图 6.8 所示。经灵敏度测试，这里权重取 $f_1 = f_2 = 2 f_3 = 0.4$ 时模拟精度最高，权重的不同取值会使插值结果于局部细节上有所不同，但主要的强烈度区域及空间分布格局始终一致。

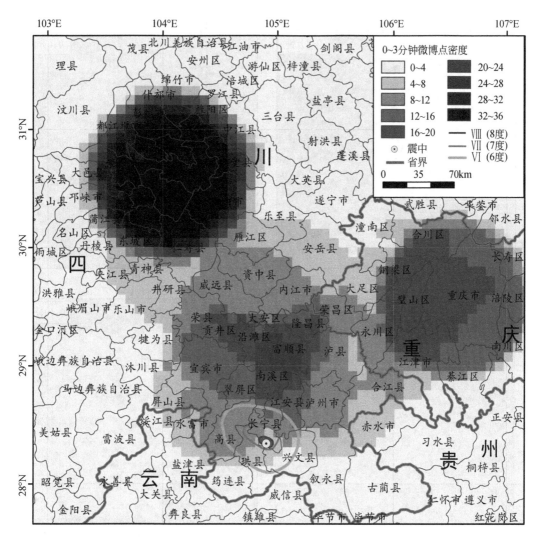

图 6.7　长宁地震震后 0 ~ 3 分钟微博点密度分布主要集聚区（渝黔川交界地带；彩图见封底二维码）

就烈度插值效果看，图 6.8（a）并未识别出鲜明的高烈度区；图 6.8（b）识别出唯一的高烈度区，与实际烈度图贴近，但存在偏移；图 6.8（c）将图 6.8（b）中识别出的高烈度区进一步扩张，同时出现了副高烈度区。结合微博点位的分布情况，分析时空演变的规律与成因：①随时段延长，灾情的迅速传播使高、低烈度区逐渐离散化，可能会对极震区识别造成干扰；②微博识别的高烈度区与实际烈度图存在偏差，出现重心偏移现象，与极震区微博数量偏少、微博空间集聚性过强有关。

为了解决副高烈度区的干扰，剔除主要受灾区以外的微博，得到更为精细化但更离散化的烈度图［图 6.8（d）］。副高烈度区剔除后，取而代之的是两个具有 IDW 插值特征的局部点状辐射圈，而原高烈度区并未完全失效，形成以筠连县–高县为主的极震区，由此说明基于位置微博的地震烈度模拟在一定程度上是有效的。

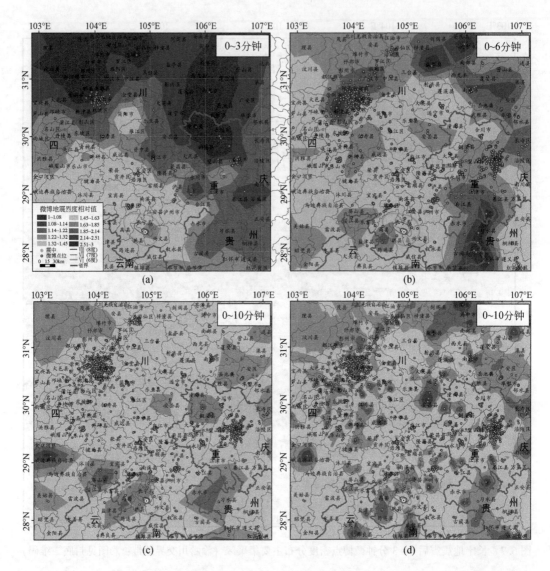

图 6.8　基于地震词表烈度提取、插值的微博地震烈度时空演变（彩图见封底二维码）

4. 基于烈度衰减关系方程的融合修正

限于极震区地处偏僻，微博数量有限，要想实现与实际烈度图完全匹配的拟合效果仍较为困难。然而，如若在已知震中、震级的情况下，基于学者俞言祥等（2013）所提出的烈度衰减关系方程，对本节的微博烈度进行融合修正，可以得到与实际烈度图更贴近且烈度数值可与实际对比的微博烈度速估结果（图 6.9）。

$$I_e = A + BM + C\lg(R+R_0) \tag{6.2}$$

$$I_r = \rho I_e + (1-\rho)I_s + \sigma \tag{6.3}$$

式中，I_e 为基于烈度衰减方程得到的地震烈度；M 为面波震级；R 为震中距；A、B、C 和

R_0为回归系数；I_r为融合修正后得到的速估烈度；I_s为将微博烈度相对值线性拉伸到实际烈度范围后的微博烈度；ρ为权重系数；σ为偏差系数。

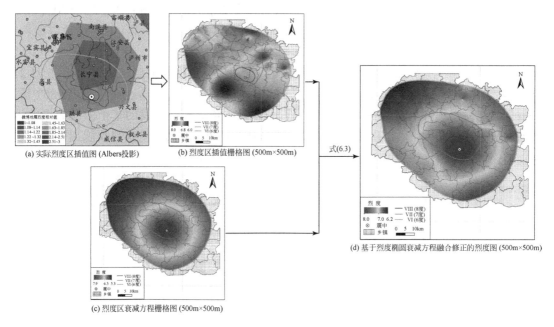

图 6.9　基于烈度衰减关系方程的融合修正（震后 10 分钟；彩图见封底二维码）

为了验证修正效果，将研究区缩小至实际烈度图中 6 度及以上区域内，同时分辨率精度提升至 500m×500m。直接根据烈度衰减方程模拟的烈度［图 6.9（c）］呈同心圆环状分布，与实际烈度圈偏差较大，而在融合微博烈度之后［图 6.9（d）］烈度分布表现出明显的西北－东南向，与实际烈度圈走向相一致，且烈度范围更贴近实际，由［5.3，7.9］变为［6.2，8.0］。表 6.2 对融合修正前后的拟合精度进行定量分析，可以看出除 6 度区精度略有降低外，修正后的 7 度区及以上烈度区的栅格识别率均有较为明显的提升。结合实际，后者重灾区精度的提升对于救灾更具意义，同时修正后各区的标准偏差均有明显减小。故基于烈度衰减关系方程的融合修正方法是可行的，在明确震中及震级的情况下能实现较为精确的灾情模拟，较之实地调查烈度更有时效性上的优势，较之仪器烈度更有融合受灾舆情的特点，对后续地震烈度的核定及应急抢险具有参考价值。

表6.2　融合修正前后烈度图拟合精度检验

融合修正状态	8 度区正确识别率/%	7 度区正确识别率/%	6 度区正确识别率/%	8 度区标准偏差	7 度区标准偏差	6 度区标准偏差
融合修正前［图 6.9（c）］	99.1	78.7	66.2	0.187	0.333	0.365
融合修正后［图 6.9（d）］	100	83.9	62.8	0.125	0.200	0.219

注：烈度区正确识别率是指速估结果中各级烈度区正确识别烈度等级的栅格数占比，如 8 度区正确识别率＝实际 8 度范围内速估为 8 度的栅格数/实际 8 度范围内所有的栅格数；速估结果将烈度阈值等间距划分成 3 段，分别赋予 6、7、8 级烈度。

5. 其他技术应用案例

针对本节提出的基于地震词表提取微博致灾强度要素的信息挖掘技术，结合 2021 年 5 月 21 日 21 时 48 分发生的云南省大理州漾濞彝族自治县（简称漾濞县）6.4 级地震案例，做进一步验证，评估该技术模型的可靠性与实用性。

以"地震"为搜索关键词，批量获取地震发生前后原创微博信息。从 2021 年 5 月 21 日 21 时至 5 月 22 日 16 时，共获得原创微博 80731 条，其中含定位信息的微博共 9869 条，经数据清洗后得到含精确经纬度信息的微博 8868 条，依据前期开发的基于微博数据的地震烈度快速评估模型，对本次云南省大理州漾濞县 6.4 级地震的微博信息反映出的烈度进行评估，计算微博地震烈度相对值，得到结果如图 6.10 所示。

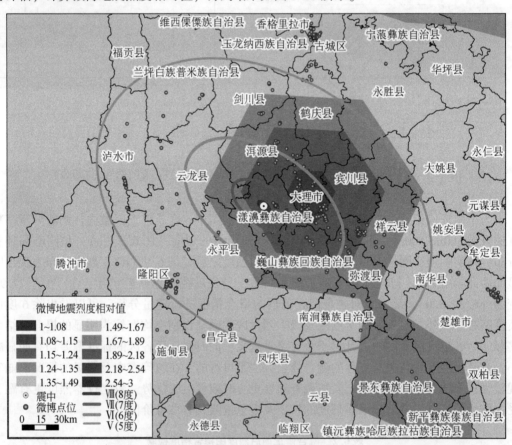

图 6.10　云南省大理州漾濞县 6.4 级地震微博地震烈度相对值（微博地震烈度分值与真实烈度正比；彩图见封底二维码）

可以发现尽管微博烈度圈描绘的"震中"与实际震中存在一定偏差（约 30km），但微博反映的整体强度的空间分布也呈同心椭圆状，与实际预估烈度圈较为吻合。造成偏移的主要原因是微博"震中"为大理市区，微博数量高度集聚，总体反映强度高，而烈度圈内其他地区微博数量较少，且分布较为分散。

6. 小结与展望

"互联网+"背景下兴起的社交媒体大数据具有信息丰富、高时效、高精度、多时空尺度等特点，为空间化灾情的快速获取开辟了新渠道，扩充了灾害信息监测管理的手段体系。就地震灾害事件，选取国内主流社交媒体平台——新浪微博，从时效性特征及受灾区识别两方面验证微博大数据在地震致灾要素提取中的可行性。以构建匹配地震词表的核心思想实现微博文本灾情提取、微博文本烈度转化，并以四川长宁地震为例绘制地震烈度图。与实际烈度图的交叉对比表明，基于新浪微博大数据的地震烈度能在确保高时效精度的同时，有效识别受灾区、定位极震区，模拟灾区各地的真实受灾状况。同时提出了基于烈度衰减关系方程的融合修正方法，在融合当地灾害舆情与受灾人群分布信息的同时，进一步增强了识别效果、提升了评估精度。

除从致灾要素角度挖掘社交网络大数据在致灾强度时空分布中的应用外，微博大数据在震后应急救援中还存在一些潜在应用，包含动态公众舆情演变、动态救灾决策指挥等方面。这些技术应用在自然灾害风险防治、灾情要素提取、灾中应急救援及灾后损失评估等环节均具有广阔的应用前景。

以长宁地震为例，通过挖掘新浪微博中蕴藏的公众舆情，从动态舆情演变的视角来客观评估此次地震的应急救灾工作。时间尺度包含震后 5 分钟、30 分钟、6 小时、24 小时 4 个节点，这里采用随机抽样的方法选取部分评论，设置一定算法提取每条微博所含的积极与消极词汇，由此计算出每条微博内容所反映的正面情绪得分、负面情绪得分，绘制舆情变化演变图（图 6.11）。

图 6.11（a）中微博点位集聚在 $y=x$ 直线上方，表明震后 5 分钟时当地民众表现出明显的负面情绪，负面情绪密度达到 0.45，震后 30 分钟时负面情绪稍减缓 [图 6.11（b）]，但仍然比较突出。随着应急管理与救援的推进，可以发现震后 6 小时后负面情绪有较大幅度的下降 [图 6.11（c）]，负面情绪密度值下降到 0.24，并且震后 24 小时的负面情绪密度也几乎稳定在这个水平 [图 6.11（d）]。由此表明，长宁地震震后约 6 小时，群众情绪得到有效稳定，公众危机及舆论趋势得到有效把控，此次地震应急管理救援工作显著有效。

6.3.2　微博大数据在台风致灾要素提取中的应用

1. 引言

社交媒体凭借空间分布广、舆论反应快、传播时效强等优势，能提供多时空尺度的灾害公众感知和应对行为信息，可作为一种新型监测手段，应用于具有高社会关注度和严重危害的台风过程研究。已有研究发现，台风致灾危险性即使在城市内也存在空间差异（Tang et al.，2022a），且使用社交媒体的不同群体对灾害的反映存在差异——而这一点在目前国内外相关研究中关注较少。社交媒体数据对台风灾害中人群敏感性差异的构成形式及灾害期间高敏感性人群的辨识，对于台风过程的舆情管控和应急救援具有一定参考价

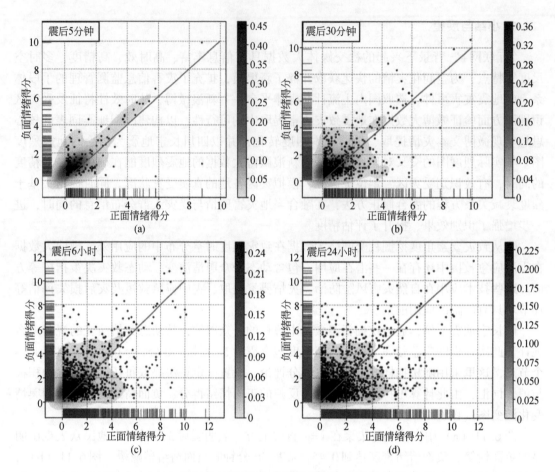

图 6.11　长宁地震震后微博公众情绪演变过程（彩图见封底二维码）

（a）～（d）分别对应震后 5 分钟、30 分钟、6 小时、24 小时的微博用户情绪分布，其中右侧比例尺代表负面情绪密度（无单位），颜色越深（值越大）表示点密度越大，每一个点代表一个微博的情绪，正面（负面）情绪得分越高（无阈值）代表该条评论更有可能是一条以积极（消极）情绪为主的评论

值，亟待构建普适的评估框架。

本节将以 2019 年"利奇马"台风为例，尝试从新浪微博文本中提取空间位置、用户情绪、降雨强度等关键信息，从多源异构数据时空对比、微博用户性别、本地异地、自然环境等多角度展开研究，以期分析社交媒体数据用于台风致灾要素提取的可行性和人群敏感性差异。这些发现为社交媒体数据在台风灾害研究中的具体应用提供了借鉴和参考（Tang et al., 2022b）。

2. 研究数据及方法

1）研究数据

本研究采用新浪微博 API 采集原创微博文本及用户属性数据。以"利奇马""台风""暴雨"为关键词，10 分钟为检索时间段，获取"利奇马"台风对我国主要作用时间内

（2019 年 8 月 8 日 0 时至 8 月 14 日 0 时）的微博信息，去重后数据总量 342984 条，其中含添加定位的位置微博有 69936 条。

　　本研究将多源数据用于模型构建和对比分析，主要包括："利奇马"台风最佳路径数据（来自中国气象局热带气旋资料中心）；台风致灾危险性因子（来自国家气候中心）；部分省市灾情数据（来自应急管理部国家减灾中心）；浙江省 DEM 90m 数据（来自中国科学院资源环境科学与数据中心）；部分省市 GDP、人口、粮食播种面积等数据（来自国家统计局、各省统计局）。

　　2）研究方法

　　本研究的方法框架如图 6.12 所示。首先，将"利奇马"台风期间相关微博时空分布信息分别与致灾强度、灾情统计、人口经济数据对比，验证了社交媒体数据在台风灾害信息挖掘中的可行性。然后，从男女性别差异、本地异地差异、生活环境差异三个角度分析人群敏感性差异。除直接获取的数据外，我们从微博文本中提取了空间信息和文本关键词，并基于 BiLSTM 算法构建了文本情绪分析模型和降雨强度分类模型。

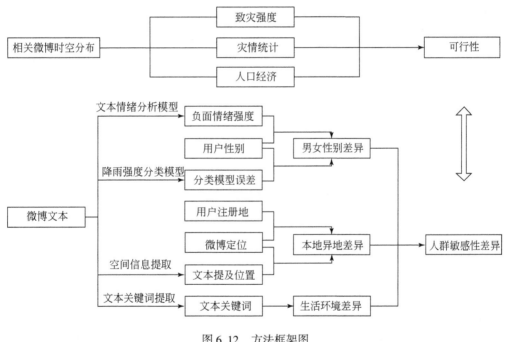

图 6.12　方法框架图

（1）基于 BiLSTM 算法的文本情感分析模型。

　　本研究基于百度开源的并行分布式深度学习框架 PaddlePaddle 1.8（parallel distributed deep learning）的中文情感分析工具 Senta，选择 BiLSTM 算法构建模型，借助公开的 SentiCorp 中文句子级情感分类数据集进行模型训练，再预测本研究中微博文本的情感极性类别并给出相应的置信度，用于分析灾情和救灾态度，发现潜在危机。

（2）基于 BiLSTM 算法的降雨强度分类模型。

针对每一条含定位信息的微博数据，匹配邻近站点的最近时间气象监测数据，并将每小时降雨量按照雨量等级标准转换成小雨、中雨、大雨、暴雨四类。然后构建基于 BiLSTM 算法的降雨强度分类模型，探究微博文本与近时当地降雨强度的映射关系。其他的关键参数设置有：选取交叉熵为损失函数，AdaGrad 自适应梯度算法作为优化器；学习率为 0.002；批尺寸为 128。本模型基于 PaddlePaddle 框架实现。

（3）空间信息提取。

本研究涉及三种空间信息：用户注册地、微博定位、文本提及位置。新浪微博 API 可直接获取用户注册的省市位置。借助百度地图 API 的逆地理编码接口将微博定位的坐标点转换为对应行政区划，然后根据中国三级行政区划分，提取样本集文本中的地理位置信息，识别文本中省、自治区、直辖市并进行信息补齐和映射。本研究借助百度地图 API 的地理编码接口将结构化地址名词转化为经纬度坐标，从而获得微博文本中网友关注的空间位置。

（4）基于 LDA 算法的文本关键词提取。

文本关键词提取是将长文本凝练成若干关键词的过程，用于灾害相关文本的粗筛和聚类分析。本研究基于百度 Familia 开源项目提供的 lda_webpage（百度自建网页数据集）创建数据字典，采用 LDA 算法查找每条文本的前 10 个关键词及对应的与 lda_webpage 数据集文档的相似度，提取出网友的关注话题。

3. 结果分析

1）可行性分析

本节将"利奇马"台风期间相关微博的时空分布分别与致灾、灾情、人口经济因素对比，发现微博量与致灾强度、灾情程度息息相关，而人口、经济水平不是微博时空分布的解释因素。由此可见微博表征台风灾害信息具有可行性。

（1）强致灾地区微博数据量大。

分析微博定位的整体空间分布、部分地区时空变化和全国微博文本的高频词语每日变化三个维度，发现强致灾地区的微博数据量大、网友关注度高。

从微博定位的整体空间分布来看，2019 年 8 月 8～13 日"利奇马"台风期间大部分微博点聚集在东南沿海地区，与台风影响范围一致。从微博定位的部分地区时空变化来看，我们对比相关微博点密度较高的广东、福建、浙江、上海、安徽、江苏、山东、河北、辽宁九个省、直辖市每日微博量排名变化发现，在台风登陆前，广东、福建、浙江等地区网友对本次台风事件的关注度高，这可能与当地气象预警和安全宣传有关。随着雨带北移，位于台风路径上的省市微博量排名也较为突出，且东南地区一直保持较高的微博热度，尤其是浙江省。强致灾地区在灾前、灾中、灾后不同阶段均有较大微博数据量。从全国微博文本词云每日变化来看，8 月 10～12 日微博整体数量最多。8 月 8 日微博网友主要关注预警新闻，9、10 日主要关注浙江灾情，11、12 日更多关注山东灾情。这与 10、11 日"利奇马"台风分别从浙江温岭、山东青岛登陆的实际情况一致，说明人群的关注度变化与致灾强度变化基本一致。

（2）微博与灾情的空间匹配度高。

微博发文量较多的几个省、直辖市（如浙江、山东、上海、安徽、江苏等）均为台风期间直接经济损失和受灾人口数较多的地区。"利奇马"台风相关微博定位数据涉及 243 个市，将定位微博的空间自相关分析结果与部分省市的"利奇马"台风直接经济损失数据对比，我们发现微博与灾情的空间匹配度高。

综合对比上述九个省、直辖市的微博数量和灾情统计数据，分析社交媒体数据与灾情数据的相关性，可以发现灾害相关微博量与灾情统计数据的相关性较高。其中，灾害相关微博量与受灾人口的相关性最高（相关系数 $r=0.8940$，显著性水平 $p=0.0011$），其次是直接经济损失（$r=0.8920$，$p=0.0012$）、一般损坏房屋间数（$r=0.8791$，$p=0.0018$），因此认为基于微博数据的灾情评估具有可行性。

（3）人口经济与微博数量的分布没有明确相关性。

"利奇马"台风相关微博集中在台风影响地区。对比上述九个省、直辖市的微博数量和社会经济数据，人口、GDP、粮食播种面积等因素与微博数量的相关性较弱，说明人口、经济等因素的空间异质性对台风灾害相关的舆情热度影响不大。以微博发布最为密集的浙江省为例，分析定位在浙江省内的 20946 条微博分布，微博点的莫兰（Moran's I）指数为 0.76，具有明显的空间聚集现象。我们综合了 2019 年浙江省各市、县国民经济主要指标数据，数据处理后有 62 个县级有效数据，通过地理加权回归分析发现，微博数量与土地面积、常住人口数、人均生产总值等经济指标均没有显著的关系，因此微博的空间分布不受社会经济因素影响。

2）人群敏感性差异分析

（1）男女性别差异。

"利奇马"台风期间，男女用户微博发文量比例约为 1 : 2（男性用户发文 24140 条，女性用户发文 45343 条，452 条微博未设置用户性别）。对比"2020 年微博用户发展报告"，微博用户的男女比例为 54.6 : 45.4，说明对于此次台风事件，微博女性用户较男性用户更愿意在社交媒体中发声。女性在灾害中的脆弱性更高，且女性往往是家庭的主要照顾者，她们关注灾害对生活的影响，因此女性对灾害事件表现得更为敏感、关切。这一发现与已有研究相契合，即女性比男性对社交媒体上的负面事件更敏感。

分别测试基于 BiLSTM 算法的微博文本情感分析模型和降雨强度分类模型，对比微博男性用户与女性用户负面情绪强度和预测准确率的平均值和方差（表 6.3），结果发现男性的负面情绪稍高，女性对降雨强度的描述更接近气象监测数据。单因素方差分析结果表明，不同性别的微博网友对于此次台风事件的负面情绪表达和致灾强度描述均存在显著差异（通过了 1% 水平的显著性检验）。这是台风灾害舆情分析领域值得研究的方向。

表 6.3　不同用户注册性别在微博文本情感分析模型和降雨强度分类模型中的差异

用户注册性别	微博文本情感分析模型（负面情绪强度）		降雨强度分类模型（预测准确率）	
	平均值	方差	平均值	方差
男性	0.57171091	0.00816648	0.64456795	0.22910516
女性	0.55216959	0.01055505	0.66464704	0.22290042

（2）本地异地差异。

对比微博定位、用户注册地、文本提及地（表6.4），发现省级一致比例较大（均超过50%），市级一致比例稍有降低。其中，微博定位省与文本提及省相同的有76.37%（16390/21461），微博定位市与文本提及市相同的有72.24%（9589/13274），重合率较高，说明大部分网友关注其所在地的灾害信息。分析文本提及地与微博定位地不一致的微博内容，发现大多用户关注个别受灾严重区域或出行目的地灾情。

表6.4　微博定位、用户注册及文本提及地对比

项目	微博定位省	微博定位市	用户注册省	用户注册市	文本提及省	文本提及市
微博定位省	63308/63308		62899/39137		21461/16390	
微博定位市		63133/63133		36793/19593		13274/9589
用户注册省			69484/69484		23096/12294	
用户注册市				40821/40821		8682/4820
文本提及省					23231/23231	
文本提及市						14398/14398

将本地用户定义为微博定位市与用户注册市相同的用户，将异地用户定义为微博定位市与用户注册市不同的用户。"利奇马"台风相关微博的53.25%来自本地用户。考虑到不同地区的微博数量差异较大，这里取微博数量的自然对数为微博热度。本地用户微博热度平均值为2.27，异地用户微博热度平均值为2.04，且两组数据的单因素方差分析未通过显著性检验。这说明本地、异地用户间的微博热度差异在本次台风灾害事件中并不明显。

针对浙江省定位微博，基于文本关键词提取，异地用户的发博高频关键词中较本地用户多出"酒店""停运""高铁""路上"等词，表明异地用户更加关注出行。此次台风暴雨极大地扰乱了人们的出行相关活动，因此有出行需求的异地用户对本场台风的关注度更高。

（3）生活环境差异。

浙江省"利奇马"台风相关微博的空间分布与台风路径不完全相同，且生活在海拔较低或水体比例较大地区的微博用户对台风暴雨灾害的关注度更高。通过微博文本关键词提取，我们发现"被淹""积水""洪水"等词高频出现，可能原因是低海拔和水体周围的人群普遍更关注洪涝风险，说明人群的关注度与危险性基本一致。这也从另一层面说明了基于微博数据获取和评估灾情信息具有可行性。

4. 结论

本研究以"利奇马"台风为例，揭示了社交媒体（微博）数据在台风灾害信息挖掘中的人群敏感性差异，具体体现在性别敏感性、出行可靠性和损失可能性三个方面，而这正是从生命安全、生活便利、财产安全三个角度对灾情的诠释，同时也验证了社交媒体数据在台风灾害信息挖掘中的可行性。我们的结论有助于更有针对性地处理和使用台风灾害

相关社交媒体信息挖掘。

6.4　网络大数据灾情信息挖掘与融合应用技术

当前我国的灾情信息获取对网络大数据的综合利用较为缺乏，如何在减少成本费用投入的同时，缩短数据处理分析周期、提高结果时空精度便成为新时代国家防灾减灾与应急管理的发展目标。为了完善我国现有的灾情采集与评估业务体系，也为了帮助构建符合我国实际情况的高精度综合风险防范信息服务，本节基于社交媒体、移动通信、遥感影像、统计资料等多源异构大数据，发掘多灾种灾情信息获取的新数据渠道，建立灾情要素采集的信息指标，并根据典型的承灾体种类，研发结构化与非结构化的大数据灾情信息挖掘与融合分析技术，实现对人口、农作物、建筑物等时空受灾情况的快速动态分析研判。

6.4.1　基于多源数据的人口灾情信息

1. 引言

人口灾情是众多灾情信息指标的基础和核心，是某场灾害事件对人员影响情况的具体反映，也是开展风险评估和恢复重建的重要依据。中国是世界人口第一大国，灾害造成的人员伤亡及其经济损失一直是学界和业界关注的重点。

国内外常见的人口灾情信息获取途径主要包括以下三种。

（1）使用人口分布底图与致灾因子边界范围进行空间叠加。由于条件易得、操作简便，这种方法在实际业务中被广泛使用，特别是可作为大区域灾害快速评估的有效手段。

（2）灾区现场实地调查。许多国家和地区的政府部门通常会对造成影响的灾害进行事后详细勘察，编制损失统计资料，并对外统一发布。在一些贫困落后的区域，国际非政府组织会出面承担主导角色。这些第一手调查结果是对每次灾害最为精确的评估，常被用于科学研究中的模型训练和校准验证。

（3）通过实物资产损失间接估算。这种方法依赖于受灾人数与受损房屋之间的潜在正向关系。以紧急灾难数据库（EM-DAT）的影响人口计算标准为例，使用的乘数为平均家庭规模，其中发展中国家为5，发达国家为3。

但是上述方法在具体应用中存在一些不足和局限。首先，空间叠加方法的人口分布底图通常是均质且静态的，这没有考虑设防措施的空间差异，也忽视了人们在不同时间下的流动规律。其次，现场调查需要耗费大量的人力、物力和财力，受限于成本约束，多数情况下便采取典型区或重灾区的局部调查，这导致子区情况不能很好地代表与反映全体情况，同时，实地调查多在灾后进行，无法在灾中提供快速及时的信息，也无法用于提前预测灾害的可能影响。最后，目前的人口灾情信息通常基于行政单元来汇总统计，空间呈现仅到省市或区县一级，街道和社区等精细层面的数据极为缺乏。然而，灾害发生范围普遍不遵循人为划定的行政界限，因此汇总统计值会丢失部分信息，甚至导致一些区域的高估或低估。

综上所述，如何快速准确地获取高时空人口灾情信息是当下亟须解决的重难点问题。幸运的是，随着互联网和移动互联网的普及应用、机器学习算法的迅猛发展，诸如在线地图兴趣点、夜光遥感影像、社交媒体文本等在内的多源异构数据成为人口灾情信息获取的新途径。大数据具有全样本覆盖、实时更新、动态显示等众多优良特性，因此特别适用于对人口流动变化情况的监测分析。下面，我们将通过不同灾种的实际案例来阐释基于网络大数据获取人口灾情信息的实现过程。

2. 基于空间分布格网的静态灾情估计

1）研究背景

静态灾情估计需要高精度的人口数量分布格网底图，这可通过空间化分析技术获得。在精细尺度空间化方面，国内外已有的研究成果包括：①使用夜间灯光强度（卓莉等，2005）或不透水地表面积（杨续超等，2013）估算县市一级的人口数量；②利用手机信令探究居民的职住分异规律（刘耀林等，2018）；③通过土地利用等辅助数据结合经验抽样对人口普查结果进行向下分解（Mennis et al.，2003）；④计算各类兴趣点（POI）与人口数量的函数关系，由此估算小区域人口分布情况；⑤使用极高分辨率的卫星图像和机器学习技术识别人造结构，随后向这些潜在居住地中分配人口。

近年来，Stevens 等（2015）提出的多变量结合随机森林建模方法一跃成为高精度人口估计的前沿热点，其核心思想为将区县一级的人口规律缩放应用到较小空间格网中，以此很好地解决了欠发达国家无法制作大比例尺人口数据的难题，又由于中间环节生成了人口数量分配权重，于是可结合分区密度制图方法得到行政区域内人口加和不变的合理结果。该技术流程目前得到了学者们的广泛认可，并构成了全球每年 100m 人口预测的 WorldPop 项目（https：//www. worldpop. org/）。

但 WorldPop 使用的基础数据如兴趣点和交通路网在中国具有大量缺失问题，同时行政边界也存在严重错误，因此更宜换成中国本土的高精度基础数据，并进行最近年份的重新计算。为此，本节基于多源矢栅数据和机器学习算法，生成了 2010 年全国公里格网人口底图，通过和目前精度最高的数据集进行对比验证，发现所得结果较为满意，在与致灾因子的范围和强度叠加后，可实现较高精度的受灾人口快速估计。

2）研究方法

该技术的整体流程为：首先，将第六次全国人口普查县级人口密度作为标签，将历史气候、夜间灯光、植被覆盖、土地利用、兴趣点、交通线等多源辅助数据的区县统计值作为特征，利用装袋（bagging）和提升（boosting）机器学习算法（决策树、随机森林、梯度提升树），构建标签与特征之间的非线性回归关系，以此生成栅格化的人口分配权重。然后，基于分区密度制图的面积插值方法将区县人口普查数据分配到空间格网单元，由此形成具有较高分辨率和较高准确度的静态人口分布结果。最后，辅以第六次全国人口普查乡镇街道级人口数据进行验证。

考虑到数据的可获取性问题，本次收集了 38 个公开的多源矢栅变量，处理内容包括拼接裁剪、栅格重采样、核密度分析、欧几里得度量、分区统计、空间挂接等。此外，为了简化模型并减轻计算压力，本次提出了特征工程包装法（wrapper）嵌套机器学习回归的组合处理步骤，即通过反复创建模型，并在每次迭代时保留最佳特征或剔除最差特征，在下一次迭代时，使用上次建模没有被选中的特征来构建模型，直到所有特征都耗尽为止，然后根据保留或剔除特征的顺序来对特征进行排名，选出一个最佳子集。

3）研究结果

以 2021 年 5 月 21 日发生在云南省漾濞县地震为例进行实际应用。使用第六次全国人口普查区县级人口作为建模标签和边界约束，结合 38 个多源矢栅数据进行机器学习非线性回归和分区密度制图的人口降尺度分解，通过对比发现，梯度提升树在众多机器学习算法效果较优，并由此生成最终的格网人口分布底图。

由于此次地震发生在晚间，人们普遍位于家中，因此使用表征静态人口分布的格网产品便能取得理想的估计效果。不难发现，国内外已有的几款人口分布底图产品都不能很好地反映实际灾情，在受灾人口估算的统计数值上，高估问题十分严重，而本次研究结果表现优异，最接近当地上报数值（表 6.5）。这说明受灾人口快速估算的准确性很大程度取决于人口格网底图的质量，需要根据当地情况因地制宜地挑选变量、建立模型，以此制作出一套高精度的人口数据适用产品。

表 6.5　2021 年 5 月 21 日云南省漾濞县地震受灾人口的结果对比　　（单位：人）

烈度	官方报道	本次研究结果	中国科学院地理科学与资源研究所产品	美国能源部产品
7	未报道	71887	81899	76945
8	未报道	1315	1712	3901
总计	72317	73202	83611	80846

注：此外，还对比了英国南安普敦大学 WorldPop 最新产品和我国浙江大学高精度产品，因其与官方报道相差较大，故未做展示。

3. 纳入人口移动规律的动态灾情估计

1）研究背景

值得注意的是，上述人口灾情估计结果为静态截面情况。众所周知，人口具有很强的时空流动特性，在短历时、小范围的自然灾害和突发状态之下更是如此。目前，高时间分辨率的研究成果在学界和业界还为数尚少。因此，研究特定事件、特定时间、特定地区的高精度动态人口灾情信息变得愈发迫切和重要。

随着全球气候变化与城市规模增长，暴雨内涝灾害如今已成为制约可持续发展的严峻挑战。众多研究显示，刚性活动无法按照个人意愿轻易取消，即使遇到恶劣天气也要进行与工作相关的出行计划，同时，驾车冒险穿越淹没道路往往伴随着伤亡风险，因此自驾车通勤者是最易受到城市暴雨内涝影响的群体。但是，实时人口流动信息和准确道路积水位置使用常规方法往往较难获取。为了填补这项空白，本次以武汉城区为例，利用统计数据和兴趣点对该地日常通勤人口的规模和格局进行建模，并结合官方积水危险图和社交媒体大数据，高效提取路网中的积水位置，接着分析在 2016 年 7 月 6 日武汉发生的暴雨内涝典型事件中，以及 10 年一遇、20 年一遇、50 年一遇的极端暴雨情况下，受影响通勤者的数量特点与空间特征。结果显示（Liu et al.，2021），本次提出的受灾人口估计方法具有较高的准确度和较好的动态细节信息，可用于涉及道路封闭的众多城市灾害类型，进而可对风险管理和决策制定提供重要参考信息。

2）研究方法

本次开发了一种通过整合通勤移动模式和具体淹没道路来估算人口灾情的技术流程，具体思路为：首先使用兴趣点和建筑物足迹面计算出发地（居住）和目的地（工作）的数量分布，然后通过应用带约束重力模型、蒙特卡罗撒点和交通路网分析进行个人路径仿真，接着从政务微博和官方积水图中准确提取淹没道路，最后计算受影响人口的具体信息及程度类型。基于重力模型和蒙特卡罗模拟的通勤人口仿真框架如图 6.13 所示。

本次使用重力模型来估计武汉各乡镇街道间的通勤流量矩阵，这是在缺乏真实观测数据下的常用替代方法，见式（6.4）。随后进一步对重力模型的适用情况进行验证评价，发现其具有良好的模拟能力。

$$T_{ij} = \alpha \left(O_i D_j + D_i O_j \right) d_{ij}^{-\beta} \tag{6.4}$$

式中，T_{ij} 为街道 i 和 j 之间的通勤人次；O_i 为出发地的规模，使用通勤者人数代表；D_j 为目的地的规模，使用工作岗位数代表；α 为标量因子；d_{ij} 为距离；β 为距离摩擦数。

我们发现，当 $\alpha = 0.0002085$，$\beta = 1.8$ 时，T_{ij} 为 3327702，最接近武汉 7 个区县每天自驾车者的通勤总量（1663175×2 人次）。值得注意的是，式（6.4）计算的通勤量包含早往和晚返两个时段，即一日通勤量，因此接下来使用式（6.5）～式（6.7）分解出早高峰人群：

$$\mathrm{TO}_{i \to j} = O_i \frac{T_{ij}}{\sum_{x=i} T_{ix}} \tag{6.5}$$

$$\mathrm{TD}_{i \to j} = D_j \frac{T_{ij}}{\sum_{x=i} T_{xj}} \tag{6.6}$$

$$T_{i \to j} = \mathrm{MIN}\left(\mathrm{TO}_{i \to j}, \mathrm{TD}_{i \to j} \right) \tag{6.7}$$

蒙特卡罗方法可以依据通勤矩阵体现出的规律，把区域汇总数值分解到个人层面，即模拟个人通勤路径，具体操作包括：①在居住小区面内布设随机点，作为起点；②在工作地所在建筑物底面内布设随机点，作为终点；③在区域通勤流量 O-D 矩阵的约束下，随机匹配起始点和终止点，构成一个通勤者的出行方案。蒙特卡罗撒点使用 TSME（traffic simulation modules for education）配合 ArcGIS 完成，由于每位通勤者都具有唯一的编号标识，之后便可通过网络分析求解得到具体的个人通勤路径。

3）研究结果

最终的暴雨内涝影响人口由两类群体组成，一类是起始点和目的地之间的任何连接通路都存在积水，导致无法到达目的地的断路者；另一类是和正常情况相比，路径发生改变的改道者。前者受到的影响程度无疑是高于后者的，因此有必要把这两类人分开统计。表 6.6 显示了武汉城区受影响自驾车通勤者的数量和占比情况，非影响人口是在雨天通勤没有发生任何变化的人群。

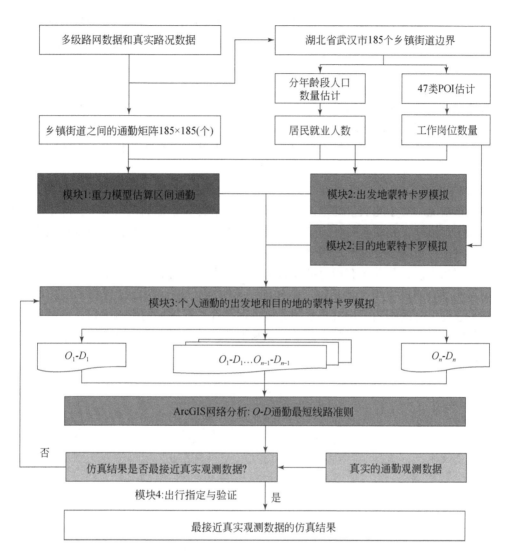

图 6.13　基于重力模型和蒙特卡罗模拟的通勤人口仿真框架

O 代表出发地；D 代表目的地

表 6.6　不同暴雨内涝下自驾车通勤者的影响人口和比例

类别	真实事件	极端暴雨情景		
	2016 年 7 月 6 日	10 年一遇	20 年一遇	50 年一遇
非影响人口	59.8 (39)	17.6 (12)	9.9 (7)	6.3 (4)
影响人口	92.1 (61)	134.3 (88)	142 (93)	145.6 (96)
①改道者	85.5 (57)	93 (61)	83.8 (55)	56.9 (37)
②断路者	6.6 (4)	41.3 (27)	58.2 (38)	88.7 (59)

注：表中括号外数字为自驾车通勤者的影响人口，单位为万人；括号内数据为自驾车通勤者的影响人口所占比例，单位为%。

据计算，在武汉中心城区，2016 年 7 月 6 日暴雨内涝造成的自驾车通勤者的影响人口为 92.1 万人，其中 6.6 万人受到严重影响（断路）；10 年一遇的影响人口为 134.3 万人，41.3 万人受到严重影响；20 年一遇的影响人口为 142 万人，58.2 万人受到严重影响；50 年一遇的影响人口为 145.6 万人，88.7 万人受到严重影响。暴雨年遇越大，非影响人口和比例就越小，并且断路者增长的程度十分明显，远远超过改道者，虽然 10 年一遇、20 年一遇降雨显示有超过半数的通勤者表现为路径改变，但更为极端的 50 年一遇降雨造成了路径丢失这类更严重的影响，是未来气候变化背景下城市内涝防范将要面临的巨大威胁与挑战。

图 6.14 展示了 2016 年 7 月 6 日武汉中心城区在发生不同暴雨内涝后的影响人口数量及空间分布情况。对于此次事件来说，各街道以改道者和非影响人口为主，除了东南和西北少数几个街道外，断路者在各街道的占比都较小。综合出发地和目的地的视角来看，珞南街道和洪山街道区所受影响最为严重，因为它们拥有全市最多的断路者和改道者；对于三个极端情景来说，几乎所有街道都以影响人口为主，东南的洪山街道区、珞南街道和中南路街道所受影响最为严重。此外，在 50 年一遇的情景中，西北位置积水快速增加的街道受到了急速上升的影响。没有积水的街道也存在着一定数量的影响人口，而且有些非积水街道的影响人口数量和比例甚至高于有积水街道，这说明人口在复杂路网上的移动规律使洪水影响变得更为复杂和广泛。

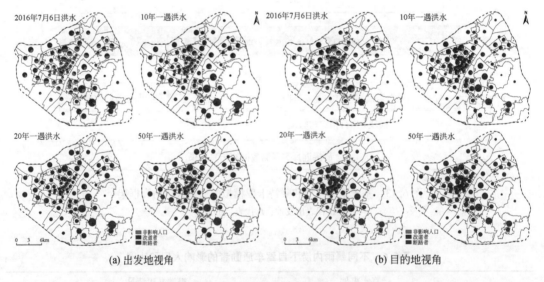

图 6.14　基于通勤流动方向的街道级别影响信息（彩图见封底二维码）

4. 小结

人口具有空间聚集与时间移动的两大突出特点，因此人口灾情的提取分析需要包括静态基底和动态时变两个重要方面。本节首先针对已有人口格网产品（如 WorldPop）在中国解释能力不足的问题，利用本土基础数据制作了一套高空间分辨率的人口底图，用于地震这样大区域影响类型的灾情快速评估；然后将流动模式和道路淹没位置结合起来，用于暴雨内涝这样小区域城市内部灾害的影响人口估计。

　　准确的高精度人口灾情信息对灾中政府救灾物资发放、灾后保险公司理赔认定、常态公众防灾减灾意识提高等方面意义重大。本次提出的技术方法为如何运用来源众多、尺度不一、结构各异的时空大数据提供了有效思路，由此分析得到的人口灾情信息也为决策制定和场景管理提供了科学参考依据。

6.4.2　基于多源数据的农作物灾情信息

1. 引言

　　农作物受台风/暴雨灾情影响的评估方法得到广泛研究。根据数据类型不同，主要可分为气象数据与遥感数据驱动模型。气象数据驱动模型采用风速、降雨量、气压等气象致灾因子，利用层次分析法、综合加权法、模糊随机法或脆弱性曲线模型等方法进行灾情评估（李祚泳等，2016；尚志海等，2021）。其中，脆弱性曲线模型机理较为明确（周瑶和王静爱，2012），被广泛应用于台风农作物灾损评估（Masutomi et al.，2012；Blanc et al.，2016）。气象数据驱动模型可以实现大尺度相对准确的灾情评估；但是由于气象数据空间分辨率较粗，难以刻画小尺度的灾情空间差异。遥感数据驱动模型一般采用多时相遥感影像数据，通过经验指数、变化检测或机器学习等方法评估地物受损程度（陈燕璇等，2016；欧阳华璘等，2016；Lu et al.，2020）。其中经验指数方法由于操作简单更易于应用，如 Lu 等（2020）采用灾害植被损害指数（disaster vegetation damage index，DVDI）评估分析了中国两广地区 2000～2018 年台风造成的植被损害空间特征。遥感数据驱动模型空间分辨率较高，能表达更丰富的灾情空间细节；但是由于台风期间遥感数据可获取性较差、相关参数区域差异大，遥感数据驱动模型难以被业务化应用。

　　针对上述气象数据驱动模型与遥感数据驱动模型的优缺点，本书提出了一种融合气象数据驱动模型与遥感数据驱动模型的方法，在大尺度上利用脆弱性曲线评估农作物受损率，在小尺度上利用遥感数据对该受损率进行降尺度以增强灾情空间细节，从而实现大面积高分辨率的农作物台风灾情快速评估。

2. 评估方法

　　本研究将气象数据驱动的脆弱性曲线模型与 DVDI 计算相结合，构建高分辨率大面积农作物台风灾情快速评估方法，农作物台风/暴雨灾情评估方法流程如图 6.15 所示。

　　1）脆弱性曲线模型

　　本研究使用 Masutomi 等（2012）提出的作物受台风影响的脆弱性曲线模型计算大尺度的受灾概率。该模型假设作物受灾概率与致灾因子强度的关系为

$$P_i = 1 - e^{-(I_i/\lambda_i)^k} \tag{6.8}$$

式中，P_i 为像元 i 中农作物的受灾概率；I_i 为台风强度；λ_i 与 k 为农作物抵抗力相关参数。基于该模型，考虑像元内农田盖度即可求出某地区的作物受灾面积：

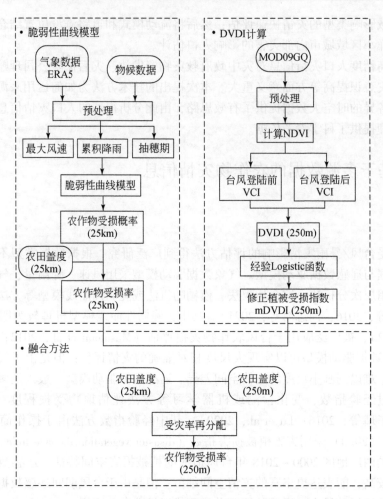

图 6.15　农作物台风/暴雨灾情评估方法流程

MOD09GQ（250m 地表反射率）为中分辨率成像光谱仪（MODIS）数据的逐日数据产品，它提供红光与近红外波段逐日 250m 的反射率数值与质量标记 1～2 波段每日栅格化二级的数据，投影为正弦曲线投影，包括 250m 的反射率值、1km 的观测和地理位置统计值。此产品提供了 1～2 波段的反射率、质量评价、观测图层和观测数量信息；NDVI 为归一化植被指数；VCI 为植被生长状况指数

$$A = \sum_i P_i \cdot s \cdot c_i \qquad (6.9)$$

式中，A 为作物受灾面积；s 为像元面积；c_i 为像元 i 的农田盖度。由于强风与暴雨都会引起农作物受灾，该模型选择灾害期间的最大风速与累积降雨量的线性组合来衡量致灾因子强度：

$$I_i = m \cdot w_i + n \cdot r_i \qquad (6.10)$$

式中，m、n 分别为灾害期间像元 i 最大风速 w_i 和累积降雨量 r_i 的加权系数。考虑到农作物在抽穗期对于灾害抵抗力最低，Masutomi 等（2012）给出作物抵抗力参数的估算函数：

$$\lambda_i = a\,(\mathrm{WD}_i - \mathrm{HD}_i)^2 + b\,(\mathrm{WD}_i - \mathrm{HD}_i) + c \qquad (6.11)$$

式中，WD_i 为像元 i 最大风速日期；HD_i 为像元 i 农作物抽穗期；a、b、c 为函数系数。根

据 Blanc 等（2016）对该模型在菲律宾的拓展研究，本书对模型中 a、b、c、k 采用 Masutomi 等（2012）给出的最优值；而对于 m、n，由于 Masutomi 等（2012）给出的置信区间较大，我们根据中国台风受灾面积统计资料进行基于交叉验证的拟合，通过最小化统计受灾面积与评估受灾面积之差获取针对中国区域的最优参数。

2）灾害植被损害指数（DVDI）

DVDI 是 Di 等（2018）提出的评估灾害前后植被生长状况差异的遥感指数：

$$DVDI = VCI_{after} - VCI_{before} \tag{6.12}$$

式中，VCI_{before} 与 VCI_{after} 分别反映灾害发生前后的植被生长状况，计算如下：

$$VCI = \frac{NDVI - NDVI_{median}}{NDVI_{max} - NDVI_{median}} \tag{6.13}$$

式中，NDVI 为某日期的归一化植被指数；$NDVI_{max}$ 与 $NDVI_{median}$ 分别为灾害发生前（后）特定时间段的历史 NDVI 最大值与 NDVI 中值。DVDI 越小表明植被受损越严重，能合理反映植被受灾情况（Lu et al., 2020）。

3）脆弱性模型–遥感观测融合模型

为综合气象数据与遥感观测在时空分辨率上的优点，本书提出了将脆弱性曲线模型估计的粗像元受损率根据 DVDI 分配至细像元上，以得到高分辨率的作物受损率空间分布，步骤如下。

（1）应用经验函数关系将 DVDI 转化为受灾概率：

$$P_{DVDI} = \begin{cases} \dfrac{1}{1+e^{(2DVDI+3)}}, & DVDI<0, \\ 0, & DVDI\geq0 \end{cases} \tag{6.14}$$

（2）直接由 DVDI 计算的受灾概率缺失值较多，对于缺失值，我们应用脆弱性模型输出的粗分辨率受灾概率对其进行补全：

$$P_{DVDI} = P_i, \quad 当 DVDI = NoData \tag{6.15}$$

（3）受多种因素影响，DVDI 导出的受灾概率存在较大的区域偏差，因此我们进一步利用脆弱性模型输出的粗分辨率受灾概率（P_i）结合相应的农田盖度对细分辨率 P_{DVDI} 进行系统校正，最终得到空间覆盖完整的高分辨率受损率（$P_{fine,ij}$）：

$$P_{fine,ij} = P_i \cdot \frac{P_{DVDI,ij}}{\sum_j P_{DVDI,ij} \cdot c_{ij} / \sum_j c_{ij}} \cdot \frac{c_{ij}}{c_i} \tag{6.16}$$

式中，c_{ij} 与 $P_{DVDI,ij}$ 分别为粗像元 i 内的第 j 个细像元的农田盖度与 P_{DVDI}。该方程在考虑 P_{DVDI} 与农田盖度的分配权重时，保持了降尺度前后粗像元平均受损率不变。

3. 实验数据与结果

1）实验数据

本研究以 2010～2019 年登陆中国风速超过 11 级的 25 个台风作为研究对象（图 6.16）；收集了相应的登陆时间、地点以及各省份农田受灾面积统计资料。气象数据方面，本研究采用第五代 ECMWF 大气再分析全球气候数据（ERA5）（Hersbach et al., 2020），其提供了10m高风速数据和降水数据，空间分辨率为0.25°。通过经验关系将ERA5 10m高风速校正为2m高风速，再分别计算台风登陆期间的最大风速和累积降雨量。遥感数据方面，本研究采用中分辨率成像光谱仪（MODIS）数据的逐日数据产品MOD09GQ；该数据空间分辨率250m，时间分辨率1天，时效性较高。为减少云的影响，在去除质量标记为云的观测后，分别生成台风登陆前后7天合成NDVI影像。农作物抽穗期数据在Luo等（2020）发表的中国1km物候数据上插值得到。耕地盖度数据由GlobeLand30-2010数据（Chen et al.，2015）重采样得到。

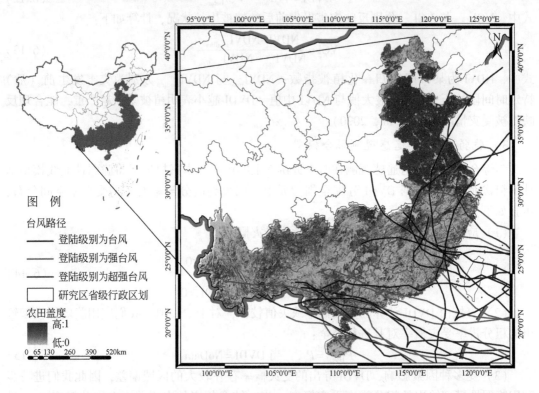

图6.16　实验区台风路径（彩图见封底二维码）

2）气象数据驱动的脆弱性模型中国区校正结果

根据收集到的历次台风省级作物受灾统计面积，本研究随机选取90%的样本进行训练，剩余10%进行验证，训练与验证样本轮替10次，得到中国区的作物脆弱性模型的最优参数 $m = 0.1715$，$n = 1.0246$。其他参数参照Masutomi等（2012）的推荐值 $a = 0.0001757$，$b = -0.0007692$，$c = 2.007$，$k = 6.725$。结果显示模型评估受灾面积和统计受灾面积呈正相关（图6.17），相关性 r^2 达0.38。

图6.18显示了脆弱性模型估算的"利奇马"台风的粗分辨率（0.25°）农田受损率空间分布。台风期间农作物受损率最大的区域出现在山东北部、浙江东部，与现实情况基本吻合。

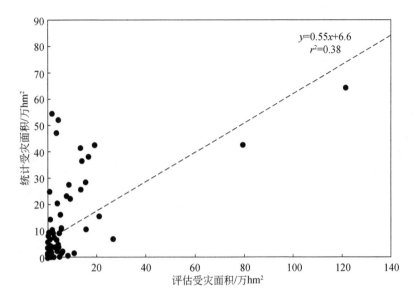

图 6.17　模型评估受灾面积与相应统计受灾面积的关系

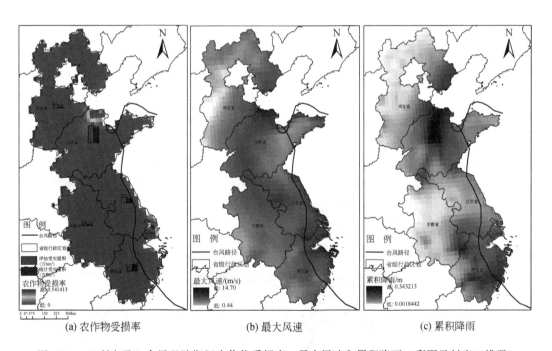

(a) 农作物受损率　　　　　　　(b) 最大风速　　　　　　　(c) 累积降雨

图 6.18　"利奇马"台风登陆期间农作物受损率、最大风速和累积降雨（彩图见封底二维码）

3）脆弱性模型–遥感观测融合结果

由于 ERA5 气象数据的空间分辨率较低，脆弱性曲线模型输出的受损率数据具有严重的"方格化"现象；经过本书提出的融合降尺度处理，空间分辨率提高为 MODIS 数据的

250m，空间细节明显丰富（图6.19）。

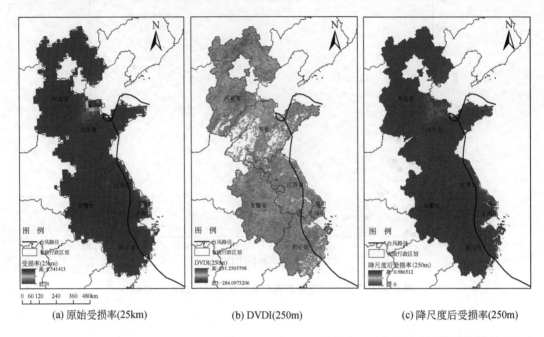

(a) 原始受损率(25km)　　　　(b) DVDI(250m)　　　　(c) 降尺度后受损率(250m)

图6.19　"利奇马"台风登陆期间原始受损率分布、DVDI和降尺度后受损率分布（彩图见封底二维码）

为更加清晰地展现降尺度前后受损率估计的空间细节差异，我们选择了两处受灾前后存在少云哨兵-2号卫星观测的区域进行目视对比（图6.20、图6.21）。可以看出，本研究估计的农作物受损率空间分布细节与哨兵-2号卫星影像反映的受灾情况基本一致，相较于降尺度前粗分辨率受损率结果，空间细节明显丰富。

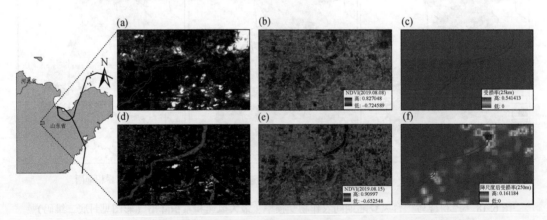

图6.20　山东临淄"利奇马"台风登陆前后影像（彩图见封底二维码）

(a) "利奇马"台风登陆前（2019年8月8日）哨兵-2号卫星影像；(b) "利奇马"台风登陆前NDVI影像；(c) 原始受损率分布；(d) "利奇马"台风登陆后（2019年8月15日）哨兵-2号卫星影像；(e) "利奇马"台风登陆后NDVI影像；(f) 降尺度后受损率分布

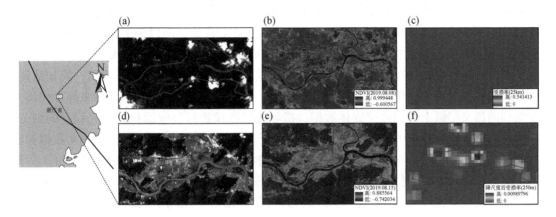

图 6.21　浙江台州"利奇马"台风登陆前后影像（彩图见封底二维码）

（a）"利奇马"台风登陆前（2019 年 8 月 8 日）哨兵–2 号卫星影像；（b）"利奇马"台风登陆前 NDVI 影像；
（c）原始受损率分布；（d）"利奇马"台风登陆后（2019 年 8 月 15 日）哨兵–2 号卫星影像；（e）"利奇马"台
风登陆后 NDVI 影像；（f）降尺度后受损率分布

4. 小结

本研究提出一种融合 ERA5 气象数据与遥感数据的农田台风灾情快速评估方法，通过
结合脆弱性曲线模型与遥感灾害植被损害指数，获取空间分辨率较高的农田受损率空间分
布图，在大尺度上提供近实时的农田灾情评估的同时，可更好地捕捉受灾空间细节。实验
结果表明，本研究对农田受灾面积的估算与统计资料总体一致，对农田受灾空间细节的刻
画也与高分辨率影像目视解译相近。因此，本研究提出的评估方法有潜力应用于台风灾后
农田受损率空间分布高分辨率大范围的快速评估。

6.4.3　基于多源数据的建筑物灾情信息

1. 引言

各类自然灾害在全球范围内对各行各业都造成了巨大的损失，随着遥感空间分析技术
的发展，为灾害监测与评估提供了新的角度（Van Westen, 2000）。然而单一的遥感数据
远不能满足其灾害监测在城市内的需求，因此需要遥感与其他学科结合才能获取到理想的
灾害监测结果。

单从遥感影像分类的角度看，大多研究都基于像素和对象的图像分类策略。然而，影
像分类的难度从像素到目标，最终到场景层面，变得越来越难。城市场景内包含许多复杂
的人造物体，导致了高分辨率影像中格局的异质性。为了对城市场景内部的灾害损毁区域
进行分类，确定城市场景中包含的图像对象及其语义信息非常重要。

与此同时，精确的土地覆盖制图在丰富的语义要素和训练好的深度网络下更加容易获
得。因此，也能够通过这种方式准确地检测和提取城市场景中灾害损毁区域内复杂的土地

覆盖对象。尽管如此，语义要素只能揭示城市内部各土地覆盖对象的物理存在，而忽视了它们的功能特性以及不同功能区内部对灾害损毁程度的评价。所以为了成功地识别城市内不同的场景（如居民区或者商业区），进而对不同城市功能区内部的受灾程度进行准确评价，重要的不仅仅是提取土地覆盖对象，同时也要提取到场景中包含的功能。换句话说，影像的内容，包括土地覆盖对象和它们的功能，应先于城市场景的划分。近来许多的研究在更高的语义层级上使用社交媒体数据，指导遥感影像进行受灾面积和受灾程度的划分。例如，从社交媒体数据中提取的语义特征被用于高分辨率的场景分类，使用 POI 数据和潜在的语义模型判别城市功能区。然而，建筑物的物理和功能上的信息能在对象尺度上探测到，但是从语义对象上仍然缺少对空间分布的探索。空间分布是城市场景识别的重要指示，在空间域中表现有独特的格局分布，并且能够用于不同功能区的受灾面积识别。因此，现在急需发展出一种同时考虑到空间分布和土地覆盖对象的功能类型的城市场景分类策略，从而实现不同功能区内部的灾害评估。

随着"大数据"时代的到来，我们现已能够轻易地获取大量高分辨率的影像。如何在场景级中直接理解高分辨率影像的内容，并将其应用于灾害评估已成为遥感的主要任务之一。在这里，我们提出了一种城市场景级的灾害识别策略，以理解从像素标注到土地覆盖目标检测再到场景描述的城市场景内的受灾状况。为此，我们引入了深度学习策略、语义细化和空间格局测量技术。

2. 灾害建筑物损毁制图

1）灾害建筑物制图框架

随着遥感传感器和成像技术的迅速发展，大量的高分辨率图像得到了广泛的应用。近年来，随着"大数据"时代的到来，如何直接获取和分析高分辨率图像进行灾害建筑区域的识别与制图成为遥感领域的新的应用方向。在过去的几十年里，人们在图像标签（如基于像素和对象的图像分类方法）上做了大量的工作，但这些方法往往不能在更高层次上识别图像的语义内容。并且，随着抽象层次从像素到对象，再到场景，分类任务的难度越来越大。图像场景通常包含大量复杂的人造地物，特别是在城市地区会产生不同的模型。在复杂的图像场景中，现有的方法大多是基于视觉识别的图像特征分布提取语义内容。但是，由于图像的异构性，在像素级获得的底层可视映射特征往往无法准确描述对象，更不用说复杂的功能区域了。低层图像特征与高层图像内容之间的语义鸿沟仍然存在。深度学习算法利用深层次特征来描述图像对象，并显示出复杂模式识别的能力。因此，借助深层特征来支持复杂场景分类，可以进一步促进对城市环境的理解。

2）建筑区深层语义表征学习

简单的浅层的低级特征（如 SIFT 和 GLCM）无法保证能准确地识别出建筑的损毁程度，使用丰富的语义要素和训练好的深度网络可以更容易地获得更加精准的建筑物损毁制图，所以在具有各种土地覆盖对象复杂组合的城市地区中，应准确地识别损毁的建筑区，在对象级别进行对象的语义探索。

与影像像素和相同性质的分割区域相比，语义要素包含了表现出复杂格局的特定类的表示，是链接影像低级特征表示和地理对象的关键。深度学习引入了自学习和影像内容的高层语义理解。为了从语义层次上学习到区分性的特征，在这里提出一种基于卷积神经网络（CNN）的模型以识别多样的语义要素。假设 CNN 网络有 N 个语义要素，S_i，$i \in (1, N)$，并且包含真实标签 g_i，$i \in (1, N)$。为了实现语义要素的识别，提出的 CNN 框架生成具有逐层激活的深层和抽象特征。给定具有 L 层的 CNN 框架 f，具有输入语义元素 S_i 的前向激活可以表示如下：

$$f_L(P_j; W, b) = W_L H_{L-1} + b_L \tag{6.17}$$

式中，W_L 和 b_L 为 CNN 框架中训练的权重和偏置参数；H_{L-1} 为深度神经网络中的隐藏层，$H_0 = S_i$。对于第 1 层隐藏层来说可以表示为

$$H_L = \text{pool}\left[\text{sigmoid}(W_L H_{L-1} + b_L)\right] \tag{6.18}$$

对于一个影像内未知的像素 j，其对应的语义要素可以表示为 P_j，CNN 网络 $f_L(W, b)$ 训练好之后，通过投入前馈激活应用于预测位置语义要素 P_j 的标签。对于输入 P_j 的深度特征 O_j 的输出描述如下：

$$O_j = f_L(P_j; W, b) = W_L H_{L-1} + b_L \tag{6.19}$$

语义标签可以进一步使用深度特征 O_j 和 Softmax 算法分配语义标签。对于具有 C 个类的数据集，语义要素的描述 O_j 属于类 i 的概率 R 由下式得到：

$$R(Y = i \mid O_j, \theta) = \frac{e^{\theta_i} O_j}{\sum_{C=1}^{c} e^{\theta_C} O_j} \tag{6.20}$$

因此，为了确定每个语义元素的标签可以使用前馈激活和 Softmax 算法。尽管基于 CNN 的方法在建筑平面布局和人工目标的检测方面是有效的，但仍有许多功能对象需要被感知。为了识别城市损毁场景，需要从视觉以及公开地图（open street map，OSM）语义信息两个方面全面理解图像对象的语义信息。

3. 建筑物灾损评估方法

近年来，全球气候变化不断加剧、自然灾害日益频发，造成了严重的人员伤亡和经济损失，已成为威胁人类生命安全的重大问题之一。大量人造建筑物的城镇区域是造成人口伤亡和财产损失的集中地带，建筑物的灾情评估是城镇损毁信息评估中的重要一环，建筑物损毁信息提取对于灾后应急决策与恢复重建等有着重要的意义。

本节主要利用深度学习技术结合互联网大数据研究不同类型建筑物的脆弱性，以便在临灾状况下提供及时的决策参考依据，建筑物灾情评估技术流程如图 6.22 所示。首先使用深度学习技术（卷积神经网络）提取建筑区域，然后利用爬虫技术爬取建筑物功能和基础信息数据并提取建筑物脆弱性曲线，最后利用临灾互联网数据（如微博数据等）更新与纠正脆弱性曲线，主要成果如下。

（1）深度学习建筑物提取：构建基于对象的卷积神经网络模型，在高分 2 号和哨兵- 2 号卫星影像上实现高精度的建筑物提取。

（2）城市建筑及其功能制图：利用卷积神经网络探究底层图像表现与图像的语义内容的联系，完成北京地区建筑物功能制图。

（3）众源网络数据爬取：利用爬虫技术实现全类百度 POI 建筑物数据、安居客网站住宅数据和 OSM 矢量数据的爬取。

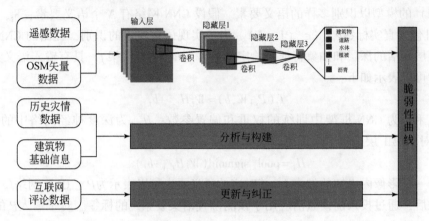

图 6.22　建筑物灾情评估技术流程图

1）基于深度学习的建筑物自动提取技术

深度学习建筑物提取：利用深度学习技术对灾前的建筑物进行提取，模型流程如图 6.23 所示。

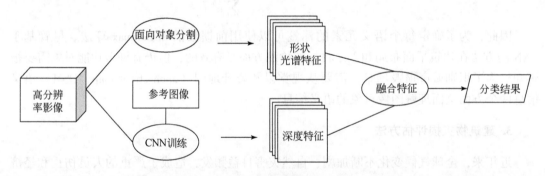

图 6.23　基于对象的卷积神经网络（OCNN）模型流程

基于对象的卷积神经网络模型（OCNN）：首先，对高分辨率影像进行面向对象的分割获取建筑物对象轮廓；然后利用卷积神经网络提取图像的高维语义特征；最后将形状特征与语义特征结合进行建筑物提取。本节利用该模型对高分 2 号、哨兵–2 号卫星遥感影像进行地物提取，得到的建筑物提取成果如图 6.24 所示。

城市建筑及其功能制图：利用卷积神经网络探究低层图像表现与图像语义内容的联系，完成北京地区建筑物功能制图。

为了从语义层次上学习判别特征，根据卷积神经网络模型（CNN），利用一个卷积神经网络进行语义元素表征学习。该模型由一个语义特征映射网络以及一个全连接层组成，如图 6.25 所示。

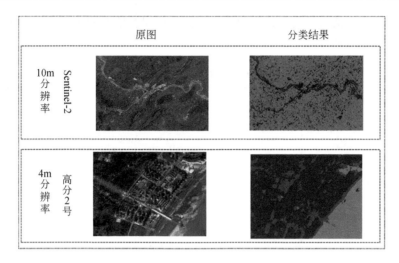

图 6.24　建筑物提取成果（彩图见封底二维码）

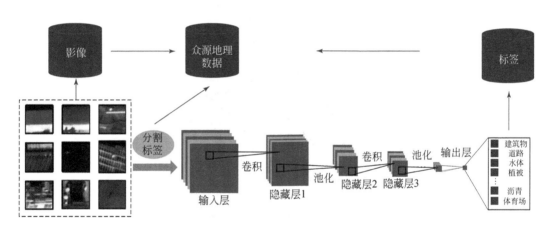

图 6.25　深度学习建筑物提取流程（彩图见封底二维码）

基于 CNN 的语义信息提取的限制，纳入了 POI 数据，用于丰富高分辨率遥感图像的整体语义内容。POI 已直接与分类图融合，以补充土地利用级别的语义信息。本节中，考虑到用途不同，建筑物分为居住、商业、工业、休闲和医疗教育五类。

2）基于多属性特征的建筑物灾损预估

百度 POI 包含丰富的兴趣点数据，并提供名称、地址和经纬度坐标等信息，可用作建筑物功能确定。如表 6.7 所示，用地功能区分类包括居住用地、商业用地、工业用地、绿地和医疗用地五大功能。以往研究表明，不同功能的房屋采用不同的房屋结构，抗灾水平有所差异，同时建筑物的脆弱性与建筑物楼层和年限有很强的相关性。

综上所述，我们提出了一种基于互联网大数据的建筑物脆弱性曲线构建新模式。我们以宜宾市为研究对象使用百度 POI 结合卷积神经网络进行建筑物功能区划分，获取具有功能属性的建筑物对象，同时将安居客网站数据与百度 POI 连接，获得带有属性的建筑物位置坐标。我们计算灾情数据与建筑物功能、年代和楼层等信息的相关性,得到建筑物脆弱性曲线与建筑物脆弱性分布(图 6.26)。

表 6.7　POI 数据分类表

用地功能区分类	关键词
居住用地	住宅
商业用地	公司,饮食,超市
工业用地	工厂,产业园
绿地	景区,广场,公园
医疗用地	医院

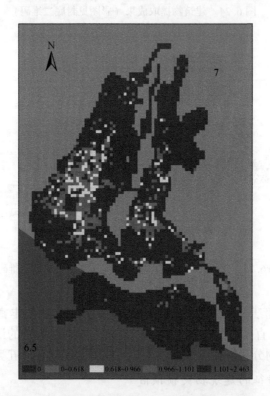

图 6.26　建筑物脆弱性分布(彩图见封底二维码)

我们将结合临灾建筑物信息(楼层、建筑年代、功能)得出的建筑物脆弱性分布(图 6.26)和建筑物脆弱性曲线(图 6.27)进行建筑物损毁程度预估,得到及时的建筑物灾害评估结果(图 6.28)。

虽然利用灾情数据构建的建筑物脆弱性曲线可以较好地反映实际灾害情景中建筑物脆弱性水平,但受地壳运动、气候等因素影响,建筑物的抗灾能力呈现动态变化,因此灾情

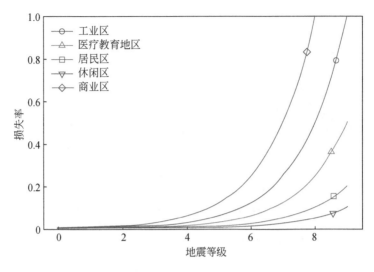

图 6.27　建筑物脆弱性曲线

记录很难真正刻画出建筑物的脆弱性水平。并且数据的不完备也使建筑物脆弱性曲线具有一定的不确定性。因而，需要对建筑物脆弱性曲线进行更新与纠正。考虑到互联网数据的实时更新，我们提出使用临灾网络数据（微博评论等）来更新与修正脆弱性曲线。我们从海量的及时评论中筛选灾情信息，如"玻璃碎了""一直在晃动"等。临灾情况下，临灾网络数据结合脆弱性曲线实现对建筑物损毁情况及时、准确地动态把握。

4. 基于 CNN 的城市损毁图像分类

1）损毁图像分类方法

在这项研究中，使用了一个五层结构的 CNN 模型。为了自动生成样本，从 OSM 数据提取土地覆盖矢量数据（如建筑物和道路）作为遥感影像中的指导样本。在此步骤中，只考虑了视觉外观存在显著差异的对象，即植被、阴影、屋顶间距、建筑物和道路作为基本分类规则数据集。为了避免过拟合，在 CNN 框架内还使用了 dropout 技术。在预测阶段，对于每个样本批次，深层特征由 CNN 提取并且使用于全连接层，然后被分类为语义标签。

2）使用 POI 数据进行语义优化

由于 CNN 的语义信息提取的限制，纳入了 POI 数据集，用以丰富高分辨率遥感图像的整体语义内容。为此，像元级别的分类地图应转换为基于对象的预测。为了更好地表示地理对象，通过执行图像分割获取的图像对象将与预测像素标签合并在一起。在确定地理对象后，引入 POI 以进一步提高分类图的语义丰富性。考虑到 POI 和分类高分辨率图像的属性，仅考虑定义建筑物使用目的的 POI。

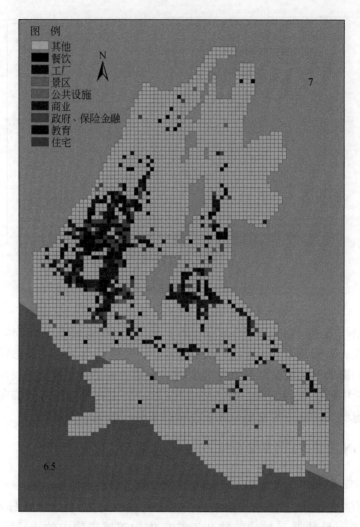

图 6.28　建筑物灾害评估结果（彩图见封底二维码）

6.5　网络大数据救灾需求信息挖掘与融合应用技术

我国是受自然灾害影响和威胁最严重的国家之一。在灾害应急救助的过程中，暴露出了对灾区需求不清、根据经验下拨款物等问题，说明我国在应急救助过程中总体缺乏有效的需求评估。随着自然灾害救助应急工作的深入发展和精细化需求，开展并做好重大自然灾害应急救助需求评估是做好救灾应急工作的必然要求。目前，单一渠道的救助需求信息已无法满足精准救助的实时性和准确性。因此需要通过融合灾情动态变化的上报信息、实时更新的社交平台数据，分析灾害应急救助需求的时空分布特性与变化规律，解决灾害应急救助需求时效性和准确性等关键技术问题。随着大数据时代的发展，社交媒体逐渐成为民众表达意愿的重要手段，为各领域研究提供了全新视角与途径。

6.5.1　网络大数据时空分布特征及影响因素分析

以 2019 年"利奇马"台风为例,以"利奇马"为搜索关键词,采集获取时间跨度为 2019 年 8 月 3 ~ 21 日的全网舆情数据,数据共计 636 万余条。在分析灾区民众需求之前,先对舆情数据的时间分布特征和空间分布特征进行分析。

1. 网络舆情时间分布特征分析

图 6.29 为"利奇马"台风期间全网 636 万余条舆情数据每日的数量变化曲线。以台风登陆与停编为时间节点,把"利奇马"台风灾害划分为预警期、应急期、灾后期三个阶段:预警期为 8 月 3 ~ 9 日;应急期为 8 月 9 ~ 13 日;灾后期为 8 月 13 ~ 21 日。

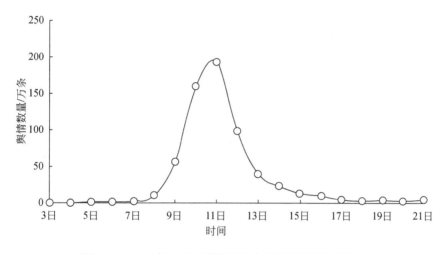

图 6.29　2019 年 8 月"利奇马"台风期间舆情时间分布

图 6.29 可知,舆情信息的时序变化与"利奇马"台风的灾害生命周期相符。预警期内,舆情数量逐渐增加并且增加速率逐渐加快,表明越接近台风预计登陆时间,舆论对"利奇马"台风的关注程度越高;应急期内,舆情数量迅速上升,于 2019 年 8 月 11 日达到峰值,随后迅速下降,体现出舆情信息的时效性与爆发性;灾后期,舆情数量缓慢下降,在 17 日以后,舆情数量趋于平稳。

根据"利奇马"台风网络舆情数据,分别采用 EGM(1,1)模型和 ARIMA 模型对台风登陆后每小时的舆情信息数量进行预测。两种模型的预测结果如图 6.30 所示,由图可知,ARIMA 模型的预测结果与全国真实值的相关系数达 0.936,优于灰色 EGM(1,1)模型的预测结果。

采用 ARIMA 模型对浙江、江苏、山东三省的舆情数量进行预测,结果如图 6.31 所示。分析可知,在三省的时序分布中,ARIMA 模型的预测结果与舆情真实值均具有很高的相关性,说明 ARIMA 模型对于台风灾害网络舆情的预测具有较高的适用性。未来自然灾害发生时,可采用时序预测 ARIMA 模型对网络舆情进行预测,以便有关部门提前掌握

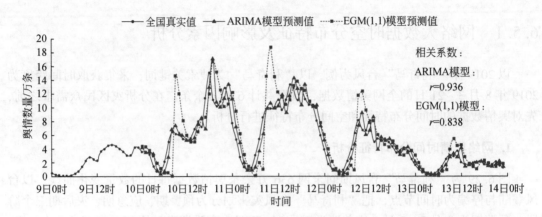

图 6.30　2019 年 8 月"利奇马"台风期间全国舆情数量预测结果（彩图见封底二维码）

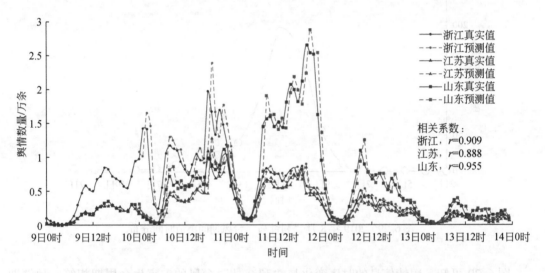

图 6.31　浙江、江苏、山东舆情数量预测结果（彩图见封底二维码）

舆情走势并调整应急救助决策。

2. 网络舆情空间分布特征分析

1）舆情信息空间分布

为分析在"利奇马"台风舆情信息的空间分布特征，统计了我国各省份的舆情数量，其中排名前十位的省份及其舆情数量如表 6.8 所示。

由表 6.8 可知，中国东部和东南部沿海的舆情数量普遍较高。舆情数量最高的五个省份依次是北京、广东、山东、浙江和江苏，其相邻省份也具有较高的舆情信息数量。由此可知，"利奇马"台风舆情的空间分布在整体上存在一定的空间自相关性。

表 6.8　舆情数量排名前十位的省份

排名	省（直辖市）	舆情数量
1	北京	877769
2	广东	761821
3	山东	730950
4	浙江	667165
5	江苏	369977
6	上海	298924
7	安徽	198144
8	河南	188011
9	辽宁	176778
10	四川	158775

2）基于莫兰指数的空间自相关分析

（1）全局自相关分析。

开展全局自相关分析时，空间权重矩阵构建影响了自相关分析的结果，是分析结果准确与否的关键。采用不同空间权重矩阵构建方法得到的全局莫兰指数分析结果如表 6.9 所示。

表 6.9　全局莫兰指数分析结果

空间权重矩阵构建方法	莫兰指数	Z 值	p 值
反距离法	0.0459	0.9513	0.3414
距离范围法	0.0637	1.3192	0.1870
共边邻接法	−0.1374	−1.6360	0.1018
k 近邻法；$k=4$	0.1281	1.6327	0.1025
k 近邻法；$k=5$	0.0922	1.4159	0.1567
k 近邻法；$k=6$	0.0743	1.3421	0.1795
k 近邻法；$k=7$	0.0436	1.0509	0.2932
k 近邻法；$k=8$	0.0583	1.3743	0.1693
k 近邻法；$k=9$	0.0694	1.6975	0.0895
k 近邻法；$k=10$	0.0422	1.3554	0.1752

在表 6.9 中，Z 值和 p 值表示正态分布的检验统计量。Z 值越大，p 值越小，说明分析结果的显著性水平越高。研究发现，当采用 k 近邻法构建空间权重矩阵，并且 $k=9$ 时，空间自相关分析的显著性水平最高。此时莫兰指数为 0.0694>0，说明"利奇马"台风舆情信息的空间分布具有一定的聚集性；p 值为 0.0895<0.1，说明该分析结果的置信水平达到近 90%。

（2）局部自相关分析。

全局自相关分析仅能说明舆情在整体上存在聚集现象，无法说明舆情在中国各个地区或者各个省份周围的具体聚集情况，因此需要开展局部空间自相关分析。基于 k 近邻法构建空间权重矩阵（$k=9$），计算中国各省份舆情数量的局部莫兰指数。分析结果中存在显著局部空间自相关的省份及其聚集类型如表 6.10 所示。

表 6.10　局部莫兰指数分析结果

省份	舆情数量	局部莫兰指数	Z 值	p 值	聚集类型
山东	730950	0.9901	3.7047	0.000212	H-H
浙江	667165	0.6154	2.3446	0.019047	H-H
广东	761821	−1.2235	−4.3323	0.000015	H-L

在全国 34 个省级行政单位中，仅山东、浙江和广东三省存在显著的局部自相关，均通过了 5% 的显著性检验。山东和浙江的聚集类型为 H-H 型，即高–高聚集型，舆情数量高的省份同样被舆情数量高的省份包围；广东的聚集类型为 H-L 型，即高–低聚集型，舆情数量高的省份被舆情数量低的省份包围。由此得出结论：台风直接登陆省份及其周边省份的舆情数量较多，呈现高–高聚集现象；广东的舆情数量远高于相邻省份，表现出对台风的超高关注程度。

3）舆情信息冷热点分析

通过全局和局部空间自相关分析，可以说明"利奇马"台风舆情信息在空间上的聚集情况，但不能直接说明该聚集是由高值或者低值构成的，无法排除存在特殊情况的可能。采用 G_i^* 统计量[①]，对中国各省级行政单位的舆情数量进行热点分析，在构建空间权重矩阵时选择 k 近邻法（$k=9$）。分析得到的"利奇马"台风舆情冷热点分布如表 6.11 所示。

由表 6.11 可知，"利奇马"台风舆情的热点区域集中分布在中国东部，冷点区域集中分布在中国西部。位于台风路径上的山东、浙江、江苏属于舆情热点区域，新疆、西藏、青海和四川是舆情冷点区域。广东省并未列于舆情热点区域，说明广东的高舆情数量在东南沿海一带属于个例。

3. 网络舆情影响因素分析

1）网络舆情影响因素筛选

上述结果表明，"利奇马"台风舆情的空间分布呈现出聚集现象。这种聚集现象必然是多种影响因素共同作用的结果。可能对舆情分布造成影响的因素包括：受灾程度（各省直接经济损失）、社会经济因素（各省份 GDP 总量和网络普及率）、历史因素（各省份台

---

① G 统计量是某一给定距离范围内邻居位置上的观测值之和与所有位置上的观测值之和的比值，能够用来识别位置 i 和周围邻居之间是高值还是低值的集聚。若不包括 i 位置上的观测值，则为 G_i 统计量；若包括 i 位置上的观测值，则为 G_i^* 统计量。

风登陆次数)、自然条件因素 (年均气温、年降雨量和年均相对湿度)、地理位置因素 (是否临海)。

表 6.11　"利奇马"台风冷热点省份一览

冷热点类型	省 (自治区、直辖市)	置信度/%
热点	山东	95
	北京	90
	天津	90
	河北	90
	江苏	90
	安徽	90
	浙江	90
	上海	90
冷点	新疆	90
	西藏	90
	青海	90
	四川	90
非显著性区域	其他省份	—

2) 回归模型构建

考虑各项影响因素，建立舆情影响因素模型。由于不同影响因素的数据内部差异过大，为提高模型的拟合精度，采用双对数回归模型。建立的回归模型如下：

$$\ln y = c + \beta_1 \ln t + \beta_2 \ln p + \beta_3 h + \beta_4 \ln \text{GDP} + \beta_5 r + \beta_6 m$$
$$+ \beta_7 \ln s + \beta_8 \times k \times \ln t + \beta_9 \times k \times \ln p + \beta_{10} \times k \times h \quad (6.21)$$

式中，y 为各省份舆情数量；t 为年平均气温；p 为年降水量；h 为年均相对湿度；GDP 为各省份 GDP 总量；r 为各省份网络普及率；m 为各省份自 1949~2019 年的年均台风登陆次数；s 为各省份"利奇马"台风直接经济损失；k 为二值变量；$\beta_1 \sim \beta_{10}$ 为各影响因素项系数；c 为常数项。

3) 网络舆情影响因素分析结果

采用逐步回归方法对影响因素模型进行求解，计算出的各模型参数结果如表 6.12 所示。

表 6.12　逐步回归分析参数

变量	模型 1 β_i	模型 2 β_i	模型 3 β_i	模型 4 β_i
c	−0.493	−1.474	−0.708	−0.476
$\ln$GDP	1.187	1.038	0.969	0.959
r		4.487	4.129	3.386

续表

变量	模型 1 β_i	模型 2 β_i	模型 3 β_i	模型 4 β_i
ln$s$			0.035	0.037
m				0.085*
r^2	0.805	0.868	0.887	0.889

*表示未通过 95% 显著性水平检验。当加入变量多于五个时，各项变量的影响系数的显著性水平逐渐变差，故未列出。

由表 6.12 可知，模型 1、模型 2 和模型 3 均通过了置信度 95% 的显著性水平检验，其中模型 3 的 r^2 值最大，达到 0.887，说明在各模型中模型 3 的拟合效果最好。所以，模型 3 对应的回归方程即为最优回归方程：

$$\ln y = -0.708 + 0.969 \times \ln GDP + 4.129 \times r + 0.035 \times \ln s \tag{6.22}$$

由此可知，各省份的经济情况、网络普及率和受灾严重程度是影响舆情数量的主要因素，影响系数分别为 0.969、4.129 和 0.035。这说明舆情数量的多少在很大程度上取决于网络普及率的高低，其次是取决于当地经济情况和受灾严重程度。

对于受台风影响的省份，对其直接经济损失和舆情数量进行相关性分析，如图 6.32 所示。

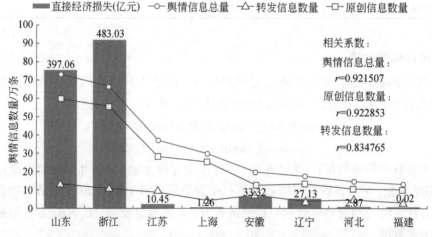

图 6.32　舆情信息与灾害损失相关性分析（彩图见封底二维码）

由图 6.32 可知，原创信息数量与灾害损失的相关性高于转发信息数量，说明原创信息数量更能反映受灾当地的灾情严重程度以及受灾地民众的关注程度，转发信息数量往往只代表该事件在某区域的热度。发生台风等自然灾害时，应急管理部门应更多地关注受灾地的原创信息数量，从中了解灾区情况和民众关注重点等信息以指导应急救援。

由此可知，进行救灾评估时，仅考虑网络舆情数量是不够的，需要从舆情信息当中挖掘出救灾相关的信息，建立需求重要度分级指标体系，才能评估灾区的真实受灾情况。

6.5.2　网络大数据救灾需求分级评价指标体系

1. 需求重要度分级指标体系构建

构建评价指标体系是进行应急资源需求重要度分级的重要前提。影响受灾点应急物资需求重要度的因素有很多，考虑应急物资和突发事件的特点，将影响各受灾点需求重要度的因素分为以下四个方面。

1）应急指挥及救援保障需求

（1）应急指挥保障需求。

包括对应急指挥场所、应急指挥人员的需求，以及必要的设备装备，如应急通信设备、应急运输车辆、应急供电设备、生活保障物资等。

（2）应急救援保障需求。

包括对各类应急救援队伍（团体）、应急救援设备装备的需求，也包括保障应急救援所需的应急通信设备、应急运输车辆、应急供电设备、生活保障物资等。

2）灾后紧急救援需求

（1）人员搜救需求。

本着"生命至上"的原则，重大自然灾害发生后，灾区最急迫的需求是抢救生命，把伤亡降到最低。因此需要掌握灾区的失踪人口、失联人口和被困人口数量。

（2）医疗救治需求。

重大自然灾害往往会导致大批伤员，不同自然灾害带来的伤病类型也不相同。为及时有效地开展医疗救援，需掌握灾区的因灾伤病人员情况及灾区医疗资源储备情况。

（3）次生衍生灾害防范需求。

重大自然灾害发生后，由于余震、强降雨等因素，极有可能引发泥石流等次生灾害。应根据灾区实际情况，排除可能隐患。次生灾害发生后，也应及时做出应对策略。

（4）遇难人员善后需求。

在重大自然灾害中，可能会出现大量遇难人员。一方面需确保遇难人员遗体得到妥善处理；另一方面，要对遇难者家属给予抚慰和心理疏导。

3）基本生活保障需求

（1）衣被需求。

受灾害影响，部分灾民的衣被可能被房屋砸压，或被雨雪、洪水等打湿浸泡，造成灾民对衣被的需求。根据灾种、季节的不同，灾区所急需的衣被种类也有所差异。

（2）饮食需求。

饮食需求即为灾区民众对于食品和饮用水的需求。由自然灾害造成的农田受损、水源污染，造成灾民缺乏食品和饮用水。在灾区尚未恢复重建的情况下，灾区最需要的是方便面、饼干、火腿肠、罐头等方便食品以及饮用水。

（3）临时住所需求。

重大的自然灾害往往导致大量居民房屋倒塌或者严重受损，因此，对于因房屋受损而无家可归的灾民，有关部门需要进行转移安置处理，此时的临时住所包括帐篷、彩条布、简易板房等。

（4）秩序维护需求。

包括灾区的治安秩序、市场秩序等的维护。因灾导致无法正常运转的企业、学校等也应做好秩序的维护，在减少因灾损失的同时，时刻做好恢复运转的准备。

4）公共基础设施保障需求

（1）道路交通保障需求。

重大自然灾害发生后，往往会对灾区的道路造成极大的破坏，交通道路的抢通需求极为突出。只有保证灾区的道路畅通无阻，才能保证外界的救援力量和救助物资进入。

（2）供水保障需求。

灾害发生后，灾区的供水水源、净水设施、城市输配水管网等可能会受到严重损坏，需要根据供水设施损坏的情况不同，及时采取应对措施进行抢修与供水。

（3）供电保障需求。

由于灾后灾区变电站、输电线路等电力基础设施受损，常规供电系统可能瘫痪，既要准备临时性的应急供电设备，以满足灾区的用电需求，同时也要根据供电设施损坏的不同情况，分配专业人士进行供电设备抢修。

（4）通信保障需求。

在重大自然灾害面前，基站、天线、光缆等设备，甚至机房直接被毁损，导致公众通信网络受到了极大的挑战。同时，灾害发生后公众的通信频率远超于平常，使得本已受创的通信网络更加阻塞。通信中断，不仅导致公众用户无法及时传递有效信息，甚至影响到应急指挥和救援等重要部门的通信需要。

需求重要度分级指标体系见表6.13。

表 6.13　需求重要度分级指标体系

一级指标	二级指标	指标表达	指标类型
应急指挥及救援保障需求 T1	应急指挥保障需求 T11	①受灾当地经济情况；②受灾严重程度	模糊数型
	应急救援保障需求 T12	①现有救援队伍数量；②现有救援物资储备情况	模糊数型
灾后紧急救援需求 T2	人员搜救需求 T21	①因灾失踪人口数量；②舆情关键词：失踪、失联、被困等	精确实数
	医疗救治需求 T22	①因灾伤病人口数量；②受灾地药品缺少数量	精确实数
	次生灾害防范需求 T23	①次生衍生灾害发生区域面积；②舆情关键词：洪水、滑坡等	精确实数
	遇难人员善后需求 T24	因灾死亡人口数量	精确实数

续表

一级指标	二级指标	指标表达	指标类型
基本生活保障需求 T3	衣被需求 T31	①受灾人口数量；②舆情关键词：衣物、棉被、被褥等	精确实数
	饮食需求 T32	①受灾人口数量；②舆情关键词：食物、饮用水、方便面、罐头等	精确实数
	临时住所需求 T33	①需转移安置人口数量；②舆情关键词：房屋、帐篷等	精确实数
	秩序维护需求 T34	①非正常运转的学校、企业数量；②舆情关键词：停课、停工等	精确实数
公共基础设施保障需求 T4	道路交通保障需求 T41	①交通受阻区域面积；②舆情关键词：交通、堵塞、堵车等	精确实数
	供水保障需求 T42	①断水区域居民户数；②舆情关键词：供水、停水、断水等	精确实数
	供电保障需求 T43	①断电区域居民户数；②舆情关键词：供电、停电、断电等	精确实数
	通信保障需求 T44	①通信设备损坏区域居民户数；②舆情关键词：信号、网络、通信等	精确实数

2. 需求重要度指标值确定方法

1) 模糊数型指标确定方法

部分评价指标无法用精确实数表示，如灾区的经济情况等。此类评价指标采用语言变量表示，一般分为五个等级："很严重"、"严重"、"一般"、"轻"和"很轻"。对于等级变量，采用三角模糊数进行处理（表6.14）。

表 6.14　语言变量评价与三角模糊数

语言变量评价	三角模糊数 $\tilde{r}$
很严重	(0.7, 1, 1)
严重	(0.5, 0.7, 0.9)
一般	(0.3, 0.5, 0.7)
轻	(0.1, 0.3, 0.5)
很轻	(0, 0, 0.3)

三角模糊数 $\tilde{r}$ 可以用有序三元组数 $\tilde{r}=(l, m, u)$ 来表示，其中 $0 \leqslant l \leqslant m \leqslant u \leqslant 1$。$m$ 为 $\tilde{r}$ 的最可能取值，l 为 $\tilde{r}$ 的取值下限，u 为 $\tilde{r}$ 的取值上限。利用模糊数的期望值公式可将模糊数转换为精确实数：

$$I(\tilde{r}_i) = (l_i + 2\, m_i + u_i)/4 \tag{6.23}$$

2）精确数型指标确定方法

精确数型指标的来源主要是以下三个方面。

（1）历史统计数据。

受灾地的常住人口数量、历年经历重大自然灾害时次生衍生灾害的发生次数等已有统计数据，在确定评价指标体系的指标值时可供参考。

（2）灾情上报数据。

通过应急管理部国家减灾中心灾情信息管理系统，可以获得地方上报的灾情数据。受灾人口、伤亡人口、农作物受灾面积、需转移安置人口、房屋倒塌间数、直接经济损失等灾情数据可直接由上报数据获取。

（3）网络舆情数据。

对采集得到的舆情文本数据，经过分词和停用词列表，去除无意义的字符。从众多舆情文本中筛选出重要的舆情关键词，并计算救助相关关键词在舆情文本中的权重，最终以关键词的权重作为依据，确定指标体系的指标值。

3）网络舆情数据处理方法

网络舆情数据的处理流程如图6.33所示。

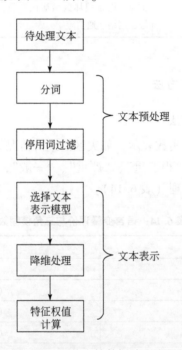

图6.33　网络舆情数据处理流程

（1）文本预处理。

分词是进行舆情信息内容识别的基础，为识别文本语义内容提供基础。停用词过滤的目的是去除无意义的标点符号和乱码，以及"的""我"等无意义的词语。

（2）文本表示。

即把文本表示成数值向量，将长文本表示为若干个词及其特征权重的组成，这种表示方法即词向量模型，词的数量即为该词向量的维数。降维处理即在不影响文本内容的条件下，对权重较低的词忽略不计，以达到降维的目的。

特征权值的计算方法为词频–逆文件频率（TF-IDF）法。该方法考虑到词汇的重要程度随着该词在文本中的出现次数成正比，随着该词在语料库中的出现次数成反比。各词在对应文本中的权重计算公式：

$$S = T \times W = \frac{M}{N} \times \lg\left(\frac{a}{b_n + 1}\right) \tag{6.24}$$

式中，T 为归一化词频；M 为某词出现次数；N 为文本总词数；W 为逆文件频率权重；a 为语料库总文本数目；b_n 为包含该词语的文本数目，分母中 $b_n + 1$ 是为了避免分母为零。综合考虑与指标相关关键词的特征权重，作为分级评价指标体系的输入。

6.5.3　受灾点救灾需求重要度分级方法

为将各受灾点按照应急救助需求重要度的高低进行排序，以指导有关部门的应急救援，在建立需求重要度分级评价指标体系并获取各指标的值后，需要确定不同指标的权重，最后对各受灾点的应急救助需求进行分级评价。

1. 基于熵权法和层次分析法的组合赋权法

1）熵权法权重

熵权法是通过指标值的差异程度确定权重的方法。熵权法的优点为计算客观，避免了人为因素的干扰。当然，熵权法也存在缺点：每个步骤都具有严格的数学意义，可能会忽视决策者的主观意图。使用熵权法进行指标赋值的基本步骤如下。

第一步，对数据进行无量纲化处理，得到归一化数值：

$$B_{ij} = \frac{f_{ij}}{\sqrt{\sum_{i=1}^{m} (f_{ij})^2}} \tag{6.25}$$

式中，f_{ij} 为 $m \times n$ 的原始数据矩阵，m 为评价指标个数，n 为待评估对象个数；B 为归一化矩阵。

第二步，计算指标的信息熵：

$$H_j = -\frac{1}{\ln m} \sum_{i=1}^{m} c_{ij} \ln c_{ij} \tag{6.26}$$

式中，H_j 为指标的信息熵；c_{ij} 为指标的特征比重，其计算公式如下。

$$c_{ij} = \frac{b_{ij}}{\sum_{i=1}^{m} b_{ij}} \tag{6.27}$$

第三步，计算指标权重：

$$\omega_j = \frac{1 - H_j}{n - \sum\limits_{j=1}^{n} H_j} \tag{6.28}$$

2）层次分析法权重

层次分析法（AHP）是专家根据指标相对重要程度说明表，在各指标元素间进行两两比较。根据各指标间的两两比较结果，可得出每个指标的权重。该方法存在着较强的人为偏好因素（表6.15）。

表 6.15　指标相对重要程度说明表

相对重要程度	意义
1	甲指标的重要程度等于乙指标的重要程度
整数 2~9	甲指标的重要程度高于乙指标的重要程度；数值越大表示甲指标的重要程度越高
整数的倒数	若甲指标与乙指标的重要程度之比为 A；则乙指标与甲指标的重要程度之比为 $1/A$

3）综合权重

为全面考虑各个受灾点的相对重要程度，以及弥补上述赋权方法的局限性，采用组合赋权法，即基于 AHP 和熵权法相结合确定综合权重。利用乘数归一法将熵值权重和层次分析法权重相耦合，得到综合权重为

$$W_j = \frac{\omega_j^1 \omega_j^2}{\sum\limits_{j=1}^{n} \omega_j^1 \omega_j^2} \tag{6.29}$$

2. 灰色改进 TOPSIS 的受灾点需求重要度分级评估方法

灰色关联分析法和 TOPSIS 方法均为通过计算评价目标与正负理想解的接近程度来判断各评价对象的需求重要度，但两种方法计算接近程度的方式不同。基于组合赋权法得到的综合权重，分析灰色改进 TOPSIS 方法评估需求重要度的流程步骤。

1）确定决策矩阵

原始数据矩阵 A 由各个受灾点的评价指标值构成，其中，a_{ij} 为受灾点 i 对应于指标 j 的值，假设对 m 个受灾点的 n 个指标进行评价，在上文建立的指标体系中，$n=14$。矩阵 A 如下所示，其中模糊数用 $\tilde{a}_{ij}$ 表示。

$$A = \begin{bmatrix} \tilde{a}_{11} & a_{12} & \cdots & a_{1n} \\ \tilde{a}_{21} & a_{22} & \cdots & a_{2n} \\ \vdots & \vdots & & \vdots \\ \tilde{a}_{m1} & a_{m2} & \cdots & a_{mn} \end{bmatrix} \tag{6.30}$$

去模糊化：将模糊数转变为精确实数。

同趋化：如受灾人口等指标，其指标值越大表示灾区需求越大，称为高急指标；而如灾区药品储备等指标，其指标值越大表示灾区需求越小，称为低急指标。将低急指标转变

为高急指标的过程称为同趋化。同趋化的方法为对低急指标取倒数。

将原始数据矩阵 A 进行去模糊化、同趋化和无量纲处理后，得到标准化决策矩阵 B。

$$B = \begin{bmatrix} b_{11} & b_{12} & \cdots & b_{1n} \\ b_{21} & b_{22} & \cdots & b_{2n} \\ \vdots & \vdots & & \vdots \\ b_{m1} & b_{m2} & \cdots & b_{mn} \end{bmatrix} \qquad (6.31)$$

式中，b_{ij} 为受灾点 i 对应指标 j 标准化后的确定值。

2）确定加权规范矩阵

利用组合赋权法得到各指标的综合权重 W_j，将其与标准化决策矩阵 B 相乘，得到加权规范矩阵 D。

$$D = \begin{bmatrix} d_{11} & d_{12} & \cdots & d_{1n} \\ d_{21} & d_{22} & \cdots & d_{2n} \\ \vdots & \vdots & & \vdots \\ d_{m1} & d_{m2} & \cdots & d_{mn} \end{bmatrix} \qquad (6.32)$$

其中，

$$d_{ij} = b_{ij} \times \omega_j, \quad 1 \leqslant i \leqslant m, 1 \leqslant j \leqslant n$$

3）确定正负理想解

在加权规范矩阵 D 当中，找到各列的最大值，得到正理想解 D^+；找到各列的最小值，得到负理想解 D^-。若受灾点的各项指标的值越接近正理想解，则表示该受灾点的需求重要度越大。

$$\begin{aligned} D^+ &= \{ d_1^+, d_2^+, \cdots, d_n^+ \} \\ D^- &= \{ d_1^-, d_2^-, \cdots, d_n^- \} \end{aligned} \qquad (6.33)$$

其中，

$$d_j^+ = \max_i d_{ij}, d_j^- = \min_i d_{ij}, \quad 1 \leqslant i \leqslant m, 1 \leqslant j \leqslant n$$

4）计算受灾点与正理想解的灰色关联度

根据灰色关联分析理论，计算各受灾点的灰色关联系数，r_{ij}^+ 表示在第 j 个指标下受灾点 i 与正理想解的灰色关联系数。

$$r_{ij}^+ = \frac{\min\limits_i \min\limits_j | d_j^+ - d_{ij} | + \rho \max\limits_i \max\limits_j | d_j^+ - d_{ij} |}{| d_j^+ - d_{ij} | + \rho \max\limits_i \max\limits_j | d_j^+ - d_{ij} |} \qquad (6.34)$$

式中，ρ 为分辨系数，在 $0 \sim 1$ 取值，可根据需要进行调整，本研究取 $\rho = 0.5$。R^+ 为评价对象与正理想解的灰色关联系数矩阵。

$$R^+ = \begin{bmatrix} r_{11}^+ & r_{12}^+ & \cdots & r_{1n}^+ \\ r_{21}^+ & r_{22}^+ & \cdots & r_{2n}^+ \\ \vdots & \vdots & & \vdots \\ r_{m1}^+ & r_{m2}^+ & \cdots & r_{mn}^+ \end{bmatrix} \qquad (6.35)$$

用 C^+ 表示受灾点 i 与正理想解的灰色关联度。

$$C_i^+ = \frac{1}{n} \sum_{j=1}^{n} r_{ij}^+, \quad 1 \leqslant i \leqslant m \tag{6.36}$$

同理，用 r_{ij}^- 表示在第 j 个指标下受灾点 i 与负理想解的灰色关联系数，用 C^- 表示受灾点 i 与负理想解的灰色关联度。

$$C_i^- = \frac{1}{n} \sum_{j=1}^{n} r_{ij}^-, \quad 1 \leqslant i \leqslant m \tag{6.37}$$

计算各受灾点的需求重要度：

$$CC_i = \frac{C_i^+}{C_i^+ + C_i^-}, \quad 1 \leqslant i \leqslant m \tag{6.38}$$

式中，CC_i 的计算结果介于 0 和 1 之间，值越大，表示该受灾点的需求重要度越大。

6.5.4　受灾点救灾需求重要度分级评估实例研究

浙江、江苏、山东三省既是舆情信息数量较多的省份，也是受灾较为严重的省份。本节基于上报数据以及网络舆情文本，对应急期间浙江的各地级市的救灾需求重要度进行分级评估，绘制浙江应急期各地级市需求重要度分布图，并通过灾损数据，检验分级评估结果的准确性。

1. 需求重要度分级评估结果

浙江省应急期各地级市需求重要度分布见图 6.34。

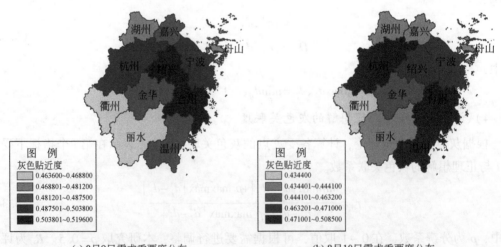

(a) 8月9日需求重要度分布　　　　　　　　(b) 8月10日需求重要度分布

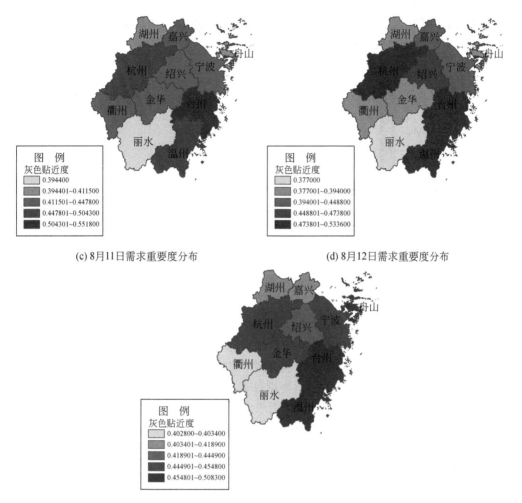

(c) 8月11日需求重要度分布　　　　　　　　(d) 8月12日需求重要度分布

(e) 8月13日需求重要度分布

图 6.34　浙江应急期各地级市需求重要度分布图（彩图见封底二维码）

2. 评估结果分析

表 6.16 列出浙江应急期每日应急救助需求重要度最大的五个地级市。

表 6.16　浙江应急期每日应急救助需求重要度排名

时间	1	2	3	4	5
8 月 9 日	台州	绍兴	杭州	宁波	金华
8 月 10 日	台州	杭州	温州	宁波	绍兴
8 月 11 日	台州	杭州	温州	宁波	嘉兴
8 月 12 日	台州	杭州	温州	绍兴	嘉兴
8 月 13 日	台州	温州	舟山	宁波	金华

由表 6.16 可知，台州每日的需求重要度均为最大，其次是杭州、温州、宁波。图 6.35 为根据台风灾损数据绘制的浙江各地级市直接经济损失排名。

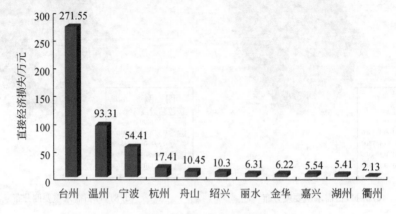

图 6.35　浙江省各地级市直接经济损失

由图 6.35 可知浙江直接经济损失最大的是台州，其次是温州、宁波、杭州。并且，台州的经济损失远远高出其他地级市，这点与应急救助需求重要度排名完全符合。本次台风中台州临海市的受灾情况极其严重，也受到了媒体和民众的广泛关注。此外，直接经济损失前 4 名的地级市与应急救助需求重要度排名前 4 名的地级市相同，仅顺序稍有区别。杭州的经济损失位于温州与宁波之后，但需求重要度却位于两市之前，原因是杭州的网络高普及率放大了从网络舆情数据中提取的应急救助信息。

3. 各地级市需求评估

通过评估各地级市的需求重要度，得到救灾过程中应重点扶持的地级市。例如，在 8 月 10 ～ 13 日，应重点对台州、杭州、温州进行应急救助支援。但实际的应急救援当中，不仅要掌握急需应急救援的地级市，还需要掌握各个地级市的需求内容。加权矩阵中每一行表示该地级市经加权后的各指标值，将加权后的指标值进行排序，得到该地级市的需求排序。表 6.17 为浙江各地级市每日的需求情况，其中每个地级市每日仅列出了最急需的两个需求。

表 6.17　浙江省各地级市每日需求内容

地级市	8 月 9 日	8 月 10 日	8 月 11 日	8 月 12 日	8 月 13 日
杭州	供水 搜救	医疗 供水	医疗 道路	医疗 道路	通信 供水
宁波	供水 供电	供水 道路	道路 秩序	道路 通信	通信 饮食
温州	供水 饮食	善后 供水	善后 供水	善后 衣被	通信 善后
嘉兴	供水 供电	秩序 饮食	供水 供电	供水 饮食	供电 道路
湖州	搜救 道路	道路 衣被	道路 供水	供电 住所	道路 供电
绍兴	供水 饮食	供水 通信	秩序 通信	通信 秩序	供水 秩序

续表

地级市	8月9日	8月10日	8月11日	8月12日	8月13日
金华	供电 通信	道路 衣被	衣被 通信	道路 医疗	搜救 通信
衢州	秩序 住所	供电 饮食	通信 衣被	搜救 住所	防范 指挥
舟山	供电 饮食	通信 供水	供电 饮食	衣被 住所	住所 道路
台州	供水 搜救	供水 供电	通信 供水	供电 供水	供水 饮食
丽水	饮食 衣被	供水 衣被	供电 搜救	指挥 衣被	住所 指挥

结合表 6.16 和表 6.17，可在救灾过程中为有关部门的应急救援提供参考。例如，在 8 月 10 日，有关部门应优先为台州进行供水、供电基础设备的检修并为台州提供饮用水及应急供电设备；为杭州提供医疗条件及所需药品，并对杭州提供供水支援；对于温州，需要对台风遇难人员进行妥善处理并给其家属予慰问，同时供水问题也应该是有关部门必须考虑的重点问题。

6.5.5　小结

我国的救灾过程中存在着对灾区需求不清、下拨款物与灾区需求不符等问题，如何更具针对性地对灾区进行应急救援是当前的研究重点。因此，充分结合多源数据，研究网络大数据救灾需求信息挖掘和融合应用技术具有重大意义。考虑到救灾需求的动态性，为了提高应急救助的时效性和精确性，建立各受灾点需求重要度分级指标体系，对各受灾点的需求重要度进行分级评估。

在网络大数据时序预测分析方面，目前研究表明精确的舆情预测有利于应急救援相关部门提前掌握舆情动态并及时调整应急管理决策。同时验证了 ARIMA 模型在自然灾害舆情预测中具有较高的适用性。舆情信息的时间、空间分布特征与台风的路径及生命周期具有较高的相关性，同时舆情信息仍然与受灾当地的经济状况、网络普及率及网民安全意识等因素有关。

在受灾需求重要度评估方面，目前研究从应急指挥及救援保障、灾后紧急救援、基本生活保障和基础设施保障四个方面梳理自然灾害应急救助需求，建立需求重要度分级指标体系。基于组合赋权法和灰色改进 TOPSIS 方法构建需求重要度分级评估模型，并通过"利奇马"台风实际案例验证了需求重要度分级评估模型的有效性。

在受灾地级市具体需求内容评估方面，目前研究以提高应急救助过程的针对性为目标，在各受灾点需求重要度分级评估的基础上，对各受灾点应急救助需求的具体内容进行精确到地级市的评估，并通过"利奇马"台风实际案例验证了需求内容评估方法的有效性。研究结果表明，所构建的各受灾点需求重要度分级评估模型可评估自然灾害条件下应急救助需求较高的地级市及其主要需求，为应急救援有关部门的应急决策提供指导性建议。

参 考 文 献

薄涛, 李小军, 陈苏, 等. 2018. 基于社交媒体数据的地震烈度快速评估方法. 地震工程与工程振动, 38(5): 206-215.

曹彦波, 吴艳梅, 许瑞杰, 等. 2017. 基于微博舆情数据的震后有感范围提取研究. 地震研究, 40(2): 303-310.

陈燕璇, 刘合香, 谭金凯. 2016. 基于等距特征映射降维的台风灾情概率神经网络预评估模型. 灾害学, 31(3): 20-25, 30.

李祚泳, 徐源蔚, 汪嘉杨, 等. 2016. 基于投影寻踪回归的规范指标的气象灾情评估. 应用气象学报, 27(4): 480-487.

刘商飞, 张志祥. 2009. 基于改进的 Bayes 判别法的中文多义词消歧. 计算机与数字工程, 37(10): 32-35.

刘耀林, 方飞国, 王一恒. 2018. 基于手机数据的城市内部就业人口流动特征及形成机制分析——以武汉市为例. 武汉大学学报(信息科学版), 43(12): 2212-2224.

欧阳华璘, 沈敬伟, 周廷刚. 2016. 面向对象分类方法在台风灾害信息提取中的应用研究. 自然灾害学报, (6): 9-17.

尚志海, 周铭毅, 梁其胜, 等. 2021. 广东省湛江市水稻台风灾害风险评估. 灾害学, 36(3): 6.

孙柏涛, 闫佳琦, 李山有. 2019. 宏观地震烈度发展与其用途的演变. 地震工程与工程振动, 39(2): 1-8.

唐继婷, 姚可桢, 杨赛霓. 2022. 网络大数据——自然灾害信息服务的新途径. 中国减灾, 11: 22-24.

王德才, 倪四道, 李俊. 2013. 地震烈度快速评估研究现状与分析. 地球物理学进展, 28(4): 1772-1784.

邬柯杰, 吴吉东, 叶梦琪. 2020. 社交媒体数据在自然灾害应急管理中的应用研究综述. 地理科学进展, 39(8): 1412-1422.

徐敬海, 褚俊秀, 聂高众, 等. 2015. 基于位置微博的地震灾情提取. 自然灾害学报, 24(5): 12-18.

杨续超, 高大伟, 丁明军, 等. 2013. 基于多源遥感数据及 DEM 的人口统计数据空间化——以浙江省为例. 长江流域资源与环境, 22(6): 729-734.

俞言祥, 李山有, 肖亮. 2013. 为新区划图编制所建立的地震动衰减关系. 震灾防御技术, 8(1): 24-33.

周瑶, 王静爱. 2012. 自然灾害脆弱性曲线研究进展. 地球科学进展, 27(4): 435-442.

卓莉, 陈晋, 史培军, 等. 2005. 基于夜间灯光数据的中国人口密度模拟. 地理学报, (2): 266-276.

Ahn K H, Mahmoud M M, Kendall D A. 2012. Allosteric modulator ORG27569 induces CB1 cannabinoid receptor high affinity agonist binding state, receptor internalization, and Gi protein-independent ERK1/2 kinase activation. Journal of Biological Chemistry, 287(15): 12070-12082.

Blanc E, Strobl E. 2016. Assessing the impact of typhoons on rice production in the philippines. Post-Print, 55(4): 160224111550001.

Blei D M. 2012. Probabilistic topic models. Communications of the ACM, 55(4): 77-84.

Bosch A, Zisserman A, Munoz X. 2006. Scene Classification Via pLSA//European Conference on Computer Vision. Berlin, Heidelberg: Springer.

Chen J, Liao A, Cao X, et al. 2015. Global land cover mapping at 30 m resolution: a POK-based operational approach. ISPRS Journal of Photogrammetry and Remote Sensing, 103: 7-27.

Di L, Yu E, Shrestha R, et al. 2018. DVDI: a new remotely sensed index for measuring vegetation damage caused by natural disasters. IGARSS 2018—2018 IEEE International Geoscience and Remote Sensing Symposium.

Enenkel M, Saenz S M, Dookie D S, et al. 2018. Social media data analysis and feedback for advanced disaster risk management. Computing Research Repository, 1802: 02631.

Giordano A, Cheever L. 2010. Using dasymetric mapping to identify communities at risk from hazardous waste generation in San Antonio, Texas. Urban Geography, 31(5): 623-647.

Hersbach H, Bell B, Berrisford P, et al. 2020. The ERA5 global reanalysis. Quarterly Journal of the Royal Meteorological Society, 146: 1999-2049.

Kusumo A N L, Reckien D, Verplanke J. 2017. Utilizing volunteered geographic information to assess resident's flood evacuation shelters. Case study: Jakarta . Applied Geography, 88: 174-185.

Liu X, Yang S, Ye T, et al. 2021. A new approach to estimating flood-affected populations by combining mobility patterns with multi-source data: a case study of Wuhan, China. International Journal of Disaster Risk Reduction, 55: 102106.

Lu L, Wu C, Di L. 2020. Exploring the spatial characteristics of typhoon-induced vegetation damages in the Southeast Coastal Area of China from 2000 to 2018. Remote Sensing, 12(10): 1692.

Luo Y, Zhang Z, Chen Y, et al. 2020. ChinaCropPhen1km: a high-resolution crop phenological dataset for three staple crops in China during 2000−2015 based on leaf area index (LAI) products. Earth System Science Data, 12(1): 197-214.

Masutomi Y, Iizumi T, Takahashi K, et al. 2012. Estimation of the damage area due to tropical cyclones using fragility curves for paddy rice in Japan. Environmental Research Letters, 7(1): 17-35.

Mennis J. 2003. Generating surface models of population using dasymetric mapping. Professional Geographer, 55(1): 31-42.

Rublee E, Rabaud V, Konolige K, et al. 2011. ORB: an efficient alternative to SIFT or SURF. Barcelona: 2011 International Conference on Computer Vision.

Sakaki T, Okazaki M, Matsuo Y. 2012. Tweet analysis for real-time event detection and earthquake reporting system development. IEEE Transactions on Knowledge and Data Engineering, 25(4): 919-931.

Stevens F R, Gaughan A E, Linard C, et al. 2015. Disaggregating census data for population mapping using random forests with remotely-sensed and ancillary data. PLOS ONE, 10(2): e0107042.

Tang J, Yang S, Wang W. 2021. Social media-based disaster research: development, trends, and obstacles. International Journal of Disaster Risk Reduction, 55(2): 102095.

Tang J, Hu F, Liu Y, et al. 2022a. High-Resolution hazard assessment for tropical cyclone-induced wind and precipitation: an analytical framework and application. Sustainability, 14(21): 13969.

Tang J, Yang S, Liu Y, et al. 2022b. Typhoon risk perception: a case study of typhoon Lekima in China. International Journal of Disaster Risk Science, 13: 261-274.

Van Westen C J. 2000. Remote sensing for natural disaster management. International archives of photogrammetry and remote sensing, 33(B7/4; PART 7): 1609-1617.

Yan Y, Eckle M, Kuo C L, et al. 2017. Monitoring and assessing post-disaster tourism recovery using geotagged social media data. ISPRS International Journal of Geo-Information, 6(5): 144.

Yao K, Yang S, Tang J. 2021. Rapid assessment of seismic intensity based on Sina Weibo—a case study of the changning earthquake in Sichuan Province, China. International Journal of Disaster Risk Reduction, 58: 102217.

Yang J, Jiang Y G, Hauptmann A G, et al. 2017. Evaluating bag-of-visual-words representations in scene classification//Proceedings of the International Workshop on Workshop on Multimedia Information Retrieval.

Zulpe N, Pawar V. 2012. GLCM textural features for brain tumor classification. International Journal of Computer Science Issues (IJCSI), 9(3): 354.

第7章 建设自然灾害综合风险防范信息服务集成平台的技术思路

7.1 新时代自然灾害综合风险防范信息服务集成平台框架探索

7.1.1 综合风险防范信息服务集成平台的需求

1. 服务于全国多层级、多类型、海量用户

新时代自然灾害综合风险防范信息服务的用户涉及政府部门、社会组织、保险公司、社会公众等四大类:

政府部门是中国防灾减灾救灾的主体,负责协调政府、社会、企业、公众等各类力量参与防灾减灾和重大灾害应急救援、灾后恢复重建工作。应急管理部门及地震、地质、气象、水利、海洋、林草等单灾种部门向各行业的灾害管理人员、防灾减灾救灾人员和社会公众发布灾害信息,也承担向参与防灾减灾救灾工作的社会组织、保险公司等机构发布权威灾害信息的重要职责。同时,各部门自身也是灾害信息服务的主用户,其灾害管理决策需要获得及时、准确的灾害信息支持。各部门分别建有独立运行的灾害信息发布与服务业务体系,拥有稳定的信息获取与发布渠道、成熟的业务信息平台和相对固定的信息产品体系。考虑到基层社区灾害信息员,全国政府部门灾害风险防范信息服务平台用户总规模应达到百万级。

社会组织是中国防灾减灾救灾工作的重要辅助力量,在各级政府的引导下参与防灾减灾和重大灾害应急救援、灾后恢复重建等工作。社会组织是自然灾害信息服务的主要用户,经授权后也可向政府部门采集上报灾害信息。社会组织长期以来一直缺乏稳定的灾害信息获取渠道和信息服务平台,信息服务内容随机、零散缺乏规范性,亟须建立稳定的社会力量灾害信息服务平台,确保及时收到灾区的灾害信息,及时向政府上报灾区灾情和救灾情况,协助政府部门开展防灾减灾救灾工作。目前,专业化的社会救援力量规模还比较小,但是引导社会力量有序参与防灾减灾救灾工作是新时代防灾减灾救灾体制机制改革的基本方向,未来各类社会组织和救援力量必将在党和政府领导下发挥防灾减灾救灾的主力军作用。

保险公司是中国防灾减灾救灾工作的重要补充力量,在人员伤亡、房屋倒损、农业受灾的救助中已经开发了政策性灾害保险产品。近年来,保险公司开始注重防灾减损工作,业务领域向常态减灾、灾前预防、灾中救援等环节全面拓展,实现了防灾减灾救灾工作全链条覆盖。大部分保险公司拥有纵向贯通国、省、市、县四级的组织管理体系，个别企业组建了覆盖基层城乡的农险队伍，建设了专业化灾害风险信息管理平台，开展防灾减损信息服务工作。保险公司是自然灾害信息服务的主要用户，仅中国人民财产保险股份有限公司各级用户的总规模就超过 2 万人，全国保险行业直接间接从事灾害保险业务的人员总规模不下 10 万人。

社会公众既是中国防灾减灾救灾工作的服务保障对象，也是重要参与力量，群众自救互救、社区减灾、公众救灾捐赠等工作在中国防灾减灾救灾业务中占据重要地位。社会公众是自然灾害信息服务的主要用户，防灾减灾宣传、灾害预警、灾情与救灾工作情况等是信息服务的主要内容。政府部门向社会公众发布灾害预警预报信息、实时的灾情与救灾工作信息，引导公众及时调整灾害应对措施，降低因灾人员伤亡和财产损失。社会公众遍布全国城乡，规模庞大，类型复杂，需要建设高并发、高可用、高扩展的集成信息服务平台来支撑保障。

以上四类用户多层级、多类型、海量规模的特点，要求自然灾害综合风险防范信息服务平台必须具备全域覆盖，多行业信息综合集成，以及高并发、高可用、高扩展的能力，需要构建新型信息平台才能满足各级各类用户的业务需求。

2. 融合部门、行业、社会多元化平台信息

自然灾害综合风险防范信息服务平台，需要接入政府部门、公共服务机构、保险企业的信息平台和公众网络信息服务，构建跨部门、跨行业、兼容社会公共网络服务的开放式技术架构，实现多源信息的自适应接入、融合处理和集成应用。

多部门信息协同。地震、地质、气象、水利、海洋、林草等单灾种部门和应急管理部门分别建设了自成体系的灾害管理信息平台和灾害信息数据库，形成一个个"信息孤岛"。建立综合风险防范信息产品多部门协同制作机制，接入部门信息平台，实时获取致灾、承灾、灾情和减灾能力等数据，协同开展自然灾害综合风险信息产品的制作、发布与服务。协同的关键在于数据交换共享，需要解决部门多源异构空间数据的安全传输、融合处理、综合集成等问题。

社会公共服务信息接入。交通、电力、通信、市政服务等社会公共服务行业既是灾害影响的对象，也是防灾减灾救灾的重要资源。这些行业涉及众多的企业和行业协会，建设了大量信息管理服务平台，如公路、水运、铁路、航空、移动通信、给排水、燃气等。各行业自成体系，全国部署使用。接入行业信息平台，实时获取社会公共服务设施运行情况及遭受自然灾害的影响，既是灾害综合风险防范信息服务的任务，也是防范和处置重大灾害风险的要求。

保险公司信息接入。保险公司建设了灾害保险业务信息平台，如中国人民财产保险股份有限公司的"大灾应对指挥平台"，管理维护着大量承保信息。利用政府部门发布的灾害预警信息，提前研判保险标的可能遭受的损失，向承保客户发布防灾减损信息，最大限度减少灾害造成的损失和影响。

社会组织信息收集管理。社会组织参与综合减灾是一种自愿服务，针对重大灾害应急救援和常态化防灾减灾工作，采用"任务招募"方式进行管理，组织方式具有较强的随机

性和不确定性。发布防灾减灾救灾任务后，及时招募参与任务的社会组织，收集人员队伍和装备信息，定向发布灾害风险信息，支持其现场工作。

公众网络信息服务接入。公众网络信息服务通过电脑端、手机端等多种渠道为社会公众提供泛在、免费的多元化生产生活信息服务，如各类门户网站、电子商务平台、商用电子地图服务平台、即时通信服务平台、生活信息服务平台等。公众网络信息服务蕴含大量的防灾减灾救灾信息，既是向社会公众发布灾害风险信息的平台，也是政府部门收集灾害信息的重要渠道。商用电子地图成为目前各类信息服务平台广泛采用的、最可靠的空间基础地理信息数据，如百度地图、高德地图、天地图等。

3. 全国"一张图"综合集成与展示

政府部门、保险公司、社会组织及公众网络信息服务等多源异构数据需要基于统一的空间基准进行集成，实现全国"一张图"展示、分析和应用。2010 年，中国发布了《互联网地图服务专业标准》，商用电子地图服务迅猛发展，百度地图、高德地图、天地图等地图服务脱颖而出，成为公共信息服务领域的空间地理框架和信息集成的基础平台，推进"数据减灾"业务体系的建设。

百度地图提供地理信息服务和在线导航功能，在地图服务领域优势明显，支持 Windows、Web、Android、iOS 等多平台应用，接口功能丰富、多样、灵活。数据生产环节已基本实现 AI 化，覆盖 POI 达 1.8 亿。拥有丰富全景数据的地图服务商，街道全景已覆盖国内 95% 的城市，全景照片图片 20 亿张。

高德地图具备地理信息服务和在线导航能力，在导航领域优势明显，支持 Windows、Web、Android、iOS 等多平台服务应用，易用性强，开发环境友好，拥有优质低层地图数据及自有实采电子地图数据库。

天地图是中国国家级的地理信息公共服务平台，在国内各地建有分节点，为各级政府开展社会管理、公共服务提供在线地理信息服务，具有地理信息数据全面、细致、权威、更新快等优点，特别是在郊区和乡村地区其数据远优于其他商业地图。能够为开发者提供应用程序开发接口和在线服务资源，如地图 API、Web 服务 API、数据 API 等，可满足各类基于地理信息的应用开发需求。

4. 支持开放、共享、共用的业务应用生态

搭建开放的业务应用开发、部署、管理的集成环境，制定业务应用开发技术规范，支持多层级、多类型、海量用户的业务应用定制化开发和平台功能的灵活扩展，建设共建、共享、共用的业务应用生态。"通用平台+轻量级应用扩展"模式是目前集成信息平台建设维护的主流方式。Windows、Macintosh、Android 等主流操作系统都在发展各自独立的应用生态，如各种软件商店。近年来，大型商用信息平台、企业级信息平台也开始发展自身的业务应用生态（图 7.1），如微信、支付宝、高德地图等平台的小程序等。

(a) Android小程序　　　　　　　　(b) 微信小程序

图 7.1　部分商用应用平台小程序应用生态

7.1.2　综合风险防范信息服务集成平台总体框架

1. 集成平台云服务架构

自然灾害综合风险防范信息服务集成平台面对服务于全国多层级、多类型、海量用户的需求，需要解决跨部门、多灾种综合、全域覆盖、高并发、高可用、高扩展问题；面对融合部门、行业、社会多元化平台信息的需求，需要解决多源信息的自适应接入、融合处理和集成应用问题；面对全国"一张图"多源异构信息集成的需求，需要解决提供多源异构数据的组织管理问题；面对支持开放、共享、共用的应用生态的需求，需要解决开发、扩展应用灵活兼容问题。如果采用传统的单体系统架构，将所有功能都部署在一个 Web 容器中运行，对于小型系统来说，倒不是什么特别大的问题，但是对于大型系统来说，运维成本高的缺陷将凸显出来。一处修改系统要全部重新部署，一处崩溃导致整个系统崩溃。建设自然灾害综合风险防范信息服务平台这种大型复杂的业务系统，传统的单体架构是难以胜任的，近年来兴起的云服务架构具有明显的技术优势。

互联网技术发展推进信息服务平台架构设计发生革命性变化，2010 年代中期全面进入云服务时代，一种新型软件系统架构——云服务架构应运而生。云服务架构是基于云计算平台建设部署的软件系统结构，将系统拆分成许多小应用（微服务），利用容器分别部署在虚拟化的服务器上，各自独立向用户提供应用服务。区别于单体构架，云服务架构的主要特点是单个应用独立部署且相互隔离，资源弹性可扩展，启动速度快，修改部署或发生故障不会影响其他应用，系统开发运维成本大大降低。

自然灾害综合风险防范信息服务平台服务于多级多类海量用户，支撑多部门、多行业数据协同，支撑全链条自然灾害应对业务，采用云服务架构建设是最可行的技术方案。研发"微内核+插件"的应用工具标准化封装与集成、"云+端"多渠道信息产品制作与发布服务等关键技术，形成开放式、可扩展的支撑多用户、多部门、多业务应用的自然灾害综合风险防范信息服务技术体系。

2. 集成平台功能特点

资源按需调配、动态管理。面向多用户、多部门、多业务的需求，提供依据任务灵活调配、动态组合各类资源的能力。通过对物理分布的通信网络、计算存储、系统安全、时空基准等资源进行标准化封装、统一管理，形成各类虚拟资源池，按需调度和组网运用。

多源异构数据融合处理、综合集成和关联运用。面向常态减灾和重大灾害应急处置业务的数据保障需要，提供多部门、多行业、跨平台、多源异构海量数据的快速接入、融合处理、组织管理、共享访问、挖掘分析和关联运用能力。数据资源组织管理实行物理分布、逻辑一体、规范表达，数据资源共享、分析和运用实行按需发现、按需按权、智能服务、跨域分发投送。

业务应用标准化封装、智能化部署与集成。面向云端一体的业务应用开发需求，提供具备资源动态调度、运行环境隔离、规模弹性伸缩等云架构特征的微服务应用开发运行框架，提供软件模块的标准化封装、智能化部署及全生命周期运维管理。

智能化基础支撑框架和智能服务。提供智能应用设计、开发和运行支撑环境，配置灾害风险识别、灾害风险评估、灾情分析等典型业务的通用智能应用，建立智能应用的服务共享机制，支撑智能应用的体系化建设和跨部门、跨行业重用，为各类应用系统快速提升智能化水平提供支持。

云端一体、服务到端。面向灾害风险信息服务保障能力全面覆盖的需要，提供云端有机衔接、一体运行的服务支撑能力，为 Web 网页、手机 APP、微信公众号、微博等不同终端提供统一的用户管理、资源编目、信息交换、共性应用支持。

分布式运行、容灾抗毁。具备多中心分布式运行支持能力，在基础设施、服务运行和数据环境等层面实行多中心资源协同、备份恢复、应用系统接替运行机制，满足平台安全运行、可靠抗毁的需要。

开放、协同、共享的业务应用生态。提供开放式、远程在线服务的运维保障平台和手段，支持业务应用需求迭代管理、软件产品发布、服务上线准入、在线技术保障，支撑建立覆盖多层级、多部门的协同研发环境，形成可持续发展的业务应用生态，支撑各级各部门业务应用的协同建设工作。

3. 集成平台组成

综合风险防范信息服务集成平台采用云服务架构建设，兼具云服务平台的通用特点和灾害管理业务平台的独特性，由资源支撑、数据支撑、服务支撑、智能处理、数字减灾、共性服务、标准规范和生态运维等八个部分组成（图 7.2）。

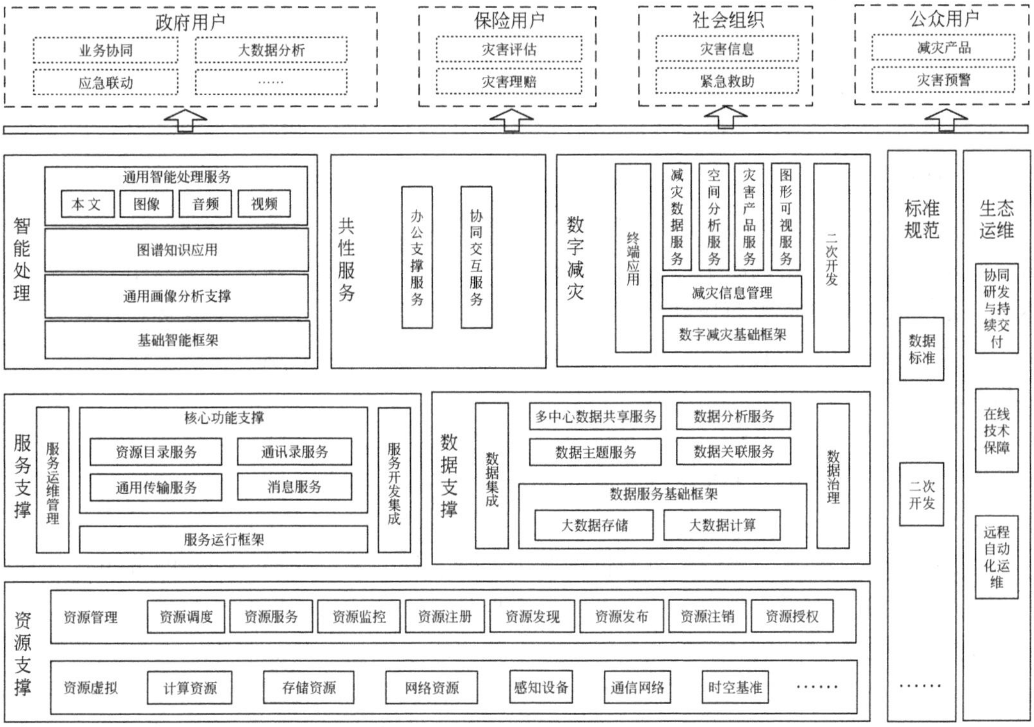

图 7.2　基于云服务架构的综合风险防范信息服务集成平台

1）资源支撑

提供计算资源、存储资源和网络资源的定制服务。整合计算、存储、网络等各类资源，采用虚拟机、容器、分布式文件系统、软件定义网络（SDN）架构等云计算技术建设云服务平台，具备资源按需调度、弹性伸缩、容灾抗毁、快速开设等能力，为上层业务应用提供分布运行、统一维管、动态调整、高可用的计算支撑环境，提供对外部灾害监测设备、通信网络、时空基准等资源的虚拟化接入和管理能力，主要具备以下几方面功能。

资源虚拟化。为综合风险防范信息服务集成平台建设提供分布运行、统一维管、动态调整、高可用的运行支撑环境，支持对计算、存储和网络等物理资源的虚拟化整合。

异构云平台适配集成。为行业信息系统整合提供异构云平台的复用管理能力。基于开放式系统架构适配典型云平台，利用标准的管理服务接口，提供全局统一的跨云资源服务、综合监控能力，提供对已有云平台的资源整合能力。

资源统一管理与调度。提供计算、存储、网络等资源池的管理和调度功能，根据应用需求对计算、存储、网络资源实现灵活分配和调度，实现高可用、负载均衡、弹性伸缩。支持跨云资源协作，实现计算、存储、网络等多种资源的跨云调度。

全维运行管理。提供平台总体运行状态全方位管控功能。采集物理机、虚拟机的CPU、内存、存储、网络以及基础软件、应用软件等运行状态，监控平台总体运行状态，支撑日常运维、任务保障等工作。提供计量、审计、流程审批、权限管理等运营管理功能，支撑业务开展。

冗余高可靠保障。提供数据中心内计算高可用、存储分布式多副本、同城或异地数据备份容灾等多级业务连续性保障机制，满足高对抗环境下数据中心的容错、容灾和抗毁要求。

2）数据支撑

提供跨平台、多源异构、海量数据资源在线接入、集成、存储、治理、分析等全生命周期的环境支撑。采用机器学习、大数据分析、可视化等技术，构建面向应用的数据支撑体系，提供海量数据资源的快速接入融合、合理组织存储、统一治理集成、有效分析挖掘、高效共享服务、智能增值应用，打造信息服务集成平台的数据支撑能力，主要具备以下几方面功能：

大数据存储。为跨平台、多源异构、海量数据资源提供高效存取、统一管理的存储支撑环境，支持文件系统、关系型数据库、NoSQL数据库等数据存储结构，适应数据规模动态增长。

大数据计算。为灾害风险信息数据的融合处理、挖掘分析等提供高效的分布式处理框架，支持实时计算、离线计算、即席计算等数据计算架构，适应数据形态的多样化扩充。

数据关联服务。为灾害风险监测、风险评估、数据挖掘、产品制作、信息服务等上层业务应用提供底层数据关联，支持时间、空间、属性、对象等关联组织方式，支持多源异构数据的信息抽取及本体构建。通过构建友好、便捷、协作的数据关联组织工具，适应关联关系的动态演化，支持多种关联组织结果的可视化方式，为基于图谱的语义集成、智能检索、语义推理、预测分析提供支撑。

数据主题服务。提供统一的资源访问服务。面向灾害风险监测、风险评估、数据挖掘、智能决策等业务，构建主题数据服务，通过主题服务实现数据资源的统一访问，并结合统一访问的权限控制和负载均衡，为上层应用提供基于主题的数据访问支撑能力。

数据集成。能够为平台不同领域、不同来源的数据提供集成规范和集成工具，能够基于统一时空基准、统一标准规范和统一交换格式，实现多源异构数据高效集成，具备数据采集、抽取、转换、加载、封装的能力。

数据治理。提供高效优化的数据治理方法和工具，基于大范围、深层次数据资源访问行为信息的收集、整合、挖掘，实现数据资源的全局统筹治理，提供全生命周期管理维护、印记跟踪、状态监控、质量评估、服务流程优化等方面的能力。

"一张图"展示。基于应急管理"一张图"，即在统一的地理空间框架下，引接多要素、多时相、多区域、多来源的基础地理信息数据和灾害的业务数据，提供全局多源数据的一体化存储、组织、管理和关联等处理，采用知识图谱构建、挖掘分析等智能技术，结合二维、三维场景下的可视化技术，形成综合风险防范信息的综合关联展示，为防灾减灾抗灾提供强大的数据支撑。

3）服务支撑

采用微服务、服务容器、服务治理等技术，建立应用服务系列标准。提供服务运行支撑、服务部署迁移、服务运行管理和服务持续集成的支撑环境以及灵活、便利、自动化的应用服务管理功能，促进业务软件向应用服务的形态演变，提升平台组件化、服务化水平，实现应用服务全周期的精细化管理和功能柔性重组，主要具备以下几方面功能：

服务运行支撑。提供统一的服务运行框架，支持服务集群的运行管理、负载调度和弹性伸缩，具备基于策略或规则的自动伸缩能力，具备与底层资源管理环境联动能力。支持服务间分布式调用和协同。

服务部署迁移。支持应用服务在容器、虚拟机、物理机上部署和服务的自动化部署。支持应用服务批量迁移和同步迁移，支持应用服务在运行状态下功能和结构动态调整。

服务运行管理。提供应用服务运行环境、服务状态、访问行为监控功能，支持对应用服务运行信息的统一存储、管理、分析和质量评估。提供智能化的应用服务管理功能，支持对应用服务进行集中管理和远程管理，支持服务异常探查预警、调用链追踪、自动处理等应用服务治理功能。

服务持续集成。提供应用服务标准化封装功能，支持应用服务的开发、测试、部署、升级迭代。

统一用户管理。提供用户统一注册和识别，维护全网唯一身份标识，支持各类用户通联属性的综合管理、按需扩展和服务查询。

统一目录服务。提供服务资源的全网统一注册管理，支持服务目录的分布式部署及同步。

4）智能处理

提供基础智能框架和智能应用支撑环境。支持用户使用基础智能框架提供的通用智能处理算法训练测试功能及其管理维护工具构建自己的智能化业务模型，对已有的智能化业务模型进行训练迭代。支持用户使用智能应用支撑功能对现有业务模型进行智能化改造，提升现有业务应用的智能化程度，主要具备以下几方面功能：

基础智能框架。为灾害风险监测、风险评估、信息挖掘、信息产品制作、信息服务等上层应用提供智能处理支撑环境和分析工具，提供数据预处理、特征提取、通用机器学习、深度学习、增强学习、图谱推理等基础智能算法，支持多种主流深度学习框架，实现智能算法模型的灵活扩展。

通用智能处理服务。提供灾害风险管理通用智能服务模块，为灾害风险监测、风险评估、应急救援和恢复重建等领域的业务应用提供可调用、可集成的通用智能服务，支持智能化业务应用的快速开发和部署使用。

图谱知识应用。为灾害风险监测、风险评估、信息挖掘等业务应用提供基于知识图谱的智能分析服务，利用所建立的知识图谱和分析工具进行关系推理、兴趣推荐以及事件预测等，为用户决策提供支撑。

用户画像分析。为数据收集、智能推荐等应用提供智能信息提取和管理支撑，利用实时灾害风险信息数据、产品文本数据、遥感影像、网络数据等多源数据分析结果进行数据特征综合抽取、标签体系构建、行为建模、画像可视化分析，基于用户特征为用户进行灾害风险信息的智能推荐。

5）数字减灾

提供数字减灾基础服务支撑，在统一的基础地理框架下，对自然灾害风险信息数据进行组织管理、"一张图"展示和地图服务。提供通用地理空间分析、地图服务制作等基础工具，提供地图服务接口 API 支撑上层和业务应用可视化功能的研发。主要具备以下几方面功能：

数字减灾基础框架。提供统一时空基准下的二维、三维一体化基础地理服务框架，支持天、空、地多维地理空间信息的承载，支持多种投影、坐标系的使用和转换，提供几何计算、坐标转换、标注共享等通用地图编辑功能。

灾害风险数据服务。提供一站式自然灾害综合风险信息数据共享服务，支持矢量、栅格、影像、三维模型、倾斜摄影、文本等多种数据格式，推送、下载、专项定制等多种服务模式。支持以图层方式提供综合数据服务，以目录形式提供元数据信息，支持数据资源的智能检索和快速访问。

通用地理空间分析服务。提供空间量测、地形分析、缓冲区分析、规划等通用空间分析功能，支持对各类自然灾害综合风险信息数据开展空间分析，提升数据使用效能，拓宽数据应用领域。

图形可视化服务。提供多样化图形可视化服务，支持图形、列表等多种表现形式展示影像、矢量、三维模型、倾斜摄影、文本等多种数据。

多平台服务支撑。提供软件开发工具包（SDK）和二次开发支撑，支持桌面、浏览器、移动终端等终端应用开发，支持多种操作系统，满足不同使用样式、应用场景的需求。

6）共性服务

提供共性的基础服务支撑。基于计算、数据、服务、智能支撑，提炼灾害风险管理各业务领域的基础共性需求，研发共性服务，为各业务领域应用提供共性支撑。主要具备两方面功能：

协同交互服务。为广域环境下各级各类用户跨域协同提供网络化服务支撑，支持音视频、文件图像、电子白板、桌面共享等交互方式。提供协同空间管理、用户群组管理、协同过程管理、协同数据管理等服务功能，支持本地协作和异地跨网协作两种模式。

办公支撑服务。为日常业务办公、业务管理保障需求提供办公信息化需要的共性服务，提供办公资源共享、文档模板共享、办公软件工具共享、邮件、业务流程、即时通信等服务功能。具备为上层日常办公信息系统、业务管理信息系统提供二次开发接口的能力。

7）生态运维

提供业务应用协同研发、用户技术支持保障和平台运维监控功能，支持对平台所有设备、资源、数据和服务进行管理、监控和排故障修复。支持业务应用的开发、部署、管理、迭代更新等全生命周期技术保障。主要具备以下几方面功能：

协同研发。构建各类机构协同研发的创新协作环境，支持多团队协同研发、持续集成交付、软件产品发布、服务上线。

在线技术保障。为平台用户和技术保障人员提供在线应用管理和在线运维保障。支持对上线各类软件发布使用、用户评价、需求变更等进行统计分析。

运维监控。提供信息收集、运行状态监控、运维规则配置、故障处理、日志管理等功能，支持本地和远程运维管理。

8）标准规范

用于规范平台的建设、部署、运行和使用。制定上层应用开发标准规范，对数据组织形式、服务开发、插件开发、界面开发提供规范化指导。制定系列数据标准，规范数据接入、数据融合处理、数据治理、数据共享交换、数据服务等保障平台规范运行。

7.2　信息平台业务应用集成关键技术研究

7.2.1　业务应用集成技术方法选择

1. 单体系统集成

在早期的应用软件建设中，常采用单体系统来实现复杂的业务需求。在系统研制初期，所有业务应用都集成在一个系统中，开发、测试、部署都比较容易。但是随着系统的不断扩展，为了应对不同的业务需求，需要不断对单体系统增加各种业务模块。不断扩大的业务需求导致整个单体系统变得越来越臃肿，单体系统先天性缺陷和短板就逐渐凸现出来。由于单体系统部署在一个进程内，修改一个很小的功能，常常会影响其他功能的运行，造成系统升级迭代工作量大，经常对整个系统推倒重建。单体系统中不同功能模块的使用场景、并发量、消耗的资源类型都各有不同，对资源的利用又互相制约，因此无法做到精细化管控，随着系统愈发庞大，其维护使用成本也会剧烈增加。

2. SOA 架构集成

为了解决单体系统存在的升级迭代工作量大、维护使用成本高等缺陷，软件设计行业开始了对模块化、服务化的探索和尝试，SOA 架构应运而生。SOA 架构是一种粗粒度、开放式、松耦合、服务化的系统结构，要求软件产品在开发过程中按照相关的标准或协议进行分层开发。通过这种分层设计或架构体系可以使软件产品变得更加弹性和灵活，且尽可能地与第三方软件产品互补兼容，以达到快速扩展，满足市场或客户需求的多样化、多变性。

SOA 架构的核心思想是业务驱动应用，即业务流程和应用服务更加紧密地联系在一起。对业务流程进行分解、建模，设计系列应用服务，按照业务逻辑对系列应用服务进行组合形成业务系统。应用服务是业务系统的基本构成单元，支持业务系统在应用服务层面的自由组合，系统搭建灵活性高，对业务需求调整响应快、升级迭代成本低，也更易于运行维护。在 SOA 架构中，每个应用服务分别独立部署，运行在自己独立的进程中，有稳固的部署边界，其更新不会影响其他应用服务的运行。由于独立部署，可以更准确地为每个应用服务评估性能容量，通过配合服务间的协作流程也可以更容易发现系统的瓶颈位置，以及给出较为准确的系统级性能容量评估。

3. 微服务架构集成

微服务架构是 SOA 系统架构的一种，它的核心思想是将一个原本独立的系统拆分成多个小型服务，这些小型服务都在各自独立的进程中运行，服务之间通过基于 HTTP 的 RESTful API 进行通信协作。被拆分成的每一个小型服务都围绕着系统中的某一项或一些耦合度较高的业务功能进行构建，并且每个服务都维护着自身的数据存储、业务开发、自动化测试案例以及独立的部署机制。由于有了轻量级的通信协作基础，所以这些服务可以使用不同的语言来编写。

微服务架构强调业务系统需要彻底的组件化和服务化，原有的单个业务系统会拆分为多个可以独立开发、设计、运行和运维的小应用。这些小应用之间通过服务完成交互和集成。每个小应用从前端 Web UI，到控制层、逻辑层、数据库访问、数据库完全独立。每个小应用除了完成自身本身的业务功能外，还需要消费外部其他应用暴露的服务，同时自身也将自身的能力向外部发布为服务。相对于传统的 SOA 系统架构，微服务架构不再强调 ESB 企业服务总线，同时将 SOA 的思想注入到单个小应用内部实现真正的组件化。

微服务架构有 Spring Cloud 和 Kubernetes 两种主流方案：Spring Cloud 是一组组件的集合，目前仅支持 Java 语言。通过与应用深度集成，作为应用栈的一部分以实现各种运行时概念。微服务通过库引用的形式获得不同组件的功能，来实现服务发现、负载均衡、配置更新、度量跟踪等能力；Kubernetes 兼容多种语言，而非局限于 Java，目的是以一种通用方式为所有语言程序实现分布式能力分解。通过应用栈之外的平台实现如配置管理、服务发现、负载均衡、追踪、度量、单例、调度任务等功能。应用不需要任何库或者代理来实现客户端逻辑。两个方案各有所长，具有互补性，可以组合成高级微服务技术方案。如 Spring Boot 提供了 Maven 插件来构建单个 JAR 应用包，这样就可以结合 Docker 和 Kubernetes 的声明式部署和调度能力，使得运行微服务变得轻而易举。Spring Cloud 有内嵌的应用库，可以利用 Hystric（自带隔离和熔断模式）和 Ribbon（用来负载均衡）来创建有弹性的、容错的微服务，当这个能力和 Kubernetes 的健康检查、进程重启以及自动伸缩能力结合在一起时，微服务才能成为一个反脆弱系统。

微服务架构具有八个方面的技术特点：

（1）通过服务实现应用的组件化：将组件定义为可被独立替换和升级的软件单元，在应用架构设计中通过将整体应用切分成可独立部署及升级的微服务方式进行组件化设计。

（2）围绕业务能力组织服务：采取以业务能力为出发点组织服务的策略，因此微服务团队的组织机构必须是跨功能的（如既管应用，也管数据库）、强搭配的 DevOps 开发运维一体化团队，通常这些团队不会太大。

（3）智能端点与管道扁平化：主张将组件间通信的相关业务逻辑放在组件端点侧而非放在通信组件中，通信机制应该尽量简单及松耦合。RESTful HTTP 协议和仅提供消息路由功能的轻量级异步机制是微服务架构中最常用的通信机制。

（4）"去中心化"治理：则鼓励使用合适的工具完成各自任务，每个微服务可以考虑选用最佳工具完成。微服务的技术标准倾向于寻找其他开发者已成功验证解决类似问题的技术。

（5）"去中心化"数据管理：倡导采用多样式持久化的方法，让每个微服务管理其自有数据库，并允许不同微服务采用不同的数据持久化技术。

（6）基础设施自动化：云化及自动化部署等技术极大地降低了微服务构建、部署和运维的难度，通过应用持久集成和持续交付等方法有助于达到加速完成任务的目的。

（7）故障处理设计：微服务架构所带来的一个后果是必须考虑每个服务的失败容错机制。因此，微服务非常重视建立架构及业务相关指标的实时监控和日志机制。

（8）演进式设计：微服务应用更注重快速更新，因此系统会随着时间不断地更新演进。微服务的设计受业务功能的生命周期等因素影响。例如，某应用是整体式应用，但逐渐朝微应用架构方向演进，整体式应用仍是核心，但新功能使用应用所提供的 API 构建。再如某微服务应用中，可替代性模块化设计的基本原则，在实施后发现某两个微服务经常必须同时更新，则这可能意味着将其合并为一个微服务。

7.2.2　"微服务+容器"业务应用集成技术

云服务平台的基本理念是"一切皆资源"。云计算技术已实现了针对计算资源、存储资源和网络资源的虚拟化整合管理，业务应用也可以借鉴云计算技术中的虚拟化机制定义为应用软件资源进行虚拟化管理与调用。采用"微服务+容器"方案进行业务应用软件的抽象表征与建模、标准化封装与加载、动态管理和协同应用。对灾害风险监测、风险评估、产品制作、数据挖掘分析、时空基准等业务应用软件资源进行抽象、规约，生成表征描述不同资源对象的数据模型，以及与资源对象交互的接口模型，实现各类资源的标准化封装、池化管理、按需调度和组网运用。灾害综合风险防范信息服务平台业务应用软件的资源化、集成管理和协同应用采取"四位一体"的技术方案（图 7.3）。

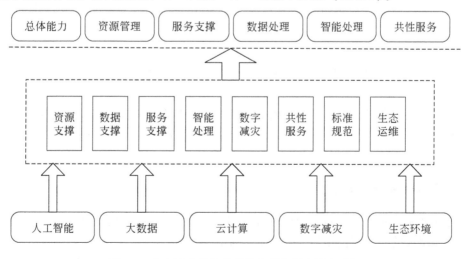

图 7.3　灾害综合风险防范信息服务平台技术路线

人工智能主要提供了基础智能框架、智能服务运行管理、通用智能处理服务、模型设计与训练管理等功能和技术。

大数据主要提供了大数据存储、大数据计算、数据集成、数据主题服务、数据关联、数据治理、多中心数据共享服务、数据分析服务等功能和技术。

云计算是基础平台的核心，主要提供了计算虚拟化、存储虚拟化、网络虚拟化、减灾资源虚拟化、资源调度和运行管理等功能和技术。

数字减灾主要提供了基础地理服务、减灾数据服务、空间通用分析、图形可视服务、灾害应用支撑等功能和技术。

生态环境通过构建业务应用，提供开放式的需求迭代管理、软件产品发布、服务上线准入、在线技术保障等功能，成为面向灾害业务所有应用服务设计、研制、测试、上线运维和持续演进的平台。

7.2.3　基于"微服务"的开发技术

基于微服务的开发集成与无缝升级技术，通过将功能复杂、体积庞大的信息系统按照标准拆分为多个体积小巧、功能简单的独立功能模块，实现软件和功能的解耦。以此为基础，针对具体业务问题，通过组装独立模块，快速聚合形成对应能力。在系统的开发建设阶段，只要遵循统一接口标准，各功能模块可以独立设计实现，可以采用不同的技术方案。在系统的集成部署阶段，各模块可以独立部署、升级和管理。其技术关键点包括：

（1）建立通用、稳定的标准化服务模型。这种模型可以广泛适用于对已有和将会出现的任何服务的表达和管理，模型所规定的功能性接口，可以支持平台对服务运行管理中的各种行为进行管控。

（2）确定微服务拆分策略。为了实现系统的解耦，需要将系统拆分为相互独立的功能模块。系统地拆分方式、拆分粒度和拆分工作优先级等对完成微服务化改造有决定性作用。

（3）服务自适应动态重组技术。针对系统运行状态和最新使用场景，各服务模块之间可以调整拓扑结构，为了适应外部变化实现动态重组，快速形成新的能力和形态，提高系统的适用性。

（4）服务故障快速定位技术。针对服务集合内的各类故障，分析推断系统模块结构中的相互调用依赖关系，制定分组检查策略，有序对各模块进行探查轮训，实现故障的快速定位。

1. 微服务对外行为建模

通过强调服务对外行为的管理进行服务建模，采用功能接口、管理接口、功能需求、资源需求所组成的四元结构作为微服务模型的主要参数：

（1）功能接口指可以对外提供的能力，建立标准化的接口描述方式和全系统统一的功能接口目录，具备同样功能接口的服务模块可以相互替换。

（2）管理接口用于平台对服务模块进行监控调度，是对软件开发过程的唯一限制。管理接口分为必选和可选两类，服务软件在实现必选接口的基础上，实现了越多的可选接口，则可以被平台更为深入地集成，可以享有更为灵活的微服务化特征。

（3）功能需求用于服务向平台声明运行过程中所需的业务功能支撑，与功能接口同属于全系统统一的功能接口目录。平台进行服务组装的过程，就是挑选已有服务，逐一满足指定服务每条功能需求的过程。

（4）资源需求用于表达服务运行中对平台提供资源的要求。将资源需求分为计算资源（CPU 核数、内存大小、操作系统、基础镜像等）和存储资源（文件系统、数据库等），平台通过服务的资源需求描述，为其调度分配相应的各类资源。

2. 微服务分层调用

结合综合风险防范已有软件的实际情况和业务特征，对其进行微服务化拆分设计。微服务方案设计遵循三个方面原则：

（1）控制服务间调用深度。为了实现一次业务接口调用，纵向层级过多，会导致调用延迟增大，降低系统反应速度，因此，应控制单次业务内部调用层级在五层以内。

（2）以功能为核心。在对服务模块进行拆分时，应以功能内聚为主要宗旨，保证每个模块的多个接口，共同实现指定的功能，每个模块在独立运行时，其功能仍然完整。

（3）以无状态化为目的。无状态是指服务器所能够处理的过程必须全部来自请求所携带的信息，而与前后调用时序相关。只有无状态的服务才可以被快速地扩展和迁移，才可以具备弹性伸缩的特征，因此，在进行微服务拆分时，优先将可以无状态调用的功能封装成微服务。

3. 微服务自适应优化重组

通过加强对服务运行状态的监控和历史运行日志的智能化分析，实现服务的自适应优化重组。建立精细化服务运行监控机制，实现对涵盖接口调用、资源消耗、安全认证等多领域的运行信息的时序化收集。采用大数据关联分析技术，以时间、行为、事件为轴建立运维空间的坐标系。在此空间内，对已有运维数据进行规律分析挖掘，建立不同事件的预测模型和应对方案，以此支持服务的自适应优化。

4. 微服务故障探查

当平台无法从服务的通用监控信息判断服务状态时，需要通过服务故障的快速探查机制，按一定策略进行服务故障探查。为了实现服务探查，采用回溯机制，以故障服务为根节点，反向生成探查树。在具体的探查路线选择方面，可以利用广度优先算法和深度优先算法，保证对所有相关服务节点的全覆盖。为了提高探测效率，可以利用折半查找法，在树的层次间跳跃选取优先探查节点。

7.2.4　基于容器的开发技术

1. 基于 Docker 的虚拟运行环境

利用轻量化的容器技术，部署 Docker 组件，构建应用服务的虚拟运行环境。Docker 是近年来得到广泛关注的容器技术，是一种资源虚拟化的手段。与虚拟机的硬件虚拟化不同，Docker 利用 Linux 操作系统内核提供的 Cgroups、Namespaces 和 Linux Container（LXC）机制在用户层构建一个独立的运行环境，是一种轻量化的软件应用虚拟化技术。

Docker 将软件应用及其依赖组件打包在一个文件内部。运行这个文件，就会产生一个虚拟容器。软件应用运行在这个虚拟容器里，就好像运行在真实的物理机上一样。Docker 提供了隔离的环境，不同的软件应用运行在各自的 Docker 容器中，使用者不需要再担心与其他软件应用之间的环境冲突问题。Docker 的接口相当简单，用户可以方便地创建和使用容器，把服务放入容器中。容器还可以进行版本管理、复制、分享、修改，就像管理普通的代码一样。Docker 非常轻量，使用灵活，特别适合于对外提供弹性的服务，微服务都是基于 Docker 容器来构建的（图 7.4）。

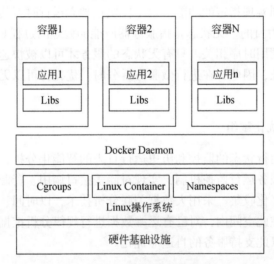

图 7.4　Docker 的架构图

在 Linux 操作系统内核中，Cgroups 机制用于对系统资源使用进行限制，对 CPU、内存、网络、磁盘 IO 的使用进行细粒度的控制；Namespaces 机制用于名字空间的隔离，包括 Pid、文件系统 Mount 点（rootfs、/tmp、/proc、/sys 等）、网络命名空间（网络接口、端口、路由表、IPtables 规则、套节字等）、IPC（信号量、消息队列、共享内存等）、用户 UID/GID 等。将 Cgroups 和 Namespaces 结合就可以建立一个独立的、与外界隔离的运行环境。

容器的创建和销毁代价很低，因为它的启动和关闭都非常迅速，特别适合需要频繁启停的应用场景。将服务封装到一个容器中，能大大简化服务的安装和部署，杜绝因环境不同而导致的依赖问题，也有利于对服务进行迁移。

2. 基于 Kubernetes 的容器调度

让每个服务在最合适的服务器上运行，使得资源利用最大化，这是服务调度的核心内容。服务调度器在此扮演关键的角色。在 Docker 生态系统中，存在多种开源的容器资源管理和应用编排引擎。其中，谷歌开源的容器集群管理系统 Kubernetes 发展迅速，已经成为事实上的标准。

1）Kubernetes 容器管理

Kubernetes 提供软件应用部署、维护、扩展的机制，能方便地管理跨机器运行容器化的软件应用。具有以下功能特点：

（1）使用 Docker 对软件应用进行打包（package）、实例化（instantiate）、运行（run）；

（2）通过集群的方式运行、管理跨机器的容器；

（3）解决 Docker 在跨机器容器之间的通信问题；

（4）Kubernetes 具有自我修复机制使得容器集群总是运行在用户期望的状态；

（5）架构设计上采用典型的主 - 从结构，希望构建为一个可插拔组件和层的集合，具有可替换的调度器、控制器、存储系统。

2）Kubernetes 容器调度

调度器是 Kubernetes 多个组件的一部分，独立于 API 服务器之外。调度器本身是可插拔的，Kubernetes 的调度器和 API 服务器是异步交互的，他们之间通过 HTTP 方式进行通信。调度器通过和 API 服务器建立 List & Watch 连接来获取调度过程中需要使用的集群状态信息，如节点的状态、服务（Service）的状态、控制器（Controller）的状态、所有未调度和已经被调度的组件（Pod）的状态等。调度器工作步骤如下：

（1）从待调度的组件队列中取出一个组件；

（2）依次执行调度算法中配置的过滤函数（Predicate），得到一组符合组件基本部署条件的节点列表。过滤函数是一些"硬约束"，如资源是否足够，组件要求的 Label 是否满足等；

（3）对节点列表中的节点依次执行打分函数（Prioritizer），为各个节点进行打分。每个打分函数输出一个 0~10 的分数，最终一个节点的得分是各个打分函数输出分数的加权和（每个打分函数都有一个权值）；

（4）对所有节点的得分由高到低排序，把排名第一的节点作为组件的部署节点（如果不唯一则在所有得分最高的节点中随机选择一个），创建一个名为 Binding 的 API 对象，通知 API 服务器将被调度组件的部署节点改为计算得到的节点。

3）Kubernetes 应用管理

Kubernetes 提供了针对不同类型软件应用管理的 API 接口集合，这些 API 集合把针对不同类型软件应用的管理能力分别反映到 Kubernetes 系统中。以 Web 应用为例，

Kubernetes 提供了应用组件可靠性管理能力以及多副本管理能力、多副本之间的负载均衡能力、不同应用组件之间的服务发现能力、配置管理能力、灰度升级能力等，使开发者开发 Web 应用时变得简单快捷，可以将精力更多地聚焦到业务核心逻辑的开发上。Kubernetes 提供了针对以下不同类型应用的管理能力：

（1）Long-Running 应用。一旦应用启动，会长时间运行，如 Web 业务。提供应用组件可靠性保障、副本数保障、灰度升级、多组件间负载均衡等能力。

（2）批量任务：提供任务创建、删除、更新、查询、状态跟踪等能力。

（3）DaemonSet 应用。当用户部署一个 Daemonset 应用时，Kubernetes 在集群的每个节点上都部署一个组件。典型的例子如日志、监控的代理程序的部署。

（4）PetSet 应用。用来支持状态应用，如一个 MySQL 集群。具体管理能力如允许 PetSet 类型应用的不同组件独立挂载容器存储卷，提供不同组件间通信机制等。

上述不同类型的应用，对应一个不同类型的控制器管理器（controller manager）。用户可以根据自己的需求，开发特定类型的自定义控制管理器。基于 Kubernetes 来对服务进行调度，可以达到最大化资源利用效率，是 Docker 容器环境下的一个较理想的方案。

7.3　跨平台多源异构大数据集成管理技术研究

7.3.1　多源异构海量灾害数据的关联运用机制

自然灾害数据在应用过程中出现如下特征：一是数据呈指数级暴增，造成数据组织管理复杂；二是数据海量、异构、动态、变化等特点，造成对数据认知理解难度大；三是数据格式不同、时空不同、来源不同、关联程度不同、可信度不同、质量不同等，造成数据繁杂离散；四是原始数据、作业数据、元数据、数据产品等各类数据相互交织，发挥的功能不同，使用方式也不一样，致使数据使用不便。为了有效发挥数据效益，必须采取新的方法和技术手段对数据进行有效组织、管理和使用。要能够对数据进行关联，表达数据高层内涵，从孤立散乱的数据中发现规律和特点，便于认知和理解，如图 7.5 所示。

针对引接的图像、文本、音视频等海量多源异构数据，进行数据的清洗转换，建立数据的统一表示模型，对数据进行组织管理，构建数据间的多维度关联关系。同时，对数据的整个生命周期过程进行统计分析、质量评估、可视分析，进行关联运用。多源、异构、海量数据的关联是应用和数据衔接的中间核心环节，是高效提供数据访问和服务的基础，关键技术要点主要包括：

（1）数据组织管理机制。

解决如何实现多源异构数据的组织、存储的问题。建立数据组织管理机制，实现数据科学组织，自主关联，使数据变齐，可学可控。通过时空、属性、量级等要素，进行归一化处理，构建多源异构数据组织管理知识图谱，动态建立实体关联关系，解决关联关系自主学习、动态关联网络构建、关系按需更新等问题，使知识图谱可自主学习、动态构建、使用可控。

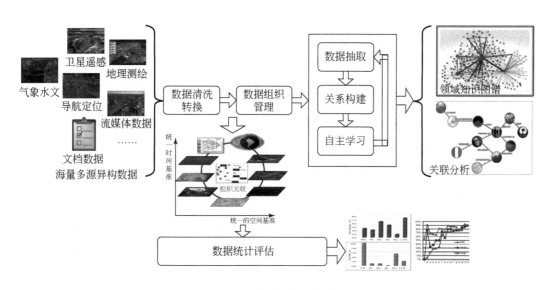

图 7.5　多源异构数据关联运用

（2）高效的数据清洗转换机制。

解决采取哪些方法和工具实现海量数据的治理的问题。通过建立数据清洗转换机制，实现数据一体化处理，使数据变活，可用可算。通过研制数据采集、清洗、转换、预处理等工具集，采集多源数据，抽取元数据，进行数据一体化处理，建立数据属性关系等，解决数据属性要素缺失、数据碎片化、时空不一致等问题，使数据可理解、可识别、可计算。

（3）关联分析和统筹运用。

解决如何实现各类数据的关联分析和统筹运用，以及数据关联的科学性和有效性评价问题。针对数据类型多样、分散存储等问题，基于业务应用需求构建业务领域本体库，利用规则库和智能处理系统提供的模型库，完成平台各类数据的语义提取及自动关联。提供友好的人机交互界面，支持关联的人工审核、创建、更新和删除等管理维护操作。利用分布式图存储，实现关联数据统一存储，支持关联数据的复杂查询和分析，从而支撑上层业务应用。

（4）数据统计评估机制。

建立数据统计评估机制，通过可视化方式使数据易于理解，可见可视。建立数据视图，提供数据统计分析、数据生命周期管理、数据日志处理、数据版本控制、数据质量评估等功能，实现数据行为分析、数据质量分析、数据关注度分析、数据热度分析等可视化，使数据通过图形化的方式展现，易于理解，可以交互。

（5）数据分级处理与访问。

解决分布微云、传感器、智能终端、嵌入式终端产生的各类数据如何分级分类完成数据处理问题；解决如何实现各类数据的统一访问与服务，通过哪些技术和机制实现数据同步和共享的问题。

7.3.2   多源异构海量灾害信息数据集成技术

针对多源、异构、海量数据特征，如何应用数据清洗、转换、组织、存储、关联等技术实现多源、异构、海量数据的高效处理和关联运用，是集成平台必须面对的基本任务和挑战。通过在集成平台中内置数据清洗转换工具集，集成大数据组织、管理、处理工具，基础平台嵌入各类关联算法和模型等技术手段，充分利用底层的计算、存储和网络资源，实现多源数据的有效获取、深度聚合和关联运用等。

1. 多源异构数据组织

构建开放式元数据模型库，使数据变全，可扩可管。开放式元数据模型库是数据关联运用的基础，也是集成平台管理多源、异构、海量数据资源的工具。平台元数据总体上可以分为核心元数据、主题或领域元数据两大类，其中，核心元数据模型由基础平台直接定义，主题或领域元数据模型采用众筹方式积累并逐渐完备。基于元数据库，集成平台可以快速解析数据仓库存储管理的海量数据资源的内容、范围、数据格式、数据结构、存储位置等全面信息，支持数据关联操作、数据共享交换、上层软件应用调运（图7.6）。

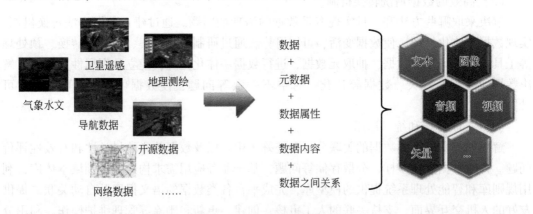

图 7.6   开放式元数据模型库

通过分析多源、异构、动态数据的特点，建立基于混合管理架构的元数据模型，适配结构化和非结构化数据，建立数据资源混合管理框架。针对结构化数据，采取概念、本体和查询三种方法建立知识表示；针对非结构化数据，选择文本、视频和遥感影像三种典型数据，进行语义要素提取。在知识表示和语义提取的基础上，构建元数据统一表示模型，实现对各类数据的统一建模。

针对结构化的数据，利用 D2R 技术从结构化数据库中获取知识，将关系数据库转换为虚拟的 RDF 数据库。与知识建模结合，在数据模式基础上进行映射，将经过 D2R 映射的数据直接存储成为知识图谱中的知识。针对非结构化的数据，语义要素提取技术是利用文本、图像、视频等语义提取技术提取出相关的语义要素，如时间、地点、人物、事件等，从而为后续的关联构建与分析奠定基础。

基于上述步骤抽取和转化的数据,采用本体技术进行统一表示。首先,面向各类数据特点,深入分析数据的共性,提炼总结出能够涵盖所有数据的顶层抽象本体;其次,在顶层抽象本体的指导下,可以生成针对每类具体数据的派生本体,从而详细描述该类数据的本质特点;最后,除了顶层本体从抽象层面进行描述外,还需要关系本体将各个派生本体的联系进行描述。

2. 数据清洗转换

建立数据清洗转换环节,使数据变齐,可信可控。数据清洗、转换是数据可用可算的基础,平台提供数据清洗、转换等预处理通用工具集,针对噪声数据、冲突数据、非标数据、重复数据等,进行数据剔除、一致性检查、格式转换、时空统一等操作,解决数据属性要素缺失、数据碎片化、时空不一致等问题,使数据可理解、可识别、可计算(图 7.7)。

噪声数据　　　　数据剔除

冲突数据　　　　一致性检查

非标数据　　　　格式转换

重复数据　　　　时空统一

……　　　　　……

图 7.7　数据清洗转换

3. 关联分析和统筹运用

研制数据关联算法模型,使数据变智,可联可算。构建数据组织、管理、关联算法模型,并针对时空、属性、量级等要素,进行归一化处理。基于归一化的时空、属性、事件等要素,实现异构数据科学组织,自主关联,构建多源异构数据组织管理知识图谱(图7.8)。动态建立实体关联关系,解决关联关系自主学习、动态关联网络构建、关系按需更新等问题,使知识图谱可自主学习、动态调整。

通过面向时空基准的实体链接、基于频繁共现的文本对象实体关联、多特征融合的图像分析等技术,在语义级别建立数据间的关联关系。同时,在语义级别关系构建的基础上,通过知识表示技术、概念–实体映射、实体向量相似性计算等建立数据关联分析模型。针对建立的关联关系,通过关联关系自动识别与分类、关联关系冗余性检查、关联关系动态重建技术,对关联关系进行进一步挖掘和分析,保证关联的有效性和准确性(图7.9)。

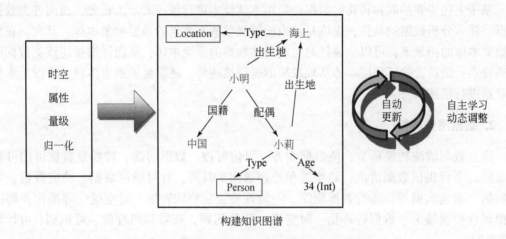

图 7.8　构建多源异构数据组织管理知识图谱

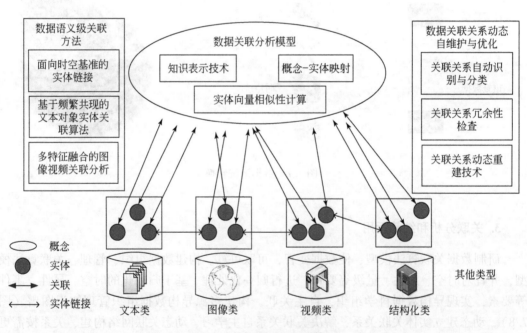

图 7.9　数据组织与关联算法

4. 数据分级处理与访问

研发分布式分级分类数据处理技术，使数据变活，可分可聚。网络信息体系总体上采取并行分布式分级分类处理机制，在平台统一调度下，分布式网络节点、传感器、智能终端、嵌入式终端产生的各类数据，优先利用本地资源进行处理，强化数据源头的智能处理，提高数据源头质量，降低数据清洗难度，提升各网络节点专题或领域数据的处理效率，减轻平台中心节点负担。

7.4 "云+端"协同灾害信息服务体系

7.4.1 "云+端"信息服务体系

　　"云+端"模式是云计算与互联网终端的结合，利用云平台超强的计算能力将大量的应用服务发布在云端，而云端服务可以将大量的计算分布式地分发给多台服务器，提高服务运行的效率。同时，通过云存储将数据进行分布式存储，即使有一台数据服务器出现了问题，数据也不会出现损失，有利于数据的保存。"云+端"模式通过建立一个庞大的灾害综合风险防范信息服务资源池，可将不同的应用服务按照各自的需求合理分配资源，提高了平台系统的可伸缩性，并通过互联网终端连接云平台可以实现硬件终端线上线下的有机结合，实现虚拟服务与显示应用的结合，有利于服务的整合（严斌，2012；朱朝烜，2016；包诗亮，2018）。

　　立足于服务多灾种、多用户、多层级的应用需求，瞄准未来发展，按照网络化服务、分布式部署的思想，构建"云+端"的灾害综合风险防范应用服务平台，利用统一平台框架整合各类灾害风险管理业务应用，提供后台"云服务"；利用电脑、手机等多类型终端部署前台终端应用，前后台协同面向各级各类用户提供灾害综合风险信息服务。"云+端"服务体系设计思想，由服务云、应用端和信息资源网组成（图7.10）。

7.4.2 平台"云服务"

　　平台"云服务"是支撑"应用端"的中枢。采用"微服务+插件"技术，将各类灾害综合风险管理业务软件封装为标准化的应用插件，采用容器技术部署到集成平台，发布为各类应用服务。平台"云服务"是综合风险防范信息服务的核心，承担平台基础支撑、数据资源组织管理、业务应用后台集中处理等三个方面功能，多源异构灾害信息风险数据接入、大数据融合分析、灾害风险信息产品制作、"一张图"服务、灾害风险信息产品发布、业务协调服务等业务应用全部依托后台"云服务"集中处理，处理结果发送到各类前端应用。

1. 平台基础支撑服务

　　支撑平台稳定、有序运行，对各类应用服务和平台资源进行统一管理，包括对计算、存储、网络等基础资源的适配管理，对运行时服务进行状态监控、资源调度、依赖关系管理、服务域名映射等。具体功能有基础资源服务适配、服务调度、服务发现、负载均衡、自动伸缩、调用跟踪、域名服务、日志管理、状态监控、服务编排与部署、服务监控工具、服务迁移、统一目录服务、通信录服务、用户管理服务、消息共享服务、通用传输服务等。

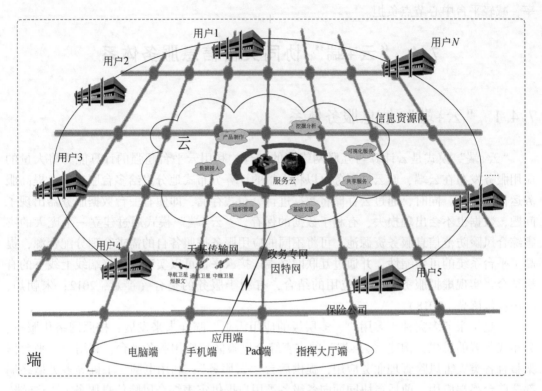

图 7.10　"云+端"信息服务体系（彩图见封底二维码）

2. 数据资源组织管理服务

提供分布式多源异构数据资源整合和虚拟数据资源支撑平台管理两方面功能。其中，分布式多源异构数据资源整合功能通过平台数据资源访问接口，将分布部署的多个部门、行业机构平台构成一个分布式、多节点的网络化系统，实现地域分散、特性不同的各类数据资源统一注册、发现、更新和维护。采用数据视图方式，汇集各节点的数据资源形成"逻辑集中、物理自治"的虚拟数据资源支撑平台，实现各部门、行业机构数据资源自治基础上的互联互通、对等共享、虚拟整合、统一应用。虚拟数据资源支撑平台管理功能对接入数据进行"入库"、管理、浏览、提取，支持各类数据资源的统一编目、自动实时更新。对外提供统一数据资源访问接口，支持用户对整合后的虚拟数据资源支撑平台按照图层、目录、时间、空间等维度进行访问、查询和浏览。

1) 分布式多源异构数据资源整合

包括分布式数据资源节点管理及数据资源整合策略管理、整合配置管理、增量式整合。其中，分布式数据资源节点管理包括节点组网、发布和注销。新节点注册并初始化，读取平台数据资源节点信息表，获取邻居节点信息并与其建立连接，实现新节点对等组网。新节点完成注册组网后，将其待发布数据的信息自动同步到本地数据资源目录，通过节点间数据资源定时同步机制对平台统一资源视图进行更新，完成新节点数据资源发布。

平台所有分布式节点的数据资源信息以目录树形式进行组织管理，提供用户查询、检索和浏览。所有数据资源节点可以灵活地从分布式网络中进行注销，不再参与数据资源发布。

数据资源整合管理包括用户数据需求订制、传输链路配制和增量式整合三个环节。用户订制需要同步数据资源表单，平台将根据用户订制对特定表单进行相应的数据同步。用户按需订制虚拟化整合规则与策略，实现节点全同步、定向同步、按权限同步等多种策略订制，完成策略编辑、修改与更新管理。对数据资源节点连接进行配置，优化节点传输链路，提高数据共享传输效率。自动捕获插件生成的增量日志文件，抽取捕获的日志文件，审计日志中的记录，找到需要同步的资源条目。源库端将抽取的日志形成可执行的语句，缓存到队列，经断点续传至目标库的缓存队列中。目标库端执行接收的源库端增量日志语句，并执行语句实现数据同步。数据资源各节点管理各自发布的资源信息，对其数据记录进行增、删、改等操作，用户通过人机交互可以完成资源信息的修改、删除等。

2）虚拟数据资源支撑平台管理

包括数据"入库"、数据下载、数据组织、数据更新、数据备份、数据删除、数据查询等。通过这些功能，后台云服务能够有效汇聚、组织各类灾害风险信息，对各类灾害风险信息按照灾害类型、服务对象等进行细粒度的划分，按照不同需求对各类灾害风险信息进行快速抽取，定制化保障各类用户需求，形成满足不同信息服务模式、不同用户、不同应用场景的多样化灾害风险管理应用需求的多模态、智能化信息服务。

3. 应用服务后台集中处理

平台"云服务"以强大的计算资源、存储资源为支撑，承担自然灾害风险管理业务各类应用服务的后台处理功能，处理结果反馈前台各类终端的轻量级应用，为各级各类用户提供信息服务，如多源异构灾害风险信息数据接入、大数据融合分析、灾害风险信息产品制作、"一张图"服务、灾害风险信息产品发布、业务协同服务等。

1）多源异构灾害风险信息数据接入

按照统一的接口规范和引接规则，接入基础地理信息数据和行业灾害风险信息数据。其中，基础地理信息数据包括电子地图服务、高分辨率遥感影像服务、行政区划服务等，还包括水系、居民点、交通路网、土地利用等矢量地图数据，是自然灾害综合风险防范信息集成和服务的空间数据底座。行业灾害风险信息数据包括致灾、孕灾、承灾、灾情、减灾资源等类型数据，需要从应急、地震、地质、气象、水利、海洋、林草、住建、交通、农业、统计等行业部门的信息平台接入，部分数据需要通过社会组织和商业机构获取。例如，地震部门接入地震断裂带、历史地震分县灾情等数据，地质部门接入地质灾害隐患点、地质灾害灾情等数据，气象部门接入全国逐日网格降雨历史数据、历史台风路径、历史台风登陆情况、气象要素观测数据等，水利部门接入洪涝重大案例灾情、历史洪涝分县灾情、历史台风分县灾情、干旱重大案例灾情、历史干旱分县灾情等数据，住建部门接入房屋分布、数量、结构数据，农业部门接入农作物面积、耕地播种面积、农业种植区空间分布、农作物生育期、农业区划等数据，统计部门接入人口、经济数据、遥感反演人口密度数据，应急部门接入历史灾害灾情、救灾物资、救援力量、社会力量综合减灾、重大灾害卫星遥感影像、重大灾害航空遥感监测影像等数据，从互联网企业接入网络语料库、网络舆情、电子商务等数据。数据接入后，对数据进行规范化检查及质量控制，建立数据编目进行"入库"，形成常态化的数据引接、汇集、存储管理，为用户开展灾害风险研判分析、灾情评估及防灾减灾融合应用提供信息支持。

2）大数据融合分析

对接入虚拟数据资源支撑平台的基础地理信息数据和行业灾害风险信息数据进行大数据融合分析。提供关联融合、空间分析、空间量测等通用基础功能，支撑用户进行灾害风险管理业务应用服务的开发和集成。提供插件容器管理功能，对标准化的应用插件进行集成和管理，支持标准化的第三方应用插件安装部署与集成，扩展灾害风险信息数据融合分析功能。

3）灾害风险信息产品制作

针对行业灾害风险信息服务需求，研发标准化的行业灾害风险信息产品制作应用插件，采用平台的插件容器管理器部署集成，发布为信息产品制作应用服务，支撑行业用户开展人机交互式的灾害风险信息产品制作。

4）"一张图"服务

对各类灾害风险信息数据进行"一张图"集成展示，支持对显示模板和风格进行管理。"一张图"服务包括目录及元数据服务、基础地理数据服务、矢量瓦片数据服务、实景数据服务等各类数据显示服务、显示模板与风格管理服务。

5）灾害风险信息产品发布

记录用户操作日志，绑定用户信息，分析用户灾害风险信息需求，为用户提供精准化的灾害风险信息推送服务。提供 Web 网页、手机 APP、微信公众号、微博、手机报等多终端统一信息产品发布功能，支撑灾害风险信息产品自适应快速发布。

6）业务协同服务

为各级各部门协同开展业务工作及在线办公提供基础支撑，包括通用协同工具、业务协同工具和协同交互工具。通用协同工具有多媒体视频会议、指挥调度、会商、应急值班、意见表决等应用。业务协同工具有文档、图表、白板、影像、地图、数字地球等应用，支持数据联动、位置联动、视角联动、结果联动，支持本地、网络环境下多应用界面之间联动。协同交互工具有松耦合的协同数据交换、协作空间管理、协同过程管理、多媒体即时通信等应用，支持跨层级、跨领域的用户之间或业务系统之间一体化协同工作。

7.4.3　平台"终端应用"

"终端"即用户终端，是用户与自然灾害综合风险防范信息服务平台交互的入口，基于 Web Service、移动 APP、微信小程序、手机报、微博等现代主要灾害信息服务终端上报信息、提交服务请求，服务器云服务平台通过终端向用户反馈信息服务的内容，向各级各类用户推送多元化灾害风险信息。

1. 现代主要灾害信息服务终端

1）Web Service

Web Service 是一个平台独立的、松耦合的、自包含的、基于可编程的 Web 的应用程序，可使用开放的 XML 标准来描述、发布、发现、协调和配置这些应用程序，用于开发分布式的互操作的应用程序。网络与电子地图的结合，利用浏览器作为客户端，使得减灾业务应用能够以电子地图的形式提供服务。用户从网络任务的一个节点，可以浏览和获取 Web 网页上的各种减灾产品和信息，以及进行地理空间分析等操作。此种方式优点有：一是，极大拓展了用户。多个用户通过登录浏览器的方式，便可轻松检索、查看、操作服务上所管理、发布减灾数据。二是，平台独立性。通过浏览器访问数据中心服务的方式，对客户端平台要求较低，后台服务器进行分布式的微服务组合与减灾业务数据的协同处理和分析，用户可以透明地访问服务器所部署的数据和服务，实现减灾多源异构数据的共享。三是，降低成本。由于数据和服务的管理和维护基本由数据中心的服务器所完成，在客户端只需要部署通用的 Web 浏览器及一些插件，相比在每个客户端部署全套的减灾专业软件，成本能够有效降低。四是，操作简单。由于专业的处理和生产是在服务器进行，由专业的人员进行生产和维护，用户可以不用具有专业背景，降低了操作的复杂性。

2）移动 APP

减灾移动 APP 开发意义在于可以针对不同使用人群、不同灾害种类，进行科学救助与指导。利用手机、平板电脑等移动智能设备载体，通过移动智能设备附带的地图、消息、摄像、电话等功能，将智能移动设备变为一个移动的无线灾情实时获取平台，实现对灾情的拍照定位、灾情信息的提取、采集过程的自动导航、灾情数据的上传等功能，使用户操作不受地域、时间的影响。具有精准传播，实时浏览信息，在线或离线使用，能够对灾害信息进行多角度、多方位展示，占用的网络资源比传统网站低等优点。利用移动 APP 具有的信息存储功能弥补目前移动通信速率低的不足，进而实现图片等信息的快速高清显示。相比微博、微信小程序，移动 APP 更能友好地支持气象云图、灾害遥感影像等实时性、高分辨率、大容量数据（夏志业等，2017）。基于移动 APP 的应用优点，减灾领域基于移动 APP 也开始如雨后春笋般应运而生。例如，美国国家现代地震监测系统（ANSS）是全球比较权威的地震监测与发布机构，该机构联合美国环境系统研究所（ESRI）发布了一款名为"QuakeFeed-World-Earthquake"的手机应用软件；中国民政部国家减灾中心发布了一款国家自然灾害灾情管理系统；中国地震局联合中国地震台网发布了一款"地震预警"APP（王玥，2019）。其他在手机应用商店中与防灾减灾相关 APP 还有"51 知灾害""地灾监测""地灾指挥调度""防灾云""灾害预警""台风"等。

随着集成电路技术和移动互联网的飞速发展，移动终端应用设计已经拥有了强大的处理能力，移动终端正在从简单的通话工具变为一个用户处理综合信息的应用平台，从长远来说，是一项可负担、可持续以及可推广的服务模式。

3）微信小程序

小程序实际上是平台应用生态的一环，打通了线上线下渠道，成为把互联网与实际社会链接在一起的工具，也是"互联网+"发展的实际运用。不同平台的小程序所提供的差异化服务能更好地满足不同用户的需求。各平台具有各自特色的主场景，如百度的搜索和信息流，支付宝的支付、金融与生活服务。微信以其强大的即时通讯、娱乐社交与生活服务优势，在小程序应用方面，是重要的实践代表，其发展沿革与现状可以反映出"轻应用"落地实践的情况与反响。其推广之初，由"微信之父"张小龙解读的"无需安装、触手可及、用完即走、无需卸载"四个特点中的三个均已经得到了很好的实践，随着小程序的入口越来越多、辐射面也越来越广，"触手可及"的实现也不再只是梦想。宏观来看，以微信小程序为领军的"轻应用"系列小程序相比传统 APP 有了很大的突破，几乎做到了博采众长，因此能更好地适应现代社会的发展。小程序降低了开发门槛和维护难度，提供一系列配套工具，使开发者能真正专注于数据和逻辑，能让开发者感受到更快地加载、更强的能力、原生的体验、易用且安全的数据开放以及高效简单地开发体验。

微信息小程序是一种新的开放能力，开发者可以基于微信提供的开发框架、开发者工具和开发文档等一系列工具快速完成小程序的开发，与微信的各类公众号及其关联应用等相互补充，共同构成完整健康的微信生态。小程序可以认为是微信为实现"连接一切"战略的部署，是微信对下一代移动互联网应用形式的探索与实践。从推出的时间、更新的频率、修复的效率以及对小程序开发者和入驻的各种扶持政策来看，小程序都是微信选定的互联网发展下一代风口。微信小程序的"去中心化"给优质的服务提供了一个开放的平台，真正让创造价值的人体现价值，良性循环之下，也就能维持微信生态体系的持续健康发展（田颖，2019）。

微信与防灾减灾相关的小程序有"灾害事故 e 键通"（图 7.11）以及"自然灾难模拟器""51 知灾害""灾难救援队""灾害风险隐患信息报送""防灾地图""防灾安全行""冷水滩区防灾减灾预警中心""博州防震速报""减灾 e 站"等。

"灾害事故 e 键通"微信小程序构建了灾害事故现场信息的社会化采集渠道，为应急管理部门快速获取现场情况提供了有力支撑。"灾害事故 e 键通"小程序分为专业版和公众版，分别面对基层信息员和社会公众。一旦发生灾害事故，基层信息员和社会公众可第一时间通过手机端的微信小程序，向应急管理部门提供现场情况，通过简单地勾选、拍照、录制视频即可完成现场信息的采集。

4）手机报

手机报是以手机为终端载体，将新闻、实用资讯等信息通过移动通信平台传递给手机用户的一种媒介形态，它是传统报纸与最新电信增值业务相结合的产物，有彩信手机报模式、WAP 网站浏览模式、APP 应用客户端模式三种常用使用模式（陈飞，2017）。手机报具有时效性强、表现力丰富、传播速度快、互动性好、精简、移动便利等特点。减灾领域的手机报，除手机报共有优势外，不同于受众广泛的新闻报道类手机报还具有用户群固定、内容原创度高等优势（刘哲，2013）。减灾防灾领域手机报有"自然灾害灾情手机报""抗震救灾手机报""中国国土资源报手机报"等。

5）微博

微博是基于用户关系的社交媒体平台，用户可以通过电脑端、手机端等多种移动终端

图 7.11　微信防灾减灾应用小程序和"灾害事故 e 键通"界面

接入，以文字、图片、视频等多媒体形式，实现信息的即时分享、传播互动。微博基于公开平台架构，提供简单、前所未有的方式使用户能够公开实时发表内容，通过裂变式传播，让用户与他人互动并与世界紧密相连。作为继门户、搜索之后的互联网新入口，微博改变了信息传播的方式，实现了信息的即时分享。微博是一个开放的平台，提供移动应用、网站接入、无线游戏、商业数据 API、粉丝服务平台、数据助手、轻应用、微博支付等开放服务。

　　微博平台以其操作简单，实用方便，多媒体信息、审美阅读，用户群体广、传播更快，以及低投入、高回报等优势吸引着减灾官方平台入驻。官方微博是政民互动和服务的线上延伸，是政府机构利用新媒体的执政资源推进政务工作的通道。目前，全国各级灾害管理部门，开通了许多减灾官方微博，在一定程度上弥补了传统媒体防灾减灾信息时效性、交互性不足的问题，同时发挥了及时发布防灾减灾信息、掌握舆情导向、形成资源共享的信息网络、与网民进行互动、迅速掌握灾情、辅助灾害损失评估等多种作用（杨战明等，2020）。应急管理部和中国地震局官方微博界面见图 7.12。

2. 终端应用开发关键技术

1）"互联网地图+"技术

所有灾害信息服务都离不开地图，空间"一张图"展示是目前主流技术。自然灾害综

图 7.12　应急管理部和中国地震局官方微博

合风险防范信息服务集成平台具备二维–三维可视化引擎，利用分层显示技术、画布焦点捕获与切换、灾害数据集成、联动显示等技术，把数据合理、流畅、便利地提供给终端用户。

分层显示技术。考虑到人眼分辨率局限性，在合适的范围需要向用户呈现合适的信息量，常用的技术有动态细节层次模型（LOD 技术）、点聚技术和边聚技术。此外，为了更好地利用三维视图表达目标的信息，并增加真实感，采用分级策略，在不同视高显示不同细节层次和展现样式。

画布焦点捕获与切换。地图场景是居于窗口部件（QWidget）与画布（Canvas）中间的一个虚拟"容器"，每个场景仅有一个宿主窗口，创建地图场景接口时需传入创建的QWidget 或其子类的窗口指针作为画布的父窗口。向地图场景中添加画布时，将画布添加到联动组里，并将父窗口指针传入画布对象，将画布显示在父窗口中。画布既是存在于不同场景内的管理者标识符，又是进行二维地图或三维地图渲染的容器。画布用来调度不同地图窗口之间的显示层面信息，来实现显示层面联动。画布内响应鼠标点击、鼠标滚轮和键盘事件，当以上任何一个事件在当前窗口范围内触发时，画布立刻处于激活状态并取消其他所有画布激活状态。QWidget 中添加场景然后向场景中添加地图画布，场景内部对画布指针进行管理、添加伙伴机制与中介者、相互之间进行信息调度，在系统内核部分解决了多个画布之间的激活状态切换，无需用户进行任何操作，降低了在应用层面开发的难度。画布分为二维画布和三维画布，其与伙伴中介者的主要接口有 IDTIS_Buddy、IDTIS_Canvas、IDTIS_Canvas Container。

二维-三维空间数据集成技术。二维-三维数据联动通过信号槽响应机制实现，确保二维-三维数据显示的有效集成。二维 GIS 模块可以采用任何一种空间参考对空间数据进行显示，三维 GIS 模块严格采用 WGS84 地理坐标系进行展示。空间数据集成主要包括三个流程：图层划分、生成三维图层、生成三维模型。其中，图层划分可根据具体需求进行划分，通常情况下以纹理、DEM 和矢量等进行分层显示，矢量图层又可以按是否进行三维模型展示进行划分或者按数据源进行划分；生成三维图层中，小块地形数据比大块地形数据更容易传输和管理，在二维模块中打开地图工作区，按三维数据的索引结构生成三维瓦片；生成三维模型，设置各个图层的 extrusion-height 的高度样式，还可以通过设置 extrusion-wall-style、extrusion-roof-style 自动将物体表面与顶部纹理贴在物体上，实现二维-三维数据显示层面的联动。

联动显示。多窗口地图联动，是指一个处于激活状态的画布显示状态改变时（缩放、平移地图）自动发送自身信息，其他窗口也随之改变自身状态，而且不同窗口之间可以根据用户的使用需求采用不同的空间参考。二维 GIS 画布主要通过视图中心点坐标、显示比例尺和空间参考描述显示区域，而三维画布主要通过视点（相机）空间位置、视点到屏幕的距离和视野显示范围等，建立二维与三维画布的对应关系并实现二维-三维 GIS 视图层面联动。当前激活的二维或三维模块在视图发生改变时将自身的视图信息发送到"中介者"，"中介者"将视图信息发送给不同的画布（不包括自身）进行视图变换，而且非激活的地图窗体严格禁止发送视图信息，防止多次调用发生错乱。采用"中介者"进行视图信息交换减少了不同地图模块的耦合度，使得可以独立地改变视图显示，由于把不同的 GIS 画布对象进行了抽象，将"中介者"作为一个独立的概念将其封装在一个对象中，这样就将对象各自的关注度转移到了他们之间的交互上，也就是站在一个更宏观的角度去看待联动显示。具体实现流程如下：首先，在二维视图发生变化时获得当前画布的中心点、比例尺和相应的空间参考后统一发送给"中介者"，"中介者"将其发送给其他画布，并依据传进空间参考与目标空间参考进行坐标变换。如果是二维地图，则直接进行显示区域变换；如果是三维地图，则需要先反算出对应的视点与视距后进行显示区域变换。其次，在三维视图发生变化时依据视点与视距计算出三维地图显示中心点与对应的比例尺，以下步骤与二维视图相同。

丰富多样的数据高效可视化。终端应用需要具备多源异构数据的快速加载和强大的数据展示与交互能力。支持基础影像、时序影像、矢量地图、DEM、倾斜摄影、三维模型、多级地名、街景、POI 等各类原生地理信息数据及承灾体、致灾因子、孕灾环境、灾情数据等减灾业务数据可视化。例如，影像数据，将栅格格式的影像数据以数据集或缓存数据的方式加载到场景中显示影像效果，设置多种分辨率的显示比例尺、显示范围、透明度等参数；地形数据，通过构建不规则三角网模型进行含有大量特征线的地形数据渲染，从而渲染起伏效果更逼真的地形数据；矢量数据，采用缓存机制能够实现矢量数据的高效传输和高效的可扩展性；倾斜摄影，充分利用倾斜摄影模型自带的 LOD 层级，通过便捷高效的模型加载机制，实现倾斜摄影数据的快速查询、加载显示。多级地名，根据相机操作的范围和高度，动态生成当前相机范围内的数据请求瓦片，并将数据请求交给数据源驱动，获取对应瓦片内的数据，进行加载显示。

2）应用生态建设与维护技术

灾害综合风险防范信息服务平台，在大数据承载、数据处理，以及数据可视化的能力等基础能力方面，提供应用插件开发包和浏览器开发包，并集成第三方应用产品和插件，辐射形成应用生态的建设。

应用插件开发包。采用了中科星图股份有限公司研发的产品——iExplorer SDK，其具备高效绘制大批量数据能力，具备天然跨平台能力。iExplorer SDK for Web 形成了一套标准的可视化描述标准，将 HTML5 与专业地理空间信息结合，在 HTML5 的框架基础上扩展专用的可视化描述标准规范，使得 Web 应用可以像原生插件一样强大，为用户提供更高效的二维、三维地理空间信息可视化应用支撑。iExplorer SDK for Web 中面向 HTML5 开发者提供了一套基于 GVML 的 JavaScript 接口，是一个基于 XML 语法和文件格式的文件，用来描述和保存页面、场景、地图的布局、数据、风格、逻辑，扩展了地理时空信息显示应用标签、封装了大量工具类库，方便用户调用进行应用系统或应用插件的开发。

iExplorer SDK 浏览器开发包。供用户做二次开发的地理空间浏览器核心显示控件，旨在帮助用户快速搭建自己的地理空间浏览器，或者在用户的业务系统中，嵌入地理空间浏览器作为子窗口显示网页。提供 Windows、Linux、Android 三种系统平台的支持，同一套内核，针对不同系统，提供了对应的使用方案。iExplorer SDK 的主要功能包括：标签窗口管理、白板、下载、网页基本浏览、文件信息获取接口、语音转换、Flash 插件、pdf 插件等浏览器功能；二维-三维一体化、影像的加载显示管理、地形的加载显示管理、矢量的加载显示管理、相机基本操作、星空大气、基础版标绘（无粒子效果）、地名显示、经纬网、鹰眼图、信息条等地球基本功能；二维地图显示、地图解析及显示（天地图、高德地图、百度地图等）、倾斜摄影数据显示等地球扩展功能；符号创建、图形修改、属性修改、保存解析、三维支持、绘制效果等标注标绘功能。

持续集成工具集。支持复杂网络条件下大规模协同开发管理、代码和版本管理、持续集成管理和开发社区管理。其一，基于网络的分布式服务管理技术，支持分布式协同开发管理。持续集成管理工具支持多服务器分布部署，将集成管理、配置管理、用户管理、项目管理和版本管理发布为服务，通过服务器之间的多活和服务热切换机制进行同步和接替管理，支持复杂网络条件下的协同开发管理。其二，完备的用户角色、权限、场景管理，支持用户跨网漫游。建立统一的用户身份、角色、权限和场景管理机制，将用户项目权限和角色、身份进行多维映射，同时基于分布式管理服务组件，对用户进行漫游身份认证和场景管理，方便用户移动开发和集成。其三，采用可视化插件方式，将代码、脚本、配置和数据纳入配置管理清单，开展可视化项目配置管理，为项目开发和集成提供直观、全面的配置保障。定时提醒代码提交，提高代码测试速度。其四，支持基于 Web 的开发社区管理。提供基于 Web 的开发社区服务，包括开发者学院和开发者论坛，为所有开发者提供一个学习、交流、专题讨论、资源共享和服务发布的空间。

3）任务/用户定制化服务技术

通过制定面向任务阶段和用户角色的用户信息需求刻画机制和策略，打造减灾信息精准保障和服务模式。综合运用基于内容的推荐算法和基于关联规则的推荐算法，提出基于知识图谱的推荐算法。基本原理是：①根据用户的注册信息、行为特征、兴趣特点和先期行为等进行系统用户画像，发现其关注实体；②对系统存储管理的各类减灾实体的关联关系进行信息挖掘，构建"实体–实体"的减灾知识图谱；③采用基于内容的推荐算法，在知识图谱中检索用户关注实体及其相似度较高的实体；④基于推荐策略向用户推荐感兴趣或潜在感兴趣的实体。具体包括以下几项关键技术（岳文君，2013；刘雨江，2019；王中伟等，2019；周晶等，2019；黄志良等，2020）：

用户画像技术。在进行灾害信息的智能推荐之前需要对用户进行特征建模，描述不同用户的信息偏好。用户画像需要融合应用用户基础信息和用户行为信息，其中，用户基础信息指用户向系统提交的名称、单位、爱好等用户注册信息；用户行为信息指用户在系统中产出的查询、浏览、订阅等行为信息。融合分析两类信息数据构建用户画像，其用户建模过程图如图 7.13 所示。

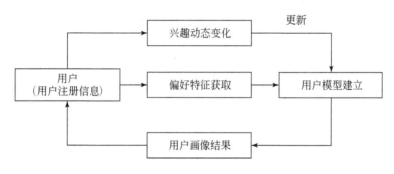

图 7.13　用户建模过程图

用户的偏好特征模型 S 可以表示为 m 个显性特征 S_d（如姓名、角色、单位等）和 n 个隐性特征 S_r（如灾害产品、灾害现状等）：

$$S = S_d + S_r = \{ d_1, d_2, \cdots, d_m; r_1, r_2, \cdots, r_n \} \tag{7.1}$$

其中，用户显性特征可以通过用户注册填写或个性化标签设定等主动方式获取，用户的隐性特征主要是通过分析挖掘用户浏览行为间接获取。减灾用户的偏好具有动态变化特点，因此其偏好特征分析需要区分长期偏好特征和短期偏好特征。例如，救灾人员平时主要关注灾情概况信息，重大灾害应急时主要关注灾区灾情演变信息。构建减灾用户偏好特征模型时应加入情景（如时间、地点、天气、需求等）特征，基于用户的情景感知进行智能推荐，将合适的信息在合适的情境下推荐给合适的用户。

减灾知识图谱构建技术。采用知识图谱方式，构建系统内部知识总集，建立系统内部减灾实体之间的关联关系。现有知识图谱多为通用知识图谱，减灾领域知识图谱构建仍不成熟。减灾知识图谱构建流程：①构建灾害数据顶层抽象本体。分析灾害数据共性特征，建立涵盖所有灾害数据的顶层抽象本体。②构建灾害数据派生本体。基于顶层抽象本体，依据每类灾害数据的类型特征生成若干派生本体。③构建灾害数据关系本体。总结任意两类灾害数据的关系，形成本体链接集合，针对每个链接集合的数据，生成关系本体，将对应的派生本体进行链接描述。

基于内容的推荐算法。推荐算法的基本思想是用户会偏好于自己曾经感兴趣的实体。收集用户历史行为数据来获取与用户有过交互的灾害实体，根据这些灾害实体的特征学习计算出用户偏好兴趣，计算用户偏好与待推荐灾害实体集中各个灾害实体的相似度，基于相似度排序向用户推荐灾害实体。智能推荐聚类的目的是把相似度匹配的实体进行汇聚，使用 k 近邻法进行聚类计算，其原理为基于向量空间模型计算推荐对象和待推荐对象之间的相似度，取相似度最高的 N 个作为最终的推荐结构。

推荐策略。基于强关联、弱关联、无关联等三类灾害实体的投放比例设计推荐策略，实现在不同场景、不同用户、相同用户不同场景等情景下用户感兴趣灾害信息的智能推荐。为避免推荐的推荐信息反复出现，干扰用户判断，推荐展示的信息数据可以通过提取关联度最高的前10%占比的信息，从这批数据里进行随机抽取展示。为避免出现部分用户推荐数据不足，可以通过补偿机制来填充缺失数据，当获取的强关联信息不足排序条数时，用弱关联的信息进行补全，弱关联的信息条数不足以补偿强关联条数时，用不关联的信息进行补偿展示；当获取的弱关联信息不足以排序条数时，用不关联的信息数据补全。

4）基于位置的定向发布技术

LBS服务（location based service）是基于位置的服务，是结合移动通信技术和定向技术，在电子地图的支持下，获取移动终端用户实时地理信息的移动通信定位服务的一种增值业务。例如，高德地图、百度地图导航，就是基于美国的GPS或者中国的北斗等卫星定位系统，由它们提供当前的实时位置信息来提供导航服务的。救援人员基于手机的位置分享、灾害救援车辆的位置追踪、电子围栏报警等位置信息的应用服务已经深入减灾救灾防灾的方方面面。关键技术如下：

位置服务表征与聚集技术。基于位置服务的服务对象、分类、内容、类型，实现信息资源服务、业务软件服务和非营利公益性服务的开放集成。综合位置服务资源与传统网络信息资源相比，具有多层次、多形态的特征。综合位置服务资源按照服务内容可以分为：信息资源、业务软件资源、实体服务资源、网络服务资源等，按照资源类型可以分为数据、多媒介、软件和实体服务能力等。因此，平台利用基于遗传算法（genetic algorithm，GA）的信息服务资源特征抽取技术，归纳出综合位置服务资源的特征，为服务统一描述奠定基础；基于本体论理论模型，利用基于语义的位置信息服务统一表示方法，对服务对象（object）、服务类型（type）、服务参数（parameters）、服务元操作（operations）等属性进行标准化描述，实现基于语义的公共服务资源规范化表征。在具备足够语义信息的位置服务基础上，平台针对不同服务群体的需求，建立信息服务流程集，形成综合位置服务资源组合模板库；建立基于AI规划的动态服务组装方法和自动服务组装机制，实现按需的位置服务动态链接和跨域服务协同；利用基于π演算方法的位置服务组装验证模型，实现动态位置服务组装结果的正确性验证。

5）面向多主体的灾害综合风险信息服务产品智能表达技术

为了将不同灾害类型数据进行统一管理与发布、快速对灾情信息进行展示，在基础发布系统下，开展不同灾种灾情的表达研究，设计展示模板，定位与提取灾情数据，从而为灾害综合风险防范信息服务产品及时发布提供技术支撑。在对灾害风险防范信息服务产品进行需求分析的情况下，针对灾种类型、用户类型、灾情阶段，提出一个模板体系与设计方案，即提出各种灾情要素、用户类型与灾情阶段的不同的组合。

根据不同发布端，设计模板要素（图 7.14）。电脑端 Web 的主题模板，包括主题的标题、创建时间、字体的选择、打印本页、目的以及生成内容的简介，信息按重要性从高到低自上而下排列，并选择对应要素模板进行表达。其中专题图主图件区图名位于最上方的中间位置，主图件区位于中间部分，用来放基础地理信息的背景底图、灾害信息等专题矢量图层以及符号、规范、色彩、投影、地图整饰部分等；统计图区图名位于左上角，图例位于图名的右边，中间部分为柱状图、折线图、饼图等图；统计表区的表名位于表上方中间位置，文本区的文本名在左上角，视频区的视频名在最上方的中间部分；APP 的主题模板，由于移动端尺寸较小，所以各个要素单独占一行，并且对于各自的解释文本也单独占一行；微博的主题模板，由于微博自身条件限制，上面是该主题所包含的信息的简述文字，下面是为主题图片；短信的主题模板，由于短信自身条件限制，文本由该主题包含信息的简述文字，下面是具体信息跳转链接。

6）基于"微服务+插件"多渠道功能一体化综合风险服务产品发布技术

为满足面向多渠道的灾害信息迅捷发布需求，基于 .NET Core 微服务框架，构建了一套面向综合风险服务产品发布需求的 REST 风格微服务，综合考虑多灾种不同灾害阶段的产品发布需求与产品体系结构，实现了符合各发布渠道特征的功能一体化发布模式。技术细节已在 4.4.3 介绍，这里不再赘述。

7.4.4　"+"信息交互

"+"即云和端交互的网络化服务载体和信息交互。其中信息资源网，是云和端交互的网络化服务载体，是平台信息传输的重要渠道。信息交互主要实现综合风险防范信息服务集成平台云端服务和终端应用的平台信息反馈，集中体现了云和端的互动性，对云和端的交互意义重大。

1. 网络化服务载体

灾害综合风险防范信息服务集成平台主要基于天基传输网、政务专网、因特网等渠道实现数据的传输。天基信息网包括卫星导航短报文、卫星中继、卫星通信系统等天基手段获取位置、消息等信息。政务专网、因特网主要利用了网络宽带的技术，也可利用移动4G-5G 通信、WiFi 等通信技术实现信息传递。通过利用多手段的通信网络环境保证用户能够随时获取信息，实现政府部门、社会救援组织、灾害保险用户、社会力量等多用户所使用的电脑、手机、平板电脑、指挥大厅显示等终端设备能够实时地进行信息的交互和共享。

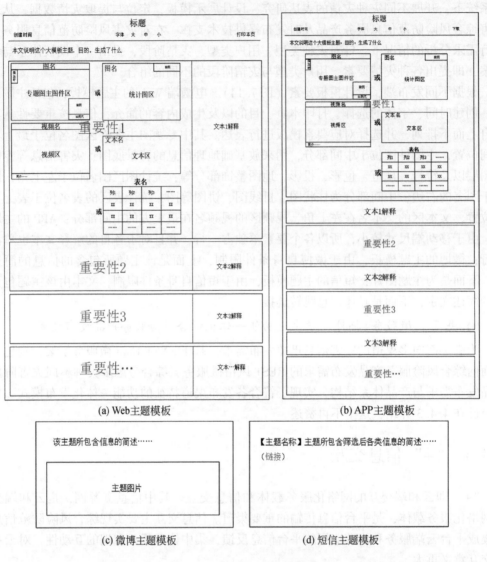

(a) Web主题模板 　　　　　　　　　　　　(b) APP主题模板

(c) 微博主题模板 　　　　　　　　　　　　(d) 短信主题模板

图 7.14　不同产品发布端模板

2. 网络化信息交互

在信息交互上，交互的接口和传输信息技术至关重要。

在交互接口方面，终端可以将自身协议注册到云平台，云平台可以自动提取、存储、解析终端，以实现接口自由更新和扩展。终端和后台通过 Web Service 进行信息交互。Web Service 通过 Web 的方式向外界提供 API 接口，使外部程序和应用能够通过标准化的方法和结构进行友好调用，为跨平台的数据交换和内部多业务的集成提供了通用机制（於乐等，2021）。灾害综合风险防范信息服务集成平台在实现中，基于 RESTful 的接口方式的简便、轻量级，及对 HTTP 协议的适用性，服务接口在云端可封装为 RESTful，以 JSON 格式的方式进行数据交换，开发人员可轻松使用 Ajax 和 RESTful API 创建丰富的界面。

在信息传输技术方面，采用的 B/S 架构，数据传输需要占用较多的带宽，如何快速、高效地完成数据传输是关键环节；不过，在综合风险防范信息服务集成平台实际的应用场景中，由于地理空间数据的特定价值，更多的用户提出怎么样让自己的数据服务链接即使获得也不能被识别的数据产权"加密"需求。

采用转码无损压缩传输的方式，把加速传输和转码加密传输合二为一，先将影像、矢量等数据通过先转码变为字节编码（如 Base64）并加入加密字节，然后压缩字节编码再传输，接收到后，最后再解码解压使用。

采用加密算法将待传输的文件进行转码后，文件原来的格式与特性被隐藏。只有在前端调用相应的解码解压缩代码才可以还原，为特定用户加密以及企业数据资产保护提供了良好的解决方案。

使用无损压缩传输的方式时，数据包的请求头中有标识标明对压缩的支持，客户端浏览器的 HTTP 请求头声明浏览器支持的压缩方式，服务端配置启用压缩。当客户端浏览器请求到服务端的时候，服务器解析数据包的请求头，如果请求中标明能够支持的压缩方式，服务器端响应时对请求的资源进行压缩并返回给客户端浏览器，浏览器解析压缩文件并渲染显示。

HTTP 数据的无损压缩传输能够减小响应尺寸、节省带宽、提高速度，同时保证数据最终展示的质量。为了保证无损压缩传输，需要浏览器端、服务器端的支持，目前所有常见浏览器均支持压缩的传输技术，服务端需要有相应的压缩技术将影像、矢量、标注数据的切片按照浏览端规定的格式进行压缩，将压缩文件返回给浏览器，浏览器端获取压缩格式的数据后，快速解压拿到影像、矢量、标注等数据，并叠加渲染相应的场景。

浏览器请求数据时，通过 Accept-Encoding 说明自己可接受的压缩方法；服务端接收到请求后，选取 Accept-Encoding 中的一种对影像、矢量、标注等数据进行压缩；服务端返回响应数据时，在 Content-Encoding 字段中说明数据的压缩方式；浏览器接收到响应数据后根据 Content-Encoding 对结果进行解压。

无损压缩减少 HTTP 响应时间，提高数据传输效率，减少了数据传输过程的带宽。不足之处在于压缩过程占用服务器额外的 CPU 周期，请求端对压缩文件解压缩而增加额外耗时，不过随着硬件性能不断提高，该不足正在不断弱化。利用缓存的技术减少压缩次数，能够在降低带宽的同时保证高效的响应。

参 考 文 献

包诗亮 . 2018. 基于"云+端"模式的智慧旅游平台关键技术研究 . 郑州：中国人民解放军战略支援部队信息工程大学 .

陈飞 . 2017. 手机报研究——以广东手机报为例 . 广州：暨南大学 .

黄志良，申远，胡彪，等 . 2020. 军事情报推荐技术发展综述 . 科学技术与工程，20(15)：05900-05910.

李春阳，刘迪，崔蔚，等 . 2017. 基于微服务架构的统一应用开发平台 . 计算机系统应用，26(4)：6.

刘雨江 . 2019. 基于文献情报大数据的智能推荐系统的设计与实现 . 沈阳：中国科学院沈阳计算技术研究所 .

刘哲 . 2013.《自然灾害灾情手机报》编制前景展望 . 中国减灾，（2 上）：44-45.

田颖. 2019. 面向应急人员的信息共享微信小程序产品设计与实现. 武汉：武汉大学.

王让会，吴晓全，蒋烨林. 2016. 北斗卫星导航系统与电子地图及其多目标应用//中国卫星导航定位协会. 卫星导航定位与北斗系统应用：星参北斗 位联世界(2016). 北京：测绘出版社：29-32.

王玥. 2019. 防震自救式移动终端应用设计. 南京：东南大学.

王中伟，裘抗萍，孙毅，等. 2019. 面向军事信息服务的智能推荐技术. 指挥控制与仿真，(8)：114-119.

夏志业，刘志红，严甫，等. 2017. 基于手机客户端的移动气象信息发布 APP 设计与实现. 电脑知识与技术，(1)：222-224.

严斌. 2012. 面向智慧旅游信息系统构建的旅游数据整合研究. 上海：上海师范大学.

杨战明，王宇飞，林凌. 2020. 气象官方微博在防灾减灾中的功能探究. 今传媒，(1)：23-24.

於乐，刘爱超，钱程程，等. 2021. 海洋预报移动客户端软件的设计与实现. 设计创新，(14)：102-106.

岳文君. 2013. 一种智能推荐系统的研究与应用. 北京：北京邮电大学.

周晶，孙喜民，于晓昆，等. 2019. 知识图谱与数据应用——智能推荐. 电信科学，(8)：165-171.

朱朝烜. 2016. 基于 LBS 技术的智慧旅游服务平台的设计与实现. 江西测绘，(1)：46-49.

Jariyasunant J, Abou-Zeid M, Carrel A, et al. 2013. Quantified traveler: travel feedback meets the cloud to change behavior. Journal of Intelligent Transportation Systems, 19(2): 1-16.

第8章 自然灾害综合风险防范信息服务业务模式探索

8.1 政府部门灾害信息服务模式研究

以"以防为主、防抗救相结合",加强灾害风险防范的政府灾害管理理念为准则,依据"多灾种综合风险防范服务产品开发与集成平台建设示范"项目实施方案和当前中国政府灾害救助业务工作需求,结合应急管理部相关事业单位当前支撑应急管理部相关司局工作现状,从常态减灾、灾前预警、灾中应急和灾后恢复重建四个灾害管理不同阶段入手,探讨政府灾害风险防范信息产品服务的运行机制。从产品类型、产品制作、发布渠道和服务对象等几个方面入手,探讨中国政府灾害救助综合风险防范信息产品服务模式,形成面向多用户主体的,以台风、地震、洪涝、滑坡、泥石流为主,集产品研发、产品生产、产品服务为一体的政府灾害救助风险防范信息服务链条和服务模式,达到提升政府灾害救助能力、增强地方灾害风险防范意识、提高中国自然灾害综合管理水平的目的。

8.1.1 常态减灾阶段产品服务模式构建

依据中国自然灾害年度发生规律,政府灾害管理机构的常态减灾阶段业务工作主要涵盖潜在的灾害风险监测、灾害预警和灾情趋势分析等。因为汛期和非汛期灾害种类不同,所以产品侧重的灾害种类、产品时效性、信息来源、用户需求也有所不同。下面主要从产品类型、产品制作、发布渠道和服务用户等方面开展常态减灾阶段产品服务模式构建。

1. 产品类型

常态减灾阶段的产品主要服务于应急管理部及地方省、市、县各级政府灾害管理部门的灾害监测与管理、备灾业务工作总体规划等,同时为社会公众防灾减灾提供信息服务。主要产品有日、周、月、年等阶段型自然灾害综合风险监测产品、防灾减灾救灾资源信息产品等。信息产品内容聚焦中、长期或阶段性灾害风险分析和备灾信息,产品时间尺度包括多年、年、月和特定时段等。产品要素包括灾害影响范围、风险等级、潜在损失、发展趋势、防灾减灾救灾资源信息等。建立政府灾害救助和社会公众防灾减灾服务的类型系统,本节重点关注地震、台风、洪涝、滑坡、泥石流等灾害常态减灾阶段信息产品研发(表8.1)。

表8.1　常态减灾阶段信息产品

产品名称	产品内容	数据来源	更新频率	发布方式
每日全国灾害综合风险	每日的全国范围的天气、水文、各类灾害预警等内容	中国气象局、水利部、自然资源部	汛期每日更新（6～9月）、非汛期每三日更新	①政府灾害管理部门：上报风险监测司→指挥中心→部长；②公众服务：减灾中心网站
每周全国灾害综合风险	每周的全国范围、重点区域的重要天气、灾害风险、各类灾害预警等内容	中国气象局、水利部、自然资源部等行业部门	每周更新	政府灾害管理部门：上报风险监测司→指挥中心→部长
月度全国灾害综合风险形势分析报告	每个月度的全国范围、重点区域的重要天气、重大灾情统计、各类灾害预警等内容	中国气象局、水利部、自然资源部、中国地震局等行业部门	每月更新	政府灾害管理部门：上报风险监测司→指挥中心→部长
重要时段全国灾害综合风险监测	包括重要天气预报、重要灾害事件跟踪、短期灾害预警及灾害科普等内容	中国气象局、水利部、自然资源部等	每年的重大节假日、重要会议期间等	①政府灾害管理部门：上报风险监测司→指挥中心→部长（批示）→中共中央办公厅、国务院办公厅/省厅；②公众服务：减灾中心网站
全国自然灾害综合风险预警提示	包括重要天气预报、短期灾害预警等内容	中国气象局、水利部、自然资源部等	每年的时间节点	①政府灾害管理部门：上报风险监测司→指挥中心→部长（批示）→中共中央办公厅、国务院办公厅/省厅；②公众服务：减灾中心网站
典型区灾害综合风险监测	包括典型区的天气预报、灾害事件跟踪、短期灾害风险预警等内容	中国气象局、水利部、自然资源部等	典型区特殊时段	①政府灾害管理部门：上报风险监测司→指挥中心→部长；②公众服务：减灾中心网站
防灾防损信息产品	涵盖承保目标和重点区域承灾体空间分布及状态、致灾强度和范围、保险损失风险及防灾减灾措施等信息	中国气象局、水利部、自然资源部、住房和城乡建设部等行业部门	阶段性	①政府灾害管理部门：上报风险监测司→指挥中心→部长；②灾害保险部门：减灾中心网站

（1）每日全国灾害综合风险：基于气象、地质、水利、海洋等行业部门发布的气象、地质、洪涝等灾害预测信息，对全国陆地和海洋范围内的气象条件进行分析，对可能发生的灾害风险进行研判，产品内容主要针对台风、洪涝、滑坡、泥石流、地震等灾种的风险等级、风险区域、预防措施等信息。

（2）每周全国灾害综合风险：针对应急管理行业每周全国灾害综合风险需求，利用气象、地质、水利、海洋等行业部门发布的气象、地质、洪涝等灾害预测信息，开展全国陆地和海洋范围内的每周可能发生的灾害风险研判。产品内容主要针对地震、台风、洪涝、滑坡、泥石流等灾种的风险等级、风险区域、预防措施等信息。

（3）月度全国灾害综合风险形势分析报告：依据应急部减灾司牵头组织气象、地震、国土、水利、环境等行业部门开展的月度全国灾害综合风险形势分析会商结果，针对全国范围开展针对台风、洪涝、滑坡、泥石流、地震等灾种的风险形势分析，主要内容涉及风险等级、风险区域、发灾时间、预防措施等信息。

（4）重要时段全国灾害综合风险监测：在每年的重大节假日（如春节、黄金周等）、重要会议（如全国两会）开始前，基于气象、地质、水利、海洋等行业部门发布的灾害预测信息，对全国陆地和海洋范围内的气象条件进行分析，对可能发生的台风、洪涝、滑坡、泥石流灾害风险进行研判，内容包括主要灾害及灾害链致灾强度分析、区域灾害综合风险评估及分级、风险防范建议等。

（5）全国自然灾害综合风险预警提示：基于气象、地质、水利、海洋等行业部门发布的气象、地质、洪涝等灾害预测信息，针对重点区域、重大事项、重要时间节点等发布的全国灾害综合风险预警提示信息。

（6）典型区灾害综合风险监测：依据台风、地震、洪涝、滑坡、泥石流等自然灾害发生规律，在每年灾害频发时间段和频发地区，依据气象、地质、水利、海洋等行业部门发布的气象、地质、洪涝等灾害预测信息，开展区域的台风、洪涝、滑坡、泥石流、地震灾害单灾种和综合风险监测工作。

（7）防灾防损信息产品：依据气象、地质、水利、海洋等行业部门发布的气象、地质、洪涝等灾害预测信息，针对人员、房屋等承灾体信息，开展涵盖承保目标和重点区域承灾体空间分布及状态、致灾强度及范围、损失风险及防灾减灾措施等信息的产品。

2. 产品制作

（1）产品制作的数据获取机制：项目制作的多灾种综合风险防范信息产品主要提供针对台风、洪涝、滑坡、泥石流、地震灾害的信息产品服务。区别于以往的产品制作数据获取方式，最显著的特点是探索了新的多部门数据获取机制。通过课题二的数据获取关键技术，综合考虑 Web Transfer、Web Service、Web Crawl 等路径，结合微服务构建 Spring Cloud 技术（包含服务注册和发现、负载均衡、消息总线、断路器、API 网关、服务调用、配置中心等），集成地震、台风、天气等涉及灾害信息数据，并融合自然语言文本处理分析方法，形成多源异构数据快速获取技术，实现涉灾部门多源数据的有效共享。相较于传统的通过邮件、微信、QQ 等及时通信方式的数据传输共享机制，更具时效性、科学性和规范性。

（2）产品制作的触发机制：常态减灾类产品多涉及灾害风险预警信息，因此基于时间周期的产品信息多为既定产品，多以日、周、月、年为时间节点进行规律性编制。基于地理区位的信息产品多以行业部门的全国重点区域的天气、水文和地质等涉灾预警产品为依据触发编制。

（3）产品制作的协同步骤和流程：常态减灾阶段的产品制作多为既定产品，因此产品制作的协同步骤较为固定。从灾害种类选择开始，到产品模板、专题图数据源、评估模型的选择等，均可以通过先期准备的库来实现自动化协同。

3. 发布渠道和服务用户

（1）产品服务用户：常态减灾阶段综合风险防范信息服务产品主要功能为全国范围内的灾害风险监测预警，该阶段多处于无灾少灾或者灾情较轻阶段，民众对灾害的风险信息关注度相对较低，社会组织因涉及对阶段性灾害风险的总体把控，制定年度目标任务等，也有一定的关注度。因此产品的服务对象以政府灾害救助为主，同时兼顾社会组织和公众。服务政府灾害管理部门的产品有：每日全国灾害综合风险、每周全国灾害综合风险、月度全国灾害综合风险形势分析报告、重要时段全国灾害综合风险监测、全国自然灾害综合风险预警提示、典型区灾害综合风险监测、防灾防损信息产品。服务于社会组织的产品有：每日全国灾害综合风险、月度全国灾害综合风险形势分析报告、重要时段全国灾害综合风险监测、全国自然灾害综合风险预警提示、典型区灾害综合风险监测、防灾防损信息产品。服务于公众的主要产品有：每日全国灾害综合风险、重要时段全国灾害综合风险监测、典型区灾害综合风险监测。

（2）产品服务渠道：信息产品的服务渠道主要通过基于 Web Service、手机 APP、微信公众号、手机报、纸质报告等渠道向外发布。常态减灾阶段的服务用户以政府部门为主，兼顾社会组织和公众。因此发布渠道以纸质报告和手机报为主，同时兼顾 Web Service、手机 APP、微信公众号。针对各类服务用户，政府灾害救助所需报告因内含重要或不便于公开的信息，政府灾害救助用户由部级平台依据服务需要，发送至中央政府决策层或省级平台用户，再由省级平台用户依据服务需要，发送给管辖行政范围内各级政府灾害救助部门用户。政府灾害救助类信息产品不包含敏感信息的，可以直接通过中央平台，一键下发。灾害保险行业的信息服务主要通过平台发送给保险行业的中央级部门，再由中央级部门依据内部机制决定信息服务的服务机制。社会组织和公众也是通过 Web Service、手机 APP、微信公众号等公众服务渠道获取信息服务。

8.1.2　灾前预警阶段产品服务模式构建

依据灾前预警阶段业务工作内容和需求，结合中国气象局、中国地震局、自然资源部等部门的产品信息，开展灾前预警阶段风险防范信息产品服务业务模式研究。

1. 产品类型

灾前预警阶段的产品主要服务于应急管理部及地方省、市、县各级政府灾害管理部门进行灾前的灾害预警和防灾减损等业务，同时为社会公众防灾减灾提供信息服务，主要产品有：每日自然灾害预警信息、自然灾害临灾预评估、自然灾害遥感监测信息产品、防灾防汛信息产品等。信息产品内容聚焦突发、阶段性灾害风险分析，产品时间尺度主要以日为单位。产品要素包括灾害影响范围、风险等级、潜在损失、致灾因子信息、承灾体信息、发展趋势等，建立政府灾害救助和社会公众防灾减灾服务的类型系统，本节重点关注台风、洪涝、滑坡、泥石流、地震等灾害信息产品研发（表8.2）。

表8.2　灾前预警阶段产品

产品名称	产品内容	数据来源	更新频率	发布方式
每日灾害风险评估产品	针对台风、洪涝、滑坡、泥石流灾害，每日的全国范围的灾害预警信息	中国气象局、水利部、自然资源部	临灾前	①政府灾害管理部门：上报风险监测司→指挥中心→部长；②公众服务：减灾中心网站
阶段性灾害临灾风险评估产品	针对一段时期内气象、地质条件，分析研判全国或示范区台风、洪涝、滑坡、泥石流灾害风险形势，内容包括灾害及灾害链致灾强度分析、区域灾害综合风险评估分级、风险防范等信息	中国气象局、水利部、自然资源部等行业部门	阶段性开展	政府灾害管理部门：上报风险监测司→指挥中心→部长
多灾种综合预警产品	综合气象、水利、地质、林草、海洋等行业部门的打奶中临灾预警产品，针对台风、洪涝、地政、滑坡、泥石流等重大灾害，开展灾害形势研判，并提出风险应对措施等	中国气象局、水利部、自然资源部、中国地震局等行业部门	临灾前	政府灾害管理部门：上报风险监测司→指挥中心→部长
全国自然灾害综合风险预警提示	包括重要天气预报、短期灾害预警等内容	中国气象局、水利部、自然资源部等	每年的某时间节点	①政府灾害管理部门：上报风险监测司→指挥中心→部长（批示）→中共中央办公厅、国务院办公厅/省厅；②公众服务：减灾中心网站
防灾防损信息产品	涵盖承保目标和重点区域承灾体空间分布和状态、致灾强度和范围、保险损失风险及防灾减灾措施等信息	中国气象局、水利部、自然资源部、住房和城乡建设部等行业部门	临灾前	①政府灾害管理部门：上报风险监测司→指挥中心→部长；②灾害保险部门：减灾中心网站

（1）每日灾害风险评估产品：灾前预警阶段的每日灾害风险评估产品主要分为台风、洪涝、滑坡、泥石流灾害临灾前的每日灾害风险评估产品。依据灾种的不同，有针对性地选择气象、水利、自然资源等行业部门发布的台风、洪涝、地质灾害风险预测信息，对致灾强度、空间分布危险性和可能造成的重要承灾体损失及社会影响进行预评估，并对灾害发展演变趋势进行分析。

（2）阶段性灾害临灾风险评估产品：灾前预警阶段的阶段性灾害风险评估产品主要针对台风、洪涝、滑坡、泥石流灾害临灾阶段，依托行业发布的灾害风险预测信息，分析研判灾害风险形势，包括风险隐患点、主要承灾体及其损毁变化等，同时给出风险防范建议。

（3）多灾种综合预警产品：综合气象、水利、地质、林草、海洋等行业部门发布的单灾种临灾预警产品，基于灾害风险评估结果和预警分类分级标准，针对台风、洪涝、地震、滑坡、泥石流等重大灾害，进行更为精细化的可能灾害范围、致灾强度、发生和持续时间段、影响的重要承灾体及其潜在损失、重大隐患分布、态势研判等信息综合分析，提出灾害风险防范、紧急转移避险、应急力量和资源部署等风险应对处置的措施建议。

（4）全国自然灾害综合风险预警提示：基于气象、地质、水利、海洋等行业部门发布的气象、地质、洪涝等灾害预测信息，针对重点区域、重大事项、重要时间节点等发布的全国自然灾害综合风险预警提示信息。

（5）防灾防损信息产品：依据气象、地质、水利、海洋等行业部门发布的气象、地质、洪涝等灾害预测信息，针对保险行业关注标的需求，针对人员、GDP、房屋等承灾体信息，开展涵盖承保目标和重点区域承灾体空间分布和状态、致灾强度和范围、损失风险及防灾减灾措施等信息的产品。

2. 发布渠道和服务用户

（1）产品服务用户：灾前预警阶段综合风险防范信息服务产品主要功能为全国范围内重点区域的灾害临灾风险预警，多处于灾害多发的汛期阶段，民众对灾害的风险信息，尤其是区域性重点灾害多发区的民众关注度相对较高。保险行业因涉及对标的损失保护和灾损理赔的关注，对该阶段的产品关注度也较高。因此产品的服务对象以政府灾害救助、灾害保险、社会组织和公众为主。服务政府灾害救助部门的产品有每日灾害风险评估产品、阶段性灾害临灾风险评估产品、多灾种综合预警产品、全国自然灾害综合风险预警提示、防灾防损信息产品。服务于灾害保险和社会组织的产品有每日灾害风险评估产品、阶段性灾害临灾风险评估产品、多灾种综合预警产品、全国自然灾害综合风险预警提示、防灾防损信息产品。服务于公众的主要产品有每日灾害风险评估产品、阶段性灾害临灾风险评估产品、多灾种综合预警产品、全国自然灾害综合风险预警提示。

（2）产品服务渠道：信息产品的服务渠道主要通过基于 Web Service、手机 APP、微信公众号、手机报、纸质报告等渠道向外发布。灾害预警阶段的服务用户覆盖政府部门、灾害保险、社会组织和公众。因此产品发布渠道覆盖 Web Service、手机 APP、微信公众号、手机报、纸质报告。针对各类服务用户，政府灾害救助所需报告因含重要或不便于公开的信息，政府灾害救助用户由部级平台依据服务需要，发送至中央政府决策层或省级平台用户，再由省级平台用户依据服务需要，发送给管辖行政范围内各级政府灾害救助部门用户。当政府灾害救助类信息产品不包含敏感信息时，可以直接通过中央平台，一键下发。灾害保险行业的信息服务主要通过平台发送给保险行业的中央级部门，再由中央级部门依据单位内部机制决定信息服务的服务机制。社会组织和公众也是通过 Web Service、手机 APP、微信公众号等公众服务渠道获取信息服务。

8.1.3　灾中应急阶段产品服务模式构建

依据灾中应急阶段业务工作内容和需求，结合气象、地震、自然资源、通信、交通等部门的产品信息和基于互联网、物联网的信息数据，开展灾中应急阶段风险防范信息产品服务业务模式研究。

1. 产品类型

灾中应急阶段的产品主要服务于应急管理部及地方省、市、县各级政府灾害管理部门快速、准确、全面掌握抢险救援、救助与安置、应急保障等情况，同时为社会公众防灾减灾提供信息服务，主要产品有灾害损失快速评估产品、突发灾情产品、每日灾害风险损失评估产品、阶段性灾害风险损失评估产品、防灾防损信息产品。信息产品内容聚焦突发、阶段性灾害风险分析，产品时间尺度主要以日、小时为单位。产品要素包括灾害发生的时间、地点、范围、致灾因子、承灾体、孕灾环境、物资需求、人员搜救需求等信息，构建政府灾害救助和社会公众防灾减灾服务的类型系统，本节重点关注地震、台风、洪涝、滑坡、泥石流等灾害信息产品研发。

表8.3 灾中应急阶段产品

产品名称	产品内容	数据来源	更新频率	发布方式
灾害损失快速评估产品	针对台风、洪涝、滑坡、泥石流和地震灾害发生初期，对受灾范围、可能造成的灾害损失、社会影响等进行快速评估	气象、水利、地质、地震等行业的涉灾数据，住房和城乡建设部、国家发展和改革委员会等行业的承灾体信息	灾害发生后	政府灾害管理部门：上报风险监测司→指挥中心→部长
突发灾情产品	提供突发洪涝、滑坡、泥石流和地震灾害的发生时间、位置、灾情、社会影响、灾区天气、交通、避险等信息	气象、水利、地质、地震等行业的涉灾数据，住房和城乡建设部、国家发展和改革委员会等行业的承灾体信息	灾害发生后	政府灾害管理部门：上报风险监测司→指挥中心→部长
每日灾害风险损失评估产品	针对台风、洪涝、滑坡、泥石流灾害发生后，每日的灾区灾害损失统计信息和潜在的灾害链、次生灾害风险预警信息	中国气象局、水利部、自然资源部	临灾前	①政府灾害管理部门：上报风险监测司→指挥中心→部长；②公众服务：减灾中心网站
阶段性灾害风险损失评估产品	针对灾害发生一段时期后的气象、地质条件，分析研判灾区台风、洪涝、滑坡、泥石流灾害风险形势，内容包括灾害及灾害链致灾强度分析、区域灾害综合风险评估分级、风险防范等信息	中国气象局、水利部、自然资源部等行业部门	阶段性开展	政府灾害管理部门：上报风险监测司→指挥中心→部长
防灾防损信息产品	涵盖承保目标和重点区域承灾体空间分布和状态、致灾强度和范围、承灾体灾情统计信息及防灾减灾措施等信息	中国气象局、水利部、自然资源部、住房和城乡建设部等行业部门	临灾前	①政府灾害管理部门：上报风险监测司→指挥中心→部长；②灾害保险部门：减灾中心网站

（1）灾害损失快速评估产品：台风、洪涝、滑坡、泥石流和地震灾害发生后的第一时

间，依据气象、水利、地震、地质行业提供的致灾因子、灾害信息等，开展各灾种的快速评估，内容包含灾害受灾范围、可能造成的灾害损失、社会影响等。

（2）突发灾情产品：突发灾情产品主要是针对滑坡、泥石流、地震灾害等较难提前预警的灾种开发的信息产品。突发灾情因其应急性更强，获取灾害本身的信息进行上报和公布是处理应急灾情的第一要务，因此灾情评估信息适当弱化。突发灾情产品信息内容主要包含灾害发生时间、位置、灾情、社会影响、灾区天气、交通、避险等信息。

（3）每日灾害风险损失评估产品：依据台风、洪涝、滑坡、泥石流灾害发生后的灾区环境，每日开展针对重点灾区的灾害损失统计信息更新，包括人口、牲畜、房屋、GDP、农作物等的灾情更新统计，重大自然灾害还包含物资需求、人员搜救需求等信息。同时开展潜在的灾害链、次生灾害风险评估，提供灾区风险预警信息。

（4）阶段性灾害风险损失评估产品：灾害发生一段时期后，根据灾后阶段性灾害损失的气象、地质条件，分析研判灾区台风、洪涝、滑坡、泥石流灾害风险形势，内容包括灾害及灾害链致灾强度分析、区域灾害综合风险评估分级、风险防范等信息。

（5）防灾防损信息产品：依据气象、地质、水利、海洋等行业部门发布的气象、地质、洪涝等灾害预测信息，针对保险行业关注标的需求，以及人员、GDP、房屋等承灾体信息，开展涵盖承保目标和重点区域承灾体空间分布和状态、致灾强度和范围、承灾体灾情统计信息及防灾减灾措施等信息的产品。

2. 制作流程

依据课题一研制的产品类型模板和产品内容体系，利用气象、地震、自然资源等行业部门共享的信息产品，以及互联网、物联网上的大数据舆情信息，有部级平台和省级平台协同制作灾中应急阶段类产品。其中，部级平台的产品制作以日为时间间隔，省级平台可在部级平台产品基础上制作以小时为间隔的同系列产品，主要从多部门数据获取共享机制和网络大数据抽取机制、产品制作的触发机制、产品协同制作步骤和流程等方面研究产品制作服务机制，构筑省、部结合的产品制作体系。

（1）产品制作的数据获取机制：项目制作的多灾种综合风险防范信息产品主要提供针对台风、洪涝、滑坡、泥石流、地震灾害的信息产品服务。区别于以往的产品制作数据获取方式，最显著的特点是探索了新的多部门的数据获取机制，并综合运用了互联网、物联网数据。通过课题二的数据获取关键技术，综合考虑 Web Transfer、Web Service、Web Crawl 等路径，结合微服务构建 Spring Cloud 技术（包含服务注册和发现、负载均衡、消息总线、断路器、API 网关、服务调用、配置中心等），集成地震、台风、地质、气象等涉及灾害信息数据，并融合自然语言文本处理分析方法，形成多源异构数据快速获取技术，实现涉灾部门多源数据的有效共享。相较于传统的通过邮件、微信、QQ 等及时通信方式的数据传输共享机制，更具时效性、科学性和规范性。同时，针对灾害灾情评估模型，也开展了基于互联网、物联网信息的评估模型研究，开拓了新的政府灾害救助风险防范产品信息制作数据的多样化。

（2）产品制作的触发机制：灾中应急阶段产品多涉及灾害发生后的灾情信息，因此产品制作均在灾害发生后的第一时间触发。

（3）产品制作的协同步骤和流程：灾中应急阶段的产品制作多为灾害发生后触发编制，因此产品制作的急迫性和实时性要求较强。从灾害种类选择开始，到产品模板、专题图数据源的调用，再到评估模型的选择等，均可以通过先期准备的库来实现产品报告的自动化制作。相较于当前的多部门工作报告编制后汇总，提高了效率和产品制作的精准性。同时，鉴于灾中应急工作的实时更新对于灾害救助的重要性，构建部省两级平台产品制作的协同工作模式。其中，部级平台的产品制作以日为时间间隔，省级平台可在部级平台产品基础上制作以小时为间隔的同系列产品。

3. 发布渠道和服务用户

（1）产品服务用户：灾中应急阶段综合风险防范信息服务产品主要功能为提供灾区灾情信息、救援物资、救援人员等数据的更新，因此无论灾害管理决策者还是社会组织和公众，对此类产品均很关注。保险行业因涉及对标的损失保护和灾损理赔的关注，对该阶段的产品关注度也较高。因此，产品的服务对象以政府灾害救助、社会组织和公众为主。服务政府灾害救助部门的产品有：灾害损失快速评估产品、突发灾情产品、每日灾害风险损失评估产品、阶段性灾害风险损失评估产品、防灾防损信息产品。服务于社会组织的产品有：突发灾情产品、每日灾害风险损失评估产品、阶段性灾害风险损失评估产品、防灾防损信息产品。服务于公众的主要产品有：突发灾情产品、每日灾害风险损失评估产品、阶段性灾害风险损失评估产品、防灾防损信息产品。

（2）产品服务渠道：信息产品的服务渠道主要通过基于 Web Service、手机 APP、微信公众号、手机报、纸质报告等渠道向外发布。灾中应急阶段的服务用户覆盖政府部门、社会组织和公众。因此产品发布渠道覆盖 Web Service、手机 APP、微信公众号、手机报、纸质报告。针对各类服务用户，政府灾害救助所需报告因内含重要或不便于公开的信息，政府灾害救助用户由部级平台依据服务需要，发送至中央政府决策层或省级平台用户，再由省级平台用户依据服务需要，发送给管辖行政范围内各级政府灾害救助部门用户。政府灾害救助类信息产品不包含敏感信息的，可以直接通过中央平台，一键下发。灾害保险行业的信息服务主要通过平台发送给保险行业的中央级部门，再由中央级部门依据单位内部机制决定信息服务的服务机制。社会组织和公众也是通过 Web Service、手机 APP、微信公众号等公众服务渠道获取信息服务。

8.1.4　灾后恢复重建阶段产品服务模式构建

依据灾后恢复重建阶段业务工作内容和需求，结合灾后评估结果、基本生活恢复情况、基础设施恢复情况，以及中国气象局、中国地震局、自然资源部等部门的产品信息和基于互联网、物联网的信息数据，开展承灾体妥善安置、恢复重建、次生灾害等灾后恢复重建阶段风险防范信息产品服务业务模式研究。

1. 产品类型

灾后重建阶段的产品主要服务于应急管理部及地方省、市、县各级政府灾害管理部门快速、准确、全面掌握过渡期救助、灾区恢复重建等情况，同时为社会公众防灾减灾提供信息服务，主要产品包括：灾害损失及影响综合评估产品、灾后恢复重建进度监测产品、每日灾害风险评估产品、灾害保险快速理赔产品。信息产品内容聚焦突发、阶段性灾害风险分析，产品时间尺度主要以日、阶段性时期为单位。产品要素包括灾害恢复的急需物资数量和类别、饮水和食物基本生活保障、人员妥善安置、房屋重建恢复、次生灾害、恢复阶段政策法规等信息，构建政府灾害救助和社会公众防灾减灾服务的类型系统。本节重点关注地震、台风、洪涝、滑坡、泥石流等灾害信息产品研发（表8.4）。

表 8.4　灾后重建阶段产品

产品名称	产品内容	数据来源	更新频率	发布方式
灾害损失及影响综合评估产品	针对台风、洪涝、滑坡、泥石流和地震灾害后，对灾害发生过程中的灾害特点、受灾范围、灾害损失、社会影响等信息进行总结	灾情统计数据	视灾情而定	政府灾害管理部门：上报风险监测司→指挥中心→部长
灾后恢复重建进度监测产品	产品要素包括灾害恢复的急需物资数量和类别、饮水和食物基本生活保障、人员妥善安置、房屋重建恢复、次生灾害、恢复阶段政策法规等信息	中国红十字会、灾情统计数据	灾后恢复重建阶段	政府灾害管理部门：上报风险监测司→指挥中心→部长
每日灾害风险评估产品	针对灾区的孕灾环境，开展灾区灾害链、次生灾害的风险评估监测	中国气象局、水利部、自然资源部等	灾后恢复重建的每一天	①政府灾害管理部门：上报风险监测司→指挥中心→部长；②公众：减灾中心网站
灾害保险快速理赔产品	对不同灾害标的受灾范围、受灾程度、灾情等级等进行总结分析	中国气象局、水利部、自然资源部、住房和城乡建设部等行业部门	依据需要更新	①政府灾害管理部门：上报风险监测司→指挥中心→部长；②灾害保险部门：减灾中心网站

（1）灾害损失及影响综合评估产品：针对地震、台风、洪涝、滑坡、泥石流灾害等的灾害发生过程及各自特点，联合气象、水利、环保、住建、自然资源等行业部门开展灾害损失总体会商，依据会商结果开展针对某一次重大灾害事件的灾害损失及影响综合评估产品，内容包括灾害特点、受灾范围、灾害损失、社会影响等信息。

（2）灾后恢复重建进度监测产品：灾后恢复重建阶段产品重点关注人畜的基本生活保障问题。产品要素包括灾害恢复的急需物资数量和类别、饮水和食物基本生活保障、人员妥善安置、房屋重建恢复、次生灾害、恢复阶段政策法规等信息。

（3）每日灾害风险评估产品：依据灾后重建阶段的灾区气象、水文、地质等因子的预警信息，针对灾区孕灾环境开展灾区灾害链、次生灾害的风险评估，内容包括风险等级、风险影响范围等，并对次生灾害的发展趋势进行分析。

（4）灾害保险快速理赔产品：依据重大灾害灾后的多部门会商结果和保险赔付的重点标的对象，对人、牲畜、房屋、GDP等承灾体信息进行灾损的详细核定，对不同灾害种类的标的受灾范围、受灾程度、灾情等级等进行总结分析。

2. 制作流程

依据项目研制的产品类型模板和产品内容体系，利用气象、地震、自然资源等行业部门共享的信息产品，由部级平台制作灾后恢复重建类产品。主要从产品制作的数据获取机制、产品制作的触发机制、产品协同制作步骤和流程等方面研究产品制作服务机制。

（1）产品制作的数据获取机制：项目制作的多灾种综合风险防范信息产品主要提供针对台风、洪涝、滑坡、泥石流、地震灾害的信息产品服务。区别于以往的产品制作数据获取方式，最显著的特点是探索了新的多部门的数据获取机制。通过课题二的数据获取关键技术，综合考虑 Web Transfer、Web Service、Web Crawl 等路径，结合微服务构建 Spring Cloud 技术（包含服务注册和发现、负载均衡、消息总线、断路器、API 网关、服务调用、配置中心等），集成地震、台风、气象等涉及灾害信息数据，并融合自然语言文本处理分析方法，形成多源异构数据快速获取技术，实现涉灾部门多源数据的有效共享。相较于传统的通过邮件、微信、QQ 等及时通信方式的数据传输共享机制，更具时效性、科学性和规范性。

（2）产品制作的触发机制：灾前预警阶段产品多涉及灾害临灾预警信息，因此基于时间周期的产品信息多为既定产品，多以日为时间节点进行规律性编制。例如，台风灾害预警多为登录前 2 天（48 小时）开始触发灾害预警产品制作，洪涝灾害多为发生前 1 天（24 小时）触发产品制作。基于地理区位的信息产品多以行业部门的全国重点区域的天气、水文和地质等涉灾预警产品为依据提前 24 小时触发编制。

（3）产品协同制作步骤和流程：灾前预警阶段的产品制作多为灾害临灾发生前 48~24 小时开始编制，因此产品制作的急迫性和实时性要求较强。从灾害种类选择开始，到产品模板、专题图数据源的调用，再到评估模型的选择等，均可以通过先期准备的库来实现产品报告的自动化制作。相较于当前的多部门工作报告编制后汇总，提高了效率和产品制作的精准性。

3. 发布渠道和服务用户

（1）产品服务用户：灾后恢复阶段综合风险防范信息服务产品主要功能为分析灾区的灾民基本生活保障、房屋重建和生产恢复等信息情况，民众对灾害的风险信息，尤其是区域性重点灾害多发区的关注度相对较高。保险行业因涉及对标的损失保护和灾损理赔的关注，对该阶段的产品关注度也较高。因此产品的服务对象以政府灾害救助、灾害保险行业和公众为主。服务政府灾害救助部门的产品有：灾害损失及影响综合评估产品、灾后恢复重建进度监测产品、每日灾害风险评估产品、灾害保险快速理赔产品。服务于保险行业的产品有：灾害损失及影响综合评估产品、每日灾害风险评估产品、灾害保险快速理赔产品。服务于公众的主要产品有：灾害损失及影响综合评估产品、灾后恢复重建进度监测产品、每日灾害风险评估产品。

（2）产品服务渠道：信息产品的服务渠道主要通过基于 Web Service、手机 APP、微信公众号、手机报、纸质报告等渠道向外发布。灾害恢复阶段的服务用户覆盖政府部门、保险行业、社会组织和公众。因此产品发布渠道覆盖 Web Service、手机 APP、微信公众号、手机报、纸质报告。针对各类服务用户，政府灾害救助所需报告因含重要或不便于公开的信息，政府灾害救助用户由部级平台依据服务需要，发送至中央政府决策层或省级平台用户，再由省级平台用户依据服务需要，发送给管辖行政范围内各级政府灾害救助部门用户。政府灾害救助类信息产品不包含敏感信息时，可以直接通过中央平台，一键下发。灾害保险行业的信息服务主要通过平台发送给保险行业的中央级部门，再由中央级部门依据单位内部机制决定信息服务的服务机制。社会组织和公众是通过 Web Service、手机 APP、微信公众号等公众服务渠道获取信息服务。

8.2　社会力量灾害信息服务模式研究

基于社会力量使用灾害信息的发展过程，分别针对常态减灾阶段、灾前预警阶段、紧急启动阶段、灾害救援阶段、灾后恢复阶段等，阐述不同阶段社会力量关注和使用的信息产品类型，梳理信息服务应用服务现状，探讨适用于社会力量的综合风险防范信息产品服务模式。

本节中的社会力量，包括四类组织团体：第一类是社会救援队，主要参与灾中生命救援、人员转移、环境消杀等工作；第二类是以灾害相关工作为业务范围，主要参与灾中应急救助和灾后恢复的社会服务机构、基金会等社会组织；第三类是社区应急响应力量；第四类是自发团体，自发参与救灾的其他领域社会团体、志愿者团体等。在近年实践中，前两类社会力量在应急时期的工作范围有所交叉，如社会救援队也参与灾中救助需求评估和物资发放，基金会也出资支持社会救援队的救生设备、消杀设备和行动成本。这两类社会应急力量都会参与常态的防灾减灾工作，包括社区防减灾、灾害教育等。第三类的社区应急响应力量，是自然灾害中的"第一响应人"。第四类的社会力量几乎在每次较大规模自然灾害事件的应对中都会出现，由于离受灾地距离近、灾害受关注度高等原因自发参与灾害应对，其参与带有一定偶然性。

8.2.1　常态减灾阶段

在常态减灾阶段，具有灾害业务的社会应急力量通常开展两方面工作，一方面是参与防减灾工作，尤其是社区防减灾；另一方面是推进本组织的能力建设和备灾。社会力量主要是综合风险防范信息产品服务的使用者，而非提供者。在常态减灾工作中，社会力量需要将日常信息产品转化用于社区的防减灾方案；而本组织的能力建设则包括了提升使用信息产品、参与信息服务的能力，本组织的备灾包括了将常态减灾信息产品转化用于本组织的阶段性工作计划、应急预案等工作。

1. 产品类型

近十年以来，部分以灾害工作为业务的社会组织已经具有关注和使用政府部门减灾信息产品的习惯。社会力量可使用的信息产品包括每日全国灾害综合风险、重要时段全国灾害综合风险监测、全国自然灾害综合风险预警提示、典型区灾害综合风险监测等，主要通过政府部门网站、手机 APP、微信公众号等获取。少数社会组织常备《中国自然灾害风险地图集》等产品。在社区防减灾工作中，可以使用阶段性的减灾信息产品及自然灾害风险地图等，用于规划社区防减灾方案；在备灾工作中，阶段性灾害风险信息产品可供社会组织制定阶段目标任务，也常为有管理能力的社会组织使用。

2. 信息服务现状

当前，自发参与应急的社会团体，由于它们通常是临时自发参与灾害应急，没有防减灾和备灾阶段，通常都不会使用到减灾信息产品，只有部分有知识能力、有较好管理能力的社会组织能够实现在备灾工作中有效使用灾害风险信息产品。例如，深圳公益救援队志愿者联合会通过与卓明方舟减灾事业发展中心的联合演练、派出后台志愿者专门加入灾害信息服务，以及观摩和参与国际灾害响应的经验，逐渐具备了独立运营救援队后台的能力。如今这个后台不仅服务于本队的前线队伍，还能将处理过的灾害信息以文字和地图形式传递给深圳的企业、基金会合作伙伴，支持和鼓励了这些组织对灾区投放资源。

社会力量对减灾信息服务使用不充分，有社会力量的减灾知识水平总体不足的原因，也有减灾备灾类项目作为"重要而不紧急"的事项，不容易吸引社会资源，不足以支持社会组织更精准、更深入地将减灾信息产品应用于社区防减灾和备灾工作中的原因。许多社会力量对减灾备灾救灾流程的简单化理解也是一个阻碍，即他们容易将备灾理解成提升救援救灾技能、积累设备和物资。使用减灾信息，规划阶段工作，是大部分社会应急力量当前存在的能力缺口。

3. 社会力量常态减灾信息服务模式

社会力量主要是减灾信息服务的使用者。减灾信息产品的应用知识门槛较高，不容易为社会力量直接使用。例如，在社区防减灾工作中将全国或省市级的减灾信息产品加以转化，用于指导社区工作方案，需要社会组织具备读懂和使用减灾信息产品的知识和能力；此外，还需要在一定程度上让社区决策者和社区级别的应急响应力量具备一定的相关知识和能力。促进社会力量有效使用政府部门和专业机构的减灾信息服务，可从产品匹配度和使用者的水平及需求两方面入手。从产品匹配度入手，加强减灾信息产品的解读，尤其是面对公众和社会力量对灾害风险信息和形势报告的解读；与新媒体上的科普主体合作，增强专业灾害风险信息对实践指导的转化，产出可应用性更强的减灾信息产品。从使用者的水平及需求入手，结合其他部门面向社会应急力量的科普、专业培训工作，开发适于传播的课程，提升社会应急力量应用减灾信息产品的能力。此外，基于综合减灾示范社区的工作，推广减灾信息与综合减灾示范社区建设有效结合的示范案例，鼓励创新实践，也是推进社会力量有效应用减灾信息服务产品的办法。

从信息服务的渠道来看，应急管理部开发的社会应急力量管理系统对政社协同信息服务有了初步设想和考虑。当前在社会应急力量管理系统中，各级应急管理部门可以通过通知公告栏目向在平台上注册的 1700 多个社会应急力量队伍发布通知公告信息，通知公告信息分为两类，一类是通知公告，另一类是灾害公告。通知公告发布日常管理和队伍建设等方面的公告信息；灾害公告是各地发布的灾害救援公告，社会应急力量可以对公告做出响应，得到相关部门批准后可以前往灾害地实施救援工作。就上述减灾信息产品、科普和专业培训课程、综合示范社区案例等信息服务，可以基于此渠道建立相关栏目进行发布，基于社会应急力量管理系统的信息服务流程构想如图 8.1 所示。

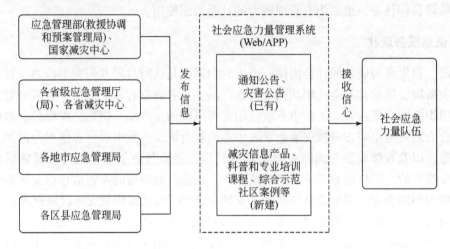

图 8.1　基于社会应急力量管理系统的信息服务流程构想

8.2.2　灾前预警阶段

关注灾害的监测和预警，尤其是台风、汛期洪涝灾害等灾害的监测预警信息，是社会应急力量近年学习和发展的能力。从国家和省级气象与水文部门的公开信息服务中获得对致灾因子的监测和预警，已构成社会力量使用政府灾害信息服务的重要内容；在获取此类信息服务的基础上，社会力量进一步通过组织间协同发展自身的灾害信息服务，并据此进行灾前准备和应灾快速启动。

1. 产品类型

社会力量最为关注的灾前预警信息主要是台风、洪涝、地震等灾害预警，具体包括台风路径、地方水情和雨情、地震预警等。格外关注这些产品的，是需要在发灾后快速参与生命救援、人员转移的社会救援队。在这个阶段，社会救援队伍根据监测和预警信息，决定是否进入备勤状态。但是，并非所有社会救援队都有能力持续查看和读取灾害预警信息，其中除了准确理解灾害预警信息的能力之外，还有当前不同类型灾害的监测和预警信息分散在不同平台上的缘故。

本模式针对台风、洪涝、滑坡、泥石流灾害开发的每日灾害风险评估产品，包括重要天气预报、短期灾害预警等内容的全国自然灾害综合风险预警提示产品等，均适用于社会力量的信息需求。上述信息产品将分散在气象、地质、水利、海洋等行业部门灾害风险预测信息整合，有利于社会力量获取和使用灾害预警信息产品。

2. 信息服务现状

除了直接获取政府部门和专业机构发布的灾前预警信息产品之外，近年来社会力量发展出非正式的灾前组织间协同网络自发开展信息服务。在这些以微信群为载体的非正式网络里，多个社会组织共同跟踪获取政府部门和专业机构发布的灾情预警信息产品，并结合其他地理信息，以及属地社会力量提供的实时信息，发展出自己的一套信息服务，对社会应急力量的行动决策提出更直接的参考建议。这种社会应急力量自发形成的信息服务，主要包括对台风路径、地方水情和雨情信息的持续获取，有条件的情况下对隐患点状况的持续监测，对超警状态的报告，对致灾因子趋势的短时预测，以及对属地和周边社会组织的行动参考建议。

这种方式主要始于 2013 年，专门的信息志愿者组织开始利用各地公开的气象和水文实时数据开展灾害监测活动，并相继开发过几种数据抓取工具，制定不同地区的不同成灾指标等。也有一些具备运营后台能力的社会救援队伍，培养专门的志愿者从事这类工作。在 2016 年社会救援队伍形成属地响应的共识以后，这些气象灾害监测信息及预警信号从微信群分区域地传递给各地社会救援队伍。

例如，2018 年 8 月 9 ~ 10 日，台风"贝碧嘉"来袭，有研判能力的社会组织，包括专门的信息服务组织和广东省属地救援队，在常设的华南台风响应微信群中，由专业信息志愿者和部分救援队里的信息后台志愿者分工共同开展台风路径监测、雨水情监测、社交媒体信息采集和核实工作，供微信群里两百多名救援队长和队伍骨干关注与使用。类似这样的监测活动，近年来在全国的分区域社会救援队伍中持续进行。

在社区层面，有些社区救援队或"第一响应人"经过防减灾培训，也可结合地区的灾害预警信息，履行在实地开展值班监测灾害的职能，从而及早发出预警信息，使社区队伍、社区居民和相关部门、外部合作伙伴做好应对准备。例如，深圳壹基金公益基金会在四川雅安开展安全家园项目，通过装备配置、机制建设和人员培训，辅助农村社区建起了社区救援队和灾害监测机制，使用在隐患点现场拍照记录山体变化、在雨季 24 小时轮班监测雨量、在现场监测河道水量等方法和明确指标，使社区里的灾害监测员能够向相关方发出明确、及时的行动信号。

3. 社会力量灾前预警信息服务模式建议

社会应急力量是较大地理尺度的灾前预警信息服务的使用者，也可以成为较小地理尺度灾前预警信息的参与贡献者。这是由于灾前监测和预警的信息产品内容相对单一，功能明确指向灾害属地行动，是社会应急力量最容易使用和参与的灾害信息服务。此阶段工作限制因素在于产品获取和使用两方面。在产品获取方面，地方气象和水文数据公开程度不一、格式不齐；社会力量没有自动监测和预警手段，需要人工轮值监测记录数据，或者针对地方公布数据的特点编制程序抓取。在产品使用方面，当前的预警信息产品主要是单个系统、针对单个致灾因子的，对于综合的备灾应灾行动参考性较弱；由于不同地区的地理地质环境不同、承灾体分布和状态不同、地方防灾水平不一，不同地区也有不同的成灾阈值和预警指标。

针对当前灾前预警信息服务的限制因素，本次开发设计的每日灾害风险评估产品、阶段性灾害临灾风险评估产品、多灾种综合预警产品、全国自然灾害综合风险预警提示、防灾防损信息产品能够较好地解决信息产品问题，这些多致灾因子的综合预警产品对备灾应灾行动有更好的指导性。

在信息产品服务渠道方面，社会组织主要通过 Web Service、手机 APP、微信公众号等公众服务渠道获取信息服务。当政府灾害救助类信息产品不包含敏感信息时，可以通过社会应急力量管理系统，下发到在社会应急力量服务平台注册的社会组织有关人员手中。

8.2.3　紧急启动阶段

灾害发生后，不同的社会力量需要分别决策是否参与响应、启动行动，同时要做出粗略的行动规划。在这个阶段，社会力量需要的信息服务内容明显增多。

1. 产品类型

社会力量在这个阶段对信息服务的大量需求，是由灾害特点及其决策需要决定的。由于灾害刚刚发生，形势在快速变化发展，有可能响应灾害的组织需要确定早期启动行动的级别和规模，也需要做好后期提升响应级别的准备。

社会力量在此阶段的决策分为两个步骤：启动决策和策略决策。首先，所有的组织都需要决定是否启动行动；如果地方政府明确提出属地社会应急力量参与响应的要求，属地组织也会据此直接决定启动行动。在灾害规模较大、灾害影响和人群需求快速显现的时候，这个决策过程会非常短暂。在决定启动行动以后，社会组织都需要根据灾情特点和自身能力，决定如何启动行动。具体而言，社会救援队伍需要确定派出多少队员，队员需具备哪些技能，现有装备是否能够支持行动，可能响应多少天，后勤如何保障，如何向属地政府和受灾地政府报备，是否有必要、有可能动员兄弟队伍和长期合作的基金会、企业、志愿者团体一起行动；社会救灾组织需要确定是否启动公众募款、企业劝募或动员有合作关系的基金会支持，劝募额度是多少，做哪些领域的救灾工作，在什么时候进入灾区，是否已有或是否可能找到地方行动伙伴等。

为了完成这些决策，社会应急力量在这个阶段已经开始需要关于整个灾害影响链条的信息，但还不需要制定具体详细的行动计划。其需要信息包括：一是，致灾因子的强度和特征，如地震的震级、震中位置、震源深度、发震时间、余震情况，强降水的单位时间降水量、持续降水时间，台风的等级、路径、登陆地点、行进速度等。二是，承灾体的地理分布、特征、脆弱性和自救能力，如受灾的地理范围、行政区划、地形水文、天气气候、人口分布和人口的年龄、性别、民族、宗教等特征，民用建筑的材料、结构、建筑年限，交通路桥，水库，矿产地，当地经济水平、主要产业、中心经济区分布等。三是，灾害影响的强度和分布，如受灾人口数量、伤亡人数、转移安置人口数量、需要紧急救助的人口数量，房屋倒塌和损坏的数量，农林畜牧渔业的损失状况，水、电、通信服务的供应中断状况，路桥等交通基础设施的损失等。四是，应对行动的速度、力度、机制、内容，如政府的响应级别，消防武警部队的调动数量，受灾群众的安置方式，大宗救灾物资的调拨进度、种类和数量，基础设施的修复进程，发灾地和外地社会应急力量的行动决策和计划，地方政府正式或非正式释放的社会力量行动空间信号、社会力量报备的渠道、政社联动的机制，交通管制政策等。上述信息种类虽然繁多，但不要求非常精确、详细，主要用于判断本次灾害中是否存在需要本组织响应的灾后需求缺口（必要性）、以本组织的能力是否能递送物资和服务（可行性）。

2. 信息服务现状

在社会力量兴起之初，许多社会组织和团体趋向于听闻发灾消息后即赶往现场。在2013 年的四川芦山地震应对中，地方政府对全灾区采取了较为严格的交通管制措施，此后，是否需要通行证、能不能搞到通行证成为了影响许多社会应急力量队伍启动行动的最关键问题；但也逐渐有更多的队伍开始通过远程的综合信息评估是否有出队的必要，是否需要在"第一时间"前往。近年来，随着社会应急组织逐渐形成属地救援、科学决策的共识，以及多次参与灾后救援救助行动的经验积累，许多社会应急组织逐渐形成了更谨慎的决策习惯，倡导在决策启动行动前必须快速了解形势，紧急研判需求，动员人力物力，开展初步的关系对接和行动协调。

当前，社会应急力量在这个阶段需要的信息服务多数可从政府部门发布渠道获取。不过，这并不意味着一个组织即可完成自己需要的信息工作，由此就能单独完成决策。这是因为上述信息产品由多个政府部门发布，发布时间点不一；许多行政区划、地理、经济、人口等基础信息，也散落在许多渠道中；灾情形势仍在快速发展，有许多实地情况需要逐渐明晰，或者来回修正，同时各个组织还需要快速决策，因此，组织决策所需的信息服务对信息递送速度和更新频率有较高的要求。近年来，社会应急力量对紧急启动行动决策的理解在不断深化，做决策的主动性和能力也在增加，相应地也对灾害信息服务产生了更大的需求。但是，只有少数社会组织有能力较为完整地采集这些信息，有效地支持自身的决策。

这个阶段中社会力量之间的信息服务主要是在"救援圈""救灾圈"的非正式交流网络实现。这样的网络数量众多，有些网络由某种类型的组织构成，如基金会的网络、救援队的网络、社工组织的网络；有些网络由在某个地域活动的组织构成，如河南浚县救助的网络；有些网络由从事某个领域的组织构成，如残障支持的网络、孕产妇支持的网络；有些网络有一个松散的核心，如灾害信息服务组织、负有协调枢纽职责的组织、领域内信誉和威望较好的组织，这样的核心会负有更多的信息分享、行动建议的职责。大多数从事灾后救援救助的组织都会身处多个这样的非正式网络，这些网络以常设的或临时组建的微信群、QQ 群为载体，每一个成员都可在其中分享信息。这样的非正式交流网络模式弹性非常大，没有层级关系，每个成员也没有规定履行的角色和职责，从而保有最大程度的决策自主性。

无论上述网络由什么主体构成，通常都能实现一定的信息共享功能；是否能使多数成员组织感到获益，有效地辅助他们决策，则情况各不相同；在网络内信任良好、共识较为一致时，有些成员组织也会分享本组织的行动决策，这样，各个成员组织不仅可分享和获得关于灾情的信息，还可参考其他组织做出的行动或不行动的决定，据此辅助自己的决策。

这种状况并不意味着社会应急力量可自成一体地完成行动决策。当前，这个阶段信息服务的难点，恰恰在于与政府部门的联动关系。部分地方政府没有设置面对社会应急力量的信息沟通机制，社会应急力量须从多个公开渠道收集政府发布的灾情；不同地方、不同政府部门的信息处理和发布能力也有差异，社会力量能够收集到的政府发布信息有一定的不稳定性；有时候，中央和地方应急部门对待社会应急力量的态度有一定差异，社会力量报备、登记的信息并不一定是地方政府向上报告的内容。在这种政策和管理结构不清晰的状况下，该阶段可支持社会力量决策的信息服务几乎完全由社会力量完成。

四川长宁地震中，社会力量信息网络的构建和使用是近年的一个典型案例（图 8.2）。2019 年 6 月 17 日深夜，四川省长宁县发生 6.0 级浅源地震。地震信息、初步的受灾情况的信息迅速传到数十个各种救援救灾微信群中。四川省的社会组织协调组织富有经验，迅速建立了社会组织登记报备的入口和交流微信群，群里包括多种类型的组织，其共同特点是在关注长宁地震的同时并预备行动。省内及周边的救援队在快速决策以后先后启动行动。在震后第一天白天，需要紧急救助的人口形势尚未明朗。大多数省外的基金会在筹备救灾物资和公众筹款的同时，逐步深入地了解灾区内部状况和其他组织参与救灾的计划进展，其信息网络包括四川省社会力量参与救灾协调微信群里的一线救援队、一线社会服务机构、灾害信息服务组织交流的信息，自身机构在省内的合作伙伴组织，以及基金会救灾协调会的成员交流群。也有一些救援队在生命救援阶段结束后，与灾害信息服务组织合作，前进到消息较少的偏远灾区进行灾情调查。各个基金会据此制定灾后救助和筹款计划，并在震后第二、三天陆续派出工作人员进入灾区。

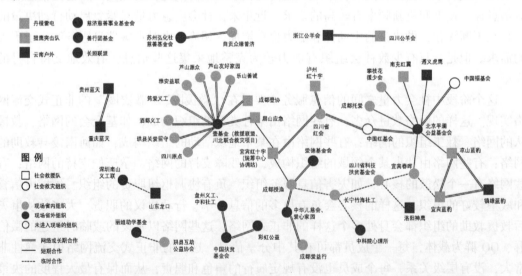

图 8.2　四川长宁 6.0 级地震专业社会组织合作网络分析示意图（来源：卓明灾害信息服务中心）

3. 社会力量紧急启动阶段信息服务模式建议

紧急启动阶段的信息特点是灾区状况尚未明确，主要依据致灾因子的信息和基础地理信息做出快速研判和方向性的行动策略决策。该阶段涉及的信息需求庞杂，但一般而言，精度要求不高。社会应急力量在此阶段是信息的积极使用者，也有潜力成为信息网络的积极构建者。

本书开发的突发灾情产品、每日灾害风险损失评估产品、阶段性灾害风险损失评估产品、防灾防损信息产品等均可服务于社会力量。对于灾害损失快速评估产品，也在可控范围内，视情况向地方社会应急力量发布。在信息产品服务渠道方面，主要通过 Web Service、手机 APP、微信公众号等公众服务渠道获取信息服务。长远来看，建议在地方社会应急力量协调机制的基础上，探索建立社会应急力量紧急启动通联机制，实现实时的灾害与应对信息共享。

8.2.4　灾害救援阶段

在这个阶段，社会力量启动响应、参与救援救灾的决策已经完成，粗略的行动规划需要逐步细化，要具体地决定到哪里开展工作，开展什么工作，需与对接部门和合作伙伴互动。

1. 产品类型

在这个阶段，社会救援队由于承担着辅助生命救援和人员转移等时间窗口短暂的工作，需要很大力度的信息支持。总体来说，社会力量是首先需要了解灾害影响分布，包括受灾人群分布，即受困的、生命受威胁的人，尤其是老幼病残孕等脆弱人群在区县、乡镇乃至村一级尺度上的分布。这是为了识别哪里的需求最密集、急迫，将之确定为优先作业区域。其次需要了解作业区域的环境，如建筑结构和受损程度、淹水深度和水流速度。这是为了确定队伍的装备和技能是否适合在此地开展工作。

2. 救援阶段信息服务应用现状

从事灾后应急救助的社会组织，在这个阶段一般开展持续关注灾情变化、制定行动计划、动员资源和行动伙伴的前期工作。因此，具体到区县、乡镇级别的早期灾害影响、初期需求和响应规模、响应主体等详细信息，有助于他们更好地计划随后的救助工作。当前，此类信息可从政府灾情通报获取，也可以从受灾地区的社会力量、社交媒体等渠道获取。

总体来说，该阶段由政府部门发布的信息产品可部分满足公众知情需要，但远不能满足社会应急力量的需要。一些有评估和信息服务能力的队伍和卓明灾害信息服务中心等专门组织就通过这样或松散或紧密的队伍间通联协调机制，为机制内的队伍提供信息服务，包括背景信息、作业分区、任务协调、现场评估等。近年来，部分地方政府开始学习如何"使用"本地的和外来的社会救援队伍，是否能够及如何给这些队伍分配任务，通报哪些信息。在个别地方（如台风"利奇马"影响的浙江省临海市救援），受灾区域小，救援场景单一，实现了高效的本地政社信息通联；在大多数场景中，仍然需要专门的灾害信息服务组织对一线队伍和对协调中心提供支持。

少数社会组织自身有一些信息采集和分析决策的能力，建设了行动后台；在各地方逐渐有了以政府部门为主导的属地协调机制以后，社会组织可以从应急指挥部获得一些信息和任务指令；在应急指挥部未能协调所有队伍、覆盖所有需求区域或未能提供关于作业区域的环境、人口等详细信息时，社会组织也会依赖民间的现场或后方信息服务机制，来对任务进行快速研判和规划。到了作业现场以后，社会力量转而依靠自身的观察和分析来决定具体行动方案和协同机制。

2021 年 7 月的河南洪涝灾害早期，基于郑州市的网络求助信息出现了建立在腾讯共享编辑表格上的"救命文档"，由数千名"众包"信息志愿者对信息进行采集、分类、核实、传递、更新，有效动员了公众关注，也切实解决了一些求助个案的需求。在许多省外社会救援队伍前往郑州的过程中，紧急水情已随着洪峰进入中下游。基于水情监测和地形、人口状况的综合研判，社会救援队伍平台组织和灾害信息服务组织建议大批救援队伍转向中游和下游地区，从而相继在新乡、鹤壁多地开展了数百支社会救援队伍参与的大型受困人员转移行动，前后长达二十天。同样在河南洪涝灾害期间，部分并不具备急流救援技能和经验的队伍因不了解作业点情况贸然进入急流救援水面，造成队员危险和翻船事故。其中原因既有队伍缺乏场景评估意识，也有现场缺乏场景信息传递机制。

3. 社会力量灾害救援阶段信息服务模式

灾害救援阶段的信息特点是信息发生数量大、信息需求大、行动节奏快。以每日或半日为发布周期的灾害信息产品，可以部分满足预备参与灾后救助的社会组织的需求，但无法满足生命救援行动的要求。同时，有能力快速深入灾区一线的社会应急力量，又可成为信息的来源。在这个阶段，建议在地方社会应急力量协调机制的基础上，开发灾害救援阶段的社会力量实时信息通联机制。确定政府部门对社会应急力量实时沟通的信息种类；建立地方消防应急救援力量和社会救援队伍的信息通联机制及共同决策、共同行动机制。

2021 年河南洪灾后，应急管理部推动建设了灾害应急信息服务平台（图 8.3），该平台通过互联网、公众微信号、特服电话号码接收公众在灾害中发出的求助，并进行信息统一汇总和审核，分别发送给社会应急力量管理系统和应急物资系统，社会应急力量可以通过社会应急力量管理系统接收到公众求助信息，实施现场救援。

8.2.5　灾后恢复阶段

该阶段涵盖灾后过渡期安置救助到恢复重建的工作。在这个阶段，灾区一线活动的社会应急力量数量大为减少，从事灾后救助的组织已确定过渡安置期的工作计划，有可能对恢复重建阶段的需求进行评估。

1. 产品类型

社会组织从事灾后救助工作，通常需要从整体损失状况中分辨重灾区，结合救助安置政策和社会救助资源分布，找出受灾群众需求薄弱点，根据自身能力和资源的匹配度，决

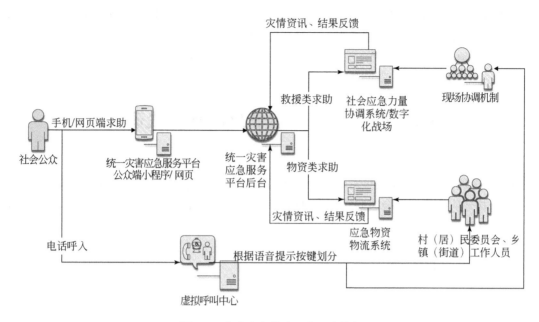

图 8.3　灾害应急信息服务平台构架

定在何处开展何种类型的救助；根据重建需求和自身能力，确定支持重建计划。因此，如何确定过渡期救助的地区和社区，是社会组织行动决策的关键。社会组织除了需要继续明确灾害影响和应灾行动的信息以外，需要了解在不同行政区划级别上的灾损状况，了解各个受灾区域和社区获得救助资源的状况。

2. 信息服务现状

在这一阶段，社会力量还没有和政府部门形成稳定的互动关系。社会力量可以从政府灾情通报上获得部分重灾区的灾损状况，也可以通过专门的灾害信息服务组织和自身的信息渠道来获得尽可能全面的信息。对于社区一级的灾损，通常都需要社会组织对受灾社区进行单独评估。

2018 年台风"温比亚"带来的连续强降水在山东多地引发洪涝灾害，其中寿光市的损失尤其引发公众关注。中国慈善联合会救灾委员会、中国灾害防御协会地震应急救援专业委员会和基金会救灾协调会联合支持寿光本地的响应协调，派出专人协助寿光市团委委派的社会组织建立现场协调中心，开展现场信息汇集、定期灾情通报会、需求评估、求助回应等工作，并由后方的信息志愿者协助进行需求信息处理、行动信息收集、报告撰写等工作，有序地支持了现场行动的救援队伍和救灾组织在地方政府的主导下顺利开展工作，回应受灾民众需求，搭建了良好的合作氛围，促进了多个灾后安置和恢复项目落地。

3. 社会力量灾后恢复信息服务模式

本项目开发的灾害损失及影响综合评估产品、灾后恢复重建进度监测产品、每日灾害风险评估产品等灾后恢复阶段综合风险防范信息服务产品，可服务于这一阶段的社会力量。对于从事灾后救助的社会组织，定时获取灾害损失及影响每日评估、阶段性评估的结果，可较好地满足社会力量的需求。建立健全稳定的社会力量信息产品服务渠道，通过Web Service、手机 APP、微信公众号等稳定获取信息服务。

8.3　保险企业灾害信息服务模式研究

近年来，极端灾害事件日趋增多，人民生命和财产受到的威胁日益增大。保险业作为经营和管理风险的行业应该更主动作为，从简单的"险后补偿"转向"险中响应""险前预警"，构建灾害保险综合风险防范信息服务模式，推进风险减量管理，助力全社会综合风险防范能力的提升。

8.3.1　灾害信息服务模式构建思路

1. 保险新逻辑

秉承"承保+减损+赋能+理赔"的保险新逻辑，将风险减量管理贯穿于客户服务全生命周期，贯穿于承保前、承保后、出险后的业务全流程和灾前、灾中、灾后的灾害全过程，形成风险减量管理闭环。开展风险减量管理过程中，既要做好内部协同，又要积极与政府做好对接配合。

1）灾害保险风险减量

承保前，基于气象水文长期预报和灾害风险等信息，并结合理赔出险记录等分析结果，评估和提示承保风险等级，开展保前风险管控，支持承保定价，为客户提供风险解决方案，并根据风险变化情况调整承保策略。

承保后，结合保前风险评估和风险解决方案，为客户提供防灾防损服务。在灾前提前做好灾前风险普查，在灾害来临时做好预报预警和重点风险排查工作，识别客户风险点，留存记录、照片和视频，出具风险建议书，督促和协助客户整改，降低出险可能。同时，建立客户防灾防损档案，全程追踪客户整改和风险变化情况，服务于理赔及下一次承保。

出险后，建立大灾回溯机制，通过灾中救援和理赔查勘，了解和分析出险原因，从日常备灾和风险普查、临灾预警和风险排查、灾中应急和理赔查勘等环节，全面梳理总结业务结构、预报预警、风险排查、整改落实、人员调度、物资安排等方面的经验和不足，评估防灾防损措施落实情况与成效。同时，将发现的风险点反馈到承保端，为承保风控提供支持，形成风险管理闭环。

2）积极融入中国灾害应急管理业务体系

保险公司积极与政府减灾部门对接，强化与社会力量合作，推动保险融入政府灾害应急管理体系，助力政府防灾减灾救灾工作，减轻保险公司和客户损失，实现多方共赢。

常态减灾工作，积极参与政府灾害应急演练，了解政府防灾救灾工作流程，查找为客户减少损失的举措，增强配合政府实战应对各类灾害的能力，融入政府防灾减灾救灾体系。

灾害发生前，加强与当地防汛指挥部、气象、水文、地质、农业、林业、海洋等政府部门的沟通联系，密切关注发布的各类灾害预警信息，掌握所辖区域实时预报降水、水文、台风等信息，对受灾害影响可能较大的区域及时发布相应级别的灾害预警。例如，中国人民财产保险股份有限公司通过其大灾应急指挥调度平台向分公司发布重大灾害预警信息，指导相关分公司部署各项临灾防灾减损工作，包括落实防灾防损责任、排查风险、预警响应、应急救援、大灾理赔等。

灾害发生时，积极参与配合政府部门主导的安全生产、防汛防洪、水库排查、泄洪联动等监督管理工作，尤其对于民生类的保险项目和各类政策性险种要特别关注，应结合政府实施应急响应预案中的各类举措。临灾时，积极配合政府部门做好施工单位和重点企业紧急停工、学校停课、船舶避险等工作。

灾害发生后，一方面，迅速开展现场救援查勘和灾害损失评估，及时进行经济补偿，助力灾后恢复生产生活。另一方面，通过对极端事件的分析和总结，为政府防灾减灾救灾工作建言献策。例如，对于应对灾害过程中发现的防洪排涝能力和设防水平的不足，建议政府在灾后加强薄弱地区的工程建设，提升防灾水平。对于发现的灾害综合风险防范信息服务的痛点、难点和盲区，及时反馈给政府相关部门进行改进。

2. 服务运行模式

秉承风险减量管理的理念，从承保风险管控、防灾防损服务和理赔查勘定损三个核心环节出发，理顺灾害保险业务运行机制，从产品类型、发布对象、制作流程、发布渠道等方面研究和构建灾害保险综合风险防范信息服务模式，从数据获取、技术研发、产品生产、应用服务多个环节打通整个灾害保险综合风险防范信息服务链条，形成以应用为导向、以产品为纽带、上中下游相关单位联合共建、"产学研用"紧密结合的灾害保险综合风险防范信息服务运行模式。

（1）数据保障。一方面，加大对保险公司内部承保和理赔数据的挖掘和利用；另一方面，与应急管理部国家减灾中心、中国气象局、水利部以及相关卫星数据源单位合作，实现减灾、气象、水文及遥感等数据保障。在此基础上，对保险数据与外部灾害风险信息进行整合。

（2）技术研发。与政府、科研机构、高科技企业等合作，研发与引入灾害保险综合风险防范信息产品和关键技术成果，探索灾害保险综合风险防范信息产品体系和关键技术保险应用模式，推动综合风险防范信息产品和技术的保险落地应用。

（3）产品生产。依托保险公司建立多灾种综合风险防范信息服务集成平台保险子系统，进行保险专题产品生产，提供综合风险防范信息服务。

（4）应用服务。建立总公司—省分公司—市分公司—县支公司四级业务应用体系，将综合风险防范信息服务产品与保险业务系统对接，开展典型区域多灾种综合风险防范信息服务集成平台应用示范，并逐步进行推广。

8.3.2　灾害信息服务模式

为切实推进风险减量管理，中国人民财产保险股份有限公司坚持"预防为主，防理结合"，构建了大灾应急指挥调度平台，将灾害风险防范信息服务贯穿灾害保险业务全流程和灾害应急全过程，为风险减量管理提供数据和决策支持。

1. 大灾应急指挥调度平台

大灾应急指挥调度平台利用物联网、空间信息技术、5G 等新技术，基于地理信息集成台风实况及预报路径、24 小时预报和实况降水（面）、2170 个台站逐小时降水和风速、四大类 76 种国家突发事件预警信息以及地震、水淹物联监测信息等灾害风险数据和承保、理赔、防灾防损、人车等保险信息，以"一张图"的模式全流程、多维度呈现灾害发生、发展、影响和保险防灾防损、理赔进展、人车在线情况，支持空地视角受灾现场实时回传和全国范围多层级的视频远程会商机制，为灾前防灾防损、灾中应急指挥和灾后理赔复盘提供支持，形成风险减量管理闭环，让备灾更充分，让预警更精准，让决策更简单，让调度更科学，让服务更温暖。

在具体功能方面：一是接入了台风实况及预报路径、24 小时预报和实况降水（面）、2170 个台站逐小时降水和风速、四大类 76 种国家突发事件预警信息以及地震、水淹物联监测信息，实现了灾前精准预警；二是接入社会灾情动态信息，做到对灾害信息的第一时间获取和监测；三是通过将公司承保数据与灾害预警信息进行叠加分析，识别出高风险地区和客户，提取和展示已受到和将受到灾害影响的承保标的数量、保额及重点标的信息，使临灾风险排查和隐患整改更有针对性、更有成效；四是将大灾理赔与具体灾害匹配链接，实时掌握大灾理赔工作进展，为制定大灾应急调度和优化资源配置提供支持；五是集成基于移动风控 APP 的防汛防火风险排查报告，指导和督促分公司落实好防汛和防火工作，切实将"防重于赔"理念落到实处；六是支持实时接入视频了解一线情况，支持全国范围多层级的视频远程会商机制，能够查看查勘车和人员在线情况，有针对性地进行指挥调度、在线支持和工作督导。

2. 汛期灾害信息服务模式

从保险事故原因看，暴雨洪涝、台风、风雹等是财产险标的损失的主要自然灾害原因，且主要集中在汛期。因此，这里以汛期灾害信息服务模式为例进行介绍。利用大灾应急指挥调度平台，根据长期部署、常态预警和应急调度的数据和时效要求，提供对应的灾害信息服务，切实做好灾前预防、灾中预警和大灾应急工作。

1）汛前总体部署

每年对本年汛期全国气象灾害的发展趋势进行综合研判，分析全国及区域灾害风险状况，发布汛期灾害趋势预测信息产品，要求公司及全国各地分支机构提前规划部署防灾防损措施，减轻灾害风险，减少灾害损失。

汛期灾害趋势预测产品主要内容包括汛期全国降水特点及分布、汛期流域降水特点及分布、汛期气温情况、汛期台风登陆预测、汛期气候灾害展望及防灾防损建议等。

汛期灾害趋势预测产品的数据主要来源于中国气象局国家气候中心发布的"汛期全国气候趋势及主要气象灾害预测意见",再结合保险公司承保和理赔情况,系统和人工结合形成信息服务产品,主要服务于总、分公司,在汛期来临前编发,发布渠道以大灾应急指挥平台和公文形式为主。

2) 日常灾害预警

汛期,每天利用气象部门发布的实时台风、降水和突发性气象预报预警信息等,为保险公司总、省、市、县等不同用户制作每日气象灾害预警产品和突发性气象灾害预警产品,通过企业微信、公文、邮件等多种方式向全国各地分支机构发送。

基于气象、水文、物联等预报预警信息、保险标的分布数据和历史出险信息,平台自动对受影响区域和重点标的进行预警,支持整体应急决策和具体风险处置。根据预警信息,第一时间开展灾前防灾防损部署和指挥调度,调度专业人员深入企业、走入社区、走上街道,协同政府、企业和个人做好灾害预防工作。在财产险方面,利用移动风控 APP 开展风险排查,出具风险建议函,并协助客户采取垫高、转移等举措进行风险整改;在车险方面,根据预报预警和水淹物联信息,结合历史出险热力图,对高风险的车库和低洼路段进行重点盯防,协助客户将车辆转移到高处,及时开展灾害救援。例如,在"利奇马"台风到来前,台州通过将车辆转移出车库,实现 30 个车库的车零被淹。

(1) 每日气象灾害预警服务。利用中国气象局每日发布的未来三日天气预报信息,包括降水量预报图和重点天气预报图等,制作气象灾害预警信息产品,为保险公司相关部门及全国各地分支机构开展每日灾害性天气预警,为各地提前采取防灾防损措施、减少灾害损失提供决策支持。产品主要服务于总、省、市理赔条线领导及防灾防损岗人员,汛期每日编发,发布渠道以大灾应急指挥平台、微信群、企业微信为主。

(2) 突发性气象灾害预警服务。利用中国气象局发布的国家突发性气象灾害预警信息,包括雷电、灰霾、高温、暴雨、大雾、草原火险、道路冰雪等灾害,采用红色、黄色、橙色、蓝色、灰色等五种级别,及时制作突发性气象灾害预警产品,向全国各地发布灾害性天气预警,为保险公司相关部门及各地分支机构提前采取防灾防损措施、减少灾害损失提供决策支持。产品主要服务于总、分公司,推送频率为实时推送,发布渠道以大灾应急指挥平台和企业微信为主。

3) 大灾应急调度

一旦发生大灾,立即根据大灾应急预案和会商机制,配合政府灾害应急救援救助工作,开展大灾防灾理赔调度,部署风险排查、临灾预警、应急救援、大灾理赔等各项防灾理赔措施,防范重点风险隐患,切实保护人民生命财产安全。

以台风为例,基于平台综合研判台风、降水等灾害发展趋势和影响情况,分阶段部署防灾防损和救援理赔工作。当台风达到 12 级,立即依托平台召开线上防灾理赔调度会,分析风和雨的影响,指导和督促受影响分公司有针对性地开展灾前重点排查和防灾防损,并部署大灾理赔工作。在台风登陆前 3 天,派工作组到登陆地点进行现场支持指导,协助政府和客户转移车辆和存货,大大减少了社会损失。此外,大灾一般影响范围广、环境恶劣，为了能够第一时间了解现场，让客户快速得到赔付，积极引入无人机倾斜摄影和实时回传技术，不断完善天空地一体化的智能定损、快速理赔模式。

（1）台风灾害临灾预警服务。主要服务于台风及其高级别暴雨的临灾预警，提示保险公司相关部门和各地分支机构采取相应防灾防损措施，减轻灾害风险，减少灾害损失。产品内容包括中国气象局发布的台风及其高级别暴雨的灾害预警信息、灾害对保险公司的影响分析、防灾防损对策建议等三方面。产品数据源主要是中国气象局发布的台风灾害预警信息，同时还有保险公司多年积累的承保理赔情况以及防灾防损经验。临灾预警产品由保险公司制作，面向台风灾害主要影响地区的分公司发布，不定期编发，发布渠道以公文形式为主（图8.4）。

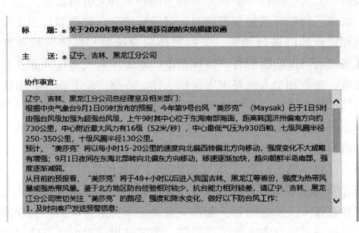

图8.4　台风灾害临灾防灾防损建议函界面示例

（2）台风灾害风险评估服务。主要服务于台风灾害应对全过程，支撑保险公司相关部门及各地分支机构针对性开展防灾防损和理赔工作。产品内容包括三方面信息：一是台风风圈影响范围以及预报路径、台风中心位置、最大风速、中心气压、移动方向、移动速度、风圈半径等相关详细信息；二是台风实际影响标的数量、保额及预计影响标的数量、保额情况；三是台风灾害理赔进展数据，数据主要来源于气象部门共享的台风路径及预报数据，结合保险承保标的分布和理赔数据，由保险公司制作发布，主要服务于总公司和各地分公司，在台风期间应急期间实时更新，发布渠道以大灾应急指挥平台为主。

第9章　重大自然灾害应对信息服务实践

2018 年 12 月，国家重点研发计划项目"多灾种综合风险防范服务产品开发与集成平台建设示范"批复实施。项目面向政府灾害救助、灾害保险、社会力量参与综合减灾、公众防灾减灾等信息服务技术体系建设需求，突破了灾害综合风险防范产品制作、部门大数据业务协同与应急联动、网络大数据智能挖掘与融合分析、信息服务集成平台搭建等关键技术研制了多灾种综合风险防范信息服务集成平台，探索建立了全链条、多主体、多灾种综合风险防范信息服务业务模式，结合重大自然灾害应急处置工作，开展了关键技术测试验证和应用示范，初步形成了应用推广技术体系，为提高中国自然灾害综合风险信息服务的完备性、时效性和科学性提供技术支撑。

9.1　搭建应用示范平台

9.1.1　研制信息服务集成平台软件

1. 平台架构

多灾种综合风险防范信息服务集成平台采用云服务架构设计开发，由基础设施层、云平台服务层、数据层、服务层、应用层和用户层组成（图 9.1）。其中，数据层和服务层集成项目研发的多灾种综合风险防范信息服务集成技术进行了定制化开发，作为后台服务支撑桌面电脑、手机、指挥大屏等终端的前台应用。在数据层，研发了虚拟数据资源管理平台，支持跨部门、跨行业机构数据资源接入、融合处理和集成管理，支撑上层应用服务的数据保障需求。在服务层，采用"微服务+容器"技术搭建了开放式的应用服务开发、标准化封装、部署、集成的软件框架，部署集成了灾害风险监测、灾害风险融合分析、信息产品制作、信息产品服务等业务应用服务和通用服务。

（1）基础设施层。提供计算资源、存储资源和网络资源等运行支撑软硬件环境，由国家和省两级节点组成，兼容云平台虚拟化资源和物理服务器集群。综合考虑目前地方和行业信息建设现状，示范平台采取单节点方式部署，独立运行保障，两级平台通过数据交互进行衔接。

（2）云平台服务层。提供数据库、应用服务、安全服务等上层服务部署、集成、运行的基础支撑环境和中间件。支持数据库管理平台运行的组件有大数据计算、对象存储等。支撑应用服务部署运行的组件有容器管理、微服务管理、服务发现等。

（3）数据层。提供文件系统、数据库系统和数据库管理平台，其中，虚拟数据资源管理平台集成行业数据资源接入、存储、集成、分析、治理、展示等应用工具。支持对结构

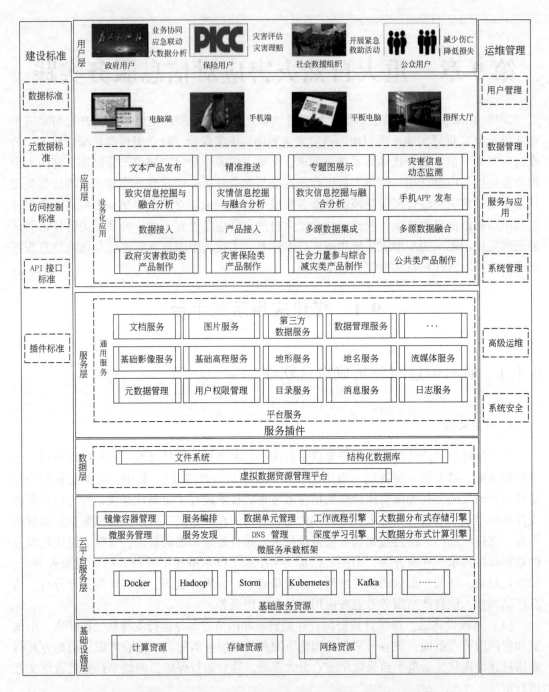

图 9.1 基于云服务架构的多灾种综合风险防范信息服务集成平台架构

化、非结构化和半结构化海量多源数据的合理存储组织、统一治理集成、有效分析挖掘、高效共享服务、智能增值应用。

（4）服务层。提供平台通用服务，包括元数据库管理、用户权限管理、目录服务、消息服务、日志服务、基础影像服务、基础高程服务、地形服务、地名服务、流媒体服务、文档服务、图片服务、第三方数据服务、数据管理服务。

（5）应用层。业务化应用是平台业务功能的核心，支持部门、行业机构基于自身业务需求研发标准化的应用插件，拓展平台业务功能。示范平台集成了灾害风险监测、灾害风险评估、信息产品制作、信息产品服务等应用服务，具体包括政府灾害救助类产品制作、灾害保险类产品制作、社会力量参与综合减灾类产品制作、公共类产品制作、数据接入、产品接入、多源数据集成、多源数据融合、致灾信息挖掘与融合分析、灾情信息挖掘与融合分析、救灾信息挖掘与融合分析、手机 APP 发布、文本产品发布、精准推送、专题图展示、灾害信息动态监测等功能。主要支持桌面电脑、手机、平板电脑和指挥大屏等四类终端的应用，提供 Web 网页、手机 APP、微信公众号、手机报、Portal 等前台客户端软件。

（6）用户层。服务于政府部门、保险公司、社会救援组织、社会公众等四类用户。通过在线服务方式支撑各类用户完成灾害风险信息的管理与服务工作。

2. 服务体系

项目采用"云+端"一体化信息服务技术，构建了涵盖常态减灾及重大灾害应急处置灾前预防、灾中救援、灾后恢复重建等全链条的自然灾害综合风险信息服务体系。服务体系由服务云、应用端和信息网络三部分组成（图 9.2）。其中，服务云部署于国家或省级应急管理部门、保险公司总部，提供灾害信息接入、产品制作、融合分析、共享服务等应用服务，承担后台服务功能；应用端包括电脑、手机、平板电脑、指挥大屏等终端，提供 Web Service、移动 APP、微信公众号、手机报、监控大屏等客户端应用，向各级灾害管理部门、保险公司各分支机构、社会组织、公众提供灾害信息服务；信息网络提供网络接口服务，支持部门、行业机构的信息平台接入灾害风险防范信息服务平台，实现平台互联互通，支撑跨平台数据交互与信息共享。

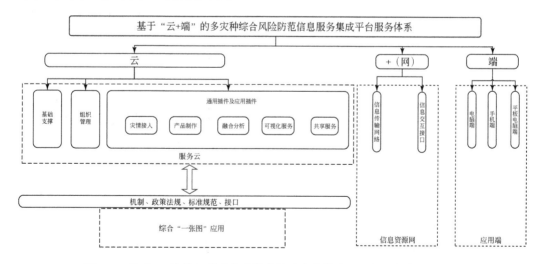

图 9.2　基于"云+端"的多灾种综合风险防范信息服务集成平台服务体系

3. 主要功能

多灾种综合风险防范信息服务平台主要提供信息产品制作、行业灾害数据接入与集成、灾害信息大数据挖掘与分析、产品多渠道发布、灾害信息管理、数据库管理、平台管理、集成展示等功能（图9.3），通过云服务支撑各级各类用户的业务应用。

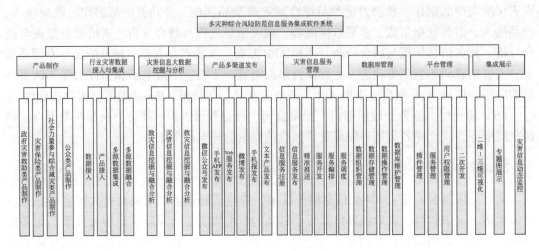

图9.3　多灾种综合风险防范信息服务集成软件系统功能组成图

（1）产品制作。提供了台风、洪涝、山体滑坡泥石流、地震等灾害信息产品人机交互式制作功能，支持灾害管理人员基于行业部门共享信息、网络大数据挖掘信息在线制作、查询、浏览和下载产品。信息产品提供 Word 和 PDF 两种格式，灾害管理人员可结合经验对平台输出的产品重新进行内容修改，包括修订文字、更换插图等。平台预制了多灾种灾害风险监测预警、灾害风险评估、阶段性灾害风险评估等信息产品的制作模板，支持用户对产品模板进行调整更新，重新配置各类模板的数据源。灾害信息产品存储到灾害风险数据，通过多渠道发布功能推送到各类用户。

（2）行业灾情数据接入与集成。提供气象、地震、地质、灾情等行业灾害信息数据或信息产品自动化接入、提取、融合、集成、管理和展示功能（图9.4）。支持从部门数据库、官方网站、文本信息产品等多种渠道获取结构化、半结构化、非结构化数据信息，对多部门灾害信息数据进行融合处理，采用"天地图"的空间基准进行集成，多部门数据"一张图"展示。

（3）灾害信息大数据挖掘与分析。基于社交媒体、微博等网络大数据，提供台风、洪涝、山体滑坡泥石流、地震等灾害致灾强度空间分布的融合分析功能。基于社交媒体、微博、手机信令等网络大数据，提供受灾人口、房屋损毁、农作物受灾、公路受灾等灾情空间分布的融合分析功能。基于网络舆情数据，以行政区为单元提供灾区生活救助、应急救援、灾后恢复重建等救助需求紧迫程度分级空间分布融合分析功能（图9.5）。灾害信息网络大数据挖掘与分析功能，支撑灾害管理部门快速获取灾害风险信息的第二条渠道，有助于解决重大灾害应急处置中政府部门统计上报渠道时效性不足的问题。

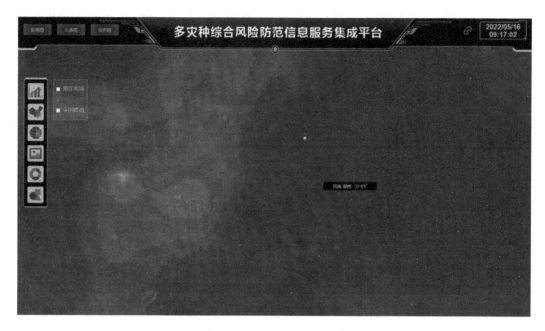

图 9.4　全国温度气温格网数据接入展示（彩图见封底二维码）

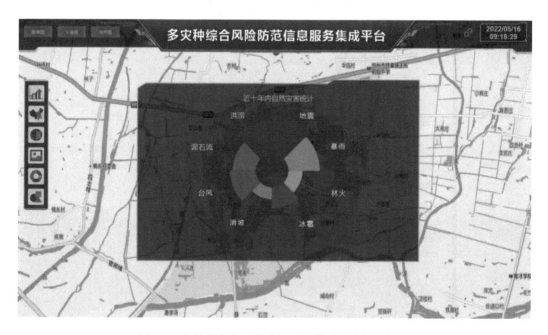

图 9.5　自然灾害灾情统计数据（彩图见封底二维码）

（4）产品多渠道发布。提供信息最优组合、多样化表达、多渠道自适应切换和多渠道迅捷发布等功能，支持针对 Web 网页、手机 APP、微信公众号、手机报、微博等多渠道的综合风险信息高效自动化发布，满足不同用户多层次、全方位了解灾害综合风险信息的需求。功能包括微信公众号发布、手机 APP 发布、Web 服务发布、微博发布、手机报发布、文本产品发布。

（5）灾害信息服务管理。基于产品多渠道发布需求，为"云+端"各类灾害信息产品的发布服务提供信息服务注册、信息服务发布、精准推送、服务开发、服务编排、服务调度等功能。服务注册包括服务寻址、服务集成等。服务编排，根据服务模板创建数据实例并建立数据与服务的关联关系，通过按需新建、启停和卸载服务实体，实现动态扩容缩容、失效恢复等能力，保证服务持续可靠运行。

（6）数据库管理。提供数据组织管理、数据储存管理、数据操作管理、数据库维护管理等功能，具备数据空间匹配、空间关联、数据校验及数据分析等过程的数据整合能力。提供数据库基本操作功能，包括备份系统数据、恢复数据库系统、产生用户信息表，并为信息表授权、监视系统运行状况，及时处理系统错误、保证系统数据安全以及周期更改用户口令等。

（7）平台管理。提供插件管理（图 9.6）、服务管理、用户权限管理、二次开发等功能。插件管理功能支持对各类标准化的插件进行组织管理、查询、删除。服务管理功能支持对平台各类应用服务进行在线注册、注销和组织管理。用户权限管理功能支持创建国家、地方、行业各类用户、用户角色和用户权限，按照业务需求对用户进行角色授权。二次开发功能提供多种开发接口，支持 HTML、JavaScript 开发语言，用户可以将已有的软件应用封装为标准插件，集成至平台应用服务中，满足行业应用需求。

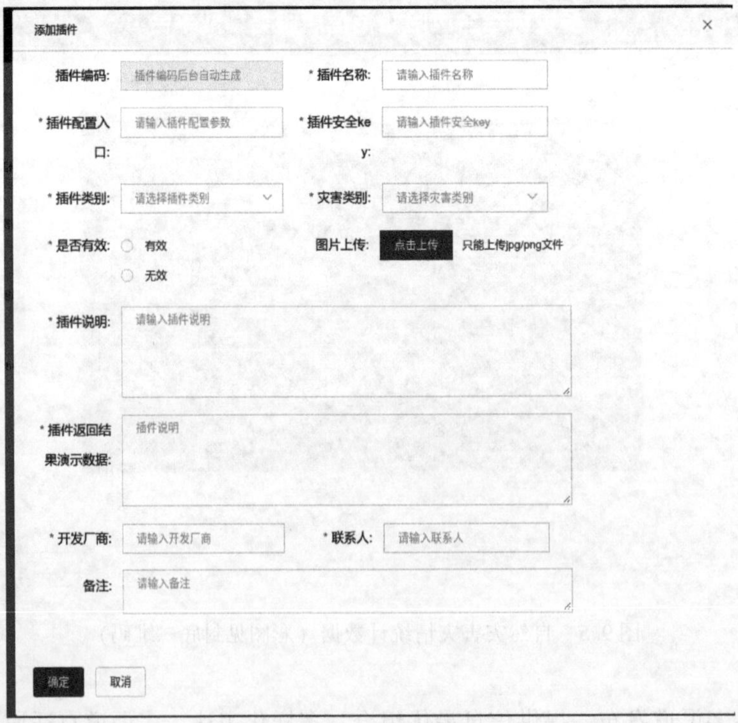

图 9.6　平台应用插件注册

（8）集成展示（图 9.7）。提供二维 - 三维可视化、专题图展示、灾害信息动态监控功能。二维 - 三维可视化功能以"天地图"地图服务为底图，增加了高分辨率卫星遥感影像地图服务和国省市县四级行政区划地图服务，支持二维 - 三维可视化方式展示自然灾害综合风险信息数据、灾害风险监测、灾害风险评估成果，同时为平台应用服务提供基础底图。专题图展示功能支持对专题图进行漫游、放大、缩小等操作。灾害信息动态监控功能支持过多期灾区遥感影像对比分析和灾区视频数据接入，动态监控灾害发展态势。

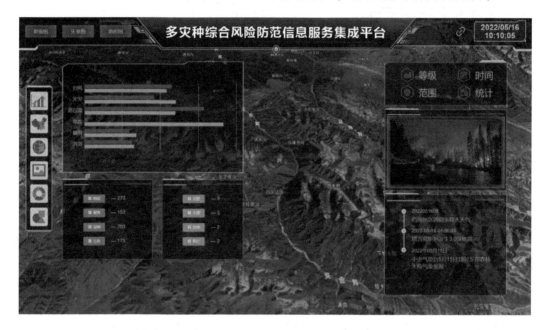

图 9.7　平台二维–三维展示界面（彩图见封底二维码）

9.1.2　研制多渠道信息发布的终端软件

电脑和手机是目前各级各类用户获取灾害风险信息的两类主要终端设备，这两类终端支持的客户端应用有 Web 网页、手机 APP、微信公众号、手机短信、微博等五种。项目围绕常态减灾与非常态减灾情境下政府灾害救助、灾害保险、社会力量参与综合减灾、公众防灾减灾等业务多渠道灾害风险信息服务需求，采用 .NET core 微服务框架，统一进行功能构建，研发了灾情速递、灾情报告、科普知识、机构信息、灾害上报、个人中心等六种应用服务（图 9.8），为五个客户端应用提供信息服务。

1. 六类应用服务功能

（1）灾情速递。提供地震、地质、洪涝、台风、雪灾、森林草原火灾等自然灾害灾情信息采集、上报、查询、浏览等功能，提供灾区天气信息获取功能。支持根据时间和灾种查询浏览灾情信息，基于用户位置查询浏览或推送灾情信息。

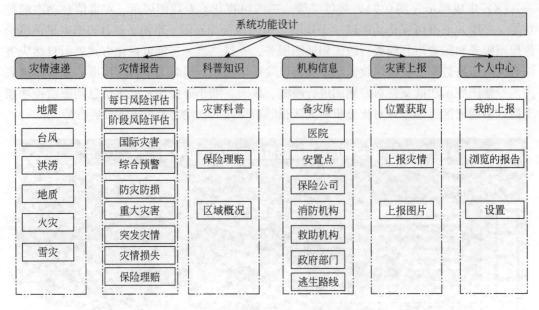

图 9.8　多渠道信息发布的终端软件功能

（2）灾情报告。提供灾害风险信息产品文件列表功能和表单式展示功能，支持用户在线查询、浏览产品文件，也支持用户通过表单页面浏览重大自然灾害的风险信息。信息产品包括每日风险评估、阶段风险评估、国际灾害、综合预警、防灾防损、重大灾害、突发灾情、灾情损失、保险理赔等。

（3）科普知识。提供防灾减灾救灾知识文本和链接，其中，链接提供摘要信息，支持用户在线浏览。主要包括自然灾害、保险理赔、灾区概况等三类信息。

（4）机构信息。提供各类防灾减灾救灾资源的在线查询浏览功能，支持用户快速查询到灾区周边各类救灾设施和机构的分布及其相关信息。主要包括备灾库、医院、安置点、保险公司、消防机构、救助机构、政府部门等。

（5）灾害上报。提供重大自然灾害灾情快速采集上报功能，支持用户快速采集上报灾害发生位置、灾害损失、灾情图片等信息。

（6）个人中心。提供用户活动记录、查询、管理功能，包括参与上报的灾害信息、查询浏览的灾害风险信息产品等。

2. Web 网页

Web 网页以网络浏览器为平台，向政府、社会力量、保险、公众等各类用户提供等灾害综合风险信息服务，Web 客户端"灾情助手网"发布灾害监测、灾害信息产品、防灾减灾知识等三类信息（图 9.9）。

（1）灾害监测。发布近期全国发生的地震、地质、洪涝、台风、雪灾、森林草原火灾等灾害情况，为用户提供列表和地图两种在线浏览灾害信息的方式。灾害详情页面提供灾害事件发生的时间、地点、致灾强度、灾情损失和救灾情况信息。

（2）灾害信息产品。发布每日风险评估、国际灾害等多种灾害风险信息产品，支持 pdf 版本产品下载。

（3）防灾减灾知识。提供防灾减灾知识的科普，如防范地震、洪涝等灾害科普。

图 9.9　多渠道信息发布的终端软件——Web 端主页（彩图见封底二维码）

3. 手机 APP

手机 APP（图 9.10）相较于 Web 网页增加了用户登录、注册及灾情上报功能，主要面向政府、保险公司和社会组织三类认证用户提供服务，根据用户类型精准推送灾害综合风险信息产品。

(a) 手机APP首页　　　　(b) 用户认证及用户登录APP页面

图 9.10　多渠道信息发布的手机 APP 页面

（1）灾情速递。推送近期全国发生的地震、地质、洪涝、台风、雪灾、森林草原火灾等灾害情况，支持用户通过列表和地图两种方式在线浏览灾害信息。点击列表或者地图中的每个灾害事件，进入灾害详情页面。

（2）灾情报告。根据用户访问权限为用户精准推送灾害综合风险信息产品。如灾害预警报告包括灾害预警提醒、防御指南等内容。

（3）灾情上报。支持用户选择灾害发生地点、灾害类型采集上报灾情，包括文字描述和图片。也支持用户在重大灾害现场即时采集上报灾情，定位到用户位置，点击报灾进入灾情采集详情页面，录入灾情信息再上报。

（4）知识库。包括防灾减灾知识和机构信息。防灾减灾知识提供灾害科普、保险理赔和地区概况信息。其中，灾害科普主要宣传灾害知识，保险理赔主要用于推介灾害保险产品，地区概况主要介绍全国各级行政区的概况。机构信息提供备灾库、医院、安置点、保险公司、消防机构、救助机构、政府部门等各类机构信息列表等，点击链接可以导航到机构网站。

（5）个人中心。分为浏览的报告、我的上报、设置等功能，点击浏览的报告，可进入该用户浏览过的报告页面，点击我的上报可看到用户上报过的灾情，设置页面进行用户个人信息的修改。

4. 微信公众号

微信公众号提供手机 APP 全部功能，且页面相同，这里不再一一赘述。微信公众号主要面向政府、保险公司和社会组织三类认证用户提供服务，支持微信用户与系统认证用户的绑定，可以通过微信公众号向认证用户推送灾情速递和灾情报告等信息产品。

5. 微博

微博主要面向公众推送自然灾害综合风险信息，内容包括文本、图片和链接。点击链接可跳转至手机 APP 灾情速递页面，使用户全面了解灾害事件的灾情和救灾工作情况。

6. 手机短信

手机短信主要面向政府、社会组织和保险公司认证用户提供服务，基于短信平台，向用户推送灾情速递、灾情报告等信息产品。短信内容包括灾害信息简介和链接，点击链接可跳转至手机 APP 灾情速递页面。

9.1.3 建设应用示范数据库

1. 数据库体系设计

数据库承担管理自然灾害综合风险信息数据、支撑多灾种综合风险防范信息服务平台运行的双重职责。数据库体系建设可以采取"分级部署、虚实结合、联动更新"的技术方案。其中，分级部署指为各级灾害管理部门分别建设数据库，管理本级行政区自然灾害风险信息数据，支撑本级自然灾害防治和重大灾害应急处置工作。虚实结合指在国、省两级可以建设实体数据库，省级以下地方可以在省级数据库中创建虚拟数据库，依托省级平台支撑地方工作。联动更新指国家和省两级数据库通过数据共享交换平台连接成一个星形网络系统，纵向互联互通、共享交换、分布式运维管理。

国家和省两级实体数据库采用统一的空间参考系统、统一的数据标准和统一的数据治理方法，存储管理基础地理信息数据、社会经济统计数据、涉灾部门数据、互联网与物联网数据、新灾应用数据、系统运行数据、灾害风险信息产品数据等七大类数据资源。其中，国家级数据库主要存储基础地理信息数据，应急管理、地震、地质、气象、水旱、海洋、林草、住建、交通、保险等涉灾行业部门数据，社交媒体、网络舆情、路网监测等互联网与物联网数据，无人机、高分卫星影像、中低分卫星影像等新灾应急数据，用户、日志、状态监控等系统运行数据，灾害风险信息产品数据。省级数据库主要存储涉灾部门数据、社会经济统计数据、基础地理信息数据、系统运行数据、灾害风险信息产品数据。

国家和省两级数据库实行定期数据交换机制。基础地理信息数据从国家级数据库按需定向分发给省级数据库，灾害风险信息产品数据按需从各省级数据库中按需汇集到国家级数据库，国家和省两级数据库中的部分数据按需保持数据同步。多灾种综合风险防范信息服务集成数据库总体体系设计如图9.11所示。

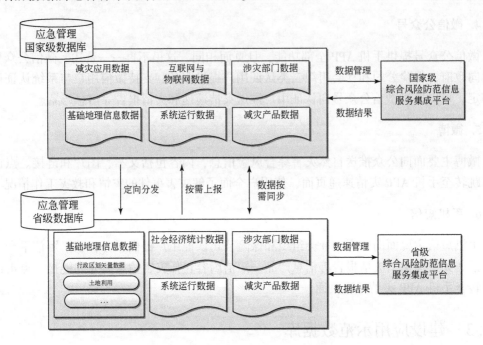

图9.11　多灾种综合风险防范信息服务集成数据库总体体系设计

2. 数据库存储

采用"分布式文件系统+关系数据库"方式。其中，分布式文件系统采用Hadoop平台的HDFS进行数据存储，关系型数据库采用Postgres集群环境进行存储。各类数据存储方案如图9.12所示。

1）分布式文件系统

分布式文件系统主要存储基础地理信息数据和新灾应用数据，其中，新灾应用数据包括无人机影像、高分卫星影像、中低分辨率卫星影像。分布式文件系统采用主/从结构：主节点执行文件系统的目录管理操作，包括目录的建立、打开、关闭、重命名和删除操作，同时决定块到具体某个从节点的映射，从节点在主节点的调度下进行块的创建、删除、复制等操作。下载时，可同时从节点获取一个文件的不同部分，提高数据的吞吐效率。

2）关系型数据库

关系型数据库主要存储涉灾部门数据、互联网和物联网数据、社会经济统计数据、系统运行数据、灾害风险信息产品数据。关系型数据库在国家和省两级平台分别部署，数据

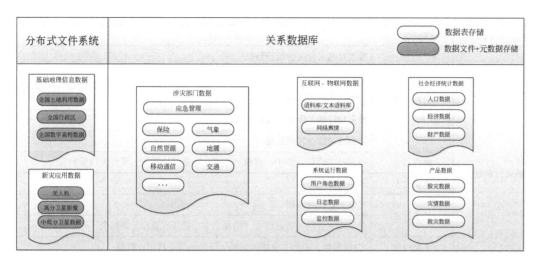

图 9.12　数据库存储架构

资源按照一定的规则进行组织关联，采用关系型数据库工具进行管理，方便数据查询、检索等操作。

3. 数据库内容

应用示范数据集涉及行业多、门类广，项目采用"复用+整理"的模式进行建设，共收集整理了五类 24 项数据（表 9.1）。这些数据可有效支撑了平台关键技术验证和业务应用示范工作。

示范数据集主要覆盖广东、贵州和云南三个示范区，由国家和省两级灾害管理部门、保险公司分别收集整理。项目组为国家级数据库收集了基础地理信息数据、涉灾行业数据、互联网和物联网数据、新灾应用数据等，平台底图数据接入了"天地图"地图服务。示范区灾害管理部门收集整理了本地社会经济统计数据，并结合各地自然灾害风险特点收集整理了历史灾害数据，如广东省的台风灾害数据，贵州省的洪涝和滑坡泥石流灾害数据，云南省的地震灾害和林业火灾数据。

表 9.1　应用示范数据集建设内容

类别	数据集名称
基础地理 信息数据	天地图服务引擎
	行政区划数据
	数字高程数据
	土地利用数据（LULC）
社会经济 统计数据	人口（分布、结构、流动等）
	经济（GDP、产业结构、固定资产投资、居民收入等）
	财产（固定资产、流动资产、家庭财产、公共财产）

类别		数据集名称
涉灾行业数据	应急行业	重大自然灾害灾情统计数据
		卫星遥感数据
		救灾应急响应数据
		救灾物资储备库分布及物资情况
		社会力量综合减灾数据
	地震行业	地震基本信息（震中、震级、烈度、直接经济损失、死亡人口等）
	地质行业	地质灾害隐患点
	气象行业	气象要素观测数据
		台风基本信息（登陆位置、路径、中心低压、直接经济损失、死亡人口等）
	工信行业	主叫/被叫、短信、位置区切换、开关机等手机信令数据
	交通行业	路网监控视频/照片
	保险行业	承保、理赔、再保等数据
互联网和物联网数据	语料库/文本语料库	人工标记的语料样本
	网络舆情	灾情相关信息和应急救助需求
新灾应用数据	无人机	倾斜摄影3D建模
	高分卫星影像	Wordview-4
	中低分卫星数据	Landsat、哨兵、MODIS等

9.2　信息服务业务体系建设实践

9.2.1　建设信息服务的产品体系

依据项目要完成的信息服务要求，以及针对三个行业的前期调研，项目设计了针对政府灾害救助、社会组织和灾害保险的产品体系，并在广东、贵州和云南开展示范。这些产品的形式主要以报告、专题图表的形式展现。依据服务对象的不同，可分为面向政府灾害救助类用户服务产品、面向社会组织类用户服务产品和面向灾害保险类用户服务产品，通过细分用户产品，达到精准服务的目的。项目设计的产品体系主要针对政府灾害救助类用户，针对社会组织和灾害保险类用户的产品主要是有行业用户在获取政府灾害救助信息产品的基础上生产加工，具体分类如下。

1. 面向政府灾害救助类用户服务产品

中国当前的灾害管理模式依然是以政府为主导，这是中国的基本国情决定的。因此，项目设计的多灾种综合风险防范服务产品体系的主要用户是各级政府和灾害管理部门。从常态减灾到非常态救灾，从灾前预警，到灾中应急，再到灾后恢复重建，从各单灾种的监测和评估，到多灾种的综合评估，产品基本覆盖了灾害管理的全过程和全链条，为中国政府部门和灾害管理部门提升灾害综合风险防范工作能力，提供了科学的参考。

依据项目任务，在开展示范应用时重点关注的是台风、地震、滑坡和泥石流灾害，因此我们的产品主要有以下类别（表9.2）。

表 9.2　面向政府灾害救助类用户服务产品

产品类别	一级产品	二级产品	产品形式
灾害监测	灾害监测产品	台风、地震、洪涝、地质灾害监测产品	专题图表、报告
	重点目标监测	高风险区监测	专题图表、报告
		典型区监测	专题图表、报告
		重大工程/活动监测	专题图表、报告
	舆情监测	国内灾害舆情动态	专题图表、报告
		国际灾害舆情动态	专题图表、报告
	基层险情信息采集产品	险情信息	专题图表、报告
风险评估预警	不同时段灾害综合风险产品	每日、周、月和年灾害综合风险	专题图表、报告
		重要时段灾害综合风险	专题图表、报告
	重大灾害风险评估产品	台风、洪涝、地质、地震风险监测评估	专题图表、报告
	国际灾害风险评估产品	国际灾害风险监测评估	专题图表、报告
	多灾种综合预警产品	灾害综合预警	专题图、报告
	防灾防损信息产品	防灾防损信息	专题图表、报告
灾情分析评估	灾情分析产品	重大灾害过程灾情分析产品	专题图表、报告
		昨日灾情	专题图表、报告
		每日灾情	报告
		一周灾情分析	报告、专题图表
		月度灾情分析	报告
		年度灾情分析	报告
	突发灾情产品	突发灾情信息	报告、专题图
	灾害损失快速评估产品	地震损失快速评估	专题图、报告
	灾害损失评估产品	台风、洪涝、地震和地质灾害损失评估	报告、专题图表
	特别重大灾害损失综合评估产品	台风、洪涝、地震、地质灾害损失综合评估	专题图表、报告
	灾害损失核查评估产品	台风、洪涝、地震、地质灾害损失核查评估	报告、专题图表
	灾害救助需求能力评估产品	冬春期间受灾群众临时生活困难救助需求评估	报告、专题图表
	国际重大灾害评估产品	国际重大灾害评估	报告、专题图表
	自然灾害调查评估产品	自然灾害调查评估	报告、专题图表
	灾害保险快速理赔产品	灾害保险快速理赔产品	报告

2. 面向社会组织类用户服务产品

随着社会的发展和人民生活水平的提高，越来越多的专业人士因为兴趣、爱好等，组建了各种各样的专业的应急救援社会组织。这些组织具备专业素养的技术人员的储备，且具有应对灾害的专业设备配备，都是对政府灾害救助力量的极好的补充。从最近的多次重大灾害的救助中发现，越来越多的社会组织参与了灾后救援，且发挥的积极作用越来越明显。

为社会组织提供服务产品的目的主要有两个方面。一方面是提供阶段性灾害风险信息，使其更有目的性地储备相应救援物资和制定灾害应对策略；另一方面是突发灾情信息和灾害评估类信息，使其更好地参与灾害的应急救援工作。因此，面向社会组织类用户的服务产品主要包括风险评估预警和灾情分析评估，详见表9.3。

表9.3　面向社会组织类用户服务产品

产品类别	一级产品	二级产品	产品形式
风险评估预警	不同时段灾害综合风险产品	每日、周、月和年灾害综合风险	专题图表、报告
	重大灾害风险评估产品	台风、洪涝、地质和地震风险监测评估	专题图表、报告
灾情分析评估	灾情分析产品	重大灾害过程灾情分析产品	专题图表、报告
	突发灾情产品	突发灾情信息	报告、专题图
	特别重大灾害损失综合评估产品	台风、洪涝、地震和地质灾害损失综合评估	专题图表、报告
	灾害救助需求能力评估产品	冬春期间受灾群众临时生活困难救助需求评估	报告、专题图表
	自然灾害调查评估产品	自然灾害调查评估	报告、专题图表

3. 面向灾害保险类用户服务产品

灾害保险是普通居民降低灾害损失和保障灾后基本生活的重要手段之一。因此，无论是个人还是政府都在与保险公司尝试着各种业务合作。保险公司作为带有成本经营性质的业务单位，如何尽可能地减少灾害引起的损失，减少灾后的理赔比例，是行业关注的重点。因此，为其提供服务产品的目的主要有两个方面。一方面是灾害来临前的预警信息，使其更好地做好灾前风险应对措施，减少参保户的出险率；另一方面是灾害发生后的有关灾情的精准评估，可为其精准和快速理赔提供依据。另外，灾害保险业较为关注长时间序列的灾情数据，可为其构建保险产品提供科学依据。因此，面向灾害保险类用户的服务产品主要包含灾害监测、风险评估预警和灾情分析评估，详见表9.4。

9.2.2　多行业的示范平台建设

项目建立了面向多用户、多灾种的综合风险防范信息集成服务平台，实现了融合产品研发、产品制作、产品发布为一体的信息产品服务链条（详细情况见9.1节），提升了灾害风险信息服务效率。平台基于"微内核+插件"架构，实现了系统扩展、应用的灵活性和轻量化。

表9.4　面向灾害保险类用户服务产品

产品类别	一级产品	二级产品	产品形式
灾害监测	灾害监测产品	台风、地震和洪涝、地质灾害监测产品	专题图表、报告
	重点目标监测	高风险区监测	专题图表、报告
		典型区监测	专题图表、报告
		重大工程/活动监测	专题图表、报告
风险评估预警	不同时段灾害综合风险产品	每日、周、月和年灾害综合风险	专题图表、报告
		重要时段灾害综合风险	专题图表、报告
	重大灾害风险评估产品	台风、洪涝、地质和地震风险监测评估	专题图表、报告
	多灾种综合预警产品	灾害综合预警	专题图、报告
	防灾防损信息产品	防灾防损信息	专题图表、报告
灾情分析评估	灾情分析产品	重大灾害过程灾情分析产品	专题图表、报告
		月、年度灾情分析	报告
	突发灾情产品	突发灾情信息	报告、专题图
	灾害损失快速评估产品	地震损失快速评估	专题图、报告
	灾害损失评估产品	台风、洪涝、地震和地质灾害损失评估	报告、专题图表
	特别重大灾害损失综合评估产品	台风、洪涝、地震和地质灾害损失综合评估	专题图表、报告
	灾害损失核查评估产品	台风、洪涝、地震和地质灾害损失核查评估	报告、专题图表
	灾害保险快速理赔产品	灾害保险快速理赔产品	报告

1. 平台的部署

为更好地完成项目的省级示范应用，多灾种综合风险防范信息服务系统将采用"中央、省"两级部署（图9.13），支持"中央—省—地（市）—县（区）"四级应用的服务模式。

在应急管理部国家减灾中心和中国人民财产保险公司的硬件平台上分别部署多灾种综合风险防范信息服务软件系统，负责中央各部委数据（产品）接入以及网络大数据灾害信息挖掘，制作全国以及区域性多灾种综合风险防范信息服务产品，为应急管理部、国家减灾委员会成员单位、各省（自治区、直辖市）应急管理厅（局）及中国人民财产保险公司省级分公司、社会组织、社会公众提供服务。

在示范省的减灾中心及中国人民财产保险公司省级分公司的硬件平台上分别部署多灾种综合风险防范信息服务软件系统，负责省涉灾厅（局）数据（产品）接入以及网络大数据灾害信息挖掘，制作全省以及区域性多灾种综合风险防范信息服务产品，为应急管理

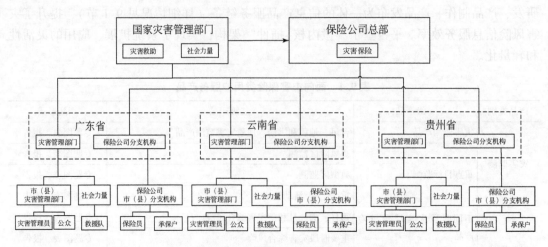

图 9.13　中央—省示范平台总体部署架构图

厅（局）、省减灾委成员单位、各地（州、市）应急管理局及中国人民财产保险公司市县子公司、社会组织、社会公众提供服务。

地（市）、县（区）两级应急管理局不部署系统，通过工作站，采取用户授权访问的方式登录省级系统，开展本辖区内灾害救助、灾害保险、社会力量参与综合减灾产品信息服务。

移动端的应用包括 APP、微信公众号、手机报等直接部署于政府各级灾害管理人员、保险公司各级管理业务人员、社会组织的各级管理人员、专业救援队、社会救援队、社会公众等各类终端用户的手机及移动智能设备。

2. 与现有平台的融合

为使多灾种综合风险防范信息产品服务在数据获取和产品服务方面完整性更强，国家减灾中心现有业务平台可接入信息服务平台，实现平台间的数据、产品交互。接入系统的减灾中心现有业务平台包括以下几点。

（1）国家自然灾害灾情管理系统：一方面为平台提供灾情数据信息，另一方面还可以提供灾害管理人员数据库信息；

（2）灾害监测与评估业务系统：为平台提供各阶段灾害评估产品，平台为该系统提供产品制作所需数据；

（3）社会力量参与救灾信息系统：为平台提供社会力量组织机构、各机构的人员和设备规模、组织机构分布情况等信息；

（4）北斗综合减灾应用系统：为平台提供终端用户位置信息以及基于北斗定位的灾情、人员搜救、物资调度等信息。

9.2.3　构建全流程业务运行机制

随着应急管理部的成立，中国灾害管理也进入了专业化、科学化的发展道路上，灾害管理业务需要精准、高效的业务化应用。项目研发的多灾种综合风险信息服务平台是对快速启动产品制作、科学产出产品结果、精准服务行业用户的一种全新的自动化工作的尝试。

1. 产品制作的启动机制

每一种灾害的发生，均有关键致灾因子，再加上其他因素的共同作用导致了灾损的出现。为做好防灾减灾工作，针对不同的灾害种类，选取关键的灾害监测指标，能够较好地做好灾害预警及灾损的减少。

1）触发指标选取

除地震灾害外，影响我国的台风、洪涝、滑坡和泥石流等主要灾害的发生均高度依赖气象和水文因子，如中心风力数据、降雨量数据、水位数据、流量数据、水文控制断面信息等。另外，一些重要的下垫面信息指标也直接影响到触发机制的科学制定，如土壤含水量数据、坡度、地质构造、居民点距离位置等。地震灾害的触发指标为地震台网中心发布的震情信息。表9.5为依据业务工作实际选取的一些关键致灾因子，作为项目产品制作触发指标。同时，多灾种综合风险信息服务平台接通多行业部门数据库，针对关键致灾因子开展实时监控。

表 9.5　主要预警指标名称及指示主要灾害类别

序号	指标名称	指示主要灾害类别
1	实时降水量数据	洪涝、滑坡、泥石流、暴雨
2	降水预报数据	洪涝、滑坡、泥石流
3	气温数据	低温冷冻
4	水位数据	洪涝
5	土壤墒情数据	干旱、洪涝、滑坡、泥石流
6	海浪高度	风暴潮
7	中心风力数据	台风

2）产品制作触发机制

依据灾害管理过程，灾害救助类产品涵盖常态减灾、灾前预警、灾中救援和灾后恢复重建各阶段，其产品制作触发机制也有所区别。信息产品制作的触发依据主要为发灾周期、临灾时间、发灾时间和其他依据灾害管理周期所需的时间节点。以预警产品为例，台风的预警产品触发时间多为灾前48小时，另外灾前24小时和灾前6小时等多个时间周期内均会持续预警。洪涝灾害预警产品触发时间多为灾前24小时，山洪灾害预警产品多以小时为计。

2. 产品的制作机制

当产品完成触发后，系统将进入产品的制作阶段。主要完成的工作有模板调用、插件调用、数据调用，最后生成报告，形成信息产品。

1）模板调用

产品制作机制被触发以后，系统会首先依据触发指标和触发机制，确认灾害种类，接着会确认产品类型，判断当下产品制作是预警产品、监测产品、灾损评估产品、灾情统计产品的哪一种，然后到模板库调用相应的产品制作模板。

2）插件调用

为提升信息服务产品的科学性和完整性，依据项目任务书要求，项目研发了包括基于网络大数据的致灾和灾情等要素数据融合的插件。产品模板调用后，模板所需的多种重要信息，包括实时灾情信息、致灾因子信息、评估信息等，均通过相应的模型插件运行生成，对于目前形成的自下而上的灾情逐级上报机制，是很好的补充，也更加快捷。

3）数据调用

产品制作的过程中除了调用评估数据融合类插件外，还会用到多种行业数据信息、历史灾情数据信息、基础地理信息等数据。这些数据的应用一方面依赖于平台数据库，另一方面依赖于多部门业务系统与应急联动服务接入插件提供的行业接入数据，还有基于网络数据插件形成的灾情、致灾和救灾信息数据等。跨平台、跨行业、多领域的数据应用，丰富了产品信息来源，使产品信息更具完整性。

3. 产品的发布机制

1）产品发布的审核

因为灾害数据具有一定的敏感性，尤其是灾情数据，如果不做审核便对公众发布，可能会造成社会恐慌心理，不利于灾害管理。同时，为保障信息服务产品的质量，系统生成的信息产品需要确认。因此，平台生成的产品均需通过审核后方能发布。例如，灾情信息需要与主管灾情的司局汇报核实，灾害的预警信息也要向主管业务司局汇报核实，必要的时候还要向更高级别管理人员汇报，审核后方可以统一口径对外发布，避免因为统计方式不统一而造成信息差异等，破坏行业信息的权威信誉。

2）多行业用户的服务

信息产品一旦审核通过，将通过多灾种综合风险信息服务平台设立在应急管理部和中国人民财产保险股份有限公司的中央级平台，分别向政府灾害管理部门、社会组织和保险行业的各级用户分享信息产品服务。其中政府灾害救助和保险行业用户，可以直接通过设立在中央的服务节点来服务中央级用户，再通过省厅的省级节点完成信息产品在省、市、县级的分发与共享。社会组织的信息服务则主要通过与应急管理部的社会应急力量管理系统对接，开展信息产品的相关服务。常态减灾阶段产品主要服务政府灾害和社会组织，灾前预警、灾种应急阶段产品除了服务于政府灾害救助、灾害保险和社会组织力量外，还应对面向公众开放，恢复重建阶段信息产品则重点服务政府部门用户和公众。

3）信息发布渠道

项目探索了基于微信、微博、Web、手机APP和纸质报告为主的信息产品发布渠道，依据服务对象的不同，采用的信息产品发布渠道也有差异。从用户的角度出发，需要各级政府部门和保险行业核心用户知悉、采取应对的灾害信息服务产品多以纸质报告或正式公文的形式逐级下发，各层级的普通灾害管理人员则通过手机简报的形式获取。社会组织力量则需要通过公众号、Web 端或手机 APP 获取。社会公众则以微博、手机 APP、Web 端、微信公众号获取信息（图 9.14）。

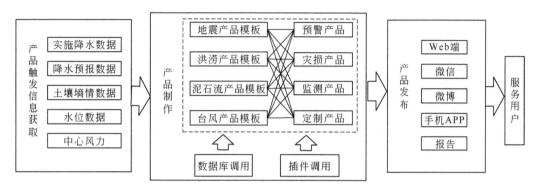

图 9.14　业务流程图

9.3　重大灾害应急实例

9.3.1　基于移动通信大数据的灾区人口受灾情况评估方法

2019 年 6 月 17 日 22 时 55 分，四川省宜宾市长宁县发生 6.0 级地震，震源深度 16km。四川、重庆、云南、贵州多地对此次地震有感。此次地震给长宁县造成了严重的人员和财产损失。本实例将基于移动通信用户大数据（以联通用户数据为统一口径），研究分析此次长宁地震前后，目标区域内（即四川省宜宾市长宁县，下同）用户属性特征分布、用户轨迹分布，建立用户信息及信令数据与目标区域内人口受灾情况之间的关系，对目标区域内灾情进行评估。

1. 目标区域用户特征分析

本节分析目标区域用户的人员特征属性，包括出行特征、用户基础属性特征、用户偏好特征。目标群体为 5 月在四川省宜宾市长宁县居住、工作，或者 5、6 月为长宁内稳定人口的人群。

1）用户基础特征

对目标区域内用户的特征属性进行统计分析，能够宏观掌握该区域内人员的性别、年龄、手机品牌及业务发生情况、出行及用户偏好等属性特征，为灾情评估和规划决策提供基础性数据支撑。本方法定义的用户特征模型如下。

用户基础特征：性别、年龄、手机品牌、话费情况、通话时长、使用流量等。依托运营商实名制信息、手机终端上网日志以及 APP 使用情况分析人口属性特征。

图 9.15 为目标区域用户年龄及性别占比，该图显示区域内老龄化现象较为严重，60 岁以上的人群占比较高，达到 28%，其中 60 岁以上的女性占比高于男性约 6%。

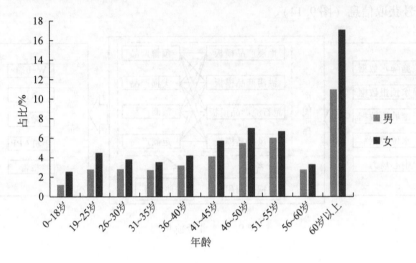

图 9.15 目标区域用户年龄及性别占比

图 9.16 为目标区域的用户话费使用分布情况，月话费消费小于等于 50 元的占比达 78.32%。

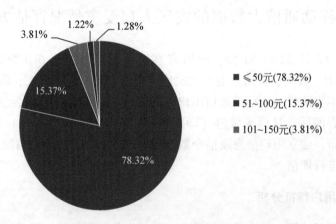

图 9.16 目标区域的用户话费使用分布情况

2) 用户出行特征

用户出行特征：本地、异地出行相关的出行时刻、出行时长、出行目的、出行距离、出行方式、出行天数等。依托运营商信令数据，按照停留 30 分钟即为驻留，否则为出行状态的判定逻辑。

分析用户出行特征，取用用户离线轨迹数据，统计目标区域人群的出行特征，包括出行方式、出行距离、出行时长。

图 9.17 为目标区域内稳定人群 16～18 日的出行总距离以及出行总时长。地震发生后，即 18 日出行总距离、出行总时长均大幅提升。

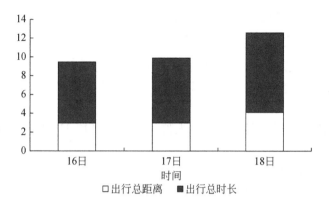

图 9.17　目标区域内稳定人群 16～18 日的出行总距离以及出行总时长

出行总距离单位：10^9m；出行总时长单位：10^8s

图 9.18 为目标区域内稳定人群出行距离分布图，其中震后当日长距离出行的人数增多。

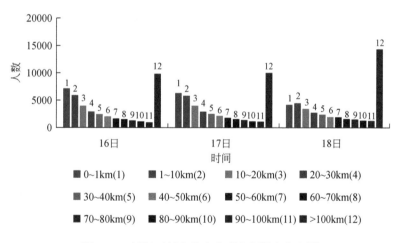

图 9.18　目标区域内稳定人群出行距离分布图

2. 灾情评估

1）区域内疑似伤亡人群

取长宁县在 2019 年 6 月 17 日 20：23 时有通话（包括主叫和被叫）、短信、上网等行为产生，但 6 月 17 日 23 时至 6 月 18 日 23 时均无电话、短信、上网日志数据，且在此期间内位置无移动产生的人群，视为疑似伤亡人员，共 71 人。

2）区域内疑似失联人员

疑似失联人群判别方法：地震前3小时有信令数据产生，地震后3小时无任何信令数据产生，视为疑似失联人群，统计得到的数量为0人。

3）区域内呼叫特定救援号码的人员数量

灾前、灾后拨打过救援电话（匪警电话110，火警电话119，急救电话120，红十字会急救电话999，交通报警122）的人员即为呼叫特定救援号码的人员，统计该群体人员数量。

2019年6月17日在长宁县范围内的人群，在灾前（17日22：55：00之前）拨打过救援电话的有32人。

2019年6月17日、18日在长宁县出现过的人群，在灾后（17日22：55：00之后以及18日）拨打过急救电话的增至99人。

由此可见，灾后拨打救援电话的人显著增多。呼叫救援电话的人群主要集中在长宁县城区（长宁镇）和双河镇区域。图9.19（a）为花滩镇、硐底镇、竹海镇等多地均有呼叫救援电话发生。图9.19（b）为长宁县城区和双河镇呼叫救援电话人群所在的六边形区域。

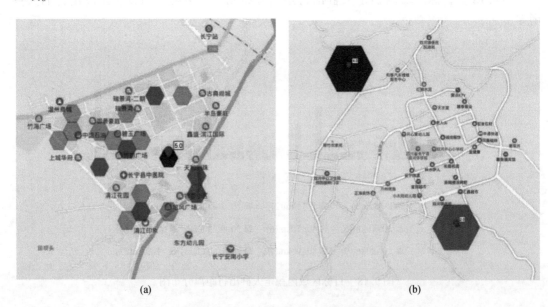

     (a)   (b)

图9.19　呼叫救援电话人群分布

4）区域内重点聚集区域人流

以半径500m的六边形将长宁县栅格化，统计每个栅格2019年6月15~18日的每5分钟的人流变化数据，可以得到如图9.20所示点所在的栅格为人流变化最剧烈的地点。

经信令大数据及用户行为数据推算受灾人群聚集地位置如下。

靠近：中国四川省宜宾市长宁县双河镇；

图 9.20　推测受灾人群聚集地

周边：距长宁县双河镇政府约 535m；

参考：四川省宜宾市长宁县双河镇东南方向；

经纬度：104.886597°E，28.375097°N。

2019 年 6 月 18 日，该推测聚集地点 500m 范围内，人群相比于 15～17 日，显著增多。15 日平均人流为 787.57，16 日平均人流为 775.37，17 日平均人流为 798.73，18 日平均人流为 1142.94。

6 月 15 日 9：45～9：50，该推测聚集地点 500m 范围内，人群数为 822 人；6 月 16 日 9：45～9：50 该地点人群数为 828 人；6 月 17 日 9：45～9：50 该地点人群数为 963 人；而 6 月 18 日 9：45～9：50，该地点人群数为 1740 人。

图 9.21 为 2019 年 6 月 15～18 日推测聚集地点 500m 范围内的人流量，其中灾前人流量相对稳定，灾后人流量增多。因此，判断该地区为重点聚集区域。

9.3.2　基于网络数据的台风灾害信息提取与产品服务

2019 年 8 月 10 日，超强台风"利奇马"在我国浙江省温岭市登陆，登陆时中心附近最大风力 16 级。随后纵穿浙江、江苏、山东三省，给沿途各省带来了严重的人员和财产损失。此处以"利奇马"台风灾害的灾中应急阶段为例，选取政府用户的台风监测产品和社会力量用户的现场灾情、救援保障产品进行案例分析演示。

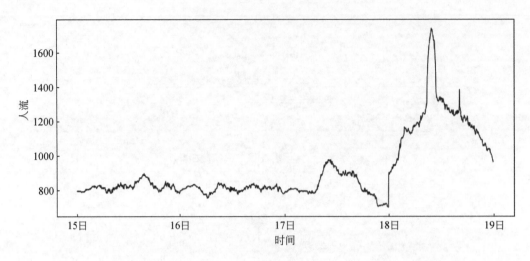

图 9.21　2019 年 6 月 15 ~ 18 日推测聚焦地点，500m 范围内人流量

1. 信息筛选

根据第 4 章综合风险防范信息产品表达需求分析结果，确定了台风灾中应急阶段所需的产品，使用 AHP 对产品信息进行重要性筛选。首先构建了基于政府和社会力量的层次模型，目标层是灾害信息的重要性评价，准则层是必要性和数据可获取性，其中信息的必要性对应抗灾力的程度，如果该信息能在一定程度提升抗灾力，则认为该信息是有必要的；信息的数据如果不可获取，则会影响信息的表达，因此，选择这两个准则因素来作为准则层。方案层是各类需求信息。结合减灾中心应急管理部门专家积累的先验知识进行专家打分，最终得出的权重分布如图 9.22 所示。其中，目标层对应图 9.22 中的红色方框，准则层对应图中的绿色方框，方案层对应图中的蓝色方框。

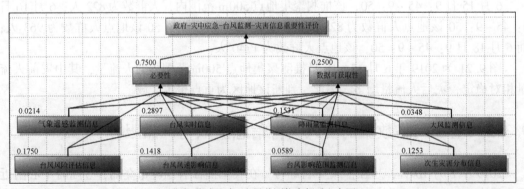

(a) 政府-灾中应急-台风监测信息权重分布图

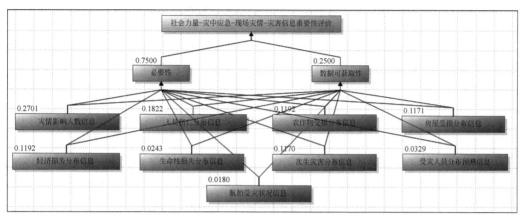

(b) 社会力量-灾中应急-现场灾情信息权重分布图

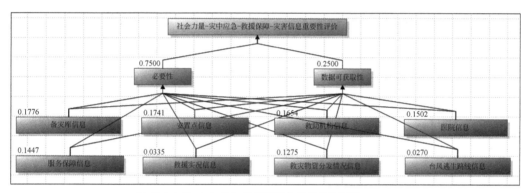

(c) 社会力量-灾中应急-救援保障信息权重分布图

图 9.22　信息权重分布图

　　各种信息则按照权重值由大到小进行排序，对于政府的台风监测产品，含有八个信息，平均值为 0.125，大于该值的信息由大到小排列为台风实时信息、台风风险评估信息、降雨量监测信息、台风风速影响信息、次生灾害分布信息。对于社会力量的现场灾情产品，含有九个信息，平均值为 0.111，大于该值的信息由大到小排列为灾情影响人数信息、人员伤亡分布信息、农作物受损分布信息、经济损失分布信息、房屋受灾分布信息、次生灾害分布信息。对于社会力量的救援保障产品，含有八个信息，平均值约为 0.125，大于该值的信息由大到小排列为备灾库信息、安置点信息、救助机构信息、医院信息、服务保障信息、救灾物资分发情况信息。

2. 台风灾害信息爬取和提取

　　分别针对台风专业网站和社交媒体平台，以"台风利奇马"为搜索词爬取了中央气象台台风网、百度百科、中国气象数据网、中国天气台风网、百度坐标拾取网，其中中央气象台匹配"时间""最大风速""中心气压""移动方向""移动速度""经度""纬度"关键词，百度百科匹配"台风影响"关键词，中国气象数据网匹配"观测时间""气象站点编号""降雨量""地名"关键词，中国天气台风网匹配"时间""风速""影响""灾情"关键词，百度坐标拾取网匹配"备灾库""安置点""救助机构""医院""名称""地址""坐标"关键词。对于结构化信息，匹配到关键词则直接将对应数据进行保存，对于半结构化信息，按照表 9.6 正则匹配规则进行匹配，进而转化为结构化信息。

表 9.6　台风专业网站半结构化信息正则匹配表

信息	正则匹配规则	举例
时间	(\d{4}年)?(\d{1,2}月)?(\d{1,2}日)(\d{1,2}时)?|\d{4}-\d{2}-\d{2}\d{2}:\d{2}	2019 年 8 月 10 日 10 时|2019-08-1010:20
受灾人数	(导致|造成|已到)(.*?)([0-9]\d*\.\d*|\d{1,})(.{0,2})|(人受灾)|(受灾)(.*?)([0-9]\d*\.\d*|\d{1,})(.{0,2})(人)	"利奇马"共导致江苏 14.1 万人受灾|江苏已受灾 14.1 万人
转移安置人数	(转移安置)(.*?)([0-9]\d*\.\d*|\d{1,})(.?)(人)|([0-9]\d*\.\d*|\d{1,})(.?)(人)(.*?)(转移安置)	紧急转移安置 120.2 万人|204 万人紧急转移安置
房屋倒塌数	(造成)?([0-9]\d*\.\d*|\d{1,})(.{0,2})(间房屋倒塌)|(倒塌房屋)([0-9]\d*\.\d*|\d{1,})(.{0,2})(间)	造成 5300 万余间房屋倒塌|倒塌房屋 3318 间
死亡人数	([0-9]\d*\.\d*|\d{1,})(.{0,2})(人死亡)|(死亡)([0-9]\d*\.\d*|\d{1,})(.{0,2})(人)	超强台风"利奇马"共造成永嘉县 22 万人受灾|因灾死亡 3 人
农作物受灾面积	(农作物受灾面积)([0-9]\d*\.\d*|\d{1,})(.{0,2}公顷)	全省农作物受灾面积 175400 万 hm²
经济损失	(经济损失)([0-9]\d*\.\d*|\d{1,})(.{0,2})(元)	直接经济损失 7900 余万元

社交媒体网站选择微博进行获取数据，以"台风利奇马"为搜索关键词获取 2019 年 8 月 10~14 日期间的微博数据 9465 条，然后根据第 4 章的文本分类模型进行分类，各个类别分类标准如表 9.7 所示，数量如图 9.23 所示。

表 9.7　分类标准

类别	描述	举例
抢险救援	政府和社会力量提供的救援以及救灾的情况	快讯：10 日中午，全省防汛防台工作会议后，工作组赶赴温州，检查指导抢险救灾工作
次生灾害	台风引发的次生灾害，如洪涝、暴雨等灾害	ABC 新闻：超强台风山竹重创菲律宾飓风弗罗伦斯致北卡罗来纳洪水泛滥@可可英语网 O 网页链接
服务保障	台风过后，相关人员进行的保障工作	#防御台风"山竹"#某市卫计委，市 120 急救中心通宵值守，总体协调，确保全市急救快速反应，保障全市人民生命安全
恢复重建	灾后道路、损毁的房屋、教育等的恢复与重建信息	关注台风动向，科学应对台风影响，减少灾害损失，迅速恢复生产

续表

类别	描述	举例
募捐	捐赠信息的发布以及捐赠数量的描述	#875 风雨最前线#今天下午（8 月 24 日），某集团有限公司第一时间通过珠海市红十字会，为"天鸽"强台风灾害捐款 1000 万元，用于灾后市政道路的清理和恢复。市领导、市红十字会长代表市红十字会接受了捐赠
物资分发	与物资的运送及分发相关的情况	大智救灾物资已送至章丘相公小学，众志成城，共渡难关！#章丘台风#
保险理赔	与台风灾害相关的保险理赔公示	台风来了，楼下的树倒了，受损的车子保险怎么赔付呢
专家意见	面临台风灾害，一些专家提出的意见和建议	【专家在防台风视频调度会议上强调以临战状态全面做好防台风工作确保人民群众生命财产安全】O 网页链接
情感抒发	对于台风灾害表达的个人情感，比如祈福、害怕等	希望各地都不要再受影响了
灾情损失伤亡	对当前台风的风力、降雨量、风速、预警状况的描述；台风带来的经济损失、人员伤亡等情况	最新消息，下午到傍晚，台风有很大的可能登陆杭州，最大风力 12 级

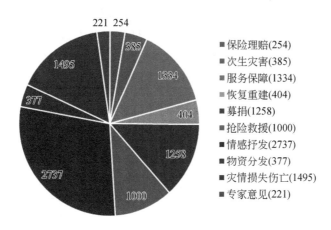

图 9.23　分类类别数量分布图（单位：条；彩图见封底二维码）

服务保障类信息文本提取时间信息后直接存入数据库，次生灾害信息和物资分发情况信息按照表 9.8 进行正则规则匹配信息，转化为结构化信息。

表 9.8　微博半结构化信息正则匹配表

信息类别	正则匹配规则	举例
物资分发	（\D＊）（\d+）（\D＊）	景宁人武部闻令而动，迅即收拢防汛抗洪、水上救援专业民兵 12 人，冲锋舟 5 艘、运输车 2 辆、指挥车 1 辆、7 座小车 1 辆

信息类别	正则匹配规则	举例
次生灾害	（滑坡）｜（山洪）｜（洪水）｜（洪涝）｜（泥石流）｜（塌方）｜（沙尘暴）	8月10日凌晨，台风"利奇马"登陆浙江，永嘉县岩坦镇山早村特大暴雨引发山体滑坡，堵塞河流，堰塞湖突发决堤

注：准确率＝人工判断有效属性信息数/程序提取属性信息数。

台风专业网站和微博信息爬取后共提取台风实时信息160条、台风风险评估信息21条、降雨量监测信息561条、台风风速影响信息6条、次生灾害分布信息324条。灾情影响人数信息36条、人员伤亡分布信息22条、农作物受损分布信息17条、经济损失分布信息11条、房屋受灾分布信息6条、次生灾害分布信息324条。备灾库信息24条、安置点信息63条、救助机构信息49条、医院信息145条、服务保障信息1334条、救灾物资分发情况信息277条。系统自动提取的数据存入数据库表，部分信息提取结果展示如图9.24所示，这里是以台风实时表、次生灾害分布表、台风灾情统计表三个数据表进行提取结果的展示，其中台风灾情统计表是将灾情影响人数、人员伤亡、农作物受损、经济损失合并得到的数据表。

将系统自动提取的数据进行人工检验，得出所提信息的准确率，这里计算提取的时间、地名和属性的准确率，其中时间信息的有效信息为502条，无效信息为0条，地名信息的有效信息为1758条，无效信息为173条，属性信息的有效信息为2245条，无效信息为207条。由表9.9可以发现时间提取的准确率达到100%，地名提取和属性提取的准确率均达到90%以上，所以基本能实现对台风灾害信息的有效提取。

Id	Identifier	Time	Longitude	Latitude	Pressure	MaxWindSpeed	Direction	MoveSpeed	Intensity
1	1909	2019-08-04 14时	131.5	16.7	1000	15	北	8	热带低压
2	1909	2019-08-04 17时	131.5	17.1	998	18	北	6	热带风暴
3	1909	2019-08-04 20时	131.3	17.4	998	18	西北	5	热带风暴
4	1909	2019-08-04 23时	130.9	17.7	995	20	西西北	5	热带风暴
5	1909	2019-08-05 02时	130.5	17.9	990	23	西北	4	热带风暴
6	1909	2019-08-05 05时	130.4	18	990	23	西西北	8	热带风暴
7	1909	2019-08-05 08时	130.2	18.5	990	23	西西北	5	热带风暴
8	1909	2019-08-05 11时	130	18.9	990	23	西西北	5	热带风暴
9	1909	2019-08-05 14时	129.7	19	990	23	西	6	热带风暴
10	1909	2019-08-05 17时	129.6	19	990	23	西西北	5	热带风暴
11	1909	2019-08-05 20时	129.4	19	990	23	西西北	7	热带风暴
12	1909	2019-08-05 23时	129.3	19	990	23	西	6	热带风暴
13	1909	2019-08-06 02时	129.2	18.6	985	25	西北	6	强热带风暴
14	1909	2019-08-06 05时	129	18.6	982	28	西北	6	强热带风暴
15	1909	2019-08-06 08时	129	18.9	982	28	西西北	8	强热带风暴
16	1909	2019-08-06 11时	129	19	982	28	西北	10	强热带风暴
17	1909	2019-08-06 14时	128.9	19.2	982	28	西西北	10	强热带风暴
18	1909	2019-08-06 17时	128.8	19.5	982	28	西北	10	强热带风暴
19	1909	2019-08-06 20时	128.4	19.6	980	30	西北	15	强热带风暴
20	1909	2019-08-06 23时	128.4	19.7	980	30	西北	12	强热带风暴
21	1909	2019-08-07 02时	128.2	19.8	980	30	西北	12	强热带风暴
22	1909	2019-08-07 05时	128.1	19.8	975	33	西北	12	强热带风暴

(a) 台风实时表提取结果图

Id	Identifier	Name	Time	Location	LonLat	AdminSection
1	1909	洪水	(Null)	['灵江', '江水', '台州', '临海'	[{'lng': 121.12005000972155, 'lat': 28.847156053613155}, {'lng':	['村庄', '村庄', '城市'
2	1909	洪水	(Null)	['山区']	[{'lng': 114.86150945573046, 'lat': 39.21479190050785}]	['村庄']
3	1909	山洪	(Null)	['浙江', '临海', '镇山', '岩坦'	[{'lng': 120.15953308739246, 'lat': 30.271548393336545}, {'lng':	['省份', '区县', '乡镇'
4	1909	洪水	(Null)	['临海市', '浙', '灵江', '临海	[{'lng': 121.15158529413057, 'lat': 28.8640493290829}, {'lng': 12	['区县', '区县'
5	1909	洪水	(Null)	['临海市', '灵江'	[{'lng': 121.15158529413057, 'lat': 28.8640493290829}]	['区县', '村庄'
6	1909	洪水	2019年8月10日	['浙江', '台州', '江西', '临海	[{'lng': 120.15953308739246, 'lat': 30.271548393336545}, {'lng':	['省份', '城市', '省份'
7	1909	洪水	(Null)	['临海市', '甬城', '灵江', '浙'	[{'lng': 121.15158529413057, 'lat': 28.8640493290829}, {'lng': 12	['区县', '村庄'
8	1909	洪水	(Null)	['临海市', '甬城', '灵江', '浙'	[{'lng': 121.15158529413057, 'lat': 28.8640493290829}, {'lng': 12	['区县', '村庄'
9	1909	洪水	(Null)	['临海市', '浙', '灵江', '临海	[{'lng': 121.15158529413057, 'lat': 28.8640493290829}, {'lng': 12	['区县', '村庄', '区县'
10	1909	洪水	8月10日	['浙江', '台州', '江西', '临海	[{'lng': 120.15953308739246, 'lat': 30.271548393336545}, {'lng':	['省份', '城市', '省份'
11	1909	洪水	(Null)	['临海市', '浙', '灵江']	[{'lng': 121.15158529413057, 'lat': 28.8640493290829}]	['区县', '村庄'
12	1909	洪水	(Null)	['临海市', '浙', '灵江', '江西	[{'lng': 121.15158529413057, 'lat': 28.8640493290829}, {'lng': 12	['区县', '村庄', '省份'
13	1909	山洪	(Null)	['岩坦', '镇山', '浙江', '永嘉	[{'lng': 120.73759527117761, 'lat': 28.45257355764764}, {'lng': 12	['乡镇', '省份', '区县'
14	1909	山洪	(Null)	['岩坦', '镇山', '浙江', '永嘉	[{'lng': 120.73759527117761, 'lat': 28.45257355764764}, {'lng': 12	['乡镇', '省份', '区县'
15	1909	洪水	(Null)	['宣城', '安徽', '宁国']	[{'lng': 118.76553424276743, 'lat': 30.94660154529291}, {'lng': 1	['城市', '省份', '区县'
16	1909	洪水	8月10日	['浙江', '台州', '江西', '临海	[{'lng': 120.15953308739246, 'lat': 30.271548393336545}, {'lng':	['省份', '城市', '省份'
17	1909	洪水	8月10日	['浙江', '台州', '江西', '临海	[{'lng': 120.15953308739246, 'lat': 30.271548393336545}, {'lng':	['省份', '城市', '省份'
18	1909	山洪	(Null)	['岩坦', '镇山', '浙江', '永嘉	[{'lng': 120.73759527117761, 'lat': 28.45257355764764}, {'lng': 12	['乡镇', '省份', '区县'
19	1909	山洪	(Null)	['宣城', '安徽', '宁国']	[{'lng': 118.76553424276743, 'lat': 30.94660154529291}, {'lng': 1	['城市', '省份', '区县'
20	1909	山洪	(Null)	['宣城', '安徽', '宁国']	[{'lng': 118.76553424276743, 'lat': 30.94660154529291}, {'lng': 1	['城市', '省份', '区县'
21	1909	山洪	(Null)	['宣城', '安徽', '宁国']	[{'lng': 118.76553424276743, 'lat': 30.94660154529291}, {'lng': 1	['城市', '省份', '区县'

(b) 次生灾害分布表提取结果图

Id	Identifier	Time	Location	LonLat	AdminSection	AffectPopulation	TransferPopu	CollapseH	DeathPeople	Crop	Economy
1	1909	2019年8月14日	['沿海地区', '中国']	[]	[]	14024000.0	(Null)	(Null)	56	1137000.0	5153000.0
2	1909	(Null)	['山东', '浙江']	[{'lng': 117.(	['省份', '省份'	(Null)	2097000.0	(Null)	(Null)	(Null)	(Null)
3	1909	2019年8月12日16时	['吉林', '江苏'	[{'lng': 126..	['城市', '省份'	(Null)	1713000.0	5300.0	(Null)	531000.0	(Null)
4	1909	8月13日16时	['吉林', '江苏'	[{'lng': 126..	['城市', '省份'	(Null)	2040000.0	13000.0	(Null)	996000.0	(Null)
5	1909	8月14日	[]	[]	[]	14024000.0	(Null)	(Null)	56	1137000.0	5153000.0
6	1909	8月14日10时	['吉林', '江苏'	[{'lng': 126..	['城市', '省份'	(Null)	2098000.0	(Null)	(Null)	1139700.0	5372000.0
7	1909	8月14日10时	['福建']	[]	[]	64000000.0	64000000.0	(Null)	(Null)	(Null)	200.0
8	1909	8月9日20时	['台湾']	[]	[]	(Null)	(Null)	(Null)	1	(Null)	(Null)
9	1909	8月14日10时	['浙江']	[{'lng': 120..	['省份'	7570000.0	1363000.0	(Null)	45	2584000.0	4072000.0
10	1909	8月10日10时	['江苏', '浙江'	[{'lng': 118..	['省份', '省份'	(Null)	253000.0	(Null)	13	(Null)	(Null)
11	1909	8月10日21时	['永嘉县', '岩坦	[{'lng': 120.(	['区县', '乡镇'	(Null)	(Null)	(Null)	22	(Null)	(Null)
12	1909	8月11日6时	['永嘉县', '临安	[{'lng': 120.(	['区县', '区县'	(Null)	(Null)	(Null)	3	(Null)	(Null)
13	1909	11日12时	[]	[]	[]	5358000.0	1202000.0	(Null)	30	185000.0	1575000.0
14	1909	11日	['临安', '山村'	[{'lng': 119..	['区县', '村庄'	(Null)	(Null)	(Null)	32	(Null)	(Null)
15	1909	2019年8月12日10时	['临安', '山村'	[{'lng': 119..	['区县', '村庄'	(Null)	(Null)	(Null)	2	(Null)	(Null)
16	1909	8月14日10时	['上海']	[{'lng': 121..	['城市'	150000.0	150000.0	(Null)	(Null)	28000.0	(Null)
17	1909	8月14日10时	['江苏']	[{'lng': 118..	['省份'	533000.0	11000.0	(Null)	(Null)	1554000.0	46000.0
18	1909	8月14日10时	['山东']	[{'lng': 117..	['省份'	5026000.0	413000.0	(Null)	5	643000.0	901000.0
19	1909	2019年8月12日	['山东省']	[{'lng': 117.(	['省份'	1655300.0	183800.0	(Null)	(Null)	(Null)	(Null)
20	1909	2019年8月12日	['山东省']	[{'lng': 117.(	['省份'	(Null)	(Null)	609.0	(Null)	1754000.0	147500.0
21	1909	2019年8月13日7时	[]	[]	[]	(Null)	(Null)	3318.0	(Null)	4789500.0	(Null)

(c) 台风灾情统计表提取结果图

图9.24 部分信息提取结果展示

表9.9 信息提取准确率 （单位：%）

时间提取	地名提取	属性提取
100	91.04	91.57

3. 发布结果展示

根据第 4 章产品智能表达研究设计的不同产品发布模板,对于政府的台风监测产品,Web 端和 APP 端中,台风实时信息选择专题图(矢量线),台风风险评估信息选择专题图(矢量面),降雨监测信息选择专题图(矢量面),台风风速影响信息选择统计图,次生灾害分布信息选择专题图(矢量点);短信端中,上述五个信息均为文本的简要表达,链接部分为 APP 端的网页跳转地址,点击可跳转至详情页。同时,对于社会力量的 APP 端,现场灾情中,灾情影响人数信息和人员伤亡分布信息均选择统计图,且利用对应关系原则,可将两者合并到一个统计图中,农作物受损分布信息、经济损失分布信息和房屋受损分布信息也均选择统计图,且利用对应关系原则,可将三者合并到一个统计图中,次生灾害分布信息选择专题图(矢量点);救援保障中,备灾库信息、安置点信息、救助机构信息和医院信息均选择专题图(矢量点),且利用对应关系原则,可将四者进行合并表达,服务保障信息选择文本,救灾物资分发情况信息选择统计图。对于社会力量的短信端,上述信息均为文本的简要表达,链接部分为 APP 端的网页跳转地址,点击可跳转至该详情页。

将台风监测、现场灾情和救援保障三个产品对应的要素进行组合,发布在两种用户对应的渠道上。其中,政府的发布渠道为 Web 端、APP 端、短信端,社会力量的发布渠道为 APP 端、短信。政府在 Web 端、APP 端、短信端三种渠道的系统界面如图 9.25 所示;社会力量在 APP 端、短信端两种渠道的系统界面如图 9.26 所示。

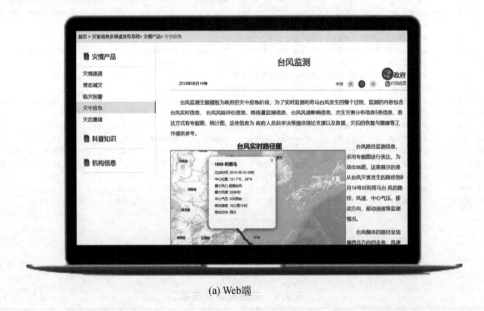

(a) Web 端

(b) APP端

(c) 短信端

图 9.25 政府在 Web 端、APP 端、短信端三种渠道的系统界面

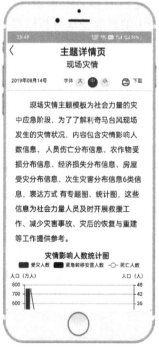

(a) APP端-现场灾情

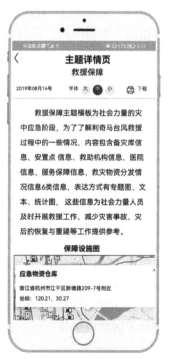

(b) APP端-救援保障

(c) 短信端–现场灾情　　　　　　　(d) 短信端–救援保障

图 9.26　社会力量在 APP 端、短信端的系统界面

对于政府用户，Web 端和 APP 端的台风监测的完整内容如图 9.27 所示，Web 端和 APP 端的内容相同，布局不同。根据第 3 章需求分析中的政府受众分析结果，政府人员从宏观层面把控灾情，侧重于关注台风的监测情况，因此展示的信息为"利奇马"台风的台风实时路径信息、台风风险评估信息、台风风速影响信息、次生灾害分布信息。其中涉及表达要素中专题图要素居多，能直接显示全国各地区的台风实时路径图、台风风险评估图、台风风速影响统计图、次生灾害分布图等监测状况，进而方便政府了解台风监测信息并进行科学决策，为应对台风灾害进行统筹规划与部署。

对于社会力量用户，现场灾情和救援保障信息的 APP 端完整内容如图 9.28 所示。根据 4.4.2 节需求分析中的社会力量受众分析结果，社会力量人员从救援层面把控灾情，侧重于关注台风的灾情状况，因此现场灾情展示的信息为灾情影响人数信息、受损统计信息、次生灾害分布信息等；救援保障展示的信息为保障设施图、服务保障信息、救灾物资分发情况统计图等。两个主题涉及表达要素比较均衡，专题图、统计图、文本要素均有，数字类的统计结果较多，不同于政府，社会力量用户不需要过于专业的信息表达。现场灾情主要显示受灾地区的人员、农作物、经济、房屋等受损统计，社会力量可以根据受灾状况合理调配资源；救援保障主要显示保障设施分布、救灾物资分发等，社会力量可以全面了解物资状况，进行及时救援工作。

台风路径监测信息，采用专题图进行表达，为动态地图，这里展示的是从台风灾害发生的路径到8月14号对利奇马台风的路径、风速、中心气压、移动方向、移动速度等监测情况。

由图可得，利奇马台风整体的路径呈现偏西北方向的走势，风速整体的变化情况是先逐渐增大，8月7号23到8月10间利奇马强度为超强台风级别，风速平均在50m/s以上，8月10号1时47分登陆浙江省温岭市城南镇，从登陆期间开始风速开始逐渐下降，在登陆期间，利奇马的强度普遍在热带风暴级别，于8月13号23时停止。

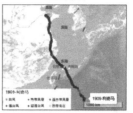

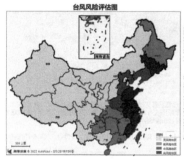

灾害风险评估信息，采用专题图进行表达，基于风险监测信息，运用评估模型，对利奇马台风可能对我国大陆地区的风险进行定性和定量表征，风险等级与受灾人数呈正相关。

由图可得，全国的风险等级一共分为4个等级，分别为：无风险区、低风险区、中风险区、高风险区，全国大多数地区为无风险区，其中，吉林、山东、江苏、安徽、浙江、福建6省为高风险区，河南、河北、辽宁、台湾等地为中风险区，黑龙江、贵州等地为低风险区，剩余地区无风险。

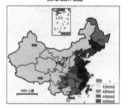

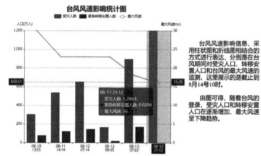

台风风速影响信息，采用柱状图和折线图相结合的方式进行表达，分别是在台风期间对受灾人口、转移安置人口和台风的最大风速的监测，这里展示的是截止到8月14号10时。

由图可得，随着台风的登陆，受灾人口和转移安置人口在逐渐增加，最大风速呈下降趋势。

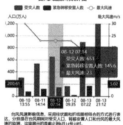

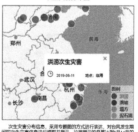

所提取的台风次生灾害包括洪涝、滑坡、塌方、泥石流四种类型，每种次生灾害用不同颜色代表，系统默认展示的是洪涝次生灾害，点击图例可进行次生灾害的切换展示，累计到8月14号，洪涝灾害数量最多。

(a) Web端　　　　　　　　(b) APP端

图 9.27　政府–台风监测主题内容展示图（彩图见封底二维码）

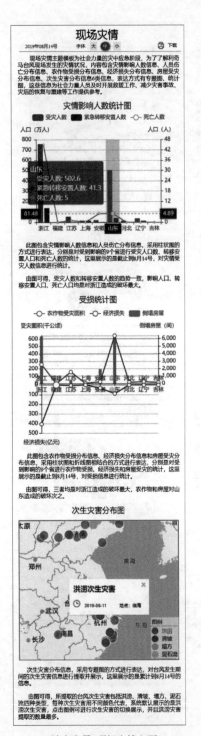

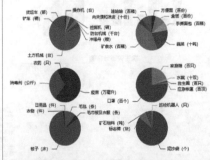

(a) 社会力量–现场灾情主题　　　　　　(b) 社会力量–救援保障主题

图 9.28　社会力量 APP 端主题内容展示图（彩图见封底二维码）

　　依据前面提出的产品模板含有专题图、统计图、统计表、文本、视频五种模板要素,多种要素间的组合模式打破了专题图这种单一的表达方式。通过系统开发,提取了多源信息,并向政府和社会力量两种受众展示了台风监测主题图、现场灾情主题图、救援保障主题图,如在台风监测主题图中,将台风实时信息、台风风险评估信息、降雨量监测信息、台风风速影响信息等提取自台风专业网站的信息以及次生灾害分布信息等提取自社交媒体网站的信息展示给政府。根据发布渠道的特点,自适应地选择合适的信息表达要素,可以同时展示用户所需的同类信息,满足了不同用户的个性化服务需求,并且产品信息按照重要性进行设计,在最终发布的时候能够按照用户的关注度进行展示,最终实现了信息表达的适应性和多样化。

参 考 文 献

范一大,吴玮,王薇,等.2016.中国灾害遥感研究进展.遥感学报,20(5):1170-1184.

李素菊,刘明,和海霞,等.2020.卫星遥感应急管理应用框架.卫星应用,(6):16-25.

刘昌军,郭良,孙东亚,等.2020.全国山洪灾害防治试验示范基地建设与应用.中国防汛抗旱,(30):15-20.

潘东华,袁艺,王丹丹,等.2018.重大自然灾害应急救助保障集成平台设计与应用.中国安全科学学报,28(7):179-183.

仇阿根,张杨,罗宁,等.2020.结合微服务和中台理念的减灾服务系统设计与实现.武汉大学学报(信息科学版),45(8):1288-1295.

王毅,杨舒楠,张立生,等.2022.三个全球气象灾害数据库对比及展望.气候变化研究进展,18(2):253-260.

张程鹏,郝翌.2022.上海市暴雨–洪涝–内涝灾害风险评估与防范技术应用示范研究.中国减灾,4:36-37.

张令心,钟江荣,林旭川,等.2020.区域与城市地震风险评估与监测技术研究项目及研究进展.地震科学进展,50(3):1-18.

郑苗苗.2017.黄土高原陕甘宁地区地质灾害数据库建设与危险性评价.西安:长安大学.

第 10 章 总结与展望

本研究聚焦全链条、多主体、多灾种综合风险防范业务需求，系统总结提出了自然灾害综合风险防范信息服务的业务体系框架，研究建立了多灾种综合风险防范信息服务的产品体系，开发了信息产品制作、发布、服务和系统集成的成套关键技术，研制了信息服务集成平台。同时，围绕信息产品制作两大数据源——多部门灾害信息数据协同共享、网络大数据灾害信息挖掘，突破了两套关键技术，解决了灾害信息服务时效性不高、完备性不足等重大问题，为开辟与政府部门统计并行的灾害信息数据获取第二条途径提供了技术支撑。

10.1 主要进展

1. 新时代灾害综合风险防范信息服务产品体系

适应多主体灾害应急管理决策需求，中国自然灾害综合风险防范信息产品体系按照灾害管理过程逐级分类细化：一级按照灾害管理过程分为四大类；二级按照各灾害过程主要业务类型分为中类；三级按照各项业务的措施细分为若干小类。以信息产品体系框架为依据，研究设计信息产品品种，建立信息产品目录，作为各种信息产品开发的总需求和总依据。信息产品设计主要包括定义产品名称、制定产品编码、设计产品内容。结合中国当前自然灾害应对地震、地质、气象、水旱、海洋、林草等六大类灾种，逐级细化可逐步建立健全中国自然灾害综合风险防范信息服务的产品体系。

2. 基于标准灾害要素信息的产品智能动态制作技术

针对行业单灾种信息产品缺乏统一技术标准，产品要素的定义、表达和语义不一致，无法实现多部门信息产品自动交互和综合风险防范信息产品多部门协同制作等突出问题，开发了灾害要素信息分类及提取、产品要素标准化表达和产品动态定制等三项关键技术，实现基于统一产品要素信息的行业单灾种信息产品共享及综合信息产品多部门协同制作。其中，在产品要素信息分类与提取方面，按照致灾、灾情、救灾分别构建了产品要素信息指标体系，开发了基于产品文本快速提取灾害要素指标信息的技术方法。在产品要素信息表达方面，开发了适应政府应急管理决策和互联网大众化服务需求的格式化文档、在线电子地图两类表达技术。在灾害信息产品动态定制方面，开发了产品模板、要素组件和动态生成工具三位一体的产品智能制作技术。

3. 多部门大数据业务协同机制与应急联动技术

行业部门灾害信息共享是制作自然灾害综合风险防范信息产品的权威数据源。对现有主动推送或服务机制进行技术升级，提出了一种以多部门协同业务应用为驱动、双向自适应的部门微服务数据共享新机制，破解了多部门数据协同开展信息产品制作的时效性保障难题。开发了 Web API、Web PAGE、文件抽取三种接入技术，兼具结构化、半结构化和非结构数据同步存储的数据库管理机制，解决了文件交换、Web 在线服务两种方式多部门灾害信息数据的快速获取、传输、存储和管理的难题。提出了非结构化灾害文本信息分类和语义融合处理方法，开发了地图数据同名实体匹配算法，实现了同一地区不同行业、不同时相、不同地理空间参考系统的多幅地图融合为一幅地图，消除了多源数据之间的几何和语义等不一致性。

4. 多灾种综合风险防范大数据智能挖掘与融合分析技术

网页、移动通信、社交网络、物联网等渠道的网络大数据因其时效性高、样本量大、代表性好、易于获取等特点，已经成为快速获取灾害信息的又一个重要渠道。开发了基于微博大数据模拟地震烈度空间分布的技术，提出了基于网络大数据提取致灾因子强度信息并进行空间化的通用方法。国内已经有人口受灾情况网络大数据挖掘方面的成熟技术，利用手机信令数据模拟灾区高精度人口空间分布、高时间分辨率通勤人口规模及空间格局，结合灾害影像范围精确估计受灾人口规模及其时空动态变化；房屋受灾情况模拟，综合运用深度学习建筑物提取、灾区建筑及其功能制图、众源网络数据爬取等方法，开发了灾区建筑物空间分布及其各类建筑物脆弱性修正的方法；与房屋承灾体一样，农作物受灾情况及其时空动态分布模拟，开发了融合气象数据、遥感数据、实地监控相机数据多源数据综合评估台风/暴雨灾害导致农田受灾情况的快速评估方法。提出了基于网络舆情数据实时分析提取灾区救灾需求的技术方法。该方法从应急指挥及救援保障需求、灾后紧急救援需求、基本生活保障需求、公共基础设施保障需求等四个方面，构建了灾区救灾需求重要度的分级指标体系，开发了基于网络舆情数据的灾区救灾需求重要度分级评估方法。

5. 多灾种综合风险防范信息服务集成平台搭建技术

受"政府统一协调、部门分类管理"灾害管理体制影响，中国自然灾害综合风险信息服务平台建设相对分散，政府灾害救助、灾害保险、社会力量参与综合减灾等业务领域已初步建设有关信息系统。多灾种综合风险防范信息服务集成平台建设须基于现有业务平台从数据、模型、产品、服务等维度进行集成开发。时空分布式大数据管理，采用"微服务"架构开发多源数据异构数据接入引擎，实时动态接入、组织、集成、存储各类数据，解决了"综合实体数据库+数据交换平台"传统技术方案基于实体数据库综合集成的资源冗余、交互低效问题，实现了综合风险防范信息服务数据的高时效、高可用。业务工具模型集成与管理，采用"标准插件+容器"技术将应用工具进行标准化封装、注册和加载，实现应用工具的"即插即用"和快速集成；本书采用 Spring Cloud 微服务架构和 Docker 容器技术开发了多灾种综合风险防范信息服务平台的集成框架，实现了产品开发、多部门数据协同、大数据信息融合分析等功能的集成。"云+端"多渠道信息服务面向各类用户主体，紧密结合台风、洪涝、滑坡、泥石流、地震等灾害全过程的综合风险防范服务信息需求，集成产品表达与多渠道自适应发布软件插件，在"微内核+插件"组合技术框架环境中，构建信息最优组合、多样化表达、多渠道自适应切换和多渠道迅捷发布等功能，实现针对 Web 网页、手机 APP、微信公众号、手机报、微博等多渠道的综合风险信息高效自动化发布，满足不同用户多层次、全方位了解灾害综合风险信息的需求。信息服务产品精准推荐，面向防灾减损的目标利用微博等社交媒体平台挖掘公众、保险公司、社会力量、政府等用户在常态、灾前、灾中、灾后四种不同状态下的灾害信息需求，在传统的推荐算法的基础上，考虑灾害信息地域性、社会性等独特特征，提出了满足用户信息需求的基于规则的推荐方法。

6. 多灾种综合风险防范信息服务模式

分析梳理政府灾害救助、灾害保险、社会力量参与综合减灾等业务流程，从常态减灾、灾前预警、灾中应急和灾后恢复四个灾害管理阶段入手，探索建立政府灾害救助、灾害保险和社会力量参与综合减灾 3 个信息服务模式。信息服务模式着重规定了服务对象、产品类型、产品制作流程和发布渠道，形成面向特定类型用户，以台风、洪涝、滑坡、泥石流、地震等灾害为主，集产品制作、发布、服务为一体的风险防范信息服务链条和服务模式，提升政府、保障企业、社会组织等防范重大自然灾害风险的信息保障水平。

10.2　未　来　展　望

中国的自然灾害防灾减灾救灾体制机制改革将持续深化，灾害保险、社会力量参与综合减灾等领域业务体系建设将持续探索推进，自然灾害综合风险防范信息服务业务技术体系建设将持续完善。物联网、大数据、云服务等新兴技术的应用在持续深化，防灾减灾救灾应用领域有一些关键技术需要突破，其重点有以下三个方面：

（1）社会力量灾害风险防范信息服务技术。在 2018 年国务院机构改革后，对社会力量参与综合减灾业务进行了整合重塑，社会组织和志愿者日益成为我国防灾减灾救灾工作的重要力量。社会组织、志愿者、社会公众灾害信息服务需求将日趋在灾害信息服务中占据主导地位，完善社会力量信息服务的产品体系、创新信息服务模式、研制配套的软件工具是未来灾害信息服务研究的主要方向。

（2）网络大数据灾害信息挖掘与融合分析。本书提出了致灾、灾情、救灾要素信息网络大数据挖掘与融合分析的技术框架，开发了社交媒体、网络大数据挖掘典型灾种致灾因子和典型灾情指标的空间分布信息的技术，初步展现了网络大数据融合分析的优势。但是，防灾减灾救灾领域关于网络大数据应用的认识还是初步的，不仅应用的深度不够，应用的广度也远远不够。持续加强对网络大数据灾害信息挖掘技术的研究是未来的主要方向。

（3）新型信息服务渠道开发。新兴信息技术发展将推动信息传播的载体加速换代并日趋多样化，灾害信息产品传播应跟踪信息技术最新进展，持续推进发布渠道技术创新，提升信息服务效果。借鉴其他领域经验，研发轻量级移动应用灾害信息发布、物联网多端统一发布、AR/VR 灾害信息智能表达等是未来亟待突破的关键技术。